21 世纪高等学校信息工程类“十二五”规划教材

媒体信号编码

主编　姚英彪　易志强
主审　田　斌

本书受浙江省科协青年科技人才培育工程项目资助

西安电子科技大学出版社

内容简介

本书是作者根据近几年的媒体信号编码教学实践及音视频等媒体信号的压缩编码国际标准编写而成的，试图系统地介绍媒体信号编码技术的基本概念、原理和技术标准。

本书共9章，分三大部分：媒体信号编码的基本理论、媒体信号常用编码方法和媒体信号国际编解码标准。第一部分包括前3章内容，主要介绍媒体信号数字化方法、媒体编码系统的评价方法、媒体信源编码基本理论。第二部分包括中间3章内容，主要介绍媒体信号的熵编码、预测编码和变换编码方法。第三部分包括最后3章内容，主要介绍语音、音频、图像和视频的编码理论和典型编解码标准。

本书既可以作为高等院校有关专业(如数字通信、信号与信息处理、计算机应用等)的高年级本科生的教材或教学参考书，也适合于从事多媒体通信、广播电视、消费类电子、媒体信号处理和计算机应用等工作的科技人员参考使用。

★本书配有电子教案，需要者可登录出版社网站，免费下载。

图书在版编目(CIP)数据

媒体信号编码/姚英彪，易志强主编. —西安：西安电子科技大学出版社，2011.12

21世纪高等学校信息工程类“十二五”规划教材

ISBN 978-7-5606-2619-2

Ⅰ. ① 媒… Ⅱ. ① 姚… ② 易… Ⅲ. ① 多媒体—编码理论—高等学校—教材

Ⅳ. ① TP37 ② O157.4

中国版本图书馆CIP数据核字(2011)第124817号

策　　划　马乐惠

责任编辑　任倍萱　马乐惠

出版发行　西安电子科技大学出版社(西安市太白南路2号)

电　　话　(029)88242885　88201467　　邮　　编　710071

网　　址　www.xduph.com　　电子邮箱　xdupfxb001@163.com

经　　销　新华书店

印刷单位　陕西光大印务有限责任公司

版　　次　2011年12月第1版　2011年12月第1次印刷

开　　本　787毫米×1092毫米　1/16　印张18

字　　数　421千字

印　　数　1～3000册

定　　价　30.00元

ISBN 978-7-5606-2619-2/TP·1287

XDUP 2911001-1

＊＊＊如有印装问题可调换＊＊＊

前　言

近年来，随着计算机、多媒体和网络通信技术的飞速发展，数字音视频技术逐渐代替了模拟音视频技术。然而，对于数字化后的音视频等媒体信号，如果没有有效的压缩编解码方案，海量的数据将给数字媒体信号存储和传输带来巨大的压力，这就促进了各种媒体信号压缩编码算法的发展。

编写本书的目的，是试图系统地介绍媒体信号编码的基本概念、原理和技术标准。本书可供高等院校有关专业(如数字通信、信号与信息处理、计算机应用等)的高年级本科生以及上述专业的教师和相关工程技术人员使用。

考虑到不同层次读者的要求，编写本书时，笔者力图做到以下 3 点：

(1) 内容紧凑。每章首先给出基本概念和基本理论，然后给出实例和解答，叙述简明扼要，由浅入深。

(2) 覆盖面广。本书对语音、音频、图像和视频编码的基本理论和方法都有所涉及，对与其相关的最新内容也有所提及。

(3) 实践性强。本书简要介绍了应用中有代表性的媒体编解码标准，对实践开发具有参考意义和实用价值。

本书内容分为三大部分。第一部分介绍媒体信号编码的基本理论；第二部分介绍媒体信号编码常用的方法；第三部分介绍代表性的媒体信号国际编解码标准。

第一部分内容包括第 1～3 章。第 1 章主要介绍语音、音频、图像和视频等媒体信号编码的必要性和可能性。第 2 章主要介绍媒体信号数字化方法和媒体编码系统的评价方法。第 3 章主要介绍信源编码基本理论，包括信源熵、信源无失真/限失真编码定理、率失真理论等。

第二部分内容包括第 4～6 章。第 4 章介绍在媒体信号编码中常用的熵保持编码方法。第 5 章介绍媒体信号编码中使用的预测编码方法，特别是视频图像的块匹配运动估计/运动补偿方法。第 6 章介绍变换编码方法，主要包括 KLT、DCT 和小波变换。

第三部分内容包括第 7～9 章。第 7 章介绍语音信号的统计特性、常见处理方法和常用的语音编码器。第 8 章介绍音频的感知编码理论和 MP3 编解码标准。第 9 章介绍图像视频的编解码方法和 H.264 编解码标准。

本书主要由姚英彪副教授和易志强博士编写，由姚英彪同志统稿。西安电子科技大学的田斌教授对本书提出了宝贵的修改意见，在此表示衷心的感谢。书中参考了大量的文献和资料，在此也对所有参考文献和资料的作者深表谢意。

本学科涉及知识面广，学科发展迅猛，限于编者的水平，书中不妥之处在所难免，殷切希望各位读者批评指正。如有疑问，可发送邮件至 yaoyb@hdu.edu.cn。

编　者

2011 年 3 月

前 言

目　录

第1章 绪 论

近年来，随着数字通信、计算机、信号处理、微电子相关技术的发展和广泛应用，语音与音频、图像与视频等媒体信号的编解码技术也随之迅速发展，取得了许多突破性成果，极大地促进了多媒体数字通信技术的普及和发展。

本章主要介绍数字通信的一般模型，媒体信号压缩编码的作用、必要性及意义，压缩编码分类、标准及应用等有关知识。通过对这些基本概念和基本知识的讲解，使读者对现代多媒体信号压缩编码有一个初步的了解。

1.1 数字通信的一般模型

人类社会是建立在信息交流的基础上的，信息交流是推动人类社会文明、进步与发展的巨大动力。根据香农信息论的定义，信息是事物运动状态或存在方式的不确定性的描述。人们通过对周围世界的观察得到各种信息，信息是抽象的意识或知识。

通信的本质就是信息交流，即通信系统上传输的本质内容是信息。但是为了传输信息，必须在发送端将信息转化为具体的消息。消息是包含信息的语言、文字、数据、图像、符号等。在通信中，消息特指担负着传递信息任务的符号及其序列。消息是具体但非物理的。为了在实际的通信系统中传输消息，就必须把消息加载(调制)到具有某种物理特征的信号上去。也就是说，信号是信息的载体，它是物理性的，如电信号、光信号等。接收端收到载有信息的物理信号后，经过处理变成语言、文字、图像、符号等形式的消息，人们再从中得到有用信息。图1-1是比较完整的数字通信系统的一般模型，现实生活中的数字通信系统基本上都可以用此模型来概括。这个模型将数字通信系统抽象为信源、编码、信道、解码(译码)、信宿等五个模块。

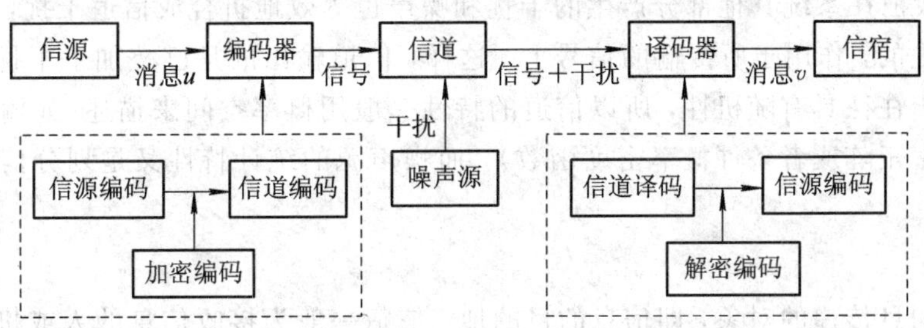

图1-1 数字通信系统的一般模型

1. 信源

信源是信息的来源地，它的作用就是产生信息，但信息并不能直接输出。信源输出的是以符号形式出现的具体消息，这些消息承载了信息。信源输出的消息可以有多种形式，但可以归纳为两类：离散消息，例如由字母、文字、数字等各种符号组成的符号序列或单个符号；连续消息，例如语音、视频等在时间上连续的信号。

信源的核心问题是信源符号的概率如何分布，它包含多少信息，用香农信息论的术语来说，就是信源的熵是多少。

2. 编码器与译码器

编码是对消息符号进行处理的过程，或者说是把消息变换成信号的过程，而译码就是编码的反变换。根据编码器的实际功能，可将编码器分为三种：信源编码、信道编码和加密编码。

信源编码的作用有两个：一是把信源发出的消息转换成由码元符号(一般为 m 进制码元)组成的码元符号序列，形成基带信号；二是通过信源编码来压缩信源的冗余度，减少传输所需的码率，提高通信系统传输消息的有效性(这正是本书要讨论的内容)。信源编码的主要指标就是它的编码效率，即理论上所需的码率与实际达到的码率之比。

信道编码的作用是在信源编码器输出的符号序列上有目的地增加一些监督码元，使之具有检错或纠错的能力，其目的在于提高通信系统传输消息的可靠性。由于信道编码会增加冗余的监督码元，因而会增大码率，这正好与信源编码相反。

加密编码的目的在于隐藏码元符号中的信息内容，防止信号在传输过程中信息被泄露，从而提高通信系统传输信息的安全性。

译码器与编码器一一对应，其作用是对接收到的编码信号(已叠加了干扰)进行反变换，以尽可能准确地恢复原始的信源符号。

3. 信道与干扰源

信道是传输消息的通道，或者说是传输物理信号的设施和媒介。在狭义的通信系统中，实际信道有明线、电缆、波导、光纤、无线电波传播空间等等，这些都属于传输电磁波能量的信道。对广义的通信系统来说，信道还可以是其他的传输媒介。信道除了传送信号以外，还有存储信号的作用，如书写通信方式就是一例。信道的主要问题是单位时间内它能够不失真传送多少信息，即信道容量的大小。

信息在处理和传输的每个环节都可能会引入噪声和干扰，使得信号发生畸变。为了分析方便，一般把在系统其他部分产生的干扰和噪声也等效地折合成信道干扰，看成是由一个噪声源产生的，作用于所传输的信号上。这样，信道输出的是已叠加了干扰的信号。由于干扰或噪声往往具有随机性，所以信道的特性一般用概率空间来描述(如输入和输出之间的条件概率矩阵或者条件概率密度函数)，而噪声源的统计特性又是划分信道的一个重要依据。

4. 信宿

信宿是信息传递的对象，即信息的目的地。信宿一般为接收信息的人或机器，它实际接收的是消息 v，该消息 v 可以与信源发出的消息 u 相同，也可以不同。当两者形式不同时，v 是 u 的一个映射。信宿关心的问题是能够从 v 中收到或提取多少有用信息。

1.2 常见的媒体信号

图 1-1 所示的数字通信系统传输的主要内容为媒体信号。媒体信号客观地表示了自然界和人类活动中的原始信息，是承载各种信息的载体，是信息的具体表示形式。媒体信号编码属于图 1-1 中的信源编码，其目的主要在于解决媒体信号传输过程中的有效性问题。

常见的媒体信号主要包括下面几种：

(1) 文字(Text)：文字是语言的书写符号系统，是记录语言的书写形式。

(2) 图像(Image)：图像一般指自然界中的客观景物通过某种系统映射的结果，可使人们产生视觉感受，如照片、图片等，一般采用位图形式进行存储。就色彩而言，图像一般分为单色图像、灰度图像和彩色图像三大类。

(3) 图形(Graphic)：图形是指采用某种算法语言或应用软件生成的矢量化图形，一般采用数学方法进行描述，具有体积小、线条圆滑变化等特点。

(4) 音频(Audio)：人类能够听到的所有声音信号的总称，其频率范围在 20 Hz～20 kHz 左右。语音是一类特殊的音频信号，单指由人发声器官发出的各种声音信号。

(5) 视频(Video)：视频信号是动态播放的图像。利用人眼的视觉暂留效应，当每秒钟播放 24 幅以上内容连续变化的静态图像时，人眼无法辨别单幅的静态画面，看上去是平滑连续的动态图像，即视频，如图 1-2 所示。

  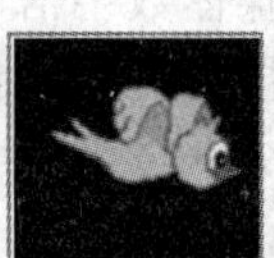   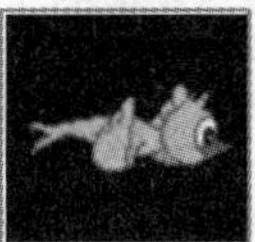 

图 1-2 由连续变化的图像构成的视频

以上这些媒体对象都是现实生活中客观存在的信源，在进行存储和传输时，都牵涉到信源编码(通信专业术语)或数据压缩(计算机专业术语)问题，即如何以最少的数据码率表示信源所发出的信号，减少容纳给定信源消息集合或数据采样集合的信号空间。本书重点讨论音频、图像和视频这三种媒体信号的压缩编码问题，通信系统模型中的其他信源和其他编码问题不在本书讨论范围之内。

1.3 媒体信号编码的必要性

近年来，随着计算机、多媒体和网络通信技术的飞速发展，数字媒体技术逐渐代替了模拟媒体技术。例如，数字媒体技术已经在数字影音系统、高清晰度电视、数字音频广播、电话会议系统、无线通信与移动通信、消费类电子、互联网多媒体业务等领域中得到了广泛的应用。然而，数字化后的音视频等媒体信号，如果没有有效的压缩编码方案，海量的数据将给存储和传输带来巨大的压力，这就促进了各种媒体信源压缩编码算法的发展。

在语音、音频、图像和视频等媒体信号实时通信中，语音信号需要的传输带宽无疑是最低的。语音信号的带宽一般在 4 kHz 以下，对应的采样频率为 8 kHz，一般采用 8 位压扩量化，原始的未经压缩的数字信号的码率为 $I=8\times 8=64$ kb/s。在当代的数字通信系统中，这个码率虽然不是很高，不采用压缩编码技术也可以实现实时通信，但是采用压缩编码技术后其效率会更高。比如，在现代的移动通信系统中，实际的语音信号经过压缩编码后码率一般都低于 16 kb/s，甚至更低。这样，实时传输压缩后的语音信号的信道带宽仅为实时传输原始语音信号信道带宽的 1/4，甚至更低，从而节省了信道资源。

从存储角度来看，一幅 2032×1354 像素、每像素采用 8 bit 量化的灰度图像，需要 2.7 MB 左右的存储空间。同样大小的彩色图像，则需要 8.1 MB 左右的存储空间。一个存储容量为 1024 MB 的数码相机，仅能拍摄存储 126 张未经压缩的 2032×1354 像素的彩色图片。实际上，现在的数码相机一般都会采用 JPEG 静态图像压缩技术，该技术能根据图像内容动态调整压缩比例，但一般都能达到 10∶1 的压缩比例。这就是说，一个存储容量为 1024 MB 的数码相机，至少能拍摄存储 1200 张以上 2032×1354 大小的彩色图片，这对大多数应用已经足够。

在语音、音频、视频等媒体信号实时通信中，高清晰视频(High Definition Television, HDTV)信号需要的传输带宽无疑是最高的。HDTV 的图像大小一般为 1920×1080 个像素，每秒钟 60 帧，一般按 4∶2∶2 的格式采样亮度信号和色度信号(见 2.2.5 节)，每秒钟的数码率高达 1.85 Gb/s。这就是说，一分钟的未经压缩编码的 HDTV 信号需要高达 13.9 GB 的存储空间，而一部 HDTV 格式的电影一般都时长 90 分钟。可见，如果没有视频压缩编码技术，实时传输和存储未经压缩的 HDTV 信号几乎是不可能的。

由此可见，海量的语音、音频、图像及视频等媒体数字信号，如果不进行压缩编码，则无论是传输或是存储这些信号都很困难。因此，媒体信号压缩编码的作用是不可替代的，它的社会效益、经济效益也是非常明显的。当媒体信号经过压缩编码后，不仅其数据量大大减少了，也带来了一些其他好处：

(1) 节省媒体信号在各种信道上的传输时间，使信息交流更加快速，即时间域压缩；

(2) 减少媒体信号在实时传输时的带宽要求，或者增加现有信道可开展的业务，即频率域压缩；

(3) 减少媒体信号在通信时的能量消耗，降低通信设备的发射功率等，即能量域压缩；

(4) 减少媒体信号存储时所需的内存空间，即空间域压缩。

1.4　媒体信号压缩编码的分类

1. 信号编码的一般模型

媒体信号经过数字化后，转换成数据信号。媒体信号数据的压缩编码就是以尽量少的数据来表示原始媒体信号的信息，其一般模型如图 1-3 所示。

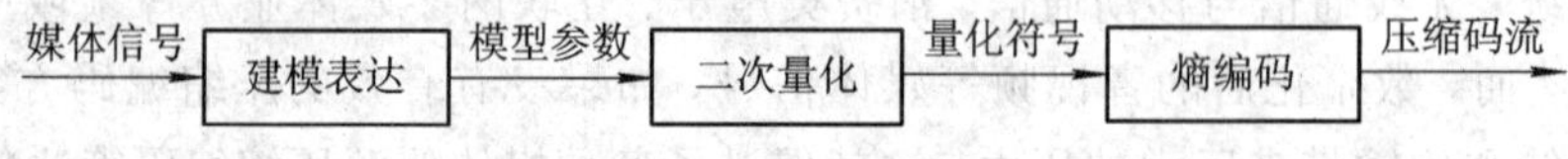

图 1-3　信号编码的一般模型

(1) 建模表达。根据要解决的问题，建立一个客观的数学模型，以便能更有效或更紧凑地重新表达原始数据信号，减少数据中的冗余，得到与原始数据信号相关但又不同的模型参数数据。

(2) 二次量化。用更简洁的数码表示得到的模型参数数据。对具体的应用来说，由于这些模型参数数据可能用无限(或过高的)表示精度，而实际应用不需要如此高的精度，所以可以重新量化这些模型参数，降低表示这些参数所需要的数据量。由于从模拟信号转换到数字信号时已经经过了一次量化，因此此处称为二次量化。

(3) 熵编码。对模型参数的量化表示或消息流进行码字分配，得到最后的压缩码流。此时一般要求编码后的码流能不失真地反映模型参数的量化符号，即能保持量化后信号的熵，所以称之为熵编码(具体参见第 4 章)。

在上述三个步骤中：步骤(1)既可以为可逆过程，也可以为不可逆过程；步骤(2)一般都为不可逆过程；步骤(3)一般为可逆过程。可逆或不可逆是指能否由经过处理后的数据无差错地恢复出处理前的数据。如果能无误差地恢复，则为可逆过程；反之为不可逆过程。

2. 信号压缩编码分类

媒体信号的压缩编码方法可根据编码过程中是否采用不可逆过程分为两类，即可逆压缩编码和不可逆压缩编码。可逆压缩编码又叫做冗余度压缩、无失真编码、熵保持编码等，其核心是可以由压缩码流无失真、无差错地恢复出原始码流。不可逆压缩又叫做熵压缩、有失真编码，其核心是不能由压缩码流无差错、无失真地恢复出原始码流。香农在创立信息论时指出，数据是信息与冗余度的组合，熵编码的目的就是要去除数据中的冗余度。实际的媒体信号编码同时采用可逆压缩(无失真)编码技术和不可逆压缩(有失真)编码技术。

设想我们从森林将一批大小不一的圆木(数据)装上一辆卡车，并将其运输(通过信道传输)到木材加工厂。这时，我们的目标是降低运输成本，而主要手段是在同一辆车上装更多的圆木，同时尽量减轻每车圆木的重量(可以看到，装更多圆木和减轻每车圆木重量有时是矛盾的)。在这种情况下，我们判断有无失真的标准是圆木的形状是否发生变化。

通常，我们想多装一些圆木最简单的方法就是有序地摆放圆木。这是因为随机摆放圆木的话，圆木之间的间隙会很大(外在冗余度)，有序摆放可以减少间隙(外在冗余度去除)，从而可以在同一辆卡车上装载更多的圆木。其次，由于湿的圆木比较重，体积也有所膨胀(存在“内在冗余度”水分)，这对降低运输成本都是不利的。因此我们可以将这些木材晾干(内在冗余度去除)后再运输。最后，如果木材加工厂允许我们对圆木进行少量的初加工，比如去掉树皮、将圆木加工成方木、将木材加工成标准长度等，并且这些加工过程中的废料都会被扔掉，则同一辆卡车上必然能装载更多的木材，同时能减轻每车木材的重量。显然，此时圆木的形状已经发生改变，比如从圆木变成方木(有失真压缩)，而这种压缩已经“不可逆”，即我们无法再从方木“还原”成原来的圆木。

由这个例子我们可以给出一些压缩编码的基本概念和结论：

① 有冗余度就可以压缩(随机摆放圆木有较大空隙，湿的圆木内部有水分)；

② 压缩只能在一定限度内可逆(圆木形状不发生改变)；

③ 超过一定的限度，必然带来失真(如去掉圆木树皮、圆木变方木、加工圆木至标准长度等，这些措施都会使得圆木的形状发生改变)；

④ 允许的失真越大，压缩的比例也越大(极端情况下，圆木因初加工被抛弃，没有圆木需要运输)。

1.5 媒体信号压缩编码标准

国际标准化组织(ISO)、国际电工委员会(IEC)和国际电信联盟的电信标准部(IUT－T)陆续制定了各种媒体信号的压缩编码标准和建议，使得图1－1所示的多媒体数字通信系统的发展有了统一的依据，并在通信、计算机、广播电视等各个领域都取得了巨大成功，人们的生活进入一个内容多媒体化、传输网络化和处理计算机化为主要特征的数字多媒体时代。

1. 音频编解码标准

音频编码始于20世纪70年代的脉冲编码调制(PCM)，并按语音编码和音频编码两条路线发展。在音频编码方面，主要关键技术包括：心理声学模型、时频变换、窗切换、时域噪声整形、带宽扩展、立体声编码、空间音频编码，其发展历程如表1－1所示(详细内容见第8章)。在语音编码方面，主要关键技术包括：PCM、ADPCM、SB－ADPCM、线性预测、码激励线性预测(CELP)、代数码激励线性预测(ACELP)等，其发展历程如表1－2所示(详细内容见第7章)。

表1－1 主要的音频编码算法和标准

时 间	编 码 算 法	体 现 标 准
1982年	PCM	CD
1992年	心理声学模型、PQMF滤波器组、自适应量化、子带编码、时频变换、比特迟	MPEG－1音频层1/2/3
1997年	心理声学模型、时频变换、窗切换、时域噪声整形	MPEG－2/4 AAC
1999年	分级编码、多声道立体声编码、频谱复制	
2004年	ACELP/TCX、带宽扩展、参数立体声	AMR－WB+
2006年	空间音频编码(Spatial Audio Coding，SAC)	MPEG Surround

表1－2 主要的语音编码算法和标准

时 间	编 码 算 法	体 现 标 准
1972年	脉冲编码调制(Pulse-Code Modulation，PCM)，每秒采样8000次；每次采样为8 bit个位，总共64 kb/s	G.711
1988年	SB－ADPCM子带－自适应差分脉冲编码(Sub-Band Adaptive Differential Pulse Code Modulation)	G.722
1988年	RPE－LTP，规则脉冲激励－长时预测－线性预测编码(Regular Pulse Excited-Long Term Prediction-Linear Predictive Coding)	GSM
1991年	VSELP向量和激励线性预测编码(Vector Sum Excited Linear Prediction)	IS－54、JDC(美数字蜂窝)
1996年	CS－ACELP共轭结构－代数码激励线性预测编码Conjugate Structure-Algebraic Code Excited Linear Prediction	G.729
2000年	代数码激励线性预测(ACELP)	AMR－WB

2. 图像与视频编码

图像与视频编码最早出现于1948年Shannon和他的两个学生Oliver与Pierce联合发表的对电视信号进行脉冲编码调制的论文中，这标志着数字图像与视频压缩编码技术的开端。1969年，在美国举行的首届“图像编码会议(Picture Coding Symposium)”表明图像编码以独立的学科跻身于学术界。近半个世纪以来，图像以视频压缩编码技术早已走出实验室，广泛应用于信息社会的各个领域，其典型代表如表1-3所示(详细内容见第9章)。

表1-3 主要的媒体信号压缩编码标准及应用

标准名称	关键技术	适用范围	典型应用
ISO/IEC 14492 (JBIG-2)	基于模型的编码、字典搜索、软模块匹配等技术	二值图像	传真、WWW图像库
ISO/IEC 10918 (JPEG)	变换编码、Huffman编码、预测编码	连续色调静止图像	彩色图像、图像编辑、数码相机
ISO/IEC 15444 (JPEG 2000)	小波变换、面向对象编码、优化截取嵌入块编码EBCOT	连续色调静止图像	Internet、移动通信、医学图像、数字图书馆、电子商务
ITU-T H.261	DCT、自适应量化、Huffman编码、运动估计与补偿	活动图像	ISDN视频会议/可视电话
ITU-T H.263	H.261全部技术、双向预测、半像素运动估计、算术编码	活动图像	PSTN视频会议/可视电话
ISO/IEC 11172 (MPEG-1)	JPEG全部技术、I/P/B帧、双向预测、半像素运动估计	活动图像及伴音	光盘存储、VCD、VOD、视频监控、网络音频MP3
ITU-T ISO/IEC 13818(MPEG-2)	MPEG-1全部技术、帧/场、质量可扩展的编码、容错编码	活动图像及伴音	DVD、VOD、DVB、DTV/HDTV、AAC
ISO/IEC 14496 (MPEG-4)	MPEG-2全部技术、对象编码、小波变换、动态网格编码	多媒体音像数据	Internet与移动通信的视频、交互视频、可视编辑
ITU-T H.264 (MPEG-4 Part10)	分级编码、算术编码、整数变换、帧内预测、可变图像块、多帧参考	各种活动图像	H.261/H.263和MPEG-1/2应用的替代
中国先进音视频编码 AVS	与H.264类似	活动图像及伴音	H.264应用的替代

习题与思考题

1-1　媒体信号编码的作用是什么？

1-2　为什么媒体信号传输或存储时要进行压缩编码？

1-3　媒体信号压缩编码技术如何分类？

1-4　媒体信号压缩编码标准有哪些？

1-5　实际生活中，我们会碰到哪些媒体信号压缩的例子。

第 2 章　媒体信号分析及编码系统评价

为了对语音、音频、图像与视频等常见模拟媒体信号进行有效分析、处理和存储，首先应将其数字化，使其在幅度、时间或空间上都离散化，得到数字媒体信号，然后才能利用数字信号处理知识和信源编码理论进行压缩编码。本章主要介绍两个问题：一是如何进行各种类型的媒体信号的数字化；二是如何评价媒体压缩编码系统的性能优劣。

2.1　媒体信号的量化

2.1.1　媒体信号的数字化

图 2-1 是模拟信号数字化系统的一般框图，它由抗混叠滤波器和 A/D 转换电路两部分组成。抗混叠滤波器的作用主要是滤除信号中的多余成分，使其满足采样定理的要求。A/D 转换电路完成实际的模拟信号数字化过程，一般由采样(时间离散化)、量化(幅度离散化)和编码三个过程组成。A/D 转换有两个关键参数，即采样频率和量化位宽(每个样点的量化比特数)。一般采样频率根据采样定理决定，量化位宽根据允许的失真决定。

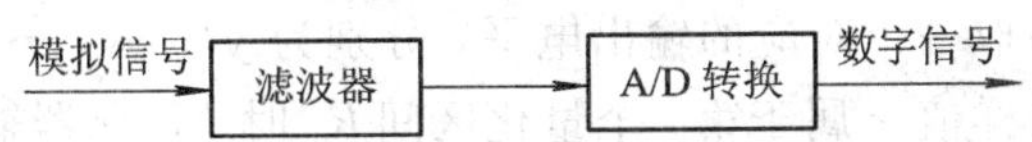

图 2-1　模拟信号数字化的一般框图

媒体信号作为模拟信号中的一种，也按照图 2-1 所示的过程进行数字化。在媒体信号的数字化过程中，一般要遵守一维或二维采样定理，它们分别如下所示。

【定理 2-1】(一维采样)　如果模拟信号 $g(t)$的频率 f 限制在$|f|\leqslant f_c$，则只要采样频率满足 $f_s>2f_c$，就可以通过截止频率为 f_c的理想低通滤波器将所采样准确地恢复成原始信号。

【定理 2-2】(二维采样)　若二维信号 $f(x, y)$的空间频率 u 和 v 分别限制在$|u|\leqslant U_c$和$|v|\leqslant V_c$，那么只要采样周期 Δx、Δy 满足 $\Delta x<\frac{1}{2U_c}$和 $\Delta y<\frac{1}{2V_c}$，就可以准确地由采样信号恢复该信号。

需要指出的是，由于在实际应用中无法做到理想采样和理想低通滤波器，因而经过 A/D 转换后，是不可能无失真地恢复出原始的模拟信号的。

媒体信号采样后的量化是媒体信号数字化的核心环节，也是现代媒体信号压缩编码技术中的基本技术。采样定理确定了恢复模拟信号所必需的最低采样频率，即每秒的采样数已经确定。因此数字信号的数据率或信噪比在采样频率确定后，主要取决于本节要讨论的量化问题。**量化系统设计中的关键问题是：对一定质量(保真度)要求来说，至少需要多大的数据速率(即每秒或每个采样的比特数)；或者说在限定比特率情况下，其量化噪声有多大。**

2.1.2 量化的基本概念

量化的目的是使信号的幅值离散化，量化的过程始于采样。每一次采样都得到一个采样值，理论值域为一维坐标轴上的一段区间甚至整个坐标轴。量化器要完成的功能就是按一定的规则对采样值做近似表示，使经过量化器输出的幅值为有限个数。

量化器的一般数学公式可以表示为

$$Y = Q(X) \tag{2-1}$$

其中，$X\in(a, b)$，$Y=\{y_1, y_2, \cdots, y_N\}$，即 X 的定义域为一段连续区间，而 Y 的值域为 N 个数的集合；Q 为量化函数，N 为量化级数。

从式(2-1)可以看到，量化是一个从连续区间到有限集合的映射，因而量化必然是一个不可逆过程，即经过量化后的信号不可能精确恢复为原来的采样值。这就是说，量化过程一定会产生误差，该误差一般称为量化噪声。

量化主要分为无记忆量化和有记忆量化。对于无记忆量化，其输出仅由当前的采样值决定，与以前的采样值无关；对于有记忆量化，其输出不仅与当前的采样值有关，而且与以前的采样值也有关。

一个无记忆的 N 级量化器 Q 可描述如下：

① 设置 $N+1$ 个采样判决点 $x_0, x_1, \cdots, x_N$；其中 x_0 为信号最小值(或者为 $-\infty$)，x_N 为信号最大值(或者为 $+\infty$)；

② 这 $N+1$ 个点将输入空间分割成 N 个量化区间 $R_i=\{x_{i-1}<x\leqslant x_i\}(i=1,2,\cdots,N)$，并在这 N 个量化区间各取一个对应的输出电平，分别为 $y_1, y_2, \cdots, y_N$；

③ 当输入信号的采样值 x 属于第 i 个量化区间 R_i 时，量化器输出 y_i。

这样，量化器 Q 就把幅度连续的输入映射成离散的 N 个输出，图 2-2 为最简单的无记忆量化器的输入/输出特性。

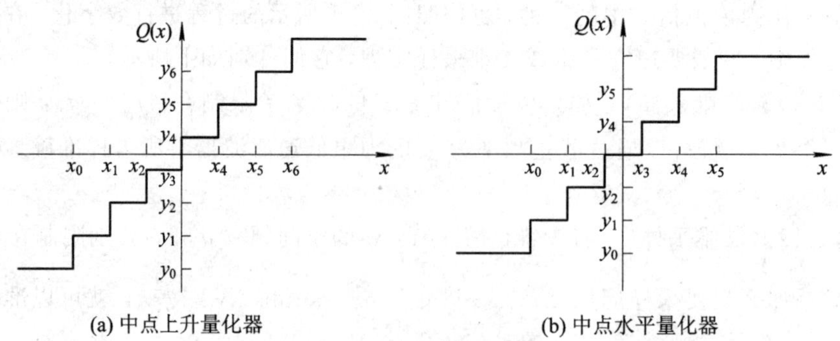

图 2-2 量化器特性

前面已经说过，以有限个离散值近似表示无限个连续值，一定会产生误差，这个误差称为量化误差。量化误差的数学表示是量化器的输出与原始信号的差值，即

$$e(x) = Q(x) - x \tag{2-2}$$

它与输入信号是一种非线性关系，如图 2-3 所示。

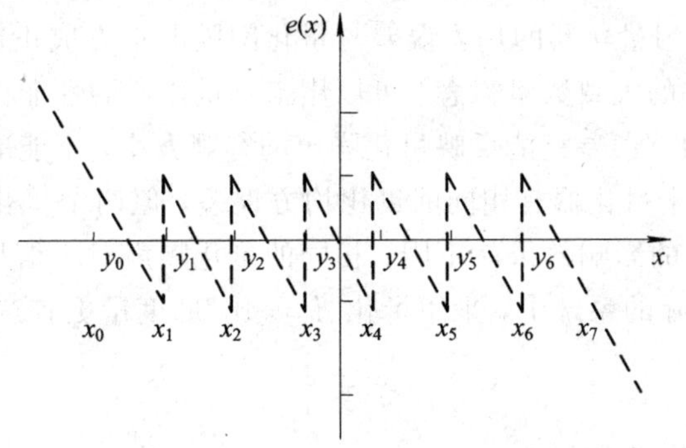

图 2-3　量化误差的非线性特性

图 2-3 中，输出电平取区间中点电平。由图 2-3 可见，当输入样值 x 在区间(x_0, x_7)内时，噪声表现为“颗粒噪声”，其值有限。颗粒噪声得名于当信号均值正好等于量化区间的判决电平 x_k 时，输入信号幅度稍低于 x_k，量化器输出 y_{k-1}；输入信号稍高于 x_k，量化器输出 y_k。也就是说，此时输入信号微小的变化会造成量化器输出在两个相邻的量化级之间跳变。虚假的输出信号的峰值差 $y_k - y_{k-1}$ 为矩形波，它严重放大了输入信号的变化。这种矩形波的假输出在图像中的表现类似于点状噪声，所以称为颗粒噪声。当输入样值落入区域 $x \leqslant x_0$ 或 $x > x_7$ 时，噪声表现为“过载噪声”，其值可能为无限大。一般来说，出现无限大的“过载噪声”的概率极小，因此“过载噪声”不会很大。一般称判决点 x_0 和 x_7 为“过载点”。

总的量化噪声应该是颗粒噪声和过载噪声之和，其大小与信号的概率分布密度 $p(x)$、量化级数 N、过载点选择及量化方法相关。量化系统的量化噪声一般通过量化误差的均方误差来度量，即将量化误差当做一种随机变量，其均方误差计算为

$$D = \int_{-\infty}^{+\infty} [Q(x) - x]^2 p(x)\, \mathrm{d}x \tag{2-3}$$

若假设“过载区”的 $p(x)$近似为 0，即输入信号的样值在过载区的概率可以忽略，另外假设量化级数 N 足够大，使得量化区域间隔 $\Delta_i = x_i - x_{i-1}$ 足够小，即对每一个小区域来说，$p(x)$几乎相等，并用 $p(y_i)$来表示，其中 y_i 取区间的中点坐标值，$y_i = (x_i + x_{i-1})/2$。这时，式(2-3)可以化简为

$$\begin{aligned} D &= \sum_{i=1}^{N} \int_{x_{i-1}}^{x_i} (y_i - x)^2 p(x)\, \mathrm{d}x \\ &\approx \sum_{i=1}^{N} p(y_i) \int_{x_{i-1}}^{x_i} (y_i - x)^2\, \mathrm{d}x \\ &= \frac{1}{12} \sum_{i=1}^{N} p(y_i) \Delta_i^3 \end{aligned} \tag{2-4}$$

在采用均匀量化(量化区域是等间隔分布)时，$\Delta_i = \Delta$，于是式(2-4)可化简为

$$D = \frac{1}{12} \sum_{i=1}^{N} p(y_i) \Delta^3 = \frac{\Delta^2}{12} \sum_{i=1}^{N} p(y_i) \Delta \tag{2-5}$$

由于假设“过载区”的 $p(x)$近似为 0，因此有 $\sum_{i=1}^{N} p(y_i)\Delta = 1$，于是对于均匀量化有

$$D = \frac{1}{12} \Delta^2 \tag{2-6}$$

式(2－6)表明：均匀量化器的均方误差与量化间隔的平方成正比。这个式子也给出了量化器产生的量化误差的大致数量概念，可以用来对量化器的性能做粗略的估计和比较。

上面讨论的量化均方误差只能反映量化噪声的客观大小，不能准确反映它对信号的影响。举例来说，如果两个量化器有相同的量化均方误差，但两个量化器的输入信号大小不同，此时量化噪声产生的影响效果就不同。相同的量化噪声对小信号的影响要大于对大信号的影响。因此，在实际的系统中，采用量化"信噪比"的度量更有意义，它定义为

$$\frac{S}{N}=\frac{\sigma^2}{D} \tag{2-7}$$

或者采用"分贝信噪比"，它定义为

$$\frac{S}{N}\,(\text{dB})=10\lg\frac{\sigma^2}{D} \tag{2-8}$$

式(2－7)和式(2－8)中，σ^2 为量化器输入信号的方差，代表输入信号的平均能量；D 为量化器的均方误差，代表误差信号的能量。

现在我们来推导均匀量化的信噪比公式。首先，定义比值

$$\psi=\frac{V}{\sigma}$$

式中，ψ 为负载因子，V 为"过载点"电平，σ 为均方根信号电平。

于是均匀量化的量化间隔也可表示为 $\Delta=\frac{2V}{N}=\frac{2\psi\sigma}{N}$，代入式(2－6)，有

$$D=\frac{1}{12}\Delta^2=\frac{1}{12}\left(\frac{2\psi\sigma}{N}\right)^2=\frac{\psi^2\sigma^2}{3N^2} \tag{2-9}$$

将式(2－9)代入式(2－8)，且考虑到量化级数 N 与量化比特数 b 满足 $N=2^b$ 的关系，有

$$\begin{aligned}\frac{S}{N}\,(\text{dB})&=10\lg\frac{3N^2}{\psi^2}=10\lg\left(\frac{\sqrt{3}2^b}{\psi}\right)^2\\&=20b\lg2+20\lg\frac{\sqrt{3}}{\psi}\\&\approx 6.02b+4.77-20\lg\psi\ (\text{dB})\end{aligned} \tag{2-10}$$

式(2－10)说明由量化误差引起的信噪比与每个样值的量化比特数 b 成正比，比例系数近似为 6。也就是说，每增加一个量化比特，可以得到 6 dB 的信噪比改善。这个结论对非均匀量化器也成立。同时，负载因子 ψ 的选择对信噪比也有影响，当选定 ψ 后，信噪比表现为一个常数项。

2.1.3 压扩量化

由于实际信号的分布并不均匀，因此上面讨论的均匀量化器在大部分情况下性能并不理想。比如语音信号的分布，它表现为低电平信号的概率远远大于高电平的概率。于是人们想到用非均匀间隔的量化器来改善性能，其基本思想是概率出现大的信号电平区间量化间隔小，概率出现小的信号电平区间的量化间隔大，从而使总体的量化噪声减小。

实现时，先用一个非线性函数 $y=F(x)$ 将信号"压缩"，然后进行均匀量化；恢复时，用该非线性函数的逆函数 $x=F^{-1}(y)$ 对量化值进行"扩展"就可得到重建信号。压扩量化器的基本原理框图如图 2－4 所示。

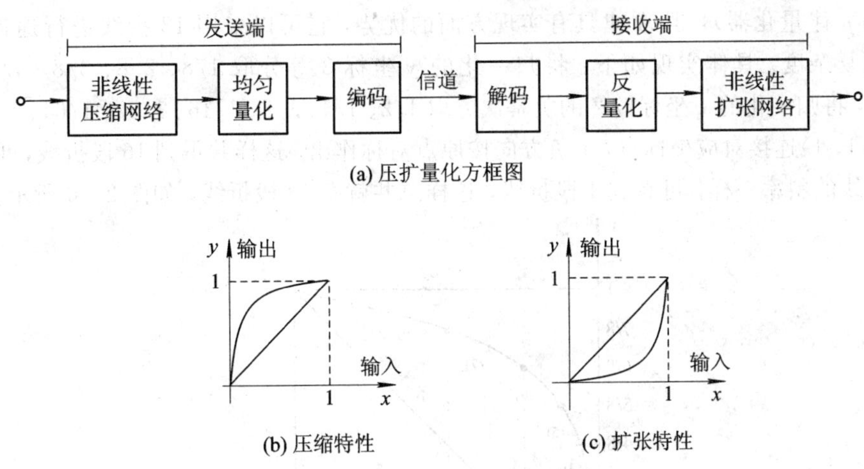

(a) 压扩量化方框图

(b) 压缩特性　　(c) 扩张特性

图 2-4　压扩量化原理框图

用作压缩信号的非线性函数 $F(x)$ 必须具有图 2-5 所示的函数图形。经过该函数变换后，均匀间隔被变换成低电平处间隔密（量化间隔 Δ 小）、高电平处间隔疏（量化间隔 Δ 大）的不均匀间隔分布。这样就造成低电平区间量化间隔密、量化噪声小，高电平区间量化间隔疏、量化噪声大。同时，由于信号出现低电平的概率大，出现高电平的概率小，因此总的量化噪声会减小，从而提高了量化信噪比。

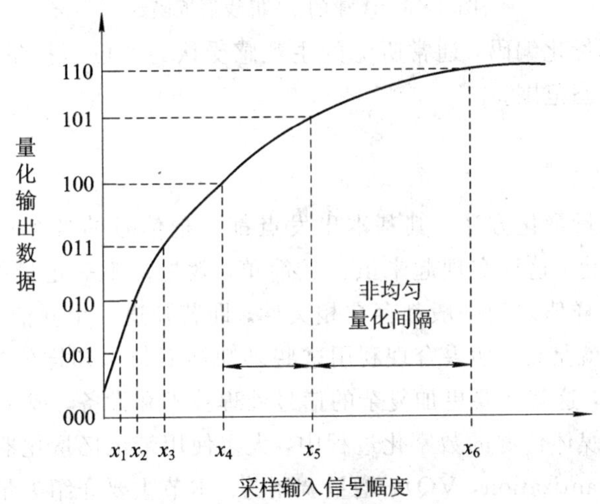

图 2-5　归一化的非线性函数 $F(x)$

压扩量化主要在语音压缩编码中使用，常用的压扩量化函数有两种：μ 律曲线和 A 律曲线。英、美、日、加拿大等国用 μ 律曲线，一般取 $\mu=255$，压扩函数如下：

$$F(x)=\frac{\ln(1+\mu x)}{\ln(1+\mu)} \tag{2-11}$$

我国和欧洲各国采用 CCITT 建议的 A 律曲线，一般取 $A=87.6$，压扩函数如下：

$$F(x)=\begin{cases}\dfrac{Ax}{1+\ln x} & \left(0\leqslant x<\dfrac{1}{A}\right)\\[2ex] \dfrac{1+\ln Ax}{1+\ln A} & \left(\dfrac{1}{A}\leqslant x\leqslant 1\right)\end{cases} \tag{2-12}$$

A 律与 μ 律性能差不多（在大信号区，A 律信噪比高于 μ 律；但在小信号区，A 律量化

器则不如 μ 律量化器)，但 A 律具有实现方面的优势，它可以采用 13 折线进行逼近，降低实现时的复杂度。具体实现如下：将归一化的 y 坐标 8 等分取 1/8、2/8、3/8、4/8、5/8、6/8、7/8，将归一化的 x 坐标按 2 的负幂次方取 1/2、1/4、1/8、1/16、1/32、1/64、1/128；从(0, 0)到(1, 1)连接对应坐标点，x 负方向按原点对称作出。这样共得到 16 段折线，但原点前后 4 段折线的斜率一样，可看成 1 段折线，这样总共就有 13 段折线，如图 2-6 所示。

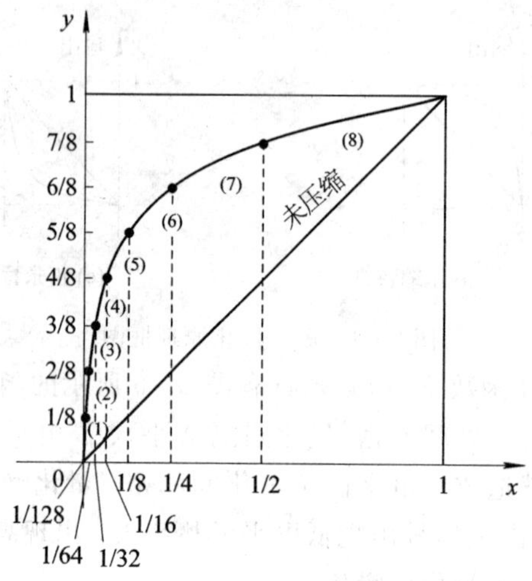

图 2-6　A 律的 13 折线逼近函数

对于语音的压扩量化编码，通常听觉的主观感受认为 8 位压扩量化有不低于 12 位均匀量化的信噪比及动态范围。

2.1.4　矢量量化

前面所讨论的标量量化方法，其基本出发点都是把信号的各个样值看成是彼此独立的，然后单个进行量化。这样实现起来虽比较简单，效果却不一定最好。这是因为大多数实际媒体信号的前后样值之间一般都存在相关性，即若知道一个样值，对其邻近样值也可以作出一些推断。也就是说，如果合理利用这些已知样值与未知样值的相关性，就能进一步压缩数据率。当然，这就需要更加复杂的信号处理技术和设备，成本也会增加。实际上，在语音、图像等实际媒体信源的数字化过程中，大多使用带记忆量化器，如预测差值编码、矢量量化(Vector Quantization，VQ)、增量调制等。本节主要介绍矢量量化的基本原理。

设 $\bar{\boldsymbol{x}}=(x_1, x_2, \cdots, x_K)^{\mathrm{T}}$ 为 K 维矢量，其分量 $\{x_i \mid 1 \leqslant i \leqslant K\}$ 为实的、幅值连续的随机变量。VQ 可以看做是一个 K 维矢量空间 $\mathscr{R}^K$ 到 $\mathscr{R}^K$ 的一个有限子集 $\mathscr{Y}$ 的映射，即

$$\boldsymbol{Q}: \mathscr{R}^K \rightarrow \mathscr{Y} \tag{2-13}$$

其中，$\mathscr{Y}=\{\boldsymbol{y}_i \mid i=1, 2, \cdots, N\}$，是一个重建矢量集，$N$ 为 $\mathscr{Y}$ 中的矢量个数。$\mathscr{Y}$ 中的每一个矢量 $\boldsymbol{y}_i=(y_{i1}, y_{i2}, \cdots, y_{iK})^{\mathrm{T}}$ 叫做码矢量。$\mathscr{Y}$ 叫做码书，码书的大小 N 也叫做电平数，这是借用标量量化的一个术语，也称为 N-电平码书或 N-电平量化器。

矢量量化器完全由码书 $\mathscr{Y}$ 与输入矢量空间 $\mathscr{R}^K$ 的分割 $\mathscr{P}=\{\mathscr{R}_1, \mathscr{R}_2, \cdots, \mathscr{R}_N\}$ 的一一对应来描述，其中，$\mathscr{R}_i$ 是 $\mathscr{R}^K$ 分割成的子空间，它满足：

$$\bigcup_{i=1}^{N} \mathscr{R}_i = \mathscr{R}^K, \quad \mathscr{R}_i \cap \mathscr{R}_j = \Phi, \quad \forall\, i \neq j \tag{2-14}$$

这样，映射 Q 可表示 $\mathscr{R}_i$ 与 $\boldsymbol{y}_i$ 的一一映射，即

$$Q(\boldsymbol{x}) = \boldsymbol{y}_i; \quad \boldsymbol{x} \in \mathscr{R}_i, \quad i = 1, 2, \cdots, N \tag{2-15}$$

图 2-7 是一个具有 10 个码矢量的二维矢量量化的例子($K=2$，$N=10$)。图中的黑点表示矢量 $\boldsymbol{y}_i$，虚线表示 $\mathscr{R}_i$ 的区间边界。处在 $\mathscr{R}_i$ 范围内的任何输入矢量都被量化为 $\boldsymbol{y}_i$。可以看到，矢量量化的压缩比例是非常大的，当然其失真也非常大。矢量量化的一个关键问题就是如何划分 $\mathscr{R}_i$ 的范围。

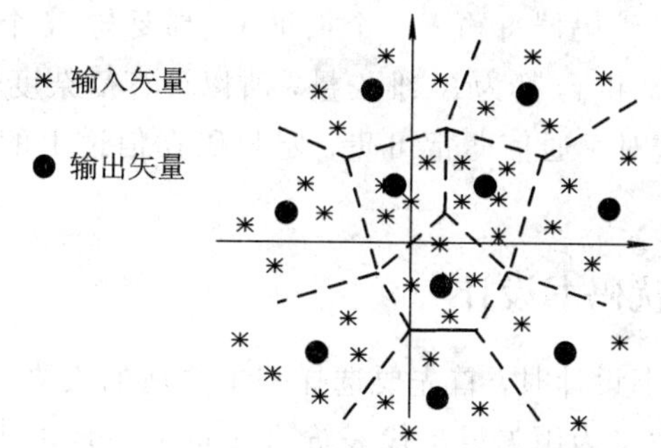

图 2-7　二维矢量量化实例

在实践中，一个矢量量化器可以看成是由编码器和解码器两个映射联合构成的，它们分别是：

$$C: \mathscr{R}^K \to \boldsymbol{I}; \quad D: \boldsymbol{I} \to \mathscr{Y} \tag{2-16}$$

其中，$\boldsymbol{I}=\{i \mid 1 \leqslant i \leqslant N\}$ 是标号集，每个标号集对应着一个码矢量 $\boldsymbol{y}_i$。

编码器计算输入矢量 $\boldsymbol{x}$ 与码书中的每一个码矢量之间的失真，然后输出一个由$Q(\boldsymbol{x})$根据最近邻准则(比如最小失真准则)指定的码矢量 $\boldsymbol{y}_i$的标号 i。解码器根据接收到的标号 i 从与编码器完全相同的码书中找到码矢量 $\boldsymbol{y}_i$，并用 $\boldsymbol{y}_i$代替输入矢量 $\boldsymbol{x}$，作为输出矢量 $\boldsymbol{x}'$。VQ 的基本结构如图 2-8 所示。

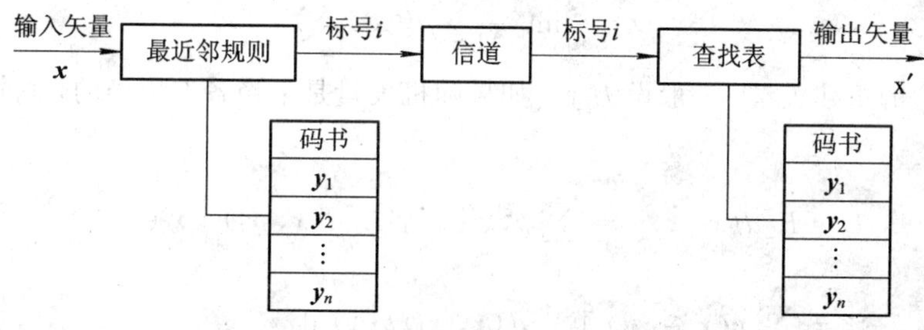

图 2-8　VQ 的基本结构

VQ 可以这样形象地近似为：全部输入矢量空间 $\mathscr{R}^K$ 构成一本有 N 页的字典，而字典的每页有唯一的代表码字 $\boldsymbol{y}_i$，其中 i 代表字典的页码。由于收、发双方有同样的字典，故发方无需将具体汉字 $\boldsymbol{x}$(输入矢量)告诉收方，只需告诉其所在的页码 i，因此收方在收到这个矢量所在的页码 i 后，虽然不能精确知道这个汉字是什么，但可以得知这个汉字的近似表示 $\boldsymbol{y}_i$。由于一个 $\boldsymbol{y}_i$可能近似表示许多个 $\boldsymbol{x}$，因此 VQ 的压缩能力非常强。VQ 的比特率为

$$R = \frac{\text{lb}N}{K} \tag{2-17}$$

式中，lb$N$代表编码每个矢量所需要的编码比特数；K代表每个矢量所包含的采样数，当$K=1$时，矢量量化就退化为标量量化。

综上所述，VQ具有如下特点：

(1) 压缩能力强，压缩比可以精确预知。

(2) 一定产生失真，失真大小主要取决于$\mathscr{R}^K$划分得是否精细。划分得越细，失真就越小，码书的容量就越大，比特率也就越大。

(3) 编码器复杂度高。编码器每输入一个矢量$\boldsymbol{x}$，都要与N个码矢量$\boldsymbol{y}_i$逐一比较，以确定$\boldsymbol{x}$与谁最接近。由于$\boldsymbol{x}$和$\boldsymbol{y}_i$都为K维矢量，所以计算复杂度非常高。

(4) VQ是定长码，这对于通信非常可贵。定长码在信道上的可靠传输比变长码易于实现。

2.1.5 矢量量化的最优码书设计

在进行矢量量化的码书设计时，首先要选择一个合适的失真测度。失真测度用代价函数$d(\boldsymbol{x}, \boldsymbol{y})$表示，其物理意义为用矢量$\boldsymbol{y}$代表输入矢量$\boldsymbol{x}$造成的失真。一个理想的失真测度应该具有如下性质：

(1) 具有主观上的意义，即失真大小与信号的主观质量一致；

(2) 容易处理，适于数学分析，便于实际实现；

(3) 运算量小。

常用的失真测度函数为

$$d_\nu(\boldsymbol{x}, \boldsymbol{y}) = \sum_{i=1}^{K} | \boldsymbol{x}_i - \boldsymbol{y}_i |^\nu \tag{2-18}$$

式中，K为矢量维数，ν通常取1(绝对误差)或2(称平方误差或欧几里德失真)。

在一般情况下，在给定失真测度函数后，可以定义一个总平均失真D，即

$$D = \lim_{M\to+\infty} \frac{1}{M}\sum_{i=1}^{M} d(\boldsymbol{x}_i, \hat{\boldsymbol{x}}_i) \tag{2-19}$$

其中，$\hat{\boldsymbol{x}}_i$是$\boldsymbol{x}_i$的重建矢量，一般设为$\boldsymbol{y}_i$。如果随机矢量是平稳各态历经的，则式(2-19)可以简化为

$$\begin{aligned} D &= E[d(\boldsymbol{x}, \hat{\boldsymbol{x}})] = \sum_{i=1}^{N} p(\boldsymbol{x} \in \mathscr{R}_i) E[d(\boldsymbol{x}, \boldsymbol{y}_i) \mid \boldsymbol{x} \in \mathscr{R}_i] \\ &= \sum_{i=1}^{N} p(\boldsymbol{x} \in \mathscr{R}_i) \int_{x\in\mathscr{R}_i} d(\boldsymbol{x}, \boldsymbol{y}_i) p(\boldsymbol{x})\, \mathrm{d}x \end{aligned} \tag{2-20}$$

其中，$\boldsymbol{y}_i$是子区间$\mathscr{R}_i$的码矢量，$p(\boldsymbol{x}\in\mathscr{R}_i)$是$\boldsymbol{x}$落入$\mathscr{R}_i$的概率，$p(\boldsymbol{x})$是$\boldsymbol{x}$的多维概率密度函数。

要想实现最优矢量量化，必须要得到一个能将平均失真D降为最小的包含N个码矢量的码书。如果没有其他的码书能达到比所设计的码书更低的平均失真，那么该码书就是最优码书。最优码书设计是一个非线性问题，为解决这个问题，一般要利用如下两个必要条件：

(1) 对于被量化的矢量$\boldsymbol{x}$，最优量化器选择的码矢量$\boldsymbol{y}_i$应能使$\boldsymbol{x}$和$\boldsymbol{y}_i$间的失真最小，即

$$Q(\boldsymbol{x}) = \boldsymbol{y}_i, \quad \text{iff } d(\boldsymbol{x}, \boldsymbol{y}_i) \leqslant d(\boldsymbol{x}, \boldsymbol{y}_j), \quad \forall j \neq i, 1 \leqslant i, j \leqslant N \tag{2-21}$$

(2) 每个码矢量 $\boldsymbol{y}_i$必须能使子区间 $\mathscr{R}_i$内的平均失真 D 最小，即 $\boldsymbol{y}_i$能使

$$D = E[d(\boldsymbol{x}, \boldsymbol{y}_i) \mid \boldsymbol{x} \in \mathscr{R}_i] = \int_{x \in \mathscr{R}_i} d(\boldsymbol{x}, \boldsymbol{y}_i) p(\boldsymbol{x})\, \mathrm{d}x \tag{2-22}$$

最小。这个码矢量称为子区间 $\mathscr{R}_i$的矩心或质心，并记为 $\boldsymbol{y}_i = \text{cent}(\mathscr{R}_i)$。

条件(1)给出了由失真测度 $d(\boldsymbol{x}, \boldsymbol{y}_i)$与所有的码矢量 $\boldsymbol{y}_i(1 \leqslant i \leqslant N)$一起确定了全部子区间 $\mathscr{R}_i(1 \leqslant i \leqslant N)$的方法。条件(2)给出了一个由 $\mathscr{R}_i$和失真测度 $d(\boldsymbol{x}, \boldsymbol{y}_i)$确定 $\boldsymbol{y}_i$的方法。这两个条件说明，对于给定的一个失真测度 $d(\boldsymbol{x}, \boldsymbol{y}_i)$，码矢量和子区间划分彼此是不独立的。事实上，码矢量确定后，子区间划分也随之确定；反之也一样。因此，在码书中仅有码矢量本身已经足够了，不需要在码书中存储关于子区间划分的有关信息。

这两个条件还提供了一个设计最优量化器(最优码书)的迭代步骤。假设从一个码书 $\mathscr{Y}$ 的初始估计开始，给定 $\boldsymbol{y}_i$和失真度测量 $d(\boldsymbol{x}, \boldsymbol{y}_i)$，从理论上可以确定 $\mathscr{R}_i$。具体步骤是：

(1) 对于所有可能的 $\boldsymbol{x}$ 值，利用式(2-21)，确定相应的 $\boldsymbol{y}_i$，这样就得到一个 $\mathscr{R}_i$的估计。

(2) 利用式(2-22)计算 $\mathscr{R}_i$的矩心，这样得到的矩心是码矢量 $\boldsymbol{y}_i$的一个更新估计值。

(3) 利用这个更新的码书重新计算，程序依此迭代运行。

但是上述迭代程序在实际应用中存在两个方面的问题：首先它要求对所有可能的 $\boldsymbol{x}$ 确定 $\boldsymbol{y}_i$；其次，在计算中用到 $\boldsymbol{x}$ 的多维概率密度函数 $p(\boldsymbol{x})$在实际应用中经常无法得到精确的估计。考虑到这些实际困难，在设计矢量量化器码书时经常会使用一组训练数据，利用训练数据代表需要量化编码的实际数据，矢量量化的码矢量(码书)和区间划分通过重复利用这些训练数据迭代产生。

2.2　媒体信号的数字化

媒体是承载信息的载体，是信息的表示形式。媒体客观地表现了自然界和人类活动中的原始信息。媒体主要的表现形式有语音、音频、文字、图像、图形、动画、视频等，它们在自然界以模拟信号的形式存在。要想对它们进行处理，首先要将模拟媒体信号转换为数字媒体信号，即媒体信号的数字化。

2.2.1　声音信号的数字化

从物理上说，声音是人耳可听见的振动波，是随时间连续变化的物理量。数学上，声音信号可由一维连续函数 $f(t)$来描述。声音信号按频率可分为三类：次声(频率低于 20 Hz)、超声(频率大于 20 kHz)和可听声。次声和超声这两类声音是人耳听不到的；人耳可以听到的声音是频率在 20 Hz～20 kHz 之间的声波，称为可听声，本书所指的声音信号就是这一类声音。声音信号的数字化由时间和幅值离散化组成，时间离散化由采样完成，幅值离散化由量化完成。数字化后的声音信号的原始比特率 I 计算如下：

$$I = f_s \times R \quad (\text{bit/s 或 b/s}) \tag{2-23}$$

其中，f_s为采样频率，一般按一维采样定理的要求取 2 倍信号最高频率；R 为每个样值采用二进制编码需要的位数，也就是量化器的量化比特数 b。常见声音信号数字化时的采样与量化比特数如表 2-1 所示。

表 2-1 数字化声音格式

声音分类	频率范围 /Hz	采样频率 /kHz	量化精度 /bit	声道数	数码率 /(kb/s)
语音	200～3400	8	8	1	64
AM 调幅广播	50～7000	11.025	16	1	176.4
FM 调幅广播	20～15 000	22.05	16	2	705.6
CD 音频	10～20 000	44.1	16	2	1411.2
DVD 音频	10～20 000	48	16	2	1536

2.2.2 图像信号的数字化

图像信号是二维信号，它存在空间离散化和幅值离散化；对于视频信号，还存在时间离散化。下面以最简单的灰度静止图像讨论图像数据的数字化问题。

一个二维灰度静止图像可以用一个二维连续函数 $f(x, y)$ 来表示，其中 (x, y) 为二维空间域中直角坐标系的坐标，如图 2-9 所示。图中的坐标轴与常用坐标轴相比，顺时针旋转了 90°，这是因为在图像中一般用 x 坐标表示扫描行数，用 y 坐标表示扫描行中各列的位置，这样会在处理中带来一定方便。$f(x, y)$ 是这个二维图像的亮度值（亮度用来描述光作用于人眼时所引起的明亮程度）。

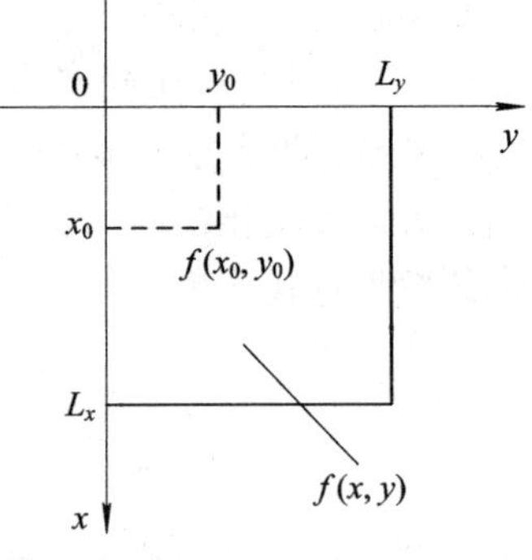

图 2-9 二维静止图像的数学表达

图像的亮度值是非负的有界值，它总满足

$$0 \leqslant f(x, y) < \text{某个常数} \tag{2-24}$$

此外，假设这个图像是矩形，即满足

$$\begin{cases} 0 \leqslant x < L_x \\ 0 \leqslant y < L_y \end{cases}$$

其中，L_x 和 L_y 分别为二维静止图像的高和宽。对于灰度视频，只需要将式(2-24)中的 $f(x, y)$ 写为 $f(x, y, t)$，其中，t 为时间变量。

图像的数字化可分为两步：第一步将二维图像 $f(x, y)$ 在二维空间域离散化，即空间采样；第二步将经过空间采样后的亮度值 $f(i, j)$ 进行幅值离散化，即量化。图像在二维空间域中采用的采样结构有多种，最常用的是正交结构，如图 2-10(a)所示，但也有采用斜交结构的，如图 2-10(b)所示。

图像经过空间采样后，连续的 $f(x, y)$ 函数变为幅值连续的离散函数 $f(i, j)$，一个离散点对应一个像素。那么，从理论上讲，扫描行(或列)方向上的像素总数 M(或 N)应该取多大数值，才能保证 $M\times N$ 个像素可以不失真地恢复为原始图像 $f(x, y)$ 呢？解决这个问题要用到二维空间域采样定理，它是一维时间域采样定理的推广。

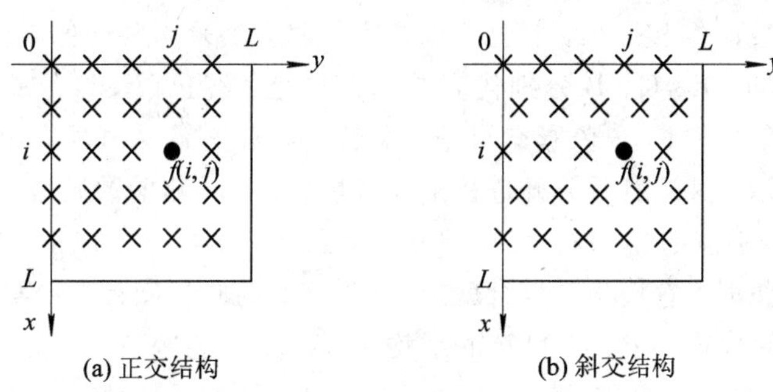

(a) 正交结构　　(b) 斜交结构

图 2-10　二维静止图像的空间采样结构

假设 $f(x, y)$ 的 x 和 y 轴方向上的空间域频率分别为 u 和 v。由于受图像空间域实际变化或观测仪器或视觉心理的限制，u 和 v 总是有界的，它们满足：

$$|u| \leqslant u_0, \quad |v| \leqslant v_0$$

其中，u_0 和 v_0 为常数，分别代表 u 和 v 的上限。根据二维空间采样定理，对二维图像 $f(x, y)$ 采样要求 $f(i, j)$ 的 $M \times N$ 个采样点的采样密度满足

$$\frac{M}{L_x} \geqslant 2u_0, \quad \frac{N}{L_y} \geqslant 2v_0 \tag{2-25}$$

才不致发生 $f(i, j)$ 的二维空间域频谱的相互混叠现象，并由 $f(i, j)$ 不失真恢复原始图像 $f(x, y)$。

图像数字化的第二步，是将空间上离散的函数 $f(i, j)$ 的数值，由连续值经过数值量化过程变为离散值，这就是前面讨论的量化过程。图像中常用的量化过程是均匀量化，并且一般取 $R=8$ bit，即一个采样点用 8 bit 进行量化。

对于视频信号，还存在一个时间离散化的问题。在视频信号的时间离散化过程中，利用了人眼的视觉滞留现象，即指当人眼所看到的影像消失后，人眼仍能继续保留其影像 1/24 秒左右的图像。利用人眼的视觉滞留效应，一般每秒采样 25 帧以上图像，然后在 1 秒内将这些图像按顺序播放，人眼就认为这些图像是运动且连续的。

综上所述，视频信号数字化后的数码率 I 公式可表示如下：

$$I = M \times N \times R \times f_s \tag{2-26}$$

其中，$M \times N$ 为帧图像的像素点数，R 为每个像素的量化比特数，f_s 为帧频。常见视频信号数字化时的采样与量化格式如表 2-2 所示。

表 2-2　常见视频信号的数字化

视频种类	空间分辨率	量化精度	每秒帧数	数码率/(Mb/s)
CIF 格式亮度信号	352×288	8	30	24.33
SDTV 亮度信号	720×576	8	25	82.94
HDTV 亮度信号	1920×1080	8	60	995.3

注：CIF（公用中间分辨率格式，Common Intermediate Format）、SDTV（标准清晰度电视，Standard Definition Television）。

2.2.3　图像的色彩空间

上面讨论的图像和视频数码率公式主要是针对灰度图像和视频的，但实际生活中，我

们接触更多的是彩色图像和视频。彩色图像数字化时主要采用两种色彩空间：RGB 色彩空间和 YC_bC_r 色彩空间。R、G、B 分别代表光的三原色：红色(Red)、绿色(Green)和蓝色(Blue)。当彩色图像是在 RGB 色彩空间进行采样时，首先需要通过 3 组传感器将红、绿、蓝三种色彩分量提取出来，然后分开进行采样和量化，每一路的数码率公式如式(2-26)所示。显示时，需要分别按照红、绿、蓝三种分量的强度显示每一个像素。当人们在一定距离观看独立的色彩分量时，它们相互混合就产生了"真实的彩色图像"。YC_bC_r 的 Y 代表图像亮度信号，它是不同权重的 R、G 和 B 的平均；C_bC_r 则为色差信号，每一个色差信号表示了 RGB 与 Y 的差。因此，RGB 和 YC_bC_r 色彩空间是可以互相转换的，具体如下：

$$\begin{cases} Y = k_r R + k_g G + k_b B \\ C_b = B - Y \\ C_r = B - R \\ C_g = G - Y \end{cases} \tag{2-27}$$

注意到，转换前只有 3 个独立分量，转换后有 4 个分量。根据矩阵代数理论可知，Y、C_b、C_r 和 C_g 这 4 个量只有 3 个是独立分量，第 4 个可以用其他三个线性函数表示，通常取 Y、C_b 和 C_r 这 3 个量。在 RGB 色彩空间，3 种颜色分量的重要性相同，所以必须采用相同的精度表示它们。但是通过对人类的视觉心理进行研究，科学家发现人类视觉系统(HVS)对色度的敏感度低于亮度。这就是说，我们可以用比 Y 更低的分辨率来表示和存储 C_bC_r。这样就可以大量减少数据的同时对图像/视频的视觉质量没有明显的影响，因此视频图像一般采用 YC_bC_r 色彩空间，这也是视频图像压缩编码中简单有效的方式之一。

ITU-R 推荐的 BT.601 建议中定义的 RGB 和 YC_bC_r 互相转换的公式为

$$\begin{cases} Y = 0.299R + 0.587G + 0.114B \\ C_b = 0.564 \times (B - Y) \\ C_r = 0.713 \times (R - Y) \end{cases} \tag{2-28}$$

$$\begin{cases} R = Y + 1.402C_r \\ G = Y - 0.344C_b - 0.714C_r \\ B = Y + 1.772C_b \end{cases} \tag{2-29}$$

2.2.4 计算机常见图像格式

1. BMP

BMP(Basic Multilingual Plane)是一种与硬件设备无关的图像文件格式，使用非常广泛。BMP 采用位映射存储格式，除了图像深度(每个像素的量化比特数)可选以外，一般不采用其他任何压缩算法，因此 BMP 文件所占用的存储空间很大。BMP 文件的图像深度可选 1 比特(单色)、4 比特(16 色)、8 比特(256 色)及 24 比特(真彩色)。BMP 文件存储数据时，图像的扫描方式按从左到右、从下到上的顺序进行。典型的 BMP 图像文件由四部分组成：

(1) 位图文件头数据结构，包含 BMP 图像文件的类型、显示内容等信息；

(2) 位图信息数据结构，包含 BMP 图像的宽、高、压缩方法，以及定义颜色等信息，对 16 色或者 256 色图像，可以采用游程编码(RLE)方法进行压缩；

(3) 调色板，这个部分是可选的，有些位图需要调色板，有些位图(比如真彩色图)就不需要调色板；

(4) 位图数据，这部分的内容根据 BMP 位图使用的位数不同而不同。在 24 位图中直接使用 RGB，而其他小于 24 位的图则使用调色板中的颜色索引值。

2. GIF

GIF(Graphics Interchange Format，图像互换格式)是 CompuServe 公司于 1987 年开发的图像文件格式。GIF 文件的数据是一种基于字典编码(LZW 算法)的连续色调的无损压缩格式，其压缩率一般在 50%左右。GIF 格式的另一个特点是其在一个 GIF 文件中可以存放多幅彩色图像，如果把存于一个文件中的多幅图像数据逐幅读出并显示到屏幕上，就可构成一种最简单的动画，即 GIF 图片可以以简单动画的方式显示出来。GIF 格式只支持 256 色，如果图像颜色深度多于 256 色，则必须先将其处理成 256 色。

GIF 格式自 1987 年开发以来，因其颜色深度少且经过一定的压缩，所以文件较小而图像质量尚可，特别适合于初期慢速的互联网。然而，256 色的限制大大局限了 GIF 文件的应用范围，如彩色相机、高质量图像等，因此 GIF 格式普遍适用于图表、按钮等只需少量颜色的图像。

3. JPG

JPG 的全名是 JPEG(Joint Photographic Experts GROUP，联合图像专家小组)，它是由国际标准组织 ISO 和国际电话电报咨询委员会 CCITT 为静态图像所建立的第一个国际数字图像压缩标准，也是至今一直在使用的、应用最广的图像压缩标准。JPEG 主要面向有损压缩，因此压缩比可以达到其他传统压缩算法无法比拟的程度。

JPEG 是一种支持 8 位和 24 位色彩的压缩位图格式，与平台无关，支持可变级的压缩，从而可以得到不同的文件大小。一般来说，图像质量与文件大小成比例，压缩比高则文件小，图像质量也相对下降；反之，则图像质量提高。也就是说，如果追求高品质的图像，则不宜采用过高压缩比例。

JPEG 压缩比率可以高达 100∶1，它可在 10∶1～20∶1 的压缩比率范围内轻松地压缩文件，而图片质量不会明显下降。JPEG 压缩可以很好地处理写实摄影作品。但是，对于颜色较少、对比级别强烈、实心边框或纯色区域大的较简单的作品，JPEG 压缩无法提供理想的结果。JPEG 的升级版为 JPEG 2000，其压缩率比 JPEG 约高 30%，同时支持有损压缩和无损压缩，具有流式浏览等新特点。

4. TIFF

TIFF(Tagged Image File Format，标签图像文件格式)是一种复杂的位图文件格式。TIFF 是基于标记的文件格式，它广泛地应用于对图像质量要求较高的图像的存储与转换。由于 TIFF 的结构灵活和包容性大，已成为图像文件格式的一种标准，绝大多数图像系统都支持这种格式。

TIFF 最初的设计目的是为 20 世纪 80 年代中期桌面扫描仪厂商提供的一个公用扫描图像文件格式。在刚开始的时候，TIFF 只是一个二值图像格式，因为当时的桌面扫描仪只能处理这种格式。随着扫描仪的功能越来越强大，并且桌面计算机的磁盘空间越来越大，TIFF 逐渐支持灰阶图像和彩色图像。

TIFF通过在文件头中包含“标签”使它能够在一个文件中处理多幅图像和数据。标签能够标明图像的基本信息，如图像大小等空间分辨率信息、定义图像数据是如何排列的以及是否使用了各种各样的图像压缩选项。TIFF可以包含JPEG和游程长度编码压缩的图像。TIFF文件也可以包含基于矢量的裁剪区域(剪切或者构成主体图像的轮廓)。使用无损格式存储图像的能力使TIFF文件成为图像存档的有效方法。与JPEG不同，TIFF文件可以被编辑后重新存储，而不会有压缩损失。

5. PNG

PNG(Portable Network Graphic Format，便携网络图像格式)的目的是试图替代GIF和TIFF文件格式，同时增加一些GIF文件格式所不具备的特性。PNG文件格式的主要特点如下：

(1) 无损压缩。PNG使用从LZ77(一种基于字典的压缩算法)派生的无损数据压缩算法，其结果是获得较高的压缩比而不损失数据。与GIF格式相比，PNG-8格式可以节省30%的码率。

(2) 索引彩色模式。与GIF格式一样，PNG采用调色板将RGB图像转换为索引彩色图像，支持PNG-8(256色)、PNG-24(真彩色)、最大彩色深度可达48位，即PNG-48。

(3) 优化网络显示。PNG图像在浏览器上采用流式浏览，即经过交错处理的图像会在完全下载前提供给浏览者一个基本图像内容(图像轮廓)，然后使其逐渐清晰起来。

(4) 支持透明效果，支持真彩色和灰度图像的Alpha通道透明度，允许对每一个像素的透明度进行设置，可以建立完全透明或局部透明的效果。

2.2.5 视频的YC_bC_r采样格式及制式

图2-11显示了实际的视频信号的YC_bC_r的4种采样格式：4∶4∶4、4∶2∶2、4∶1∶1和4∶2∶0。4∶4∶4采样是指每一个分量Y、C_b和C_r都有相同的分辨率，即在每个像素点都同时采样Y、C_b和C_r信号，如图2-11(a)所示。在4∶2∶2采样格式中，色差信号在垂

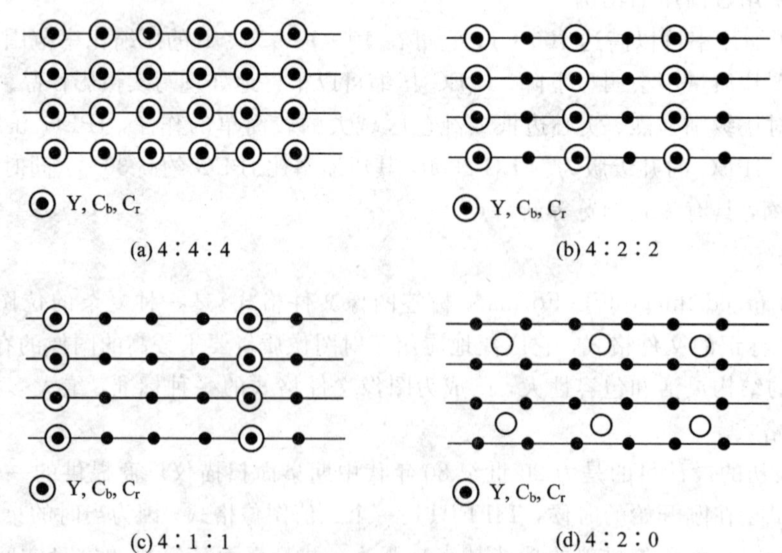

图2-11 YC_bC_r的4种采样格式

直方向的分辨率与亮度信号相同，而在水平方向上只有亮度信号的一半，即在水平方向上每 4 个亮度点对应 2 个 C_b和 2 个 C_r色差点，如图 2-11(b)所示。这种格式一般用于高质量的彩色视频中。在 4∶1∶1 采样格式中，色差信号在垂直方向的分辨率与亮度信号相同，而水平方向上只有亮度信号的 1/4，即在水平方向上每 4 个亮度点对应 1 个 C_b和 1 个 C_r色差点，如图 2-11(c)所示。最常见的是 4∶2∶0 采样格式，它在水平方向和垂直方向上色差信号的分辨率都只有亮度信号的一半，如图 2-11(d)所示。4∶2∶0 实质上每 2×2=4 个亮度点对应 1 个 C_b和 1 个 C_r，采样总点数和 4∶1∶1 采样格式是一样的。

4∶2∶0 采样有时也被称为"12 比特每像素"。这是因为对一个 2×2 的图像块来说，如果采用 4∶4∶4 采样，1 个 Y 对应 1 个 C_b和 1 个 C_r，每个分量需要用 8 比特量化，则一共需要 2×2×3×8=96 比特，平均每个像素需要 96/4=24 比特。而采用 4∶2∶0 采样，4 个 Y 对应 1 个 C_b和 1 个 C_r，则一共需要 4×8+2×8=48 比特，平均每个像素需要 48/4=12 比特。可以看到，采用 4∶2∶0 采样的原始数码率只有 4∶4∶4 采样的数码率的一半。

电视信号有 PAL 和 NTSC 两种制式。PAL 和 NTSC 两种制式由 ITU-R BT.601-5 建议定义。电视信号以 13.5 MHz 的亮度采样频率和 6.75 MHz 的色度采样频率来产生 4∶2∶2 的 YC_bC_r格式，PAL 和 NTSC 两种制式的详细参数如表 2-3 所示。我国电视信号一般采用 PAL 制，而欧洲国家一般采用 NTSC 制。理论上每个亮度采样点用 8 比特量化，取值为 0～255；但实际亮度取值范围为 16(黑)～235(白)。

表 2-3　ITU-R BT.601-5 规定的 PAL 和 NTSC 参数

参　数	PAL 制	NTSC 制
帧/秒	25	30
行/帧	625	525
亮度采样点/行	864	858
色度采样点/行	432	429
比特/样点	8	8
总比特率/(Mb/s)	216	216
活动行/帧	576	480
活动亮度样点/行	720	720
活动色度样点/行	360	360

2.3　媒体编码系统的性能评价

前面讲过，媒体信号编码在本书中主要指的是语音、音频、图像和视频的编码。由于这类信源本身是模拟信源，因此在数字化过程中存在失真是在所难免的；另外，只要人们察觉不出或能够容忍，那么即使存在一些失真也没什么关系。这也就是说，在媒体信号压缩编码中，大多数情况下是允许有失真的，通过允许重建信号有一定的失真以换取更低的编码速率。

事实上，媒体信号压缩编码系统所要解决的基本问题就是在给定编码速率的条件下，如何得到尽可能好的重建媒体信号质量(或称编码质量)，同时尽可能减少编解码算法的复杂度和时延；或者是在给定编码质量、编解码复杂度和编码时延等条件下，如何得到尽可能低的媒体信号编码速率。

从上面的叙述中可以看到，媒体信号压缩编码的性能评价指标有四个，即编码质量、编码速率、编码复杂度和编码时延。在这四个指标中，编码质量指标评价最复杂。编码质量的评价又分为客观评定方法和主观评定方法。客观评定方法用客观测量(数学公式)的手段来评价媒体重建信号的编码质量，其优点是由客观的可计算的物理量来指示编码质量的高低，缺点是有时与人对媒体重建信号的主观感觉质量不一致，对于声音信号更是如此。主观评定方法由人主观给重建信号质量打分，它符合人类对媒体信号质量的感觉，缺点是不同的人对相同的媒体重建信号的主观感觉不一样。

媒体信号压缩编码系统追求的是高编码质量、低编码复杂度、低编码时延和低编码速率，但是这四个方面的要求有时是相互矛盾的，比如高编码质量和低编码速率，实际情况一般是高质量对应高编码速率、低质量对应低编码速率。因此在实际应用中，根据实际情况的不同对指标的要求的侧重点也不同。

2.3.1　编码质量的客观度量

1. 基于均方误差(MMSE)的质量度量

在媒体信号编码中，一般用失真信号(也称误差信号)$e(k)$的均方误差 σ_e^2 作为编码质量的客观评定标准。$e(k)$及 σ_e^2(这里假设了失真信号的均值为零)的定义如下：

$$e(k) = x(k) - \hat{x}(k) \tag{2-30}$$

$$\sigma_e^2 = E\{e_k^2\} \tag{2-31}$$

其中，$x(k)$为原始未编码媒体信号，$\hat{x}(k)$为重建媒体信号。σ_e^2 越小，说明重建媒体信号和原始媒体信号的差值越小，编码质量也就越高。同时，采用使 σ_e^2 极小的设计准则也被称为最小均方误差(MMSE)设计准则。

另外，由于 σ_e^2 反映的是差值信号绝对能量的大小，未反映出差值信号与原始信号能量大小的相对关系。事实上，在实际的媒体编码系统中，更关心的是原始信号能量与失真信号能量的比值。因此，经常采用的媒体信号编码质量的客观度量是原始信号方差 σ_x^2 与失真信号方差 σ_e^2 的比值，有时也被称为信噪比(SNR)，定义如下：

$$\text{SNR(dB)} = 10\ \lg \frac{\sigma_x^2}{\sigma_e^2} \tag{2-32}$$

对于图像编码而言，由于是空间的二维信号，其计算要比上面稍微复杂一点。首先，一般用 $M\times N$ 大小的图像的空间平均来代替它的集合平均，即

$$E\{x(m,\ n)^2\} = \frac{1}{M\times N}\sum_{m=0}^{M-1}\sum_{n=0}^{N-1} x(m,\ n)^2 \tag{2-33}$$

其次，由于图像的均值一般都为正数，因此为计算简便，通常用 $x(m,\ n)$的最大值 $x_{\max}$ 来代替式(2-33)的均方根值 σ_x^2，得到的峰值信噪比(PSNR)为

$$\mathrm{PSNR(dB)} = 10\ \lg \frac{x_{\max}^2}{\sigma_e^2} \tag{2-34}$$

$$\sigma_e^2 = E\{x(m,\ n)^2\} = \frac{1}{M \times N} \sum_{m=0}^{M-1} \sum_{n=0}^{N-1} x(m,\ n)^2 \tag{2-35}$$

根据式(2-34)计算出的 PSNR 值比式(2-32)计算出的 SNR 值约大 10 dB。另外，由于图像一般用 8 位量化，因此 $x_{\max}$ 最大为 255，因此式(2-34)可以改写为

$$\mathrm{PSNP(dB)} = 10\ \lg \frac{255^2}{\sigma_e^2} = 20\ \lg \frac{255}{\sigma_e} \tag{2-36}$$

MMSE 和 PSNR 计算复杂度小，易于实现，已在图像处理领域中广泛应用。但它们给出的数值与图像的感知质量之间没有必然联系，因而也存在明显不足。

2. 基于结构相似度(SSIM)的图像质量度量

自然图像具有特定的结构，像素间有很强的从属关系，这些从属关系反映了视觉场景中的结构信息。由此，Wang 等人[18]提出了基于结构失真的图像质量评价方法，称为结构相似度(SSIM)方法(如图 2-12 所示)。该方法认为光照对于物体结构是独立的，而光照改变主要来源于亮度和对比度，所以它将亮度和对比度从图像的结构信息中分离出来，并结合结构信息对图像质量进行评价。该类方法在某种程度上绕开了自然图像内容的复杂性及多通道去相关问题，直接评价图像信号的结构相似性。该算法实现复杂度较低，应用性较强。

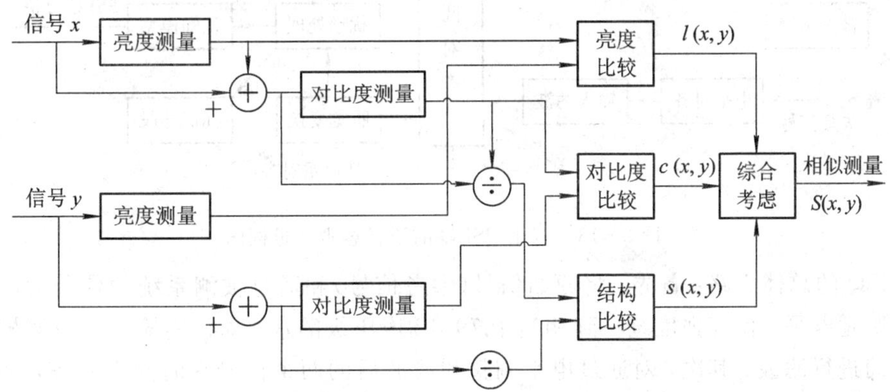

图 2-12　SSIM 算法结构框图

由图 2-12 可见，SSIM 算法从参考图像和失真图像的亮度、对比度和结构相似性等三方面进行比较，构造出相应的模型，最后将三个模型综合成一个 SSIM 值，其计算公式为

$$S(x,\ y) = [l(x,\ y)]^{\alpha} \cdot [c(x,\ y)]^{\beta} \cdot [s(x,\ y)]^{\gamma} \tag{2-37}$$

$$\begin{cases} l(x,\ y) = \dfrac{2\mu_x\mu_y + c_1}{\mu_x^2 + \mu_y^2 + c_1} \\ c(x,\ y) = \dfrac{2\sigma_x\sigma_y + c_2}{\sigma_x^2 + \sigma_y^2 + c_2} \\ s(x,\ y) = \dfrac{\sigma_{xy} + c_3}{\sigma_x\sigma_y + c_3} \end{cases} \tag{2-38}$$

式中，x 代表参考图像，y 代表失真图像，$l(x,\ y)$为亮度比较函数，$c(x,\ y)$为对比度比较

函数，$s(x, y)$为结构相似性比较函数；$\mu_x = \bar{x} = \frac{1}{N}\sum_{i=0}^{N-1} x_i$ 和 $\mu_y = \bar{y} = \frac{1}{N}\sum_{i=0}^{N-1} y_i$ 表示参考图像和失真图像的平均亮度；$\sigma_x = \sqrt{\frac{1}{N-1}\sum_{i=0}^{N-1}(x_i - \mu_x)^2}$ 和 $\sigma_y = \sqrt{\frac{1}{N-1}\sum_{i=0}^{N-1}(y_i - \mu_y)^2}$ 为参考图像和失真图像的标准差；$\sigma_{xy} = \frac{1}{N-1}\sum_{i=0}^{N-1}(x_i - \mu_x)(y_i - \mu_y)$ 表示二者的协方差；c_1、c_2、c_3是为了避免分母为零定义的很小的常数；$\alpha>0$、$\beta>0$ 和 $\gamma>0$ 是控制三部分权重的参数。

实验结果表明，在中高比特率上，基于 SSIM 的图像质量客观评价方法优于 PSNR，但对低比特率的图像它则无法对其很好地评价。

3. 基于感知语音质量评价 PESQ 的语音客观度量

PESQ(Perceptual Evaluation of Speech Quality)是 ITU 新推出的语音编码质量客观评价标准，其建议号为 P.862，主要解决窄带电话网络端到端语音质量和语音编解码器质量的客观评价。PESQ 算法得到的评分结果与主观评价的 MOS 得分(参见下一小节)的相关度平均可以达到 0.9 以上，是现有的基于听觉模型的客观评价算法中效果最好的。基于 PESQ 的语音客观度量框图如图 2-13 所示。

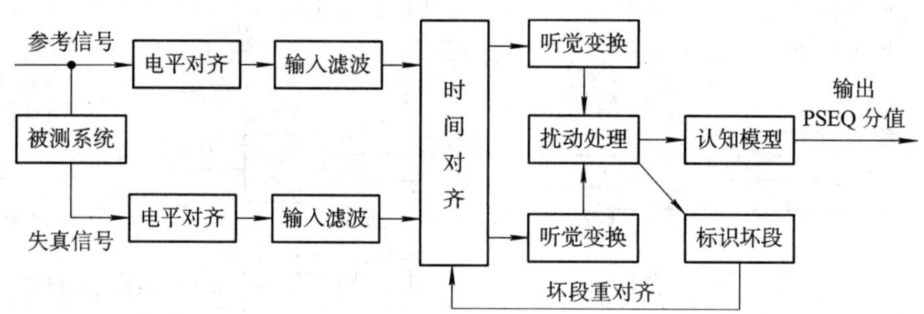

图 2-13　基于 PSEQ 的语音客观度量框图

PESQ 的总体思路：首先，将原始信号(参考信号)和通过被测系统的信号的电平调整到标准听觉电平，使其强度统一到相当于 79 dB 声压级的水平，再用输入滤波器模拟标准电话听筒进行滤波；其次，对通过电平调整和滤波后的两个信号在时间上对齐，如果失真信号有坏段，还要根据后面的反馈结果进行重对齐；然后，对经过上述预处理过程的两路信号，分别以时长 32 ms 为一帧(前后相继的帧之间有 50%的重叠)加汉明窗进行短时快速傅里叶变换，得到功率谱，并将功率谱从直接频率尺度映射为包含 42 个临界频带的巴克(Bark)带尺度，从而得到音调功率谱，也称 Bark 谱，再对两路信号的 Bark 谱进行比较和线性补偿，接下来进行强度扭曲，将 Bark 谱映射为人耳听觉的响度值，这个过程就是框图中的听觉变换；最后，将得到的两组响度值对应相减，对得到的差值做归零处理，得到一组扰动值，分析扰动曲面提取出两个失真参数，再在频率和时间上累积起来，映射到对 MOS 分的预测值上，作为 PSEQ 分输出。

2.3.2　编码质量的主观度量

用来确定编码质量的主观测试很费时间。为得到可靠的主观测试结果，对于单个类型的激励源，要有各种形式的多次重复。同时在试验中，往往需要对多个编码器进行判分和比较。设计这类实验要求激励源是随机的，以消除排列先后对评价的影响；还要保证足够的样本数量以平滑主观判决结果中的噪声。受测者可以是未经训练的新人，也可以是经验丰富的专家，主要取决于系统将来的用户类型。受测者人数也必须足够多，类型也要具有广泛的代表性，这样才能使评价结果的噪声降低到合理的数值。

1. 主观质量测定方法

历史上，人们提出过多种主观质量的评定方法，主要有以下几种。

(1) 二元判决，主要有两种形式的二元判决：一种是采用二级计分机制，分为可接受和不可接受，受测者可二选一；另一种是激励源 A 和 B 成对出现，受测者挑选出他认为主观质量更好的激励源。

(2) 主观信噪比：将编解码器输出与某个带加性噪声的参考信号作比较，调节噪声能量使二者对受测者来说有相同的主观感受。此时含噪声参考源的信噪比就可定义为编码器的等效主观信噪比。

(3) 平均判分(MOS)：请受测者每人对待测激励源进行 N 级主观质量判分。常采用对信号质量或失真进行描述性的五级判分。

(4) 等偏爱度曲线：最简单的情况是以编码器的两个独立参数 P_1 和 P_2 为自变量，以非相关噪声电平 λ 为参变量而作出的一组平面曲线。每个 λ 值可根据半数受测者的意见等效为编码器参数。

在上述几种方法中，最常用的是 MOS。另外，国际上对如何组织 MOS 测试也有详细的标准，标准中详细规定了测试的环境、测试流程、评分标准等一系列具体实施细节。

2. 语音编码质量的主观评价

在语音编码领域，五级质量的 MOS 判分(如表 2-4 所示)已经被广泛接受并沿用至今，有时辅之可懂度(DRT)和可接受度进行测试。

表 2-4　主观评定等级表

质量等级	分数	收听注意力等级
优	5	可完全放松，不需要注意力
良	4	需要注意，但不需明显集中注意力
一般	3	中等程度的注意力
差	2	需要集中注意力
劣	1	即使努力去听，也很难听懂

若以 5 分代表最高音质，则通常 4～4.5 分被认为是对公用电话质量即长途电话质量的必要指标。当达到 4.5 分时，在进行语音激励源成对比较的主观测试中，已经很难区分是数字化语音和还是模拟语音，4.5 分也意味着在可懂度测试中数字语音编码和原始语音相同。3.5 分左右称做通信质量，这时受测者能感觉到语音质量有所下降，但不影响正常的通话，可以满足多数通信系统使用要求。3.0 分以下常称为合成语音质量，这种语音一般只有足够高的可懂度，但是自然度较差，不容易识别讲话者。

当编码码流极低或对传输要求极其苛刻时，语音编码器输出的可懂度就成为主要问题。此时语音的音质不再是测试评价的重点，语音的可懂度测试成为关键。语音可懂度测试要求受测者能辨别由离散音节、单词、词组和句子组成的专门发音。常见的语音可懂度测试方法有以下几种。

(1) 判断韵字测试法(Diagnostic Rhyme Test，DRT)是美国国家标准学会制定的标准之一(ANSI S3.2－1989)。这种测试方法使用若干对(通常为96对)同韵母单字或单音节词进行测试，例如中文的“为”和“费”，英文的“veal”和“feel”等。测试中让评听人每次听一对韵字中的某一个音，然后让他判断所听到的音是哪一个字，全体评听人判断正确的百分比就是DRT得分。在实际通信中，清晰度为50%时，整句的可懂度大约为80%。这是因为整句中具有较高的冗余度，即使个别字听不清楚，人们也能理解整句话的意思。当清晰度为90%时，整句话的可懂度已接近100%。所以对于低速率语音编码，一般要求其清晰度能达到90%以上。

(2) 改进的韵字测试法(Modified Rhyme Test，MRT)也是评测通信系统语音可懂度的ANSI标准之一(ANSI S3.2－1989)。测试材料由6组、每组50个同韵母的字或词组成，例如，汉语中“干、捍、烂、旦、半、乱”，英语中“pin、sin、tin，fin、din、win”，主要用于区分起始辅音或末尾辅音。评听人针对所听内容选择出6个词中哪个与之相符。

(3) 从DRT还演变出来另外两种可懂度测试方法，即判断中间辅音测试(Diagnostic Medial Consonant Test，DMCT)和判断头韵测试(Diagnostic Auiteration Test，DAT)，分别用于听辨中间辅音，如英语中的“stopper”和“stoker”；或者末尾辅音，如英语中的“pack”和“pat”。这二者一般不适用于汉语。

3. 音频编码质量的主观评价

对于音频编码质量的主观评价，一般采用ITU－R推荐的BS.1116建议。该建议正式地指定了测试环境和测试流程，经过专门训练的评委在标准听音位置对声音质量进行听音打分。主观评价通常采用“带隐含基准的三次听音双盲评定法”。具体过程如下：在进行声评时，以未压缩的原音作为参考基准信号，而将编码压缩的信号作为被评信号，如图2－14所示。听音评价的顺序如下：

(1) 开关S_1置R位置，并告诉评价人是基准信号；

(2) 开关S_1置A位置，对A信号进行评价打分；

(3) 开关S_1置B位置，对B信号进行打分。

在听A、B信号时，S_2的位置是随机的，即S_2是置1还是置2并不固定，而且在听A、B音时并不知道哪一个是隐含的基准信号，哪一个是被评的编码信号，即“双盲”评价。在听音过程中允许评委反复切换开关。

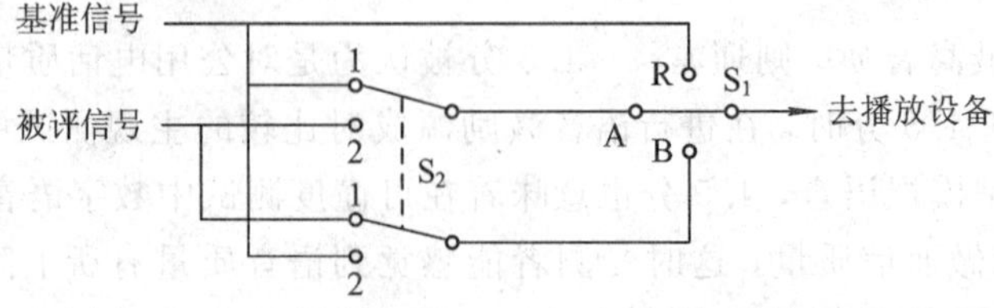

图2－14　音频主观评价的激励源

评价打分采用 5 分制，精确到小数点后一位。凡与基准信号的差异均视为失真。在进行打分数据评价时，首先对各位评委的数据作可靠性检验，只有当评委判断隐含基准的准确率达到 95%时，评价数据才认为是可靠的。对被评信号得分进行计算只采用可靠数据。图 2－15 是 ITU－T 的 5 分评判标准，绝对分越高越好，5 分为满分，代表无法区别基准信号和被评信号，此时差异分为 0。

绝对等级分				等级差异分
	5.0	无法感觉到不同	0.0	
	4.9 4.8 4.7 4.6 4.5 4.4 4.3 4.2 4.1 4.0	刚感觉到不同 无妨碍	−0.1 −0.2 −0.3 −0.4 −0.5 −0.6 −0.7 −0.8 −0.9 −1.0	
	3.9 3.8 3.7 3.6 3.5 3.4 3.3 3.2 3.1 3.0	稍有不同 有一点妨碍	−1.1 −1.2 −1.3 −1.4 −1.5 −1.6 −1.7 −1.8 −1.9 −2.0	
	2.9 2.8 2.7 2.6 2.5 2.4 2.3 2.2 2.1 2.0	明显不同 有妨碍	−2.1 −2.2 −2.3 −2.4 −2.5 −2.6 −2.7 −2.8 −2.9 −3.0	
	1.9 1.8 1.7 1.6 1.5 1.4 1.3 1.2 1.1 1.0	难以忍受的不同 非常有妨碍	−3.1 −3.2 −3.3 −3.4 −3.5 −3.6 −3.7 −3.8 −3.9 −4.0	

图 2－15　ITU－T 音频 5 分评判标准

4. 图像编码质量的主观评价

由于人眼是图像或视频编码系统的最终信宿，因而判断图像质量的最常用和最可靠的方法，是作为观察者，即人的主观评价。图像质量的主观评价结果和许多因素有关，如评判人的经验和爱好，所选用的图像内容，以及观看条件(如室内光照、对比度、观看距离、图像大小)等，这些因素不同程度地影响主观评价结果。因此，为避免这些因素对测试结果引起偏差，精心进行实验设计非常必要。为此，1974 年，CCIR(国际无线电咨询委员会)对电视图像质量的主观评价方法提出了自己的建议 CCIR－R 500，这个建议对在不同的时间、不同的地点、不同的人所取得的研究成果进行比较提供了可能。该建议对如何进行主观评价实验做了如下规定。

1）评价人员

进行主观评价的人员可以是一些未受过训练的、对图像质量评价不内行的、没有经验的一般人员(外行)，这时得到的图像质量代表平均观察者的一般感觉；也可以是训练有素的本领域有经验的专家(内行)，这些人在图像处理方面是有经验的，并能在图像质量方面提出严格的判断。内行的观察者往往具有注意细小程度图像质量下降的能力，而这些正是外行的观察者所缺少的。进行评价时，内行和外行分开进行；为保证统计的可靠性，内行一般不少于 10 人，外行一般不少于 20 人。

2) 评价方法

图像主观质量评价主要采用两种评价方法：等级评价和比较评价。

进行等级评价时，一组评价人员在规定的观看条件下观看预先定好的图像序列，并对所看到的每幅图像进行评价，给出一个质量等级。评价尺度有两种：一种叫品质尺度，一种叫妨碍尺度，见表 2.5 中的(a)和(b)；前者供外行使用，后者供内行使用。等级评价结果经常用 MOS 分表示，可由下式计算：

$$\mathrm{MOS}=\frac{\sum_{k=1}^{k} n_k \cdot c_k}{\sum_{k=1}^{k} n_k} \tag{2-39}$$

其中，n_k 为被受测者判定属于第 k 个质量等级的得票数，c_k 为第 k 个质量等级的分值(k 为总的质量等级数目)。

表 2-5 图像主观评价的评分尺度

(a) 五级品质尺度	(b) 五级妨碍尺度	(c) 五级相对尺度
5. 优秀 4. 良好 3. 尚好 2. 不良 1. 低劣	5. 完全看不出降质 4. 刚能看出降质，但观看无妨 3. 对观看有妨碍 2. 有碍观看 1. 非常有碍观看	2. 好得多 1. 好 0. 同样 −1. 差 −2. 差得多
(a′) 六级品质尺度	(b′) 六级妨碍尺度	(c′) 七级相对尺度
6. 优良 5. 良好 4. 尚好 3. 稍差 2. 差 1. 低劣	6. 完全看不出降质 5. 刚能看出降质，但观看无妨 4. 对观看有妨碍 3. 稍有妨碍观看 2. 有碍观看 1. 非常有碍观看	3. 好得多 2. 好 1. 稍好 0. 同样 −1. 稍差 −2. 差 −3. 差得多

比较评价法采用相对尺度来评价一组图像和某参考图像的相对质量。比较评价的实施方法又分两种。一种与进行主观信噪比判定类似，评价人员将一个有质量损伤或受到干扰的测试图像与一个已经叠加了某一标准类型损伤或干扰的参考图像进行主观质量比较，加到参考图像上的损伤逐渐增强，直到受测者认为两幅图像主观质量相当为止。此时测试图像的质量等级可借助对参考图像的质量等级评价表示，如图 2-16 所示。另一种工作方式是受测者对含有不同程度损伤的测试图像与参考图像进行比较，以参考图像的质量为基准，就两幅图像的相对质量打分，评分尺度如表 2-5(c)所示。

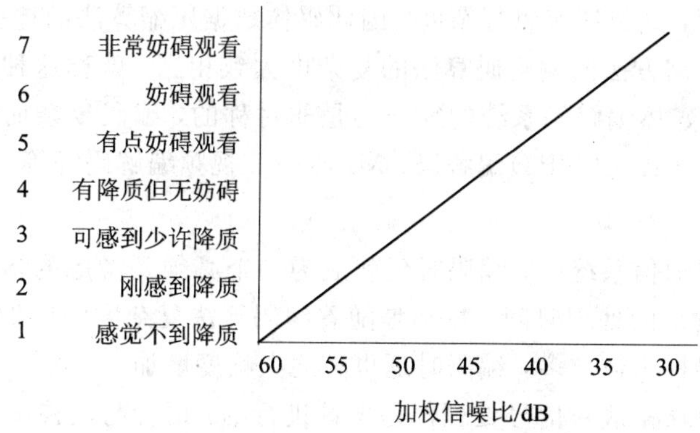

图 2-16　参考图像在白噪声下的妨碍尺度与加权信噪比的对应关系

3）测试图像

为测试一个编码系统或编码算法的性能，一般要选用 5 个左右不同类型的测试图像。这些测试图像的质量和效果应该平均起来比一般图像稍苛刻些。实际上，无论是图像测试或视频测试，国际上现在都有不同类型、事实上的标准测试图像和标准测试视频。

4）测试条件

观测条件大致有：观看距离等于 6 倍像素高；黑白画面中最白与底色黑之间的对比度在 100 左右；周围环境照度要低。为避免闪烁的影响，平均亮度对于场频为 50 Hz 的系统一般要比场频为 60 Hz 的系统低一些。

5）画面显示

不同质量等级和不同质量损伤的图像要以随机的顺序显示，并且显示顺序上要保证两个具有相同或不同损伤程度的同一幅图像不能相继出现。

2.3.3　其他性能指标

媒体编码系统的其他关键指标包括：编码比特率、编码复杂度、编码时延。

1. 编码比特率

编码比特率是指媒体信号经过编码后每秒钟的输出比特数，如果采用二进制编码，单位为比特/秒(bit/s)。单从数据压缩的角度来看，在相同的媒体重建信号质量条件下，编码比特率是衡量编码器性能最重要的指标，这是因为比特率越低，编码器的压缩比例越大，因而性能越好。从通信的角度出发，最终的比特率还应该与服务质量(QoS)和信道容量相匹配。

编码器的编码比特率常见的方式有两种：恒定比特率(CBR)和可变比特率(VBR)。恒定比特率编码时，输出比特率基本保持不变，它最适合在通信信道上传输；缺点是由于编码内容的不稳定而造成编码质量的不同。可变比特率编码时输出比特率可以随编码内容的改变而改变，但由于编码比特数的忽高忽低，在实际信道上实现实时传输则相对比较复杂。

2. 编码复杂度

编码复杂度直接与实现成本相对应，它包括时间复杂度和空间复杂度两个方面。时间复杂度可以用算法需要的运算量(等效为处理器完成算法需要执行的百万指令条数，简写为 MIPS)来衡量；空间复杂度可以用算法需要的内存空间大小来衡量。由于系统总的复杂度既包括编码复杂度，又包括解码复杂度，因此媒体数据压缩算法的选择也很关键。

如果一种数据压缩方法的编解码算法的复杂度大致相当，就称这种方法为对称的；反之为非对称。常见的媒体编解码系统的复杂度是非对称的，编码复杂而解码相对简单，如常见的 MPEG－1 层 3 音频（MP3）编解码、MPEG－2 视频编解码等等。

3. 编码时延

在媒体信号实时通信系统中，编码时延就成为一个必须要考虑的指标。编码时延是指从信号输入到信号输出的处理时间。特别是随着编码算法复杂度的增加，以及要求存储并加以利用的媒体信号样本数增多，编码时延也随之大幅度增加。

较复杂的编码算法一般对信号处理都是按帧进行的，语音与电视图像编码中典型的帧周期为 5 ms、20 ms、33.3 ms 或 40 ms 等，再加上处理延时，这就意味着在语音与图像编码中传输延迟可达几十毫秒，从而引出了波形通信中必须考虑的一些其他的问题，如长距离双向通信中的回波抑制、能否实时通信等。

2.3.4 媒体编码与通信系统的性能空间

为全面评价一个媒体编码与通信系统的性能，必须综合考虑编码质量、编码比特率、编码时延和编码复杂度这四个方面。也就是说，媒体编码与通信系统的性能空间也可以抽象为由这四个参数组成的四维空间 $R^4=\{Q\times R\times D\times C\}$，如图 2－17 所示。其中，$Q$ 代表质量、R 代表比特率、D 代表时延、C 代表复杂度。事实上，这个性能空间不仅适用于信源编码，也适用于信道编码，只是在 Q 和 R 轴上的单位稍微不同。在 Q 轴上，信源编码用主观评价的 MOS 分或者客观评价的信噪比来度量，信道编码则用误码率 P_e 来度量；在 R 轴上，信源编码用编码比特率来度量，信道编码用单位带宽传输比特率来度量。在 D 轴和 C 轴上则完全一样，D 轴用 ms 度量，C 轴用 MIPS（时间复杂度）和字节（空间复杂度）来度量。

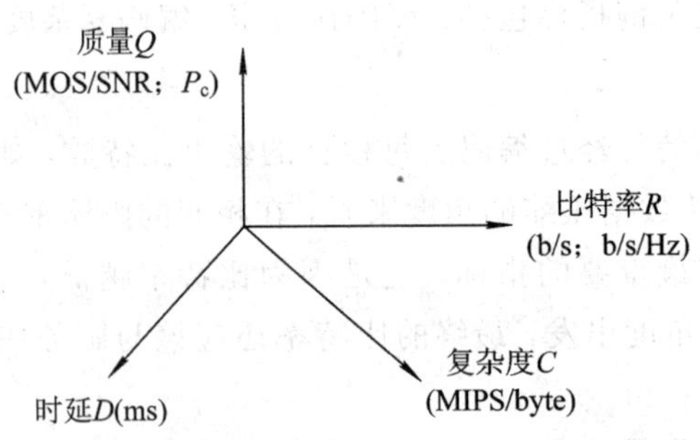

图 2－17 媒体编码与通信系统的性能空间

任何一个编码算法甚至一个实际数字通信系统均可表示为图 2－17 所示的四维空间 $\{Q\times R\times D\times C\}$ 中的一点。无论是信源编码还是信道编码，都试图尽可能定量描述与权衡这些理论上所允许的区域。一般来说，对于一个实际的数字媒体通信系统，质量和时延决定了通信系统能提供的 QoS，而比特率和复杂度则关系到系统的经济指标。

本书只讨论信源编码，如果不涉及具体实现而仅从方法研究的角度进行讨论的话，就只需要考虑信号质量与编码比特率，从而四维空间退化为二维空间 $\{Q\times R\}$。在后续章节讨论无失真信源编码时，由于信号质量未受到影响，此时唯一关心的指标就是 R。在讨论有失真信源编码时，必须同时考虑 Q 和 R 两个指标。

习题与思考题

2-1　模拟媒体信号数字化的一般过程及关键点是什么？

2-2　常用的量化方法有哪些？

2-3　压扩量化适用于什么样的信号？

2-4　矢量量化的优缺点体现在哪些方面？

2-5　常见声音信号数字化时的采样与量化格式有哪些？

2-6　静态图像和动态图像有何差别？

2-7　常见的图像格式有哪些？

2-8　常见的视频采样格式有哪些？

2-9　常用的图像质量的客观评价准则有哪些？

2-10　为什么有了媒体信号质量的客观评价准则，还要进行主观评价？

2-11　常用的图像质量主观评价方法有哪些，是怎么进行的？

2-12　实际的媒体通信系统中有哪些关键指标，一般如何进行平衡？

第3章 信源编码理论

人们对各类信息一直以来都没有作定量的讨论，直到1948年香农(Shannon)发表了《通信的数学理论》一文。在这篇文章中，他用概率测度和数理统计的方法系统地讨论了通信的几个基本问题，严格定义了信息的度量概念“熵”和信道容量概念，得出了几个重要而带有普遍意义的结论，由此奠定了现代狭义信息论的基础。

香农信息论的核心是：揭示了在通信系统中采用适当编码后能够实现高效率和高可靠的信息传输，提出并证明了信源编码定理和信道编码定理。理论上，这些定理是最优信源和信道编码的存在性定理和极限定理；工程实践中，这些定理虽然没有指明实现最优编码的具体途径，但是它给出了通信系统中各种因素的相互关系和编码的性能极限，具有重要的理论指导意义，为人们寻找和评价最佳通信系统提供了理论依据。

由于本书只是讨论语音、音频、图像和视频等媒体信号的信源编码，此类信号经过数字化后已经变为离散信源，因此本章只介绍香农信息论中有关离散信源编码的理论。核心问题为无失真或有失真情况下信源编码的理论极限分别为多少，主要内容包括离散信源的熵、率失真函数、信源编码定理等有关知识。

3.1 离散信源的熵

根据香农信息论的理论，简单离散信源 X 可以由信源符号的概率分布函数来描述，即

$$\begin{bmatrix} X \\ p(x) \end{bmatrix} = \begin{bmatrix} a_1 & a_2 & \cdots & a_m \\ p(a_1) & p(a_2) & \cdots & p(a_m) \end{bmatrix} \tag{3-1}$$

式中，$\{a_1, a_2, \cdots, a_m\}$是信源 X 的输出符号集合，用 A_m 表示；$p(a_j)(j=1, 2, \cdots, m)$(简记为 p_j)是信源输出符号 a_j的先验概率。根据概率公理化定义，p_j应满足

$$\sum_{j=1}^{m} p_j = 1 \tag{3-2}$$

其中，求和是对 A_m中的每个符号的概率而进行的。上式等号右边的“1”是指“每次从 X 中发出的符号必然是符号集合中的一个符号”这样一个必然事件。

信源在某一时刻发出哪个符号是随机的，但各种符号出现的先验概率是确定的。信源确定后，信源输出符号集合及相应概率分布也随之确定。香农信息论根据信源符号的概率分布计算每个符号出现的信息量和整个信源熵的大小。

3.1.1 自信息量

香农信息论里的信息量用来描述不确定性的物理量。我们已经知道，事件发生的不确定性与事件发生的概率有关。事件发生的概率越小，猜测它发生的难易程度就越大，不确定性就越大；而事件发生的概率越大，猜测该事件发生的可能性就越大，不确定性就越小。对于发生概率等于1的必然事件，就不存在不确定性。比如，如果你告诉某个人他已经知道的某件事，你提供给他的信息量就为零。因此，某事件发生所含有的信息量应该是该事件发生的先验概率的函数，即

$$I(a_j) = f\lfloor p(a_j) \rfloor \tag{3-3}$$

式中，$p(a_j)$是事件 a_j 发生的先验概率，$I(a_j)$表示事件 a_j 发生所含有的自信息量。

基于上述想法，香农定义的信息量的度量方法如下：设有一个离散信息源 X，其输出符号集合为 $A_m=\{a_1, a_2, \cdots, a_m\}$，在任一时刻它可以发出这 m 种符号中的任一符号，以此构成符号序列来表示某种事件发生。假设从信源 X 发出符号 a_j 的概率是 p_j，那么信息源 X 发出符号 a_j 的自信息量，或者接收者(信宿)收到了这个符号以后获得的信息量可定义为

$$I(a_j) = -\log_a p_j \tag{3-4}$$

自信息量的单位与所用的对数底数有关。在信息论中，最常用的对数底数是2，此时信息量的单位为比特(bit)；若是取e为对数底数，则信息量的单位为奈特(nat)；若是取10为对数底数，则信息量的单位为迪特(det)或哈特(hart)。这三个信息量单位之间的转换关系如下：

$$1\ \text{nat} = \text{lb e} \approx 1.43\ \text{bit}$$

$$1\ \text{det} = \text{lb } 10 \approx 3.32\ \text{bit}$$

式(3-4)从发送端可解释为：当信源输出符号 a_j 以前，表示输出符号 a_j 发生的不确定性；当信源输出符号 a_j 以后，表示输出符号 a_j 所含有的信息量。从接收端可解释为：当接收者没有收到符号之前，究竟会收到消息符号集 $A_m=\{a_1, a_2, \cdots, a_m\}$ 中的哪个符号是不确定的；而在接收者收到符号 a_j 之后，便消除了刚才那种不确定性。消除这种不确定性需要的信息量在数量上等于接收者收到符号 a_j 后获得的信息量。

另外，从发送端的角度来说，符号 a_j 的概率 p_j 本身就表示信息源 X 发出符号 a_j 的一种不确定性。若 p_j 大，则不确定性小，这时接收者收到符号 a_j 的信息量就小；若 p_j 小，则不确定性大，这时接收者收到符号 a_j 的信息量就大。极端情况下，如果符号 a_j 出现的概率 $p_j=1$，则接收者肯定只收到符号 a_j，其不确定性变为零。这些都与式(3-4)的计算结果一致，另外，根据对数函数的性质和概率空间 p_j 的定义，可知自信息量具有下列特性：

(1) $p_j=1$，$I_j=0$；$p_j=0$，$I_j=\infty$。可知必然事件的信息量为0，不可能事件的信息量无限大。

(2) 非负性。由于符号出现的概率总是在闭区间[0, 1]，那么根据式(3-4)必然有自信息量为非负值。

(3) 单调递减性。若 $p_i<p_j$，则有 $I_i>I_j$。

(4) 可加性。若两个符号 a_i、b_j 同时出现，可用联合概率 $p_{i,j}$ 来表示。这时的自信息量 $I(a_i, b_j)=-\log_a p_{i,j}$，当 a_i 和 b_j 相互独立时，有 $p_{i,j}=p_i * p_j$，那么此时信息量具有可加性，即 $I(a_i, b_j)=I(a_i)+I(b_j)$。

【例 3-1】 英文文本中，字母“e”的出现概率为 0.105，“c”的出现概率为 0.023，“o”的出现概率为 0.001，分别计算它们的自信息量。

【解】 根据式(3-4)可求得：

“e”的自信息量 $I(\mathrm{e}) = -\mathrm{lb}\,0.105 = 3.25$ bit；

“c”的自信息量 $I(\mathrm{c}) = -\mathrm{lb}\,0.023 = 5.44$ bit；

“o”的自信息量 $I(\mathrm{o}) = -\mathrm{lb}\,0.001 = 9.97$ bit。

3.1.2 离散信源熵及其性质

1. 熵的定义

上述自信息量表征的是信源输出单个符号所携带的信息量，那么如何衡量信源的整体不确定性呢？香农通过熵，即自信息量的概率平均值(数学期望)来表征信源输出消息的平均信息量或平均不确定性，其表示式为

$$H(X) = E(I(X)) = \sum_i p_i I(a_i) = -\sum_{i=1}^{m} p_i \,\mathrm{lb}\, p_i \tag{3-5}$$

熵的单位一般取“比特/符号”(对数以 2 为底)。另外，当某一符号 a_i 的概率 $p(a_i)$ 为零时，$p_i \,\mathrm{lb}\, p_i$ 在熵公式中无意义，为此规定 $p_i \,\mathrm{lb}\, p_i$ 也为零。当信源 X 中有一个符号的概率为 1 时，信源为确定信源，输出符号可以精确预测，即无不确定性，因此熵为零。

离散信源熵的物理意义：它表征信源消息符号集合 A_m 中符号出现的平均不确定性(或整体不确定性)，即为确定集合 A_m 中某一符号出现所需的平均信息量(观察之前)；反之，即为每出现一个符号所给出的平均信息量(观察之后)。一般而言，信源给定后，信源的消息符号集合 A_m 及其对应的概率空间也随之确定，信源的熵值就是一个确定值。当然，不同的信源因为消息集合及概率空间不一样，熵值也不一样。

【例 3-2】 一幅像素为 1024×768 的灰度图片，按每个像素点有 256 个灰度等级，像素的灰度值均匀分布，则平均每幅图片可提供的信息量为多少？

【解】 由于像素灰度均匀分布，则像素点为每一级灰度值的概率为 1/256，因此有 $p_i = 1/256 = 2^{-8}$；又因为整幅图片有 1024×768 个像素，即 $m = 1024 \times 768$，所以

$$\begin{aligned} H(X) &= -\sum_{i=1}^{m} p_i \,\mathrm{lb}\, p_i = -\sum_{i=1}^{1024\times 768} 2^{-8}\,\mathrm{lb}\, 2^{-8} \\ &= 1024 \times 768 \times 2^{-8} \times 8 \\ &= 12\,288 \text{ 比特 / 图片} \end{aligned}$$

即每幅图片可提供的信息量为 12 288 bit。

【例 3-3】 二元信源是离散信源的特例。该信源消息符号集合有两个，分别用 0 和 1 表示。对应的符号概率分布为 p 和 q，且 $p+q=1$。求该信源的熵。

【解】 由式(3-5)可得二元信源熵为

$$H(X) = -p\,\mathrm{lb}p - q\,\mathrm{lb}q = -p\,\mathrm{lb}p - (1-p)\mathrm{lb}(1-p) = H(p)$$

由上式可见，信源信息熵是输出符号概率 p 的函数，通常用 $H(p)$ 表示。$H(p)$ 函数曲线如图 3-1 所示。从图中不难看出：如果二元信源的输出符号是确定的，即 p 或 q 为 1，则该信源不提供任何消息，熵为 0；反之，当二元信源符号 0 和 1 以等概率发生时，信源熵达到极大值，为 1 bit 信息量。

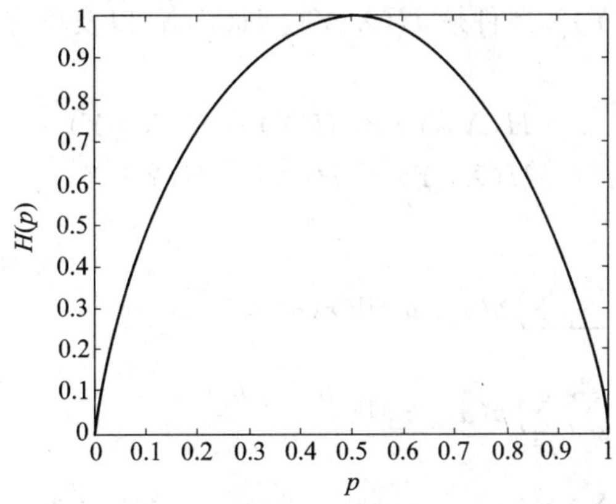

图 3-1　二元信源的熵函数 $H(p)$

【例 3-4】 某信源有 4 个符号，出现概率如下：

$$\begin{bmatrix} X \\ p(a) \end{bmatrix} = \begin{bmatrix} a_1 & a_2 & a_3 & a_4 \\ \frac{1}{2} & \frac{1}{4} & \frac{1}{8} & \frac{1}{8} \end{bmatrix}$$

求该信源的熵。

【解】 根据式(3-5)，信源的熵为

$$H(X) = -\frac{1}{2}\,\mathrm{lb}\,\frac{1}{2} - \frac{1}{4}\,\mathrm{lb}\,\frac{1}{4} - \frac{1}{8}\,\mathrm{lb}\,\frac{1}{8} - \frac{1}{8}\,\mathrm{lb}\,\frac{1}{8} = 1.75 \text{ 比特 / 符号}$$

采用等长的 PCM 编码，如取{(00, a_1), (01, a_2), (10, a_3), (11, a_4)}，则平均码长为 2 比特/符号。若采用与符号的 $I(a_j)$ 相匹配的变长编码，如取{(1, a_1), (01, a_2), (001, a_3), (000, a_4)}，则根据概率论知识有平均码长 $\bar{l} = \frac{1}{2}\times 1 + \frac{1}{4}\times 2 + 2\times\frac{1}{8}\times 3 =$ 1.75 比特/符号。可以看到，变长编码方法的平均码长(越短越好)优于等长编码，且其码长恰好达到该信源的熵。当然，变长码的设计还有许多讲究，其基本理论和一般性构造设计准则将在后续章节中介绍。

2. 联合熵、条件熵的定义

设信源 X 和 Y 的消息符号集分别为 $A_m = \{a_1, a_2, \cdots, a_m\}$ 和 $B_n = \{b_1, b_2, \cdots, b_n\}$，对 X 和 Y 做笛卡尔积，就构成联合信源 $X\times Y$，我们把 X 与 Y 的联合熵 $H(X, Y)$ 定义为

$$H(X, Y) = -\sum_{i,j} p(a_i, b_j) I(a_i, b_j) = -\sum_{i=1}^{m}\sum_{j=1}^{n} p(a_i, b_j)\,\mathrm{lb}\,p(a_i, b_j) \tag{3-6}$$

其中，$p(a_i, b_j)$ 为联合信源 $X\times Y$ 取值为 (a_i, b_j) 的概率。联合熵 $H(X, Y)$ 的物理意义为联合信源 $X\times Y$ 的消息符号集合上的每对元素 (a_i, b_j) 的自信息量的概率加权统计平均值(数学期望)，或者说 X 和 Y 同时发生的平均不确定度。

我们把 X 与 Y 的条件熵定义为

$$H(X \mid Y) = \sum_{i,j} p(a_i, b_j) I(a_i \mid b_j) = -\sum_{i=1}^{m}\sum_{j=1}^{n} p(a_i, b_j)\,\mathrm{lb}\,p(a_i \mid b_j) \tag{3-7}$$

其中，$p(a_i|b_j)$ 为在 Y 取值为 b_j 时 X 取值为 a_i 的概率。条件熵 $H(X|Y)$ 的物理意义是联合信源 $X\times Y$ 的消息集合上的每对元素 $a_i|b_j$ 的条件自信息量的联合概率加权统计平均值(数学期望)，或者说在已知 Y 后 X 也发生的平均不确定度。

证明联合熵 $H(X, Y)$ 和条件熵 $H(X|Y)$、$H(Y|X)$ 以及单符号熵 $H(X)$、$H(Y)$ 之间存在如下关系：

$$H(X, Y) = H(Y) + H(X \mid Y) \tag{3-8}$$

$$H(X, Y) = H(X) + H(Y \mid X) \tag{3-9}$$

证明：

$$\begin{aligned} H(X \mid Y) &= -\sum_{i=1}^{m}\sum_{j=1}^{n} p(a_i, b_j) \operatorname{lb} p(a_i/b_j) \\ &= -\sum_{i=1}^{m}\sum_{j=1}^{n} p(a_i, b_j) \operatorname{lb} \frac{p(a_i, b_j)}{p(b_j)} \\ &= -\sum_{i=1}^{m}\sum_{j=1}^{n} p(a_i, b_j) \operatorname{lb} p(a_i, b_j) + \sum_{j=1}^{n}\Big(\sum_{i=1}^{m} p(a_i, b_j)\Big) \operatorname{lb} p(b_j) \\ &= H(X, Y) - \sum_{j=1}^{n} p(b_j) \operatorname{lb} p(b_j) \\ &= H(X, Y) - H(Y) \end{aligned}$$

可见式(3-8)成立，式(3-9)的证明与此类似。另外需要注意到以上证明中利用了 $p(b_j) = \sum_{i=1}^{m} p(a_i, b_j)$ 这个恒等式，即边缘概率分布函数的全概率公式，该恒等式的证明过程可以参考有关概率论的书。

【例 3-5】 设离散二维平稳信源 X 的概率空间如下：

$$\begin{bmatrix} X \\ p(x) \end{bmatrix} = \begin{bmatrix} 0 & 1 & 2 \\ \frac{11}{36} & \frac{4}{9} & \frac{1}{4} \end{bmatrix} \quad 且 \quad \sum_{i=1}^{3} p(a_i) = 1$$

其二维联合概率 $p(a_i a_j)$ 如图 3-2(a)所示。求独立熵、条件熵、联合熵和平均符号熵。

独立熵：$H(X) = -\sum_{i=1}^{3} p(a_i) \operatorname{lb} p(a_i) = 1.54$（比特/符号）

条件熵：$H(X_2 \mid X_1) = -\sum_{i=1}^{3}\sum_{j=1}^{3} p(a_i, a_j) \operatorname{lb} p(a_j \mid a_i) = 0.87$（比特/符号）

联合熵：$H(X_1 X_2) = -\sum_{i=1}^{3}\sum_{j=1}^{3} p(a_i a_j) \operatorname{lb} p(a_i a_j) = 2.41$（比特/两个符号）

平均符号熵：$H_2(\overline{X}) = \frac{1}{2} H(X_1 X_2) = 1.21$（比特/符号）

可见，$H(X_2 \mid X_1) = 0.87 \leqslant H_2(\overline{X}) = 1.21 \leqslant H(X) = 1.54$。

a_j \ a_i	0	1	2
0	$\frac{1}{4}$	$\frac{1}{18}$	0
1	$\frac{1}{18}$	$\frac{1}{3}$	$\frac{1}{18}$
2	0	$\frac{1}{18}$	$\frac{7}{36}$

(a) 联合概率密度 $p(a_i, a_j)$

a_j \ a_i	0	1	2
0	$\frac{9}{11}$	$\frac{1}{8}$	0
1	$\frac{2}{11}$	$\frac{3}{4}$	$\frac{2}{9}$
2	0	$\frac{1}{8}$	$\frac{7}{9}$

(b) 条件概率密度 $p(a_j|a_i)$

图 3-2　二元随机变量的联合概率密度和条件概率密度

在这里也许要问二维平稳信源 X 的信息熵是等于 $H(X)$、$H_2(\overline{X})$，还是等于 $H(X_2|X_1)$？结果是都不是，$H_2(\overline{X})$ 和 $H(X_2|X_1)$ 只能作为信源 X 的信息熵的近似值。因为在新信源 (X_1X_2) 中已假设组与组之间是统计独立的，但实际上它们之间是有关联的。虽然信源 X 发出的随机序列中每个符号只与前一个有直接关系，但由于每一时刻的符号都通过前一个符号与更前一个符号联系起来，因此序列的关联是可引伸到无穷的。

在 $H(X_2|X_1)$ 和 $H_2(\overline{X})$ 这两个近似值中，哪一个更接近二维平稳信源的信息熵呢？通过后续章节对信源极限熵的定义，就可找到答案。

3. 熵的性质

熵的主要特性如下：

(1) 非负性，即 $H(X)\geqslant 0$。

该性质是很显然的。因为随机变量 X 的所有取值的概率分布满足 $0<p_i<1$，当取对数的底大于 1 时，$\mathrm{lb}\,p_i<0$，而 $-p_i\,\mathrm{lb}\,p_i>0$，则得到的熵是正值。只有当随机变量 X 为确定事件，即某一事件 a_i 出现概率为 1 时等号才成立。

(2) 对称性，即 $H(X)=H(p_1, p_2, \cdots, p_n)=\cdots=H(p_n, p_{n-1}, \cdots, p_1)$。

上式表明，熵函数所有变元 p_1、p_2、…、p_n 位置可以互换，而不影响熵的大小。该性质说明：熵只与信源的总体统计特性有关。如果某些信源的统计特性相同(含有的符号数和概率分布相同)，那么这些信源的熵就相同。

(3) 确定性，即 $H(1, 0)=H(1, 0, 0)=H(1, 0, \cdots, 0)=0$。

上式表明，只要信源符号中有一个符号的出现概率为 1，信源熵就等于零。这是因为当一个符号的概率为 1 后(必然事件)，根据概率的公理化定义，其他符号的概率也必然为 0(不可能事件)，因此该信源没有不确定性。

(4) 可加性，即 $H(X, Y)=H(Y)+H(X|Y)=H(X)+H(Y|X)$。

上式表明，两个信源 X 和 Y 的联合信源的熵等于信源 X 的熵加上在 X 已知条件下信源 Y 的条件熵；或者等于信源 Y 的熵加上在 Y 已知条件下信源 X 的条件熵。对于统计独立信源 X 和 Y，则其联合信源的熵等于各个熵之和。

(5) 条件熵小于无条件熵，即 $H(X|Y)\leqslant H(X)$。

上式表明，条件熵一般都小于无条件熵，只有当 X 与 Y 统计独立时条件熵才等于无条件熵。这说明在获得信源 X 的某种相关信息 Y 后 X 的不确定性已经减少。

(6) 香农辅助定理。

【定理 3-1】 对于任意 n 维概率矢量 $\boldsymbol{P}=(p_1, p_2, \cdots, p_n)$ 和 $\boldsymbol{Q}=(q_1, q_2, \cdots, q_n)$，下列不等式成立：

$$H(\boldsymbol{P}) = H(p_1, p_2, \cdots, p_n) = -\sum_{i=1}^{n} p_i\,\mathrm{lb}\,p_i \leqslant -\sum_{i=1}^{n} p_i\,\mathrm{lb}\,q_i \tag{3-10}$$

该式表明，对任意概率分布 p_i，它对其他概率分布 q_i 的自信息量 $-\mathrm{lb}\,q_i$ 取数学期望时，必大于 p_i 本身的熵。等号仅当 $\boldsymbol{P}=\boldsymbol{Q}$ 时成立。

(7) 最大熵定理。

【定理 3-2】 离散无记忆信源输出 M 个不同的消息符号，当且仅当各个符号出现概率相等时(即 $p_i=1/M$)，熵最大，即

$$H(X) \leqslant H\left(\frac{1}{M}, \frac{1}{M}, \cdots, \frac{1}{M}\right) = \mathrm{lb}M \tag{3-11}$$

该式也表明等概率分布信源的平均不确定性为最大，这也在图 3-1 中得到反映(对于 2 符号信源，在输出符号 0 和 1 以等概率发生时，信源熵达到极大值)。

3.1.3　互信息及其性质

1. 非平均互信息量 $I(a_i; b_j)$

非平均互信息量指单个符号之间的互信息，一般用 $I(a_i; b_j)$表示，其物理意义为观察到 b_j 后收到关于 a_i 的信息量，香农将其定义为符号后验概率与先验概率比值的对数，即

$$I(a_i; b_j) = \mathrm{lb}\,\frac{p(a_i \mid b_j)}{p(a_i)} = I(a_i) - I(a_i \mid b_j) \tag{3-12}$$

由此可见，它也等于关于 a_i 的先验不确定性 $I(a_i)$ 减去观察到 b_j 后对 a_i 保留的不确定性 $I(a_i \mid b_j)$。由式(3-12)可知，它满足下式：

$$I(a_i; b_j) = \mathrm{lb}\,\frac{p(a_i \mid b_j)}{p(a_i)} = \mathrm{lb}\,\frac{p(a_i, b_j)}{p(a_i)p(b_j)} = \mathrm{lb}\,\frac{p(b_j \mid a_i)}{p(b_j)} = I(b_j; a_i) \tag{3-13}$$

另外，互信息 $I(a_i; b_j)$既可以取正值，也可以取负值。如果取负值，说明在未收到消息 b_j 之前对发端的消息是否为 a_i 猜测的难疑程度较小。但由于噪声的存在，接收到消息 b_j 后反而使猜测 a_i 的难度增加。也就是说，收信者接收到消息 b_j 后对 a_i 出现的不确定性反而增加，所以获得的信息量为负值。

2. 平均互信息 $I(X; Y)$

$I(X; Y)$ 是指两个集合之间的平均互信息量。例如，对于图 3-3 所示的简化通信系统模型，信源 X 经过信道传输或信号处理后，得到信宿 Y。根据香农信息论，两者之间的平均互信息量 $I(X; Y)$ 可定义为互信息量 $I(a_i; b_j)$的概率加权平均值(数学期望)，即

$$I(X; Y) = \sum_{i=1}^{m}\sum_{j=1}^{n} p(a_i; b_j) I(a_i; b_j) \tag{3-14}$$

式中，$I(X; Y)$就是在收到集合 Y 后所能获得的关于集合 X 的平均信息量，即平均互信息量，简称平均互信息，也称平均交互信息量或交互熵。

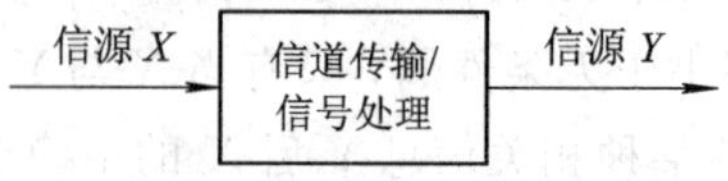

信源 X → 信道传输/信号处理 → 信源 Y

图 3-3　简化通信系统模型

下面根据前面所学的知识来推导平均互信息具体应用的计算表达式。

(1) 首先分析收到 b_j 后，从 b_j 中获得关于 a_i 的非平均信息量，即

$$I(a_i; b_j) = I(a_i) - I(a_i \mid b_j) = -\mathrm{lb}\,p(a_i) + \mathrm{lb}\,p(a_i \mid b_j) = \mathrm{lb}\,\frac{p(a_i \mid b_j)}{p(a_i)}$$

(2) 然后分析收到 b_j 后，从 b_j 中获得关于集合 X 的平均信息量，即

$$I(X; b_j) = E_X\{I(a_i; b_j)\} = \sum_{i=1}^{m} p(a_i \mid b_j) I(a_i; b_j) = \sum_{i=1}^{m} p(a_i \mid b_j)\,\mathrm{lb}\,\frac{p(a_i \mid b_j)}{p(a_i)}$$

(3) 最后分析收到集合 Y 后，从 Y 中获得关于集合 X 的平均信息量，即

$$\begin{aligned} I(X;Y) &= E_Y\{I(X;b_j)\} = \sum_{j=1}^{n} p(b_j)\sum_{i=1}^{m} p(a_i \mid b_j)\,\mathrm{lb}\,\frac{p(a_i \mid b_j)}{p(a_i)} \\ &= -\sum_{i=1}^{m}\sum_{j=1}^{n} p(a_i, b_j)\,\mathrm{lb}\,p(a_i) + \sum_{i=1}^{m}\sum_{j=1}^{n} p(a_i, b_j)\,\mathrm{lb}\,p(a_i \mid b_j) \\ &= H(X) - H(X \mid Y) \end{aligned} \tag{3-15}$$

可知，平均互信息具有如下物理含义：

平均互信息≡(先验的平均不确定性)－(观察到集合 Y 以后对集合 X 保留的平均不确定性)≡平均不确定性消除的程度≡收到集合 Y 后获得关于集合 X 的平均信息量。

由式(3－14)和式(3－15)可以推导下面等式也成立：

$$I(X;Y) = I(Y;X) = H(Y) - H(Y \mid X) \tag{3-16}$$

需要注意的是，平均互信息量 $I(X;Y)$ 和互信息 $I(x;y)$之间的异同。平均互信息量 $I(X;Y)$ 是互信息 $I(x;y)$在两个概率空间 X 和 Y 的统计平均(数学期望)，互信息 $I(x;y)$ 是代表收到消息 y 后获得的关于事件 x 的信息量，可正可负，但平均互信息量 $I(X;Y)$ 总是非负。

各类熵与平均互信息之间的关系如图 3－4 所示。左边的椭圆代表随机变量 X 的熵，右边的椭圆代表随机变量 Y 的熵，两个椭圆重叠部分代表平均互信息量 $I(X;Y)$，每个椭圆减去平均互信息后剩余部分代表条件熵，两个椭圆合在一起代表联合熵。

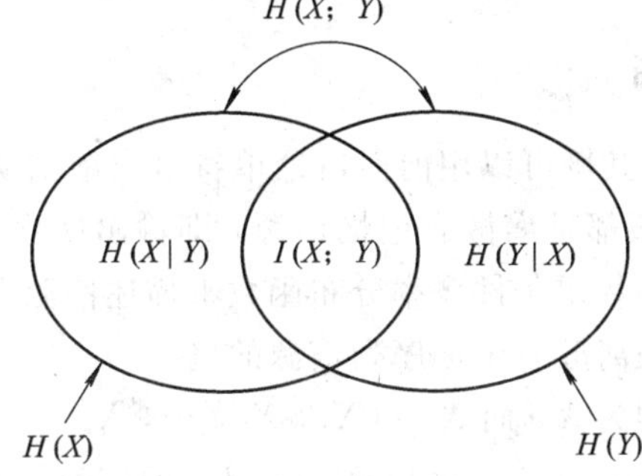

图 3－4　平均互信息与各类熵之间的关系

3. 平均互信息的性质

平均互信息 $I(X;Y)$的主要特性如下：

(1) 非负性，即 $I(X;Y)\geqslant 0$。

非负性表明，平均互信息量 $I(X;Y)$ 一般都为正数，即总能从接收信号 Y 中获得或多或少关于 X 的信息，只有当 X 和 Y 统计独立时，才收不到任何有用信息，此时互信息为零。

(2) 极值性，即 $I(X;Y)\leqslant \min[H(X), H(Y)]$。

极值性表明，从某一事件获得另一事件的信息量，最多只有另一事件的信息熵那么多，不会超过该事件自身所含有的信息量。

(3) 对称性，即 $I(X;Y)=I(Y;X)$。

对称性表明，从 Y 中获得的关于 X 的信息量等于从 X 中获得的关于 Y 的信息量。

(4) 凸状性。由式(3－14)可得，

$$I(X;Y)=\sum_i\sum_j p(a_i,b_j)\text{lb}\frac{p(a_i,b_j)}{p(a_i)p(b_j)}$$

$$=\sum_i\sum_j p(a_i)p(b_j\mid a_i)\text{lb}\frac{p(b_j\mid a_i)}{p(b_j)} \quad (3-17)$$

又

$$p(b_j)=\sum_i p(a_i,b_j)=\sum_i p(a_i)p(b_j\mid a_i)$$

由此可知，平均互信息只是输入信源 X 的概率分布 $P(X)$ 和条件概率分布 $P(Y|X)$ 的函数。凸状性由两部分组成，分别如下：

① 平均互信息量 $I(X;Y)$ 是信源概率分布 $P(X)$ 的 $\cap$ 型凸函数，存在极大值。

② 平均互信息量 $I(X;Y)$ 是条件概率分布 $P(Y|X)$ 的 $\cup$ 型凸函数，存在极小值。

(5) 信息不增性，即 $I(X;Y_n)\leqslant I(X;Y_{n-1})\leqslant\cdots\leqslant I(X;Y_1)$。

信息不增性表明，消息经过多级处理时(如图 3-5 所示)，随着处理级数的增多，输入消息与输出消息之间的平均互信息量趋于变小；也就是说，数据处理过程中，由于噪声和干扰的存在，只会丢失信息而不会创造关于信源的新的信息。

图 3-5 消息的多级处理模型

3.1.4 有记忆信源的熵

对于离散无记忆信源，其熵可以用前面讨论单符号离散信源的熵进行计算。然而实际的数字化后的媒体信源一般都是离散有记忆信源，即输出序列中的符号存在前后相关性。此时需要用联合概率分布函数或条件概率分布函数来描述信源发出的符号间的关系。本节主要介绍香农信息论中有关离散有记忆序列信源的熵。

设信源输出的随机序列为 $\boldsymbol{X}$，而 $\boldsymbol{X}=(X_1,X_2,\cdots,X_L)$，序列中每个单符号是一个随机变量 $X_l\in A_m=\{a_1,a_2,\cdots,a_m\}$，$l=1,2,\cdots,L$，即序列长度为 L。序列熵定义为

$$H(\boldsymbol{X})=H(X_1,X_2,\cdots,X_L)$$

$$=H(X_1)+H(X_2\mid X_1)+\cdots+H(X_L\mid X_1,X_2,\cdots,X_{L-1}) \quad (3-18)$$

记作

$$H(\boldsymbol{X})=H(X^L)=\sum_{l=1}^{L}H(X_l\mid X^{l-1}) \quad (3-19)$$

平均每个符号的熵记作

$$H_L(\boldsymbol{X})=\frac{1}{L}H(X^L) \quad (3-20)$$

对于序列信源的熵，有如下结论：

(1) $H(X_L|X^{L-1})$ 是 L 的单调非增函数，即随着 L 增加，条件熵 $H(X_L|X^{L-1})$ 会减小。

(2) $H_L(\boldsymbol{X})\geqslant H(X_L|X^{L-1})$，即 L 长序列的平均符号熵大于等于在 $(X_1,X_2,\cdots,X_{L-1})$ 已知时 X_L 出现的条件熵。

(3) $H_L(\boldsymbol{X})$ 是 L 的单调非增函数，即随着 L 增加，序列的平均符号熵会减小。

(4) 定义极限熵(极限信息量)为

$$H_{\infty}(\boldsymbol{X}) = \lim_{L\to\infty} H_L(\boldsymbol{X}) = \lim_{L\to\infty} H(X_L \mid X^{L-1}) \tag{3-21}$$

推广结论(3)和(4)，可得如下不等式：

$$H_{\infty}(\boldsymbol{X}) \leqslant \cdots \leqslant H_L(\boldsymbol{X}) \leqslant \cdots \leqslant H_1(\boldsymbol{X}) \leqslant H_0(\boldsymbol{X}) = \operatorname{lb} M \tag{3-22}$$

其中，$H_0(\boldsymbol{X})$为信源的最大离散熵，M 为信源输出符号的总数，$H_L(\boldsymbol{X})$为 L 长序列的平均符号熵。

结论(4)虽然从理论上定义了平稳离散有记忆信源的极限熵，但实际按此公式计算极限熵几乎是不可能的。这是因为当 L 很大时，条件概率 $p(X_L \mid X^{L-1})$几乎不可能被计算出来。幸运的是，对于一般离散平稳信源，由于 L 不是很大时，$H_L(\boldsymbol{X})$就很接近 $H_{\infty}(\boldsymbol{X})$，因此常取 L 很小的 $H_L(\boldsymbol{X})$作为 $H_{\infty}(\boldsymbol{X})$的近似值。

3.1.5　信源冗余度

冗余度(剩余度)是指给定信源在实际输出消息时所包含的多余信息。如果表达一个消息的信息比特数比实际这个消息包含的比特数多，那么这样的消息就存在冗余。

冗余度来自两个方面：

(1) 信源序列的前后符号存在相关性。从式(3-22)可以看出，对于有记忆信源，随着信源序列长度增加，信源序列的平均单符号熵减小，这是由于信源序列前后符号存在相关性造成的。

(2) 信源符号分布的不均匀性，当等概分布时信源熵最大。

实际的信源这两方面的冗余度都存在。对于一般平稳信源来说，极限熵为 $H_{\infty}(X)$，**这就是说要传输或编码这一信源，理论上每符号平均只需要 $H_{\infty}(X)$比特**。这在后面无失真信源编码定理介绍中会论述。但实际上对它的概率分布并不是完全清楚的，只能计算出 $H_L(X)$。若用 $H_L(X)$去编码或传输极限熵为 $H_{\infty}(X)$的信源，由于 $H_L(X) \geqslant H_{\infty}(X)$，因此必然存在冗余。定义信息效率和冗余度为

$$\eta = \frac{H_{\infty}(X)}{H_L(X)} \tag{3-23}$$

$$\gamma = 1 - \eta = 1 - \frac{H_{\infty}(X)}{H_L(X)} \tag{3-24}$$

从式(3-23)和式(3-24)可以看出，信息效率一般小于 1，冗余度一般大于 0。编码的目的就在于使信息效率尽量接近 1，或者冗余度接近 0。

事实上，当只知道信源符号有 M 个可能取值，而对其概率特性不清楚时，合理的假设就是这 M 个取值等概分布，因此此时有最大熵 $\operatorname{lb} M$，即 H_0。一旦测得其一维分布，就得到 H_1。根据式(3-22)可知 $H_0 - H_1 \geqslant 0$，也就是说，用 H_1 去编码或传输信源比用 H_0 去编码或传输信源效率更高，冗余度更少。若所有维分布都可以得到，即可以求出 H_{∞}，此时编码效率最高。

最后，考察英文文本和实际的图像的熵值作为本小节结束。

【例 3-6】　以英文字母的符号为例来说明编码效率和冗余度。

【解】　英文字母共有 26 个，加上空格共 27 个符号，测得的平均符号熵如表 3-1 所示。

表 3-1 英文字母出现熵值的测量 （比特/符号）

序列长度 L	H_0	H_1	H_2	…	H_∞
平均符号熵	4.76	4.03	3.32	…	1.4

从表 3-1 给出的熵值可以看到，随着序列的长度增加，序列的平均符号熵逐步逼近极限熵。若采用一般传输方式(假设信源各输出符号等概)，则信息效率和冗余度分别为

$$\eta=\frac{1.4}{4.76}=0.29,\quad r=1-\eta=0.71$$

表 3-2 是对一组 CCIR 601 号建议的电视图像、四幅高清晰度电视图像、CCITT 建议的 8 幅传真测试图像，进行实际概率测量而得到的平均熵值。

表 3-2 图像熵值的测量

条　　件	熵值/(比特/像素)
电视图像亮度信号(8 比特/像素)	
一个像素(零阶熵)	5.65
两个相邻像素(左右)(一阶熵)	3.31
两个相邻像素(上下)(一阶熵)	3.31
高清晰度电视图像亮度信号(8 比特/像素)	
一个像素(零阶熵)	7.47
两个相邻像素(左右)(一阶熵)	4.27
两个相邻像素(上下)(一阶熵)	4.35
8 幅传真测试图像(1 比特/像素)	
两个相邻像素(左右)(一阶熵)	0.1237
三个相邻像素 (二阶熵)	0.0672
四个相邻像素 (三阶熵)	0.0629
五个相邻像素 (四阶熵)	0.0608

3.2 编码的基本概念

3.2.1 编码的数学定义

编码实质上是对信源的输出符号按一定的数学规则进行的一种变换，如图 3-6 所示。

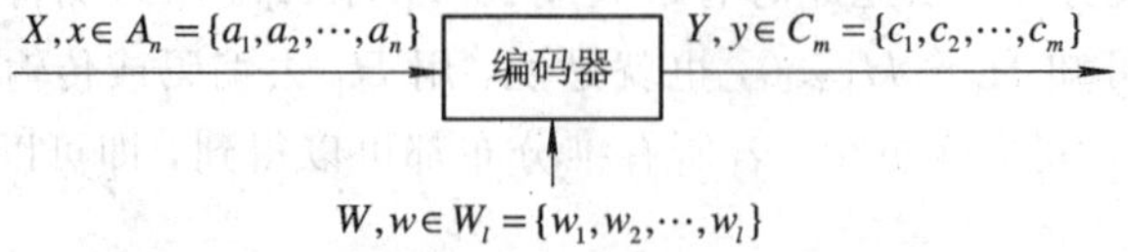

$X, x\in A_n=\{a_1,a_2,\cdots,a_n\}$ → 编码器 → $Y, y\in C_m=\{c_1,c_2,\cdots,c_m\}$

$W, w\in W_l=\{w_1,w_2,\cdots,w_l\}$ ↑

图 3-6 编码器的一般定义

图 3-6 是编码器的一般框图。它的输入是信源输出符号集 $A_n=\{a_1,a_2,\cdots,a_n\}$，信源的每个输出 x 都取自该符号集，即 $x\in A_n$。同时存在另一个码符号集 $W_l=\{w_1,w_2,\cdots,w_l\}$，其每个元素称为码符号(或码元)。编码器将信源符号集的符号 a_i(或者长为 L 的序列$\overline{a_{i1}a_{i2}\cdots a_{iL}}$)变

换成由 w 组成的长度为 l_i 的序列 c_j，c_j 的全体构成码字集合 $C_m=\{c_1, c_2, \cdots, c_m\}$，简称“码”。$C_m$ 每个元素都是由码符号 w 组成的，其长度 l_i（即符号 w 的个数）称为码字长度或简称码长。编码器的数学表示为

$$Y = C(X) \qquad X \in A_n, Y \in C_m \tag{3-25}$$

上式中，C 代表从信源符号到码字符号的一种映射。若要实现无失真编码，必要条件就是这种映射必须是一一对应的，此时，式(3-25)中的 $n=m$；如果是实现有损压缩编码，则这种映射一般为多对一，此时式(3-25)中的 $n>m$。

【例 3-7】 学生成绩通常记为优、良、中、及格、不及格五种，试采用二进制编码无失真该信源。

【解】 该信源的符号集为 $A_5=\{$优、良、中、及格、不及格$\}$，码符号集 $W_2=\{0, 1\}$，可取码字集 $C_5=\{000, 001, 010, 011, 100\}$；信源符号集 A_5 到码字集 C_5 的一一映射共有 5！=120 种，任取一种作为 C：{优→000，良→001，中→010，及→011，不及格→100}。

3.2.2　常用码的定义及分类

下面我们将给出一些常用码的定义，并举例说明。

1. 分组码和非分组码

如果在编码过程中，将信源符号分组，每组有固定对应的码字，则称之为分组码；反之称为非分组码。表 3-3 中的全部码都是分组码。

2. 二元码和多元码

根据码符号集的码符号个数 m，可将码分为 m 元码。如码符号集为 $W=\{0, 1\}$，码符号个数为 2，编码所得的码字都是一些二元序列，则称为二元码。二元码是数字通信和计算机系统中最常用的一种码。表 3-3 所有码字都为二元码。

3. 定长码和变长码

根据码字集中的码字长度，码可以分为变长码和定长码两类。若码字集中所有码字的长度都相同，即 $l_j=l(j=1, 2, \cdots, m)$，则称为定长码，如表 3-3 中的码 1；反之，则称为变长码，如表 3-3 中的其他码。

4. 奇异码和非奇异码

若码字集中所有码字都不相同，那么所有信源符号映射到不同的码字，则称之为非奇异码，如表 3-3 中的码 1、2、4、5 都是非奇异码；反之，若码字集中有相同的码字，则称为奇异码，如表 3-3 中的码 3。

5. 唯一可译码与非唯一可译码

若由码字集的码构成的任意一串有限长序列，只能唯一地译成所对应的信源符号序列，则称此码为唯一可译码(单义可译码)；反之称为非唯一可译码(非单义可译码)。显然，奇异码不是唯一可译码，而非奇异码有唯一可译码和非唯一可译码。表 3-3 中的码 1 和码 2 等都是唯一可译码，而码 3 和码 4 都是非唯一可译码。

6. 即时码和非即时码

唯一可译码中又分为即时码和非即时码。如果接收端收到一个完整的码字后，不能立即译码，还需等下一个码字开始接收后才能判断是否可以译码，这样的码叫做非即时码；

反之则称为即时码。如表 3-3 中的码 1 和码 2 等都是即时码，而码 5 虽然说是唯一可译，但并不是即时码。即时码又称为非延长码，其特征是任意一个码字都不是其他码字的前缀部分，有时叫做异前缀码。

表 3-3 码的不同属性

信源符号	出现概率	码 1	码 2	码 3	码 4	码 5
a_1	1/2	00	0	0	0	1
a_2	1/4	01	10	01	01	10
a_3	1/8	10	110	01	010	100
a_4	1/8	11	111	00	011	1000

综上所述，码可以按图 3-7 进行分类。

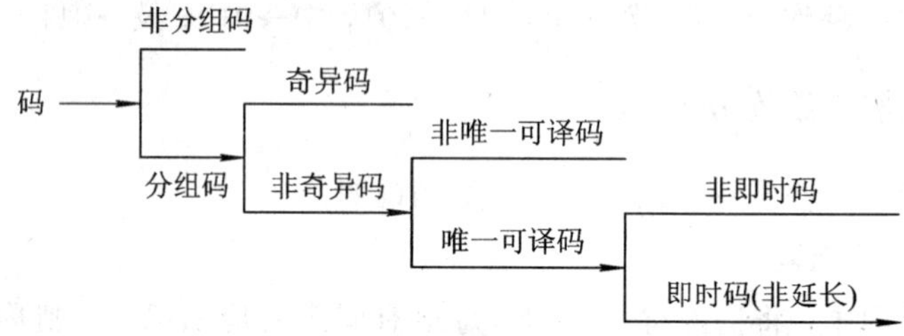

图 3-7 常用码的分类

3.2.3 平均码长与编码效率

设离散无记忆平稳信源为

$$\begin{bmatrix} X \\ p(x) \end{bmatrix} = \begin{bmatrix} a_1 & a_2 & \cdots & a_n \\ p(a_1) & p(a_2) & \cdots & p(a_n) \end{bmatrix}$$

编码后每个符号对应的码字为 w_1，w_2，…，w_n；每个码字对应的码长为 l_1，l_2，…，l_n。定义该码的平均长度为

$$\overline{L} = \sum_{i=1}^{n} p(a_i) l_i \tag{3-26}$$

$\overline{L}$ 是每个信源符号平均需要的码元数。从编码或者数据压缩的角度来看，$\overline{L}$ 越小，则需要传输或者存储的比特数也就越少，因而总是希望 $\overline{L}$ 越小越好。

实际编码效率公式定义为

$$\eta = \frac{H_L(\boldsymbol{X})}{\overline{L}} \tag{3-27}$$

上式中，$H_L(\boldsymbol{X})$ 为长为 L 的信源序列的平均单符号熵，$\overline{L}$ 为每符号的平均编码码长。由于一般有 $\overline{L} \geqslant H_L(X)$，所以编码效率一般都小于 1。

3.3 唯一可译码的判断与构造

从上面讨论可知，若要实现无失真信源编码，所采用的码必须是唯一可译码。那么信源符号数和码字长度之间应满足什么条件才能构成唯一可译码，唯一可译码判断准则是什么，如何构造唯一可译码呢？

3.3.1　克劳夫特不等式

克劳夫特(Kraft)不等式给出了信源符号数和码字长度之间应满足什么条件才可能构成唯一可译码。该定理如下：

【定理 3-3】　对于码符号集为 $W_l=\{w_1, w_2, \cdots, w_l\}$ 的任意 m 元唯一可译码(一般 $l=2^m$)，其构成的码字集为 $C_n=\{c_1, c_2, \cdots, c_n\}$，对应码长为 $l_1, l_2, \cdots, l_n$，则码长 l_i 必定满足 Kraft 不等式

$$\sum_{i=1}^{n} m^{-l_i} \leqslant 1 \tag{3-28}$$

其中，n 是信源符号数。

上述不等式是唯一可译码存在的充要条件。必要性表现在如果码是唯一可译码，则码长必然满足该不等式；充分性表现在如果码长满足该不等式，则这种码长的唯一可译码一定存在。需要说明的是，该不等式是判定唯一可译码存在的充要条件，而不是判定唯一可译码的充要条件。这也就是说，并不是只要满足上述不等式的码，就一定是唯一可译码。

【例 3-8】　判断表 3-3 中的码是否为唯一可译码。

【解】　根据前面讨论的结果和 Kraft 不等式，判定结果如表 3-4 所示。从表中可以看到，码 1、码 2 和码 4 计算出的 $\sum_{i=1}^{4} 2^{-l_i}$ 都为 1，即都满足该不等式。然而实际上只有码 1 和码 2 是唯一可译码，而码 3 是非唯一可译码。

表 3-4　判定结果

步　骤	码 1	码 2	码 3	码 4	码 5
$\sum_{i=1}^{4} 2^{-l_i}$	1	1	5/4	1	15/16
是否满足 Kraft 不等式？	√	√	×	√	√
是否唯一可译？	√	√	×	×	√

这说明在判定具体的码是否为唯一可译码时，首先要判定该码的码长是否满足 Kraft 不等式，如果不满足，则该码肯定不是唯一可译码；如果满足，先要分析具体的码结构才能做出正确判断。

3.3.2　唯一可译码的判断准则

对于已知的某码字集 $C_n=\{c_1, c_2, \cdots, c_n\}$，对应码长为 $l_1, l_2, \cdots, l_n$，如何判断它是否是唯一可译码呢？

通过上面讨论知道，Kraft 不等式只能判断某组码长 $l_1, l_2, \cdots, l_n$ 是否存在唯一可译码，它对于满足不等式的码不能做出正确判断，因此不能用 Kraft 不等式来判断某个码字集 C_n 一定是唯一可译码。萨得纳斯(A. A. Sardinas)和彼得森(G. W. Patterson)于 1957 年设计出一种判断唯一可译码的测试方法，具体内容如下：

设 S_0 为原始码字的集合。再构造一系列集合 $S_1, S_2, \cdots, S_n$。为得到集合 S_1，首先分

析 S_0 中的所有码字。若码字 W_j 是码字 W_i 的前缀，即 $W_i=W_jA$，则将后缀 A 列为 S_1 中的元素，S_1 就是由所有具有这种性质的 A 构成的集合。

一般地，要构成 $S_n(n>1)$，则将 S_0 与 S_{n-1} 比较。若有码字 $W\in S_0$，且 W 是 $U\in S_{n-1}$ 的前缀，即 $U=WA$，则取后缀 A 为 S_n 中的元素。同样，若有码字 $U'\in S_{n-1}$ 是 $W'\in S_0$ 的前缀，即 $W'=U'A'$，则后缀 A' 亦为 S_n 中的元素。如此便可构成集合 S_n。依此下去，直至集合为空或者没有新的后缀产生。在得到集合 S_1，S_2，…，S_n 后，一种码是唯一可译码的充要条件是 S_1，S_2，…，S_n 中没有一个含有 S_0 中的码字。

【例 3-9】 设某信源消息集合共有 7 个元素$\{x_1, x_2, x_3, x_4, x_5, x_6, x_7\}$，它们分别被编码为{a，c，ad，abb，bad，deb，bbcde}。判定该码组是否为唯一可译码。

【解】 按照上述方法可构造出如表 3-5 所列的码符号集序列。

表 3-5　符号序列 S_1，S_2，…，S_n

<table>
<tr><th>S_0</th><th>S_1</th><th>S_2</th><th>S_3</th><th>S_4</th><th>S_5</th><th>S_6</th><th>S_7</th></tr>
<tr><td rowspan="2">a
c
ad
abb
bad
deb
bbcde</td><td>b
bb</td><td>eb
cde</td><td>de</td><td>b</td><td>ad
bcde</td><td>d</td><td>eb</td></tr>
<tr><td colspan="7">$S_n=\phi(n>7)$</td></tr>
</table>

由表 3-5 看出，当 $n>7$ 时，S_n 是空集，而集合 S_5 中包含 S_0 中的元素 ad，因此 S_0 不是唯一可译码。如码字序列为“abbcdebad”，在译码时可以分解为“a”、“bbcde”、“bad”，也可分解为“abb”、“c”、“deb”、“ad”，可见该码组不是唯一可译码。

3.3.3　唯一可译码的构造

一种简单的构造唯一可译码的方法就是采用码树，即采用树图来表示码字的构成。树图最顶部的节点称为树根，从根节点分成 m 个树枝，成为 m 进制树(m 等于码符号数)。树枝的尽头是节点，中间节点生出树枝，叶节点安排码字，深度为 L 的 m 进制码树最多有 m^L 个可能的叶节点。若将从每个节点出发的 m 个分支分别以 0，1，…，$m-1$ 标号，则每个深度为 r 的节点需要用 r 个 m 元数字表示。如果想用某个深度为 r 的节点表示信源的一个符号，则该节点就不能再延伸，即该节点应该为叶节点(用粗黑点表示)，相应的码字即为从树根到此叶节点的分支标号序列，长度为 r。这样构造的码一定满足即时码的条件，因为从树根到每一个叶节点所走的路径均不相同，故一定满足异前缀的要求，即没有一个码字是另一个码字的前缀。图 3-8 给出一个二进制码树和一个三进制码树。

如果有 q 个信源符号，那么在码树上要选择 q 个叶节点，用相应的从根节点到叶节点的分支标号序列代表该码字，由这样的方法构造出来的码称为码树。若码树的各个分支都延伸到叶节点，码树的深度为 L，此时共有 m^L 个码字。这样的码树称为满树，否则称为非满树。一般来说，满树对应着定长码，非满树对应着变长码。

因此，当我们按 Kraft 不等式的要求，对 n 个消息符号 $A_n=\{a_1, a_2, \cdots, a_n\}$分配了长

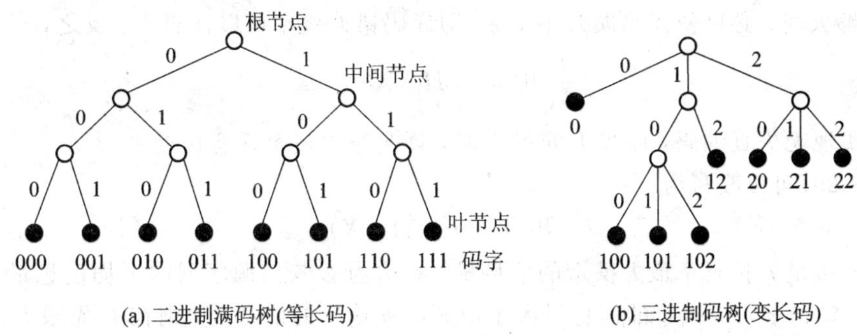

(a) 二进制满码树(等长码)　(b) 三进制码树(变长码)

图 3-8　码树图

度为 l_1，l_2，…，l_n后，用二进制码树来生成即时码的算法为：

① 从根出发生出 2 枝；

② 每枝用 1 个码元符号 $w_j \in W_2=\{0, 1\}$来表示；

③ 枝尽节来，节外生枝。继续生枝的节点是中间节点，不再生枝的节点为叶节点。深度为 r 的叶节点数量等于序列 l_1，l_2，…，l_n 中 $l_j=r$ 的数量；

④ 给每个叶节点配置信源符号；

⑤ 连接从根节点到对应的叶节点的分枝上所遇到的码元 w_j 所构成的符号，即为该信源符号对应的二进制码字 c_i。

3.4　无失真信源编码

信源编码的目的在于增强信号传输或存储时的有效性，减少冗余，提高编码效率，也就是降低信源输出符号的码率。在无失真的情况下，要求解码后信号能无失真地恢复出原始信号，即无失真信源编码是可逆编码，它只适合离散信源。

离散无记忆信源的编码可以简单描述如下：设离散无记忆信源 X 输出符号序列 $x_1x_2\cdots x_l\cdots$，每个符号 $x_l \in A=\{a_1, a_2, \cdots, a_n\}$。现将其分割成每 L 个为一组，组成 L 维矢量 $\boldsymbol{X}$，即 $\boldsymbol{X}_i=\{x_1, x_2, \cdots, x_l, \cdots, x_L\}$，称 $\boldsymbol{X}_i$为信源矢量。信源矢量 $\boldsymbol{X}_i$的全空间为 $\mathscr{A}^L$，它共有 n^L种可能，对其用 m 个码字 Y_k进行编码表示，即 $Y_k(\{b_1, b_2, \cdots, b_m\}$，一般取 $m \leqslant n^L$。最后，编码器的输出为 $Y_1Y_2\cdots Y_i\cdots$。

无失真信源编码就是要求能够无失真或无差错地译码，即能从编码器的输出码字 $\boldsymbol{Y}$ 无差错地恢复编码器的输入矢量 $\boldsymbol{X}$，同时使传送 $\boldsymbol{Y}$ 时所需要的信息率 R 最小。这个目标能否实现，最小信息率 R 又是多少，这正是无失真信源编码定理要解决的问题。它又分为定长编码定理和变长编码定理。

3.4.1　无失真定长编码定理

【定理 3-4】 由 L 个符号组成的平均符号熵为 $H_L(X)$的离散平稳无记忆信源进行定长编码，设码字是由 w 组成的长度为 k 的序列，其中 $w \in W_m=\{w_1, w_2, \cdots, w_m\}$。对于任意的 $\varepsilon>0$、$\delta>0$，只要满足：

$$\frac{k}{L}\,\mathrm{lb}\,m \geqslant H_L(X)+\varepsilon \tag{3-29}$$

则当 L 足够大时，必可使译码误差小于 δ，即译码错误概率可以任意小。反之，若

$$\frac{k}{L}\,\mathrm{lb}\,m \leqslant H_L(X) - 2\varepsilon$$

则不可能实现无失真编码，而当 L 足够大时，译码错误概率任意接近 1。

式(3-29)可以改写为

$$k * \mathrm{lb}\,m \geqslant L * H_L(X) + \varepsilon \tag{3-30}$$

上式左边是 k 长码字最大携带的信息量，右边为 L 长信源序列的平均信息量。上述定理表明，只要码字所能携带的信息量大于信源序列输出的信息量，则在 L 无限大条件下可以实现几乎无失真编码。

根据式(3-29)和式(3-30)，信源编码定理也可以解释成：**要想实现无失真的信源编码，编码单个信源符号需要的平均码长要大于等于信源熵，即 $\bar{k}=\frac{k}{L}\mathrm{lb}m\geqslant H_L(X)+\varepsilon$。也就是说，在 $\bar{k}<H_L(X)$ 时，不可能实现无失真编码；在 $\bar{k}=H_L(X)$ 时，有可能实现无失真编码，也有可能不能实现无失真编码，关键取决于信源 X 的符号概率分布。**

如某离散信源输出符号的概率分布为 $p(a_i)=\{0.8,\ 0.15,\ 0.05\}$。要想使译码差错 $\delta<0.1$，由于 $p(a_3)=0.05<0.1$，因此符号 a_3 可以不编码，因此可取 $L=1$、$k=1$，实际的译码差错 $\delta=0.05$(信源输出符号 a_3 时出现译码差错)。如果取 $\delta<0.01$，可以对长度为 2 的信源序列进行等长编码，此时信源一共有 $3^2=9$ 种符号，符号 $p(a_3a_3)=0.0025<0.01$，剩下 8 种符号需要 3 bit 进行编码，此时有 $L=2$、$k=3$，实际的译码差错 $\delta=0.0025$(信源输出符号 a_3a_3 时出现译码差错)。

事实上，定长信源编码过程可以按如下过程理解：设信源的输出符号数是 n，则 L 长序列的符号数是 n^L，可以将它划分为两个互补的集合 A_ε 和 $\overline{A}_\varepsilon$。A_ε 为经常出现的符号(大概率符号)，$\overline{A}_\varepsilon$ 为不经常出现的符号(小概率符号)。集合 A_ε 中的符号有与之一一对应的定长码字，因而译码时无差错，集合 $\overline{A}_\varepsilon$ 中的符号无输出码字，因而译码时有差错。在这种编码方式下，译码差错概率 p_e 就等于集合 $\overline{A}_\varepsilon$ 中符号出现的概率和 $p(\overline{A}_\varepsilon)$。如果允许一定的译码差错 δ，则只要 $p(\overline{A}_\varepsilon)<\delta$，就可以达到要求。对于固定的 δ，总可以通过增加 L，重新划分 A_ε 和 $\overline{A}_\varepsilon$，使得 $p(\overline{A}_\varepsilon)<\delta$ 成立。因此定长编码的译码差错概率可以任意小，即可以实现几乎无失真的定长信源编码。

事实上，在已知信源输出符号自信息量的方差 $D[I(x)]$ 和熵 $H(X)$ 的情况下，信源序列长度 L 与编码效率 η 和允许错误概率 δ 的关系如式(3-31)。显然，容许错误概率越小，编码效率要越高，则信源序列长度 L 越长。在实际情况下，要实现几乎无失真的等长编码，L 需要大到难以实现的程度。现我们来举例说明。

$$L \geqslant \frac{D[I(X)]}{H^2(X)}\,\frac{\eta^2}{(1-\eta)^2\delta} \tag{3-31}$$

【例 3-10】 设离散无记忆信源 $\begin{bmatrix} S \\ P(s) \end{bmatrix}=\begin{bmatrix} s_1 & s_2 \\ \frac{3}{4} & \frac{1}{4} \end{bmatrix}$，若对信源 S 采取等长二元编码时，要求编码效率 $\eta=0.96$，允许错误概率 $\delta\leqslant10^{-5}$，问编码码长应该为多少？

【解】 其信息熵为

$$H(S) = \frac{1}{4}\text{lb}4 + \frac{3}{4}\text{lb}\frac{4}{3} = 0.811 \quad (\text{比特 / 信源符号})$$

其自信息的方差为

$$\begin{aligned} D[I(s_i)] &= \sum_{i=1}^{2} p_i(\text{lb}p_i)^2 - [H(S)]^2 \\ &= \frac{3}{4}\left(\text{lb}\frac{3}{4}\right)^2 + \frac{1}{4}\left(\text{lb}\frac{1}{4}\right)^2 - (0.811)^2 \\ &= 0.4715 \end{aligned}$$

若对信源 S 采取等长二元编码，要求编码效率 $\eta=0.96$，允许错误概率 $\delta\leqslant10^{-5}$，则可求得：

$$L \geqslant \frac{0.4715}{(0.811)^2}\frac{(0.96)^2}{0.04^2\times10^{-5}} = 4.13\times10^7$$

即信源序列长度需长达 4×10^7 以上，才能实现给定的要求，这在实际中是很难实现的。由此可见，为提高编码有效性需要付出很大的代价。因此，一般来说，对于无失真信源编码，根据式(3-29)和式(3-30)，可以看出编码效率总是小于1。

定长编码定理的意义在于从理论上证明了编码效率接近1的编码器的存在性，但在实际实现中，通常都需要 L 非常大时才能使译码误差 δ 很小，这在实际上是不可实现的。因此，一般来说，当 L 有限时，定长编码往往要引入一定的失真(差错)，它不能实现无失真的编码。

3.4.2　无失真变长编码定理

在变长编码中，码长 k 是变化的。变长编码的基本思想就是概率匹配：即根据信源各个符号的概率统计特性分配不同长度的码字，概率大的符号用短码字，概率小的用长码字，使得编码后平均码长最小，从而提高编码效率。

【定理3-5】 单符号信源变长编码定理：设离散平稳无记忆信源的熵为 $H(X)$，每个信源符号用 m 进制码元进行变长编码，必存在一种无失真编码方法，使平均码字长度 $\bar{k}$ 满足不等式：

$$\frac{H(X)}{\text{lb}m} \leqslant \bar{k} < \frac{H(X)}{\text{lb}m} + 1 \tag{3-32}$$

【定理3-6】 序列信源变长编码定理即香农第一定理：对由 L 个符号组成的、平均符号熵为 $H_L(\boldsymbol{X})$ 的离散平稳无记忆信源进行变长编码，必存在一种无失真编码方法，使平均码字长度 $\bar{k}$ 满足不等式：

$$H_L(\boldsymbol{X}) \leqslant \bar{k} < H_L(\boldsymbol{X}) + \varepsilon \tag{3-33}$$

其中，ε 为任意小正数。

变长编码定理指出：**要做到无失真信源编码，编码每个信源符号平均所需的最少 m 元码元数就是信源的熵(信源的熵也以 m 进制进行测度)**。若编码的平均码长小于信源的熵值，则唯一可译码不存在，在译码时必然要带来失真或差错。也就是说，**信源的信息熵是无失真信源压缩的极限值**。同时，序列信源变长编码定理也指出了达到这个极限值的途径，即通过对信源进行 L 次扩展，当 $L\to\infty$ 时，平均每个符号的码长可以达到这个极限值。当然，减少平均码长所付出的代价是增加了编码的复杂性。

【例 3-11】 设离散平稳无记忆二元信源为$\begin{bmatrix} X \\ p(x) \end{bmatrix}=\begin{bmatrix} a_1 & a_2 \\ 0.9 & 0.1 \end{bmatrix}$，试讨论在 $L=1$、2、3 时的无失真最佳编码及其编码效率。

【解】 信源熵

$$H(X)=-0.9\times \text{lb}\,0.9-0.1\times \text{lb}\,0.1=0.469 \text{ 比特 / 符号}$$

当 $L=1$ 时，信源每输出一个符号就编一个码，此时只有两个符号，由于是无失真编码，每种符号都需要一个码字，因此最小平均码长为 1 比特/符号。编码效率为

$$\eta_1=\frac{H(X)}{\bar{k}_1}=46.9\%$$

当 $L=2$ 时，信源每输出 2 个符号编一个码，此时共有 $2^2=4$ 种符号，概率分布如下：

$$\begin{bmatrix} X^2 \\ p(x^2) \end{bmatrix}=\begin{bmatrix} a_1a_1 & a_1a_2 & a_2a_1 & a_2a_2 \\ 0.81 & 0.09 & 0.09 & 0.01 \end{bmatrix}$$

采用 Huffman 编码(具体编码方法见下一章)方法得到的一种变长码为 0、10、110、111。短码字对应大概率符号，长码字对应小概率符号，即{$0\to a_1a_1$，$10\to a_1a_2$，$110\to a_2a_1$，$111\to a_2a_2$}。此时平均每个符号的码长和编码效率为

$$\bar{k}_2=\frac{\sum_{i=1}^{4}p(w_i)L_i}{2}=\frac{0.81\times 1+0.09\times 2+0.09\times 3+0.01\times 3}{2}=0.645 \text{ 比特 / 符号}$$

$$\eta_2=\frac{0.469}{0.645}=72.7\%$$

当 $L=3$ 时，信源每输出 3 个符号编一个码，此时共有 $2^3=8$ 种符号。采用与上面相同的方法可得到 $\bar{k}_3=0.5327$ 比特/符号，$\eta_3=88\%$。

继续增加 L，就可使每个符号的平均码长 $\bar{k}_L\to 0.469$ 比特/符号，$\eta_L\to 1$。

以上所讨论的编码定理，主要针对的是信源符号分布的不均匀性，并没有考虑符号前后之间的相关性。考虑符号前后相关性的编码方法主要是预测编码、变换编码等，这将在后续章节中进行介绍。

3.5　率失真函数与限失真信源编码

上一节主要介绍了无失真情况下的信源编码，在实际的媒体信号编码过程中，往往允许有一定的失真。那么在允许失真的情况下，能够把信源信息压缩到什么程度，至少需要多少比特的信息率才能描述信源？本节主要讨论在信源允许一定失真情况下所需的最少信息率，从分析失真函数、平均失真出发，给出信息率与失真度之间的函数关系 $R(D)$ 和限失真信源编码定理。

3.5.1　失真函数

在实际应用中，信号有一定的失真是可以容忍的，如通信过程中的语音信号稍微有一点失真，人耳往往是察觉不到的，因而不影响通信质量。但是当失真大于某一限度后，信息质量将被严重损伤，甚至丧失其实用价值。要规定失真限度，必须先有一个定量的失真

测度，为此可引入失真函数。

假如某一信源 X，输出符号为 $x(x\in\{a_1, a_2, \cdots, a_n\})$，经过有失真的信源编码器，输出 Y，样值为 $y(y_j\in\{b_1, b_2, \cdots, b_m\})$。如果 $x=y$，则认为没有失真；如果 $x\neq y$，那么一般认为产生了失真。失真的大小用一个量 $d(a_i, b_j)$来表示，以衡量用 b_j代替 a_i所引起的失真程度。一般失真函数定义为

$$d(a_i, b_j)=\begin{cases}0, & x=y\\ \alpha, & \alpha>0, x\neq y\end{cases} \tag{3-34}$$

所有的 $d(a_i, b_j)$构成的矩阵$[d(a_i, b_j)]$称为失真矩阵 $\boldsymbol{d}$，即

$$\boldsymbol{d}=\begin{bmatrix} d(a_1, b_1) & d(a_1, b_2) & \cdots & d(a_1, b_m)\\ d(a_2, b_1) & d(a_2, b_2) & \cdots & d(a_2, b_m)\\ \vdots & \vdots & & \vdots\\ d(a_n, b_1) & d(a_n, b_2) & \cdots & d(a_n, b_m)\end{bmatrix} \tag{3-35}$$

需要指出的是，失真函数 $d(a_i, b_j)$的数值是根据实际需要，人为决定用 b_j代替 a_i所导致的失真大小。常用的失真函数有以下几个。

均方失真：

$$d(a_i, b_j)=(a_i-b_j)^2 \tag{3-36}$$

绝对失真：

$$d(a_i, b_j)=|a_i-b_j| \tag{3-37}$$

相对失真：

$$d(a_i, b_j)=\frac{|a_i-b_j|}{|a_i|} \tag{3-38}$$

误码失真：

$$d(a_i, b_j)=\delta(a_i, b_j)=\begin{cases}0, & a_i=b_j\\ 1, & \text{其他}\end{cases} \tag{3-39}$$

在实际应用中，选择一个合适的、完全与主观特性匹配(客观度量出的失真大小与人主观感觉的失真大小一致)的失真函数是非常困难的。信源不同，其对应的较好的失真函数也不相同，所以在实际问题中还有许多其他形式的失真函数。

由于 x 和 y 都是随机变量，所以失真函数 $d(a_i, b_j)$也是随机变量，限失真时的总体失真大小用它的数学期望值(统计平均值)来度量，称为平均失真，定义如下：

$$\overline{D}=\sum_{i=1}^{n}\sum_{j=1}^{m}p(a_i, b_j)d(a_i, b_j)=\sum_{i=1}^{n}\sum_{j=1}^{m}p(a_i)p(b_j\mid a_i)d(a_i, b_j) \tag{3-40}$$

3.5.2　率失真函数 $R(D)$

从式(3-40)不难得出，在信源的概率分布 $p(a_i)$和失真函数 $d(a_i, b_j)$这两个参量给定的情况下，平均失真 $\overline{D}$ 只与 $p(b_j|a_i)$有关。而 $p(b_j|a_i)$则表征编码器特征的参量，所以有损信源编码产生的失真取决于编码器的编码条件转移概率 $p(b_j|a_i)$的分布。

信源编码方式可用条件概率集合

$$P_C=\{p(b_j\mid a_i): \overline{D}\leqslant D,\quad i=1, 2, \cdots, n, j=1, 2, \cdots, m\} \tag{3-41}$$

来表征，同时应满足 $\sum_j p(b_j \mid a_i) = 1$ 这个条件。

给定一个允许的失真 D，在给定 $p(a_i)$ 和 $d(a_i, b_j)$ 条件下，对所有可能的 P_C 进行选择，将满足条件 $\overline{D} \leqslant D$ 的 P_C 划分到集合 P_D 中，即 $P_D = \{P_C \mid \overline{D} \leqslant D\}$。也就是说，集合 P_D 中的每个 P_C，按式(3-40)计算出的平均失真 $\overline{D}$ 一定小于或等于允许的失真 D，集合 P_D 称为允许编码方法集合。

对于信源编码来说，平均互信息量 $I(X; Y)$ 是编码器输出的信息率。信源编码器的目的是使编码输出的信息率 R 尽量小，即在满足平均失真 $\overline{D} \leqslant D$ 的条件下，选择一种编码方法使信息率 R 尽可能小。集合 P_D 中的每个 P_C 都满足 $\overline{D} \leqslant D$ 这个条件，因此此时就是在集合 P_D 中挑选使 R 最小的 P_C。根据平均互信息凸状性性质第二条，$I(X;Y)$ 是条件概率分布 $P(Y|X)$ 的∪型凸函数，存在极小值。因此，在上述允许信道 P_D 中，一定可以找到一个 P_C（即 $p(b_j|a_i)$），使给定的信源经过此编码器后，平均互信息 $I(X; Y)$ 达到最小，该最小的平均互信息就称为信息率失真函数 $R(D)$，即

$$R(D) = \min_{P_D} I(X; Y) \tag{3-42}$$

对于离散无记忆信源，$R(D)$ 函数可写成

$$R(D) = \min_{P_C \in P_D} \sum_{i=1}^{n} \sum_{j=1}^{m} p(a_i) p(b_j \mid a_i) \operatorname{lb} \frac{p(b_j \mid a_i)}{p(b_j)} \tag{3-43}$$

其中，$p(a_i)$，$i=1, 2, \cdots, n$，是信源符号的概率分布；$p(b_j/a_i)$，$i=1, 2, \cdots, n$；$j=1, 2, \cdots, m$，是编码转移概率分布；$p(b_j)$，$j=1, 2, \cdots, m$，是编码输出符号的概率分布。

【例 3-12】 设信源的符号表为 $A=\{a_1, a_2, \cdots, a_{2n}\}$，概率分布为 $p(a_i)=\frac{1}{2n}$，$i=1, 2, \cdots, 2n$，失真函数规定为 $d(a_i, a_j)=\begin{cases}1 & (i \neq j) \\ 0 & (i=j)\end{cases}$，即符号不发生差错时，失真为 0，一旦出错失真为 1，试研究在平均失真 $\overline{D} \leqslant 0.5$ 的条件下信息压缩的程度。

【解】 由信源概率分布可求出信源的熵为

$$H(X) = H\left(\frac{1}{2n}, \frac{1}{2n}, \cdots, \frac{1}{2n}\right) = \operatorname{lb} 2n \text{ 比特 / 符号}$$

这就是说，如果对信源进行不失真编码，平均每个符号需要至少 $\operatorname{lb} 2n$ 个比特。现在由于允许一定失真，平均失真要求小于等于 0.5，即每 100 个符号允许有最多不超过 50 个符号有差错。

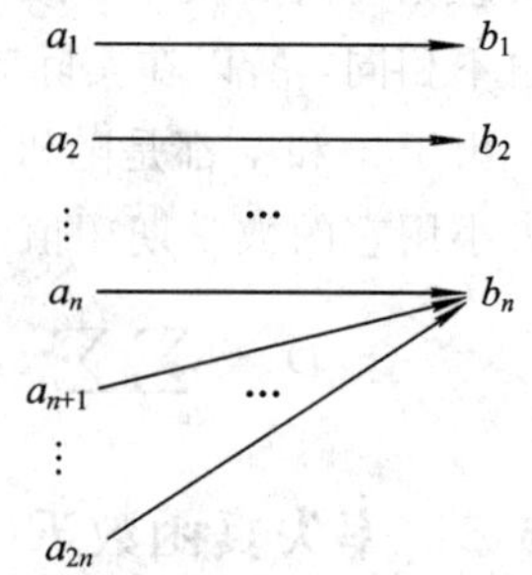

图 3-9　编码器的映射关系

设想这样一个编码方案：对 a_1 到 a_n 的前 n 个符号，编码器按照信源符号的原样发送出去；而对 a_{n+1} 到 a_{2n} 的后 n 个符号，都发送 a_n，如图 3-9 所示。这个方案肯定能达到失真要求，因为错误发生在发送 a_{n+1} 到 a_{2n} 这些符号上，而这些符号出现的概率为 0.5，因此平均失真为 0.5。

下面计算信源输出的信息率。

由于编码器的前 $n-1$ 个符号输入与输出一一对应，因此输出端 b_1 到 b_{n-1} 的出现概率为

$$p_1 = p_2 = \cdots = p_{n-1} = \frac{1}{2n}$$

又由于输入端从 a_n 到 a_{2n} 共有 $n+1$ 个符号都是映射到输出端的 b_n 这个符号，因此 b_n 出现的概率为

$$p_n = \frac{n+1}{2n}$$

所以，编码器输出 Y 的熵为

$$H(Y) = -\sum_i p_i \operatorname{lb} p_i = \frac{n-1}{2n}\operatorname{lb} 2n + \frac{n+1}{2n}\operatorname{lb}\frac{2n}{n+1}$$

$$= \operatorname{lb}2n - \frac{n+1}{2n}\operatorname{lb}(n+1)\ \text{比特 / 符号}$$

所以，经过图 3－9 所示的映射关系后，信息率压缩了 $H(X)-H(Y)=\frac{n+1}{2n}\operatorname{lb}(n+1)$，所付出的代价是会有 0.5 的平均失真。当然，如果选取对压缩更为有利的编码方案，则压缩效果可能更好，极限情况就是达到率失真函数的要求。一旦达到率失真函数要求的最小码率后，如果要进一步降低码率，那么必然会带来更大的平均失真。

3.5.3　率失真函数的性质

1. $R(D_{\min})$ 和 $D_{\min}$

$D_{\min}$ 代表最小失真，$R(D_{\min})$ 代表在最小失真条件下的最小信息率。

由于 D 是非负实数 $d(a_i, b_j)$（见式(3－40)）的数学期望，因此 D 也是非负的实数。非负实数的下界是零，因此在选取 $d(a_i, b_j)$ 时，一般在编码没有失真的情况下，其对应的 $D=D_{\min}=0$，此时编码器输出端的熵等于信源的熵，因此有

$$R(D_{\min}) = R(0) = H(X) \tag{3-44}$$

2. $R(D_{\max})$ 和 $D_{\max}$

定义 $D_{\max}$ 对应使 $R(D)=0$ 的最小的 D 值，在有意义的允许失真中(即满足 $R(D)>0$)它是最大的。$R(D_{\max})$ 代表在最大失真条件下的最小信息率。

由于平均互信息 $I(X; Y)$ 是非负函数，而 $R(D)$ 是在约束条件下的 $I(X; Y)$ 最小值，因此 $R(D)$ 也是一个非负函数，所以在最大失真条件下 $R(D_{\max})=0$。当 $R(D)$ 为零时，意味着编码器不需要输出任何信息。这时编码器输入与输出统计无关，所以条件概率 $p(b_j|a_i)$ 与 a_i 无关，即 $p_{ij}=p(b_j|a_i)=p(b_j)=p_j$。因此有

$$D_{\max} = \min\sum_{i=1}^{n}\sum_{j=1}^{m} p_{ij}d_{ij} = \min\sum_{i=1}^{n}\sum_{j=1}^{m} p_i p_j d_{ij} = \min\sum_{j=1}^{m} p_j \sum_{i=1}^{n} p_i d_{ij} \tag{3-45}$$

观察上式可得：在 $j=1, 2, \cdots, m$ 中，可找到使 $\sum_{i=1}^{n} p_i d_{ij}$ 值最小的 j，当该 j 对应的 $p_j=1$，而其余 p_j 为零时，上式右边达到最小，这时上式可简化成

$$D_{\max} = \min_{j=1, 2, \cdots, m}\sum_{i=1}^{n} p_i d_{ij} \tag{3-46}$$

3. 凸状性

$R(D)$ 是关于 D 的下凸函数，也是关于 D 的连续函数。

4. 单调性

$R(D)$是关于D的严格递减函数，即允许的平均失真越大，所要求的信息率越小。反之亦然。

根据以上结论，可画出离散系统的$R(D)$的大致曲线，如图 3-10 所示。

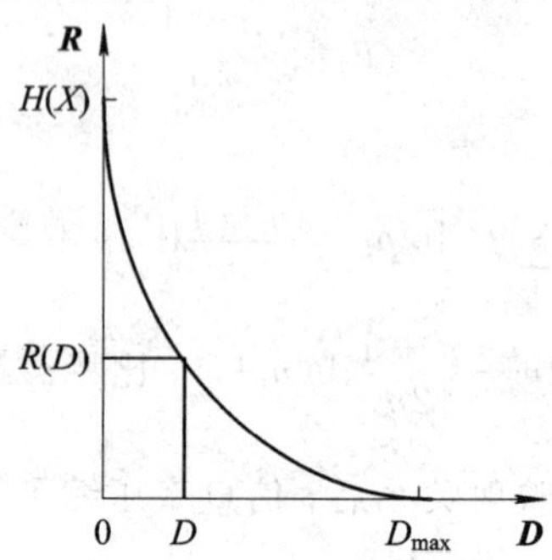

图 3-10　离散系统的信息率失真曲线

3.5.4　率失真函数的计算及其指导意义与不足

数学上，率失真函数的计算就是在失真受约束条件下求函数的极小值。由于在计算中变量是编码转移概率矩阵，包含了许多变量，所以计算极为困难。但是在某些特殊情况下，如利用信源和失真矩阵的对称性可以大大简化信息率失真函数的计算。这实际上是利用对称性减少变量数目，其理论基础为以下定理。

【定理 3-7】 设信源的概率分布为 $P=\{p(a_1), p(a_2), \cdots, p(a_n)\}$，失真矩阵为 $\{d(a_i, b_j)\}_{n\times m}$。已知 π 为$\{1, 2, \cdots, n\}$上的一个置换，使 $p(a_i)=p_\pi(a_i)(i=1, 2, \cdots, n)$，$\rho$ 为$\{1, 2, \cdots, m\}$上的置换，使得 $d(a_i, b_j)=d(\pi(a_i), \rho(b_j))(i=1, 2, \cdots, n; j=1, 2, \cdots, m)$，则存在一个达到信息率失真函数 $R(D)$的编码转移概率分布 $Q=\{q(b_j|a_i\}$具有与 $\{d(a_i, b_j)\}_{n\times m}$ 相同的对称性，即

$$q(b_j \mid a_i) = q(\rho(b_j) \mid \pi(a_i)),\quad i = 1, 2, \cdots, n;\ j = 1, 2, \cdots, m \tag{3-47}$$

【例 3-13】 设等概离散信源 X 的概率空间为

$$\begin{bmatrix} X \\ p(x) \end{bmatrix} = \begin{bmatrix} a_1 & a_2 & \cdots & a_r \\ \dfrac{1}{r} & \dfrac{1}{r} & \cdots & \dfrac{1}{r} \end{bmatrix}$$

编码输出为

$$y = [b_1, b_2, \cdots, b_r]$$

失真度定义为

$$d(a_i, b_j) = \begin{cases} 1 & i \neq j \\ 0 & i = j \end{cases}$$

求信息率失真函数 $R(D)$。

【解】 由已知易得

$$D_{\min} = \sum_{i=1}^{r} p(a_i) \min_j d(a_i, b_j) = 0$$

$$D_{\max} = \min_j \left\{ \sum_{i=1}^{r} p(a_i) \cdot d(a_i, b_j) \right\} = 1 - \frac{1}{r}$$

因而 $R(D)$ 的定义域为 $0 \leqslant D \leqslant 1-\frac{1}{r}$。

由定理 3-7 可得，存在与失真矩阵具有同样对称性的编码转移概率分布达到信息率失真函数 $R(D)$，这个编码转移概率分布可以写为

$$\boldsymbol{Q}=\begin{bmatrix} \alpha & \beta & \cdots & \beta \\ \beta & \alpha & \cdots & \beta \\ \vdots & \vdots & & \vdots \\ \beta & \beta & \cdots & \alpha \end{bmatrix}, \qquad \alpha+(r-1)\beta=1$$

在失真限制下，

$$D=\sum_{i=1}^{r}\sum_{j=1}^{r} p(a_i)q(b_j \mid a_i)\cdot d(a_i, b_j)=(r-1)\beta$$

所以有

$$\beta=\frac{D}{r-1}, \quad \alpha=1-(r-1)\beta=1-D$$

此时可得相应的试验编码转移概率矩阵为

$$\boldsymbol{Q}=\begin{bmatrix} 1-D & \frac{D}{r-1} & \cdots & \frac{D}{r-1} \\ \frac{D}{r-1} & 1-D & \cdots & \frac{D}{r-1} \\ \vdots & \vdots & & \vdots \\ \frac{D}{r-1} & \frac{D}{r-1} & \cdots & 1-D \end{bmatrix}$$

这时，容易计算出平均互信息为

$$\begin{aligned} R(D) &= I(X;Y)=H(Y)-H\left(1-D, \frac{D}{r-1}, \cdots, \frac{D}{r-1}\right) \\ &= \mathrm{lb}\, r-\left[(1-D)\mathrm{lb}(1-D)+D\,\mathrm{lb}\frac{D}{r-1}\right] \\ &= \mathrm{lb}\, r+\left[(1-D)\mathrm{lb}(1-D)+D\,\mathrm{lb}\, D-D\,\mathrm{lb}(r-1)\right] \\ &= \mathrm{lb}\, r-H(D)-D\,\mathrm{lb}(r-1) \end{aligned}$$

相应的信息率失真曲线如图 3-11 所示。

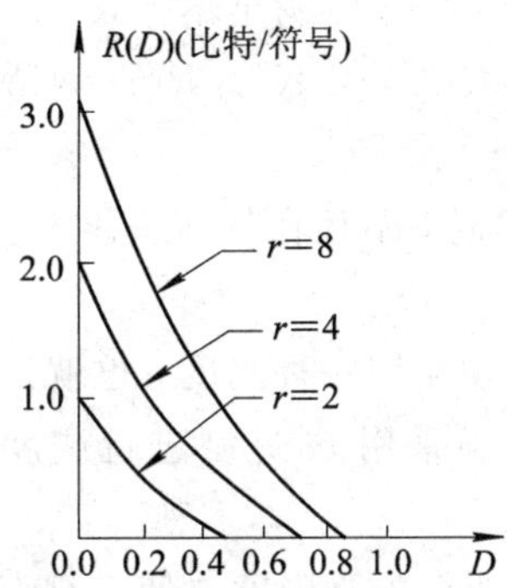

图 3-11　r 取值不同时对称信源的 $R(D)$

从图可知，对于同一平均失真度 D，r 越大，$R(D)$越大，信源压缩性越小。若把 r 的取值看成信源分层后的符号数，即 r 越大就表示信源分层数越多。于是，在满足相同的允许失真要求下，分层越多，信源的可压缩性就越小；反之，分层越少，信源的可压缩性就越大。这些规律对于实际信源的量化分层，数据压缩有深刻的指导意义。

实际上，以率失真函数作为核心的率失真理论为有损信源编码提供了定量分析的理论基础。它指出了在给定平均失真的限制条件下，最佳编码可以达到的最低码率，从而为评价不同信源编码方案的编码效率提供了理论上的参照界限，也为新的更有效的编码方法研究指出了可供努力的方向。比如在音视频编码领域已有不少应用成果以率失真理论为指导。但率失真函数在实际使用中也遇到一些困难，主要如下：

① 在媒体信号编码领域，缺少与主观评价体系非常匹配的，能用简单数学形式定义并方便计算的失真函数。实质上，直至今天主观评价结果仍然是媒体编码系统信号质量评价的最有说服力的指标。

② 媒体信号一般都不是严格的平稳随机信源，难以用简单的概率密度分布函数加以描述，率失真函数里假设 $P(X)$已知并不总是成立。

③ $R(D)$函数的具体计算一般也很复杂，解析解只在一些特殊情况下才可以得到，例如高斯信源以均方误差作为失真函数这类情况。

④ 从 $R(D)$函数并不能直接推导出最佳信源编码方案。从率失真函数的定义可知，率失真函数指出的最佳编码方案是从所有可能的方案中选出具有最小码率的一组条件转移概率，并没有给出具体的编码方法和步骤。

3.5.5 限失真编码定理

率失真函数给出了平均失真小于 D 时所必须具有的最小信息率为 $R(D)$，只要信息率大于 $R(D)$，一定可以找到一种编码方法，使译码后的失真小于 D。将率失真函数应用到限失真信源编码，这个问题就转换为给定平均失真门限值 D 后，编码信源每个符号的最低平均码长是多少？这个问题由限失真信源编码定理给出。

【定理 3-8】 限失真信源编码定理(香农第三定理) 若 $R(D)$是离散无记忆信源 X 的率失真函数，则对任意的 $D\geqslant 0$、$\delta>0$、$\varepsilon>0$，在 L 足够大的条件下，必然存在一种编码方法 C，使得每一个信源符号的平均码长 $\overline{K}$ 满足不等式

$$R(D)\leqslant \overline{K}<R(D)+\delta \qquad (3-48)$$

且平均失真 $\overline{d}$ 满足不等式 $\overline{d}\leqslant D+\varepsilon$。

反之，当平均码长 $\overline{K}<R(D)$时，不存在任何编码方法 C 满足 $\overline{d}\leqslant D$，即平均失真 $\overline{d}$ 必然大于允许失真门限值 D。

式(3-48)中，$R(D)$和 $\overline{K}$ 必须用同一种测度。也就是说，如果是采用 m 进制计算的平均码长 $\overline{K}$，则计算 $R(D)$时也必须采用 m 进制进行测度，即式(3-43)中求对数时以 m 为底。

限失真信源编码定理只能说明在失真限度内使信息率任意接近 $R(D)$的最佳编码方法是存在的，而具体构造编码方法却一无所知。实际上，迄今尚无合适的可实现的编码方法接近 $R(D)$这个界，一般只能从优化的思路去求最佳编码。

香农第三定理同样也是一个存在定理。至于如何寻找这种最佳压缩编码方法，定理中并没有给出。因此，有关理论的实际应用有待于进一步研究，具体如下：

(1) 如何计算符合实际信源的信息率失真函数 $R(D)$。

(2) 如何寻找最佳编码方法才能达到信息压缩的极限值 $R(D)$。

这是香农第三定理在实际应用中存在的两大问题。目前，这两方面工作都有进展，尤其是对实际信源的各种压缩方法，如对语音信号、电视信号和遥感图像等信源的各种压缩算法有了较大进展。相信随着数据压缩算法和技术的发展，信息率失真理论中存在的问题也会得到很好的解决和发展。

习题与思考题

3-1　设某离散无记忆信源为

$$\begin{bmatrix} X \\ p(x) \end{bmatrix} = \begin{bmatrix} a_1 = 0 & a_2 = 1 & a_3 = 2 & a_4 = 3 \\ \frac{3}{8} & \frac{1}{4} & \frac{1}{4} & \frac{1}{8} \end{bmatrix}$$

其发出的消息为{202012013002130012032101132101002132011223000230}，求：

(1) 此消息的自信息量是多少？

(2) 在此消息中平均每个符号携带的信息量是多少？

3-2　某校入学考试中有 1/4 考生被录取，3/4 考生未被录取。被录取的考生中有 50%来自本市，而落榜考生中有 10%来自本市。所有本市的考生都学过英语，而外地落榜考生以及被录取的外地考生中有 40%学过英语。

(1) 当已知考生来自本市时，给出多少关于考生是否被录取的信息。

(2) 以 X 表示是否落榜，Y 表示是否为本市学生，Z 表示是否学过英语，试求 $H(X)$、$H(Y|X)$、$H(Z|XY)$。

3-3　电视屏上约有 500×600 个像素点，按每点有 128 个灰度等级且等概分布，问平均每幅画面可提供的信息量为多少？

3-4　证明：$I(X;Y)=H(X)+H(Y)-H(X,Y)$。

3-5　香农辅助定理对无失真数据压缩有什么指导意义？

3-6　信源无失真压缩的极限是什么？没有冗余的信源还能不能进一步压缩？

3-7　某信源有 8 个符号{a_1, a_2, …, a_8}，概率分布为{$\frac{1}{2}$, $\frac{1}{4}$, $\frac{1}{8}$, $\frac{1}{16}$, $\frac{1}{32}$, $\frac{1}{64}$, $\frac{1}{128}$, $\frac{1}{128}$}，其对应编码为{000, 001, 010, 011, 100, 101, 110, 111}，求：

(1) 信源的符号熵；

(2) 出现 1 个 1 或者 1 个 0 的概率；

(3) 这种码的编码效率。

3-8　设某离散无记忆信源 $P(X)$={0.37, 0.25, 0.18, 0.10, 0.07, 0.03}，

(1) 求该信源的符号熵。

(2) 要求译码误差小于 0.001，问采用定长编码需要多少个信源符号连在一起编码？

(3) 这种码的编码效率多少？

3-9 一信源有六种可能的输出，其概率分布如下表所示，表中给出了对应的码 A、B、C、D、E 和 F。

消息	$P(a_i)$	A	B	C	D	E	F
a_1	1/2	000	0	0	0	0	0
a_2	1/4	001	01	10	10	10	100
a_3	1/16	010	011	110	110	1100	101
a_4	1/16	011	0111	1110	1110	1101	110
a_5	1/16	100	01111	11110	1011	1110	111
a_6	1/16	101	011111	111110	1101	1111	011

(1) 求这些码中哪些是唯一可译码；

(2) 求哪些是非延长码(即时码)；

(3) 对所有唯一可译码求出其平均码长。

3-10 设离散信源

$$\begin{bmatrix} U \\ p(u) \end{bmatrix} = \begin{bmatrix} U_1 & U_2 & U_3 & U_4 \\ \frac{1}{2}p & \frac{1}{2}(1-p) & \frac{1}{2}(1-p) & \frac{1}{2}p \end{bmatrix} \quad \left(\text{其中 } p \leqslant \frac{1}{2}\right)$$

和接收变量 $V=\{v_1, v_2, v_3, v_4\}$，失真矩阵为

$$\boldsymbol{D} = \begin{bmatrix} 0 & 0.5 & 0.5 & 1 \\ 0.5 & 0 & 1 & 0.5 \\ 0.5 & 1 & 0 & 0.5 \\ 1 & 0.5 & 0.5 & 0 \end{bmatrix}$$

求 $D_{\min}$、$D_{\max}$、$R(D_{\min})$ 及 $R(D_{\max})$、达到 $D_{\min}$ 和 $D_{\max}$ 时的编码器转移概率矩阵 $\boldsymbol{P}$。

3-11 如何理解香农无失真定长编码定理的编码过程？请举例说明。

3-12 如何理解香农第三定理在实际应用中的意义与缺陷？

第4章 熵保持编码

无失真信源编码定理已经说明，要想在编解码过程中信号不失真，即解码后的信号与原始信号一样，只要保证信号的熵值不变，对于离散信源这是完全可以做得到的。只要以每符号平均码元数大于信号的熵值进行编码，总能找到一种无失真信源压缩编码方法，这种以信息熵值为压缩极限的无失真编码又称熵保持编码。本章主要介绍媒体信源编码过程中常用的熵保持编码方法，包括Huffman(霍夫曼)编码、游程编码、算术编码、指数哥伦布编码和字典编码。

4.1 Huffman编码

信息论中介绍了几种典型的熵编码方法，如Shannon编码法、Fano编码法、Huffman编码法和算术编码法，其中以Huffman编码和算术编码法最为常用。本节介绍变字长编码的最佳编码定理和Huffman编码法。

4.1.1 Huffman码的构造

1. 最佳码和最佳编码定理

在介绍具体的Huffman编码方法之前，先介绍最佳码的概念和最佳编码定理。

对于某一信源和某一码符号集来说，若有一个唯一可译码，其平均长度$\overline{K}$小于所有其它唯一可译码的平均长度，则该码称为紧致码，或称最佳码。

变字长最佳编码定理：在变字长编码中，对于概率大的信源符号编以短字长的码，对于概率小的符号编以长字长的码；如果码字长度严格按照所对应符号出现概率大小逆顺序排列，则平均码字长度$\overline{K}$一定小于其他任何符号顺序排列方法。

证明：设最佳排列方式的码字平均长度为$\overline{K}$，则

$$\overline{K}=\sum_{i=1}^{m}n_iP(a_i)$$

其中，$P(a_i)$为信源符号a_i的出现概率，n_i为给符号a_i编成的码字的长度，而$P(a_l)\geqslant P(a_s)$，$n_l\leqslant n_s(l, s=1, 2, \cdots, m)$。

如将a_l的码字与a_s的码字互换，其余码字不变，经过这样的互换以后，平均码字长度变为$\overline{K}'$，则$\overline{K}'$应为$\overline{K}$加上两码字互换后与互换前的平均长度之差，即

$$\begin{aligned}\overline{K}'&=\overline{K}+[n_sP(a_l)+n_lP(a_s)]-[n_lP(a_l)+n_sP(a_s)]\\&=\overline{K}+(n_s-n_l)[P(a_l)-P(a_s)]\end{aligned}$$

因为$n_s\geqslant n_l$，$P(a_l)\geqslant P(a_s)$，所以$\overline{K}'\geqslant\overline{K}$。这就是说，$\overline{K}$是最短的。证毕。

2. 二元 Huffman 码

Huffman 编码理论正是基于如上定理的，其码字为最佳码。具体的二进制 Huffman 编码步骤如下：

(1) 将信源消息符号按其出现的概率大小降序排列；

(2) 取两个概率最小的符号分别配以 0 和 1 两个码元，并将这两个概率相加作为一个新符号的概率，与未分配的符号重新排队；

(3) 对重排后的两个概率最小符号重复步骤(2)的过程。

(4) 不断继续上述过程，直到最后两个符号配以 0 和 1 为止。

(5) 从最后一级开始，向前返回得到各个信源符号所对应的码元序列，即相应的码字。

下面我们给出一个具体的例子来说明这种编码方法。

【例 4-1】 已知 6 符号离散信源的出现概率为$\begin{bmatrix} a_1 & a_2 & a_3 & a_4 & a_5 & a_6 \\ \frac{1}{2} & \frac{1}{4} & \frac{1}{8} & \frac{1}{16} & \frac{1}{32} & \frac{1}{32} \end{bmatrix}$，试计算它的熵、Huffman 编码、平均码长及编码效率。

【解】 该离散信源的熵为

$$\begin{aligned} H(x) &= -\sum_{i=1}^{6} p_i \operatorname{lb} p_i \\ &= \frac{1}{2}\operatorname{lb} 2 + \frac{1}{4}\operatorname{lb} 4 + \frac{1}{8}\operatorname{lb} 8 + \frac{1}{16}\operatorname{lb} 16 + \frac{1}{32}\operatorname{lb} 32 + \frac{1}{32}\operatorname{lb} 32 \\ &= 1.933 \text{ 比特 / 符号} \end{aligned}$$

Huffman 编码过程如图 4-1 所示。

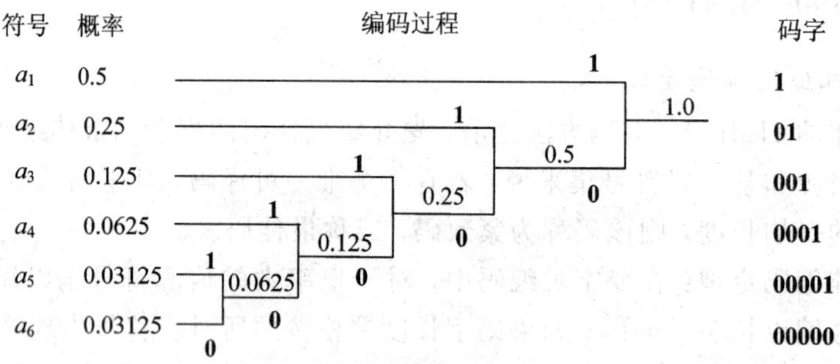

图 4-1　霍夫曼编码示例

平均码长为

$$\bar{k} = \frac{1}{2}\times 1 + \frac{1}{4}\times 2 + \frac{1}{8}\times 3 + \frac{1}{16}\times 4 + \frac{1}{32}\times 5 + \frac{1}{32}\times 5 = 1.933 \text{ 比特 / 符号}$$

编码效率为

$$\eta = \frac{H(x)}{\bar{k}} = 100\%$$

在上面例子中，由于每个符号的编码码长数正好等于每个符号出现的自信息量，因此最后达到了理想的编码效率。实际信源编码过程中，由于很难保证每个符号的编码码长等于其自信息量这一点，因此编码效率一般都小于 100%。

另外需要指出的是，Huffman 编码码字本身并不是唯一的，但是 Huffman 编码的平均码长是唯一的。造成 Huffman 编码码字不唯一的原因主要有两个：

① 每次对信源缩减时，赋予信源最后两个概率最小的符号，因为 0 和 1 可以是任意的，所以可以得到不同的 Huffman 码，但不会影响码字的长度；

② 对信源进行缩减时，两个概率最小的符号合并后的概率与其他信源符号的概率相同，这两者在缩减信源中进行概率排序时位置次序可以任意，因此会得到不同的 Huffman 码。此时，会影响码字的长度，一般将合并的概率放在上面，这样可获得较小的码方差。

【例 4-2】 设有离散无记忆信源 $\begin{bmatrix} X \\ P \end{bmatrix} = \begin{bmatrix} a_1 & a_2 & a_3 & a_4 & a_5 \\ 0.4 & 0.2 & 0.2 & 0.1 & 0.1 \end{bmatrix}$，试用不同的合并排序法进行 Huffman 编码。

【解】 表 4-1 和表 4-2 给出了两种不同的合并排序法的 Huffman 编码的结果。在两个概率最小的符号合并后的概率与其他信源符号的概率相同时，表 4-1 将合并后的符号概率排在几个相同概率符号的最后，而表 4-2 则排在最前，这样就能得到不同码字长度的 Huffman 码。

表 4-1　Huffman 编码方法一

信源符号	概率 $p(a_i)$	编码过程	码字 W_i	码长 K_i
a_1	0.4	0.4　0.4　0.4　0.6^{0}　0.1	1	1
a_2	0.2	0.2　0.2　0.4^{0}　0.4^{1}	01	2
a_3	0.2	0.2　0.2^{0}　0.2^{1}	000	3
a_4	0.1	0.1^{0}　0.2^{1}	0010	4
a_5	0.1	0.1^{1}	0011	4

表 4-2　Huffman 编码方法二

信源符号	概率 $p(a_i)$		码字 W_i	码长 K_i
a_1	0.4	0.4　0.4　0.4　0.6^{0}　0.1	00	2
a_2	0.2	0.2　0.2　0.4^{0}　0.4^{1}	10	2
a_3	0.2	0.2　0.2^{0}　0.2^{1}	11	2
a_4	0.1	0.1^{0}　0.2^{1}	010	3
a_5	0.1	0.1^{1}	011	3

由表 4-1 和表 4-2 可以看到，对同一个信源，由于信源符号缩减时排序的不同，造成了不同的码长。这两种码的平均码长分别为

$$\overline{K}_1 = \sum_{i=1}^{5} p(a_i)K_i = 0.4\times1+0.2\times2+0.2\times3+0.1\times4+0.1\times4 = 2.2 \text{ 比特 / 符号}$$

$$\overline{K}_2 = \sum_{i=1}^{5} p(a_i)K_i = 0.4\times2+0.2\times2+0.2\times2+0.1\times3+0.1\times3 = 2.2 \text{ 比特 / 符号}$$

可见，虽然两种方法的 Huffman 码的码长不同，但平均码长还是一样的，因而编码效率也相同。在这种情况下，这两种码的质量可以根据码方差来衡量。码方差越小，说明越接近等长码，因而质量越好。

码方差定义为

$$\sigma_K = E[(K_i - \overline{K})^2] = \sum_{i=1}^{n} p(a_i)(K_i - \overline{K})^2 \tag{4-1}$$

根据式(4-1)，可以计算表4-1和表4-2的码方差分别为1.36和0.16。因而编码方法二得到的码要优于编码方法一得到的码。

由此得出，在Huffman编码过程中，为得到码方差最小的码，当重新排列缩减信源的概率分布时，应使合并的概率和尽量处于最高的位置，这样可使合并的信源符号重复编码次数减少，使得码的方差变小。

从以上编码的实例中可以看出，Huffman编码的核心思想为：合二为一，即把两个概率最小的信源符号合并成一个新的信源符号，直到剩下最后一个符号，其概率为1。

Huffman码具有以下两个明显特点，这两个特点保证了所得的Huffman码一定是紧致码：

(1) Huffman码的编码方法保证了概率大的符号对应于短码，概率小的符号对应于长码，而且所有短码都得到了充分利用；

(2) 每次缩减信源的最后二个码字总是最后一位不同，前面各位相同。

3. r 元 Huffman 码

上面讨论的是二元Huffman码，它的编码方法同样可以推广到 r 元编码中来。不同的只是“合2为1”变为“合 r 为1”，即每次把 r 个概率最小的符号合并成一个新的信源符号，并分别用0、1、…、$r-1$ 等码元表示。

为了充分利用短码，使Huffman码的平均码长为最短，必须使最后一步的缩减信源有 r 个信源符号。因此，对于 r 元编码，信源 X 的符号个数 q 必须满足

$$q = (r-1)\theta + r \tag{4-2}$$

其中，θ 表示缩减的次数，$r-1$ 为每次缩减所减少的信源符号个数。

对于二元码，信源 X 的信源符号个数 q 必须满足：$q=\theta+2$，因此，q 为任意正整数时一定能找到一个 θ 使式 $q=(r-1)\theta+r$ 满足。

而对于 r 元码，q 为任意正整数时不一定能找到一个整数 θ 使式 $q=(r-1)\theta+r$ 满足。若 q 不满足式 $q=(r-1)\theta+r$ 时，则用虚设符号方法，增补一些概率为零的信源符号，即添加一些信源符号：s_{q+1}，s_{q+2}，…，s_{q+t}，并使它们对应的概率为零，即 $p_{q+1}=p_{q+2}=\cdots=p_{q+t}=0$。此时，使得 $q+t$ 满足式 $q+t=(r-1)\theta+r$。另外，由于添设的信源符号的概率为0，因此对实际的Huffman编码过程没有影响。这样得到的 r 元Huffman码一定是紧致码。

【例4-3】 信源 X 有6种符号，输出概率为0.32、0.22、0.18、0.16、0.08和0.04，试用三元Huffman码编码该信源。

【解】 在本例中，$r=3$，若取 $q=6$，则不能找到满足 $q=(r-1)\theta+r$ 的整数 θ。因此必须采用虚设符号方法，添设1个概率为0的符号，使得 $q=7$，$\theta=2$，从而满足式 $q=(r-1)\theta+r$。

因此，信源 X 的三元Huffman码编码过程及码字如表4-3所示，其中符号 s_7 是假设的信源符号，这样编码使短码得到充分利用，平均码长为最短。根据表4-3所示的编码过程，我们可以画出如图4-2所示的三元Huffman码的码树。

表 4-3　三元 Huffman 码

信源符号	码字	概率	缩减信源 S_1	缩减信源 S_2	缩减信源 S_3
s_1	1	0.32	0.32	0.46 (0)	
s_2	2	0.22	0.22	0.32 (1)	1.0
s_3	00	0.18	0.18 (0)	0.22 (2)	
s_4	01	0.16	0.16 (1)		
s_5	020	0.08 (0)	0.12 (2)		
s_6	021	0.04 (1)			
s_7		0.00 (2)			

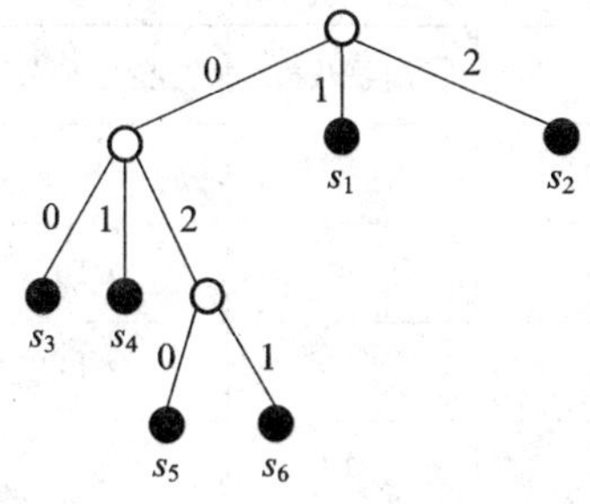

图 4-2　表 4-3 中三元 Huffman 码的码树

另外，需要指出的是：

(1) 当信源符号个数 q 不满足式 $q=(r-1)\theta+r$ 时，所得的树一定是非整树。

(2) 当信源符号 q 满足式 $q=(r-1)\theta+r$ 时，则得到的 r 元 Huffman 码树一定是整树。所以二元 Huffman 码树一定是整树。

这里，整数是指 r 元树的每一个非叶节点具有 r 个子节点；反之，若不满足这一点，就是非整数。

从树的角度来看，这种编码方法是尽量利用短码。首先，把一阶节点全都用上；如果码字不够时，再从某个节点伸出若干枝，引出二阶节点作为终端节点，生成码字；再不够时，再伸出三阶节点。如此类推，显然这样得到的码，其平均码长最短。

4.1.2　截断 Huffman 编码

实际编码时，Huffman 编码器一般都采用事先设计好的码表。由于 Huffman 编码是无损编码，因而码表中信源符号与码字是一一对应的，这样当信源的符号数非常多时，其对应的码表也就会非常大。码表大所需的存储空间就大，因而编码器的空间复杂度会提高；同样的码表，查表的时间也会变长，因而编码器的时间复杂度也会提高。因此，Huffman 编码的输入符号数经常受限于可实现的码表大小。

在实际的语音图像压缩编码应用中，输入符号数一般还是非常多的。例如，用于压缩连续色调静止图像的 JPEG 标准，其直流系数的理论动态范围在 $-1024\sim+1023$ 之间，而差分值 DIFF 的理论动态范围更高，达到 $-2047\sim+2047$。如果每个值都赋予一个码字，

则码表需要 $2^{12}-1=4095$ 项。为此，JPEG 采用将码字截断为“前缀码(SSSS)＋尾码”的方法，对码表进行了简化。

前缀码用来指明尾码的有效位数(设为 B 位)，用标准的 Huffman 编码；尾码则直接用 B 位自然二进制码。当前缀码给定后，它为定长码。对于 8 位量化的图像，SSSS 的范围为 0～11，故其码表只需 12 项，如表 4-4 所示。根据 DIFF 的值由表 4-4 查出其前缀码字和尾码的位数 B 后，则可以按式(4-3)得到 B 位尾码的码字。

$$\text{DIFF 的 B 位尾码} = \begin{cases} \text{二进制原码（若 DIFF} \geqslant 0) \\ \text{二进制反码（若 DIFF} < 0) \end{cases} \tag{4-3}$$

按此规则，当 DIFF 非负时，尾码的最高位是“1”；而当 DIFF 为负数时，尾码的最高位应为“0”。解码时可据此来判断 DIFF 的正负。当然，采用这种截断 Huffman 码的编码效率会比采用标准 Huffman 码的编码效率稍微差一点。

表 4-4　JPEG 基本系统中 DC 系数的差分值的典型 Huffman 编码表

SSSS	DIFF 值的范围	亮度码长	亮度码字	色度码长	色度码字
0	0	2	00	2	00
1	−1，1	3	010	2	01
2	−3，−2，2，3	3	011	2	10
3	−7～−4，4～7	3	100	3	110
4	−15～−8，8～15	3	101	4	1110
5	−31～−16，16～31	3	110	5	11110
6	−63～−32，32～63	4	1110	6	111110
7	−127～−64，64～127	5	11110	7	1111110
8	−255～−128，128～255	6	111110	8	11111110
9	−511～−256，256～511	7	1111110	9	111111110
10	−1023～−512，512～1023	8	11111110	10	1111111110
11	−2047～−1024，1024～2047	9	111111110	11	11111111110

【例 4-4】 对于静止图像的色度编码，设相邻两块的 DC 系数的差值 DIFF 为 37 或 −37，请给出对应的截断 Huffman 编码。

【解】 编码过程如下：当 DIFF＝37 时，根据表 4-4 可知，37 在 32～63 范围内，因此色度码字的前缀码字为 111110，尾码位数 B 为 6；又根据式(4-3)，可知 37 对应的 6 位二进制原码为 100101；因此 DIFF＝37 时对应的截断 Huffman 编码码字为 111110100101。同理可得，当 DIFF＝−37 时，前缀码字为 111110，尾码位数 B 为 6；37 对应的 6 位二进制反码为 011010；因此 DIFF 为−37 时对应的截断 Huffman 编码码字为 111110011010。解码时，由前缀码 111110 可知尾码有 6 位，然后取 6 比特数据得到 100101 或 011010。若为

100101，最高位是1，立即可知 $DIFF=(100101)_2=37$；若为011010，最高位是0，可知 $DIFF=-(\overline{011010})_2=-(100101)_2=-37$。

4.1.3 自适应 Huffman 编码

前面介绍的两种 Huffman 编码都属于静态编码，在实际编码前已根据输入符号集的概率分布将码表设计好。但实际应用中，信源符号出现的概率很少能精确预知，这很容易造成编码器使用的码表并不能实现最佳匹配，即各码字长度严格按照所对应符号出现概率的大小逆序排列，因此得不到最佳编码。

一个解决办法是先对信源符号的出现概率进行统计并制定相应的码表，然后再用这个码表编码信源。这需要对信源的数据扫描两次：第一次统计信源符号出现概率，安排码字；第二次编码信源符号，压缩数据。由于解码端必须使用与编码端相同的码表，因此码表也必须随数据一起传送，这就极大地降低了编码效率，或者限制了码表不能太大。这种方法只有在对传输速率要求不高且被压缩数据块比码表大得多时才有效。这种方法称为半自适应编码，实际应用中很少采用。

实用的动态(自适应)Huffman 编码，其主要思想是编码器和解码器都从一颗空的 Huffman 树开始，随着符号的读入和处理而按相同的方式修改码树。在处理过程的每步中，解码器和编码器都使用相同的码字，但这些码字在前后步中可能发生变化。我们称编码器和解码器是以“锁定”或“镜像”方式工作，其操作是一一对应。

编码器从一颗空的 Huffman 树开始工作，对任何符号都没有分配码字。它把输入的第一个符号直接输出，然后把它添加到码树中，赋予码字。当下次再见到这个符号时，就把它的当前码字输出，并将它的出现概率加1。由于这样做修改了各个符号出现的概率，那么就要检查该码树是否还是 Huffman 树(即最佳码字)。如果不是，就重新安排码字。

解码器镜像编码器的相同步骤。当它读入一个未压缩符号时，将它添加到树中，并赋予一个码字；当它读入一个压缩后的码字后，就利用当前的 Huffman 树来确定它属于哪个符号；然后利用与编码器相同的方式对 Huffman 树进行更新。

还有一个问题就是，解码器如何知道当前输入是一个未压缩符号，还是一个变长码字。为消除歧义，每个未压缩符号都用一个特殊的变长出口码字(escape code)开头。一旦解码器读入这个特殊的出口码字，就知道后续符号为第一次出现(这个符号的编码位数定长，是事先设定好的)。另外，这个特殊的出口码字不能是已用于各符号的任何变长码字。

既然每次更新码树都要修改符号的码字，那么这个出口码字也应该修改。一个很自然的解决办法就是在 Huffman 树中加入空枝，其出现概率为0，它能分到一个变长码字，这即为每个未压缩符号前的出口码字。当码树更新后，空枝的位置及其码字都将改变，但是任一时刻，该出口码字都存在且唯一，解码器用它来辅助识别未压缩符号。

4.2 游程编码

游程长度编码，简称游程编码(Run-Length Coding，RLC)的基本思想是，将具有相同数值(或字符等)的、连续出现的信源符号构成的符号串用其数值(或字符等)及串的长度表示。以图像编码为例，灰度值相同的相邻像素的连续长度(像素数目)称为连续的游程，又称游程长度，简称游程。如果给出了形成串的像素的灰度值及串长度，就能无失真地恢复出原来的数据流，如图 4-3 所示。

图像灰度序列： 22222225555534666666666655555 5

(灰度值，串长度)：(2, 7) (5, 5) (3, 1) (4, 1) (6, 10) (5, 6)

图 4-3 RLC 编码示例

游程编码往往与其他编码方法结合使用。例如，在 MPEG 视频编码中，对图像块作完离散余弦变换和量化后，经 Z 字形扫描将“0”系数组织成“0”游程，作游程编码，再与非“0”系数结合组成二维事件(RUN, Level)进行 Huffman 编码，其中，RUN 代表“0”游程的长度，Level 代表在该“0”游程后面的非“0”系数的数值。

显然，平均游程长度越长，游程编码的效率越高。当平均游程长度很短时，游程编码的效率非常低。在图像的游程编码中，它只适合灰度等级比较少的图像，例如它特别适合二值图像。

4.2.1 二值图像的游程编码

二值图像是指仅有黑和白两个亮度值的图像(国际建议规定用“1”代表黑，“0”代表白)。二值图像的应用非常普遍，如经扫描得到的气象图、工程图、地图及由文字组成的文件图像(黑白报纸、书籍等)。二值图像是灰度图像的一个特例，它最经典的通信方式是传真。因此，二值图像压缩也往往指对数字传真机扫描文件的编码。此外，二值图像压缩还大量用于图文的光盘存储，而且传真本身也已经从图形、文字等二值图像发展到连续色调图片的传输。

在二值图像的游程编码中，游程符号集合 $X=\{黑, 白\}$，每一扫描行均由交替出现的白像素游程(连续出现的白像素)和黑像素游程(连续出现的黑像素)组成。对不同长度的白游程和黑游程按其出现的概率的不同分别配以不同长度的码字，就是二值图像的 RLC。由于 RLC 利用了多个像素间的相关性，故可得到较低的码率下限，每像素平均码长满足：

$$h_{WB} \leqslant \bar{k} < h_{WB} + \frac{P_W}{l_W} + \frac{P_B}{l_B} \quad \text{bit/pel} \tag{4-4}$$

其中，P_W 和 P_B 分别为白像素和黑像素出现的概率，l_W 和 l_B 分别为白游程长和黑游程长的平均像素数(平均长度)，h_{WB} 则为每个像素的熵值。

在理想情况下，先分别统计出图像白游程长为 i 的概率 P_{iW} 和黑游程长为 i 的概率 P_{iB}，然后根据 Huffman 编码原则按游程(RL)出现概率分配码字，即可使平均码长 $\bar{k}$ 接近 h_{WB}。但在实际应用中，RL 在行间、页间出现的概率都不相同，且为求得该概率，需要存储数据并做统计计算，难以实时实现。为此，CCITT 的 T.4 建议推荐以 8 幅标准传真样张为统计样本，统计各种 RL 出现的概率并以此编出 Huffman 表，称之为改进型 Huffman 编码(MHC)，作为文件传真三类机一维编码的国际标准。实际编码过程中首先数 RL 长度、然后查表，可以实现实时编码。MHC 码的平均编码效率可达 86.9%，差错灵敏度低，它也基本上适合中文文件传真的样张。

为保证传真文件具有足够的清晰度，CCITT 规定 ISO 的 A4 幅面(210 mm×297 mm)为可接受的输入文件的最小尺寸，对它的扫描分辨率应达到1188(或2376)条扫描线，每条线标准采样 1728 点。根据统计，实际 RL 多在 0～63 之间，故 MHC 码表分为结尾码和组合基干码两种，如表 4-5 所示。具体编码规则如下：

① RL＝0～63 时，用相应的结尾码编码；

② RL＝64～1728 时，用“组合基干码＋结尾码”编码。

③ 行结束时添加行同步码 EOL。

例如 RL(黑)＝128，编码为“000011001000(组合基干码)＋ 0000110111(结尾码)”。

表 4-5　传真文件编码的 MH 码表

(a) 结尾码

RL 长度	白游程码字	黑游程码字	RL 长度	白游程码字	黑游程码字
0	00110101	0000110111	32	00011011	000001101010
1	000111	010	33	00010010	000001101011
2	0111	11	34	00010011	000011010010
3	1000	10	35	00010100	000011010011
4	1011	011	36	00010101	000011010100
5	1100	0011	37	00010110	000011010101
6	1110	0010	38	00010111	000011010110
7	1111	00011	39	00101000	000011010111
8	10011	000101	40	00101001	000001101100
9	10100	000100	41	00101010	000001101101
10	00111	0000100	42	00101011	000011011010
11	01000	0000101	43	00101100	000011011011
12	001000	0000111	44	00101101	000001010100
13	000011	00000100	45	00000100	000001010101
14	110100	00000111	46	00000101	000001010110
15	110101	000011000	47	00001010	000001010111
16	101010	0000010111	48	00001011	000001100100
17	101011	0000011000	49	01010010	000001100101
18	0100111	000001000	50	01010011	000001010010
19	0001100	00001100111	51	01010100	000001010011
20	0001000	00001101000	52	01010101	000000100100
21	0010111	00001101100	53	00100100	000000110111
22	0000011	00000110111	54	00100101	000000111000
23	0000100	00000101000	55	01011000	000000100111
24	0101000	00000010111	56	01011001	000000101000
25	0101011	00000011000	57	01011010	000001011000
26	0010011	000011001010	58	01011011	000001011001
27	0100100	000011001011	59	01001010	000000101011
28	0011000	000011001100	60	01001011	000000101100
29	00000010	000011001101	61	00110010	000001011010
30	00000011	000001101000	62	00110011	000001100110
31	00011010	000001101001	63	00110100	000001100111

(b) 组合基干码

RL 长度	白游程码字	黑游程码字	RL 长度	白游程码字	黑游程码字
64	11011	0000001111	960	011010100	0000001110011
128	10010	000011001000	1024	011010101	0000001110100
192	010111	000011001001	1088	011010110	0000001110101
256	0110111	000001011011	1152	011010111	0000001110110
320	00110110	000000110011	1216	011011000	0000001110111
384	00110111	000000110100	1280	011011001	0000001010010
448	01100100	000000110101	1344	011011010	0000001010011
512	01100101	0000001101100	1408	011011011	0000001010100
576	01101000	0000001101101	1472	010011000	0000001010101
640	01100111	0000001001010	1536	010011001	0000001011010
704	011001100	0000001001011	1600	010011010	0000001011011
768	011001101	0000001001100	1664	011000	0000001100100
832	011010010	0000001001101	1728	010011011	0000001100101
896	011010011	0000001110010	EOL	000000000001	000000000001

4.2.2　JPEG 图像量化系数的编码

JPEG(Joint Photographic Experts Group)是指由 ISO 和 IEC 两个组织机构联合组成的专家组，负责制定静态的数字图像数据压缩编码标准，其制定的标准也称 JPEG 标准。在实际的 JPEG 图像压缩编码标准中，图像量化系数的熵编码是结合了游程编码和 Huffman 编码。

JPEG 采用 8×8 的图像块，经离散余弦变换后得到 64 个系数。第 1 个系数称为直流系数，后 63 个系数称为交流系数，如图 4-4(a)和(b)所示。

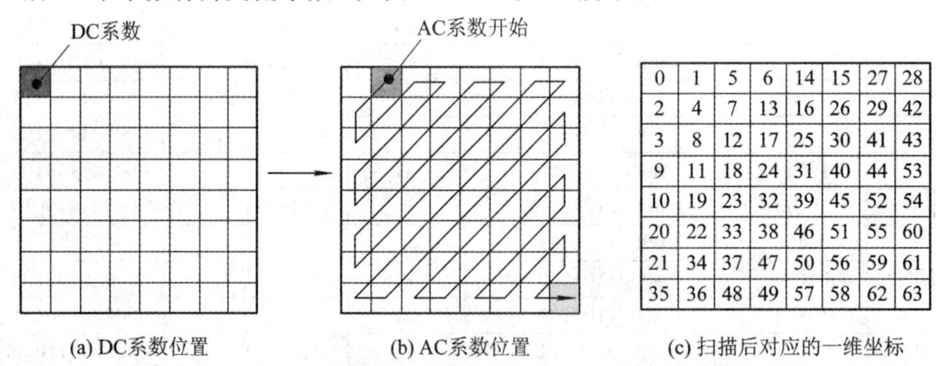

图 4-4　JPEG 图像系数二维到一维的过程

首先，利用 Z 形扫描将二维系数矩阵转换成一维系数矩阵，Z 扫描过程如图 4-4(b)所示。扫描完成后二维系数矩阵与一维系数数组 ZZ(k)的对应关系如图 4-4(c)所示。ZZ(0)为直流系数，对它的编码方法已经在 4.1.2 节中进行过介绍。其次，非零交流系数按“NNNN/ SSSS+尾码”的编码方式编码，其中 4 位“NNNN”为当前非零值相对前一个非零交流系数的零游程计数，表示 ZRL=0～15；而 4 位“SSSS”+“尾码”则用于编码当前非零值，其含义与直流系数编码类似，“SSSS”代表尾码的比特数。但这里将“NNNN/SSSS”组合为一个新的前缀码，然后用 Huffman 编码方法编码，其码表如表 4-6 所示。若 ZRL>15，则用“NNNN/SSSS＝1111/0000”编码，再对 ZRL＝ZRL－16 继续编码。若最后一个“零游程/非零值”只有零游程，则直接发送块结束码字 EOB，否则不需要发送 EOB。最后，具体的交流系数编码步骤如下：

① 根据 ZZ(k)的幅度范围，由表 4-6 查出尾码的位数 SSSS＝B。

表 4-6　交流系数的尾码编码比特数

SSSS	DIFF 值的范围
1	－1，1
2	－3，－2，2，3
3	－7～－4，4～7
4	－15～－8，8～15
5	－31～－16，16～31
6	－63～－32，32～63
7	－127～－64，64～127
8	－255～－128，128～255
9	－511～－256，256～511
10	－1023～－512，512～1023

② 计数非零交流系数前的零游程值 NNNN＝ZRL，由 NNNN/SSSS 从表 4-7 和表 4-8 中查出前缀码字。

③ 按式(4-3)直接写出 B 位尾码的码字。

【例 4-5】 某图像块的残差数据如下所示，PRED＝8，JPEG 编码过程如下：

(1) Z 形扫描：ZZ(0)＝12，ZZ(1)＝5，ZZ(2)＝－2，ZZ(4)＝2，ZZ(8)＝1，ZZ(31)＝－1。

(2) DC 系数编码：DIFF＝ZZ(0)－PRED＝12－8＝4。由表 4-4 知，B＝3，前缀为 100，尾码 DIF＝100，故编码为 101100。

(3) AC 系数编码：第 1 个非零值 ZZ(1)与 ZZ(0)之间的 ZRL＝0，故 NNNN＝0；ZZ(1)＝5，故 SSSS＝3；NNNN/SSSS＝0/3。由表 4-7 知前缀码字为 100，后缀码字为 101，故 ZZ(1)的编码为 100101。

12	5	0	0	0	0	0	0
－2	2	0	0	0	0	0	0
0	1	0	0	0	0	0	0
0	0	0	0	－1	0	0	0
0	0	0	0	0	0	0	0
0	0	0	0	0	0	0	0
0	0	0	0	0	0	0	0
0	0	0	0	0	0	0	0

同理，第 2 个非零值 ZZ(2)的 NNNN/SSSS＝0/2，故前缀码字为 01，－2 的反码为 01，因此编码为 0101。

同理，可得到 ZZ(4)的编码为“11011，10”，ZZ(8)的编码为“111010，1”。

表 4－7　亮度交流系数码表

游程/尺寸	码长	码　字	游程/尺寸	码长	码　字	游程/尺寸	码长	码　字
0/0(EOB)	4	1010	5/4	16	1111111110011111	A/8	16	1111111111001101
0/1	2	00	5/5	16	1111111110100000	A/9	16	1111111111001110
0/2	2	01	5/6	16	1111111110100001	A/A	16	1111111111001111
0/3	3	100	5/7	16	1111111110100010	B/1	10	1111111001
0/4	4	1011	5/8	16	1111111110100011	B/2	16	1111111111010000
0/5	5	11010	5/9	16	1111111110100100	B/3	16	1111111111010001
0/6	7	1111000	5/A	16	1111111110100101	B/4	16	1111111111010010
0/7	8	11111000	6/1	7	1111011	B/5	16	1111111111010011
0/8	10	1111110110	6/2	12	111111110110	B/6	16	1111111111010100
0/9	16	1111111110000010	6/3	16	1111111110100110	B/7	16	1111111111010101
0/A	16	1111111110000011	6/4	16	1111111110100111	B/8	16	1111111111010110
1/1	4	1100	6/5	16	1111111110101000	B/9	16	1111111111010111
1/2	5	11011	6/6	16	1111111110101001	B/A	16	1111111111011000
1/3	7	1111001	6/7	16	1111111110101010	C/1	10	1111111010
1/4	9	111110110	6/8	16	1111111110101011	C/2	16	1111111111011001
1/5	11	11111110110	6/9	16	1111111110101100	C/3	16	1111111111011010
1/6	16	1111111110000100	6/A	16	1111111110101101	C/4	16	1111111111011011
1/7	16	1111111110000101	7/1	8	11111010	C/5	16	1111111111011100
1/8	16	1111111110000110	7/2	12	111111110111	C/6	16	1111111111011101
1/9	16	1111111110000111	7/3	16	1111111110101110	C/7	16	1111111111011110
1/A	16	1111111110001000	7/4	16	1111111110101111	C/8	16	1111111111011111
2/1	5	11100	7/5	16	1111111110110000	C/9	16	1111111111100000
2/2	8	11111001	7/6	16	1111111110110001	C/A	16	1111111111100001
2/3	10	1111110111	7/7	16	1111111110110010	D/1	11	11111111000
2/4	12	111111110100	7/8	16	1111111110110011	D/2	16	1111111111100010
2/5	16	1111111110001001	7/9	16	1111111110110100	D/3	16	1111111111100011
2/6	16	1111111110001010	7/A	16	1111111110110101	D/4	16	1111111111100100
2/7	16	1111111110001011	8/1	9	111111000	D/5	16	1111111111100101
2/8	16	1111111110001100	8/2	15	111111111000000	D/6	16	1111111111100110
2/9	16	1111111110001101	8/3	16	1111111110110110	D/7	16	1111111111100111
2/A	16	1111111110001110	8/4	16	1111111110110111	D/8	16	1111111111101000
3/1	6	111010	8/5	16	1111111110111000	D/9	16	1111111111101001
3/2	9	111110111	8/6	16	1111111110111001	D/A	16	1111111111101010
3/3	10	111111110101	8/7	16	1111111110111010	E/1	16	1111111111101011
3/4	16	1111111110001111	8/8	16	1111111110111011	E/2	16	1111111111101100
3/5	16	1111111110001000	8/9	16	1111111110111100	E/3	16	1111111111101101
3/6	16	1111111110010001	8/A	16	1111111110111101	E/4	16	1111111111101110
3/7	16	1111111110010010	9/1	9	111111001	E/5	16	1111111111101111
3/8	16	1111111110010011	9/2	16	1111111110111110	E/6	16	1111111111110000
3/9	16	1111111110010100	9/3	16	1111111110111111	E/7	16	1111111111110001
3/A	16	1111111110010101	9/4	16	1111111111000000	E/8	16	1111111111110010
4/1	6	111011	9/5	16	1111111111000001	E/9	16	1111111111110011
4/2	10	1111111000	9/6	16	1111111111000010	E/A	16	1111111111110100
4/3	16	1111111110010110	9/7	16	1111111111000011	F/0(ZRL)	11	11111111001
4/4	16	1111111110010111	9/8	16	1111111111000100	F/1	16	1111111111110101
4/5	16	1111111110011000	9/9	16	1111111111000101	F/2	16	1111111111110110
4/6	16	1111111110011001	9/A	16	1111111111000110	F/3	16	1111111111110111
4/7	16	1111111110011010	A/1	9	111111010	F/4	16	1111111111111000
4/8	16	1111111110011011	A/2	16	1111111111000111	F/5	16	1111111111111001
4/9	16	1111111110011100	A/3	16	1111111111001000	F/6	16	1111111111111010
4/A	16	1111111110011101	A/4	16	1111111111001001	F/7	16	1111111111111011
5/1	7	111010	A/5	16	1111111111001010	F/8	16	1111111111111100
5/2	11	11111110111	A/6	16	1111111111001011	F/9	16	1111111111111101
5/3	16	1111111110011110	A/7	16	1111111111001100	F/A	16	1111111111111110

表 4-8 色度交流系数码表

游程/尺寸	码长	码字	游程/尺寸	码长	码字	游程/尺寸	码长	码字
0/0(EOB)	2	00	5/4	16	1111111110100000	A/8	16	1111111111001111
0/1	2	01	5/5	16	1111111110100001	A/9	16	1111111111010000
0/2	3	100	5/6	16	1111111110100010	A/A	16	1111111111010001
0/3	4	1010	5/7	16	1111111110100011	B/1	9	111111001
0/4	5	11000	5/8	16	1111111110100100	B/2	16	1111111111010010
0/5	5	11001	5/9	16	1111111110100101	B/3	16	1111111111010011
0/6	6	111000	5/A	16	1111111110100110	B/4	16	1111111111010100
0/7	7	1111000	6/1	7	1111001	B/5	16	1111111111010101
0/8	9	111110100	6/2	11	11111110111	B/6	16	1111111111010110
0/9	10	1111110110	6/3	16	1111111110100111	B/7	16	1111111111010111
0/A	12	111111110100	6/4	16	1111111110101000	B/8	16	1111111111011000
1/1	4	1011	6/5	16	1111111110101001	B/9	16	1111111111011001
1/2	6	111001	6/6	16	1111111110101010	B/A	16	1111111111011010
1/3	8	11110110	6/7	16	1111111110101011	C/1	9	111111010
1/4	9	111110101	6/8	16	1111111110101100	C/2	16	1111111111011011
1/5	11	11111110110	6/9	16	1111111110101101	C/3	16	1111111111011100
1/6	12	111111110101	6/A	16	1111111110101110	C/4	16	1111111111011101
1/7	16	1111111110001000	7/1	7	1111010	C/5	16	1111111111011110
1/8	16	1111111110001001	7/2	11	11111111000	C/6	16	1111111111011111
1/9	16	1111111110001010	7/3	16	1111111110101111	C/7	16	1111111111100000
1/A	16	1111111110001011	7/4	16	1111111110110000	C/8	16	1111111111100001
2/1	5	11010	7/5	16	1111111110110001	C/9	16	1111111111100010
2/2	8	11110111	7/6	16	1111111110110010	C/A	16	1111111111100011
2/3	10	1111110111	7/7	16	1111111110110011	D/1	11	11111111001
2/4	12	111111110110	7/8	16	1111111110110100	D/2	16	1111111111100100
2/5	15	111111111000010	7/9	16	1111111110110101	D/3	16	1111111111100101
2/6	16	1111111110001100	7/A	16	1111111110110110	D/4	16	1111111111100110
2/7	16	1111111110001101	8/1	8	11111001	D/5	16	1111111111100111
2/8	16	1111111110001110	8/2	16	1111111110110111	D/6	16	1111111111101000
2/9	16	1111111110001111	8/3	16	1111111110111000	D/7	16	1111111111101001
2/A	16	1111111110010000	8/4	16	1111111110111001	D/8	16	1111111111101010
3/1	5	1011	8/5	16	1111111110111010	D/9	16	1111111111101011
3/2	8	11111000	8/6	16	1111111110111011	D/A	16	1111111111101100
3/3	10	1111111000	8/7	16	1111111110111100	E/1	14	11111111100000
3/4	12	111111110111	8/8	16	1111111110111101	E/2	16	1111111111101101
3/5	16	1111111110010001	8/9	16	1111111110111110	E/3	16	1111111111101110
3/6	16	1111111110010010	8/A	16	1111111110111111	E/4	16	1111111111101111
3/7	16	1111111110010011	9/1	9	111110111	E/5	16	1111111111110000
3/8	16	1111111110010100	9/2	16	1111111111000000	E/6	16	1111111111110001
3/9	16	1111111110010101	9/3	16	1111111111000001	E/7	16	1111111111110010
3/A	16	1111111110010110	9/4	16	1111111111000010	E/8	16	1111111111110011
4/1	6	111010	9/5	16	1111111111000011	E/9	16	1111111111110100
4/2	9	111110110	9/6	16	1111111111000100	E/A	16	1111111111110101
4/3	16	1111111110010111	9/7	16	1111111111000101	F/0(ZRL)	10	1111111010
4/4	16	1111111110011000	9/8	16	1111111111000110	F/1	15	111111111000011
4/5	16	1111111110011001	9/9	16	1111111111000111	F/2	16	1111111111110110
4/6	16	1111111110011010	9/A	16	1111111111001000	F/3	16	1111111111110111
4/7	16	1111111110011011	A/1	9	111111000	F/4	16	1111111111111000
4/8	16	1111111110011100	A/2	16	1111111111001001	F/5	16	1111111111111001
4/9	16	1111111110011101	A/3	16	1111111111001010	F/6	16	1111111111111010
4/A	16	1111111110011110	A/4	16	1111111111001011	F/7	16	1111111111111011
5/1	6	111011	A/5	16	1111111111001100	F/8	16	1111111111111100
5/2	10	1111111001	A/6	16	1111111111001101	F/9	16	1111111111111101
5/3	16	1111111110011111	A/7	16	1111111111001110	F/A	16	1111111111111110

ZZ(31)＝－1：由于 NNNN＝31－8－1＝22＞15，故先编码 ZRL＝16，码字为“11111111001”；此后有 NNNN＝22－16＝6，此时的 SSSS＝1，故 NNNN/SSSS＝6/1，前缀的编码为“1111011”，－1 的反码为 0，后缀的编码为 0，从而 ZZ(31)的编码为“11111111001＋1111011＋0”。

此后无非零值，直接用 EOB 结束本块数据，编码为“1010”。

原始码流需要 8×8×8＝512 bit，压缩后码流一共有 49 bit，压缩比为 512∶49＝10.45∶1。

4.3 Golomb 编码与通用变长码

Huffman 编解码器虽然性能最佳，但比较复杂，实现时需要对信源符号的出现频度作统计，并作出码表，查译码的码表操作实现有一定复杂度。遇到信源可以分成为不同的子信源具有不同的统计，需要多个 Huffman 码表时，实现的复杂度更高。如果不坚持对各种信源符号出现概率都“最佳匹配”的要求，就可能基于某个预先设定的概率模型设计出准最佳变长码，使之在与信源符号真实概率模型失配不多的前提下，简化最佳变长编码器的设计，提高解码器的可靠性。Golomb(哥伦布)编码就是具有这种潜力的一类唯一可译码，它已经为 H.264、JPEG-LS 和 AVS 等图像/视频编码标准所采用。

4.3.1 一元码

一元码定义为非负整数 n 的一元码为 $n-1$ 个 1 后跟 1 个 0；或者为 $n-1$ 个 0 后跟 1 个 1。

按此定义，整数 n 的一元码长度是 n 比特，如表 4-9 所示。

表 4-9 整数 n 的一元码字

n	末位为 0 时的码字	末位为 1 时的码字
1	0	1
2	10	01
3	110	001
4	1110	0001
5	11110	00001
6	111110	000001
…	…	…

不难看出，一元码满足唯一可译性。事实上，一元码是一类特殊的 Huffman 码。对于编码器来说，一元码规则简单，不需要码表，生成方便；对于解码器来说，一元码字便于解码(以表 4-9 末位为 0 时的码字为例，解码器只需查找第 1 个 0 码元，并计算两个 0 码元之间 1 码元的个数)，也有利于消除误码后同步的恢复。

4.3.2 Golomb 编码

S. W. Golomb 在 1966 年提出一种编码方法，可以使服从几何分布的正整数数据流的平均码长最短，该方法无需使用 Huffman 编码算法，而是直接给出最佳变长码。

设数据流中整数 n 出现的概率为

$$p(n) = (1-p)^{n-1}p, \quad 0 \leqslant p \leqslant 1 \tag{4-5}$$

求出满足下式的 b 值(一定存在)

$$(1-p)^b + (1-p)^{b+1} \leqslant 1 < (1-p)^{b-1} + (1-p)^b \tag{4-6}$$

得到 b 值后，就可以按“前缀码+尾码”的格式进行整数 n 的 Golomb 编码。具体步骤如下：

(1) 如果 $b \neq 2^k$，前缀码是 $q+1$ 位一元码字，$q=\lfloor (n-1)/b \rfloor$，$\lfloor \cdot \rfloor$为下取整函数；尾码是对$\dfrac{n-1}{b}$的余数 $r=n-1-qb$ 的二进制编码，$r\in\{0, 1, \cdots, b-1\}$，余数前$\lfloor b/2 \rfloor$个用$\lfloor \mathrm{lb}b \rfloor$比特编码，后面用$\lfloor \mathrm{lb}b \rfloor+1$ 比特编码，且最高位为 1。

(2) 如果 $b=2^k$，前缀码产生规则同 $b\neq 2^k$ 时相同；尾码则直接用 n 的二进制表示的最低 k 位表示。这类特殊的 Golomb 码又叫做 $G(k)$。

【例 4-6】 给出 $b=3$，4，5 时的 Golomb 码。

【解】 如果取 $b=3$，则可能的余数为 0、1、2，第 1 个余数用 1 比特编码，后面余数用 2 比特编码，高位为 1 保持尾码的前缀性，因此余数与尾码的对应关系为 0↔0、1↔10、2↔11；而前缀码根据编码规则，对于 $n=1$，2，…，其前缀码的位数分别为 1，1，1，2，2，2，…位。若取表 4-9 右边一列的一元码字，则分别为 1，1，1，01，01，01，…。

表 4-10　$b=3$，4，5 和 $n\leqslant 10$ 的 Golomb 码字

n	1	2	3	4	5	6	7	8	9	10
$b=3$	1|0	1|10	1|11	01|0	01|10	01|11	001|0	001|10	001|11	0001|0
$b=4$	1|01	1|10	1|11	1|00	01|01	01|10	01|11	01|00	001|01	001|10
$b=5$	1|00	1|01	1|100	1|101	1|110	01|00	01|01	01|100	01|101	01|110

同理，若选择 $b=5$，则可能的余数为 0、1、2、3、4 这 5 个余数，前 2 个用 2 比特编码，后面用 3 比特编码，可以很容易给出余数与尾码的对应关系为 0↔00、1↔01、2↔100、3↔101、4↔110；对于 $n=1$，2，…，前缀码的位数分别为 1，1，1，1，1，2，2，2，2，2，3…位。

如果取 $b=4$，此时相当于 $b=2^2$，即求 $G(2)$码字。它的 Golomb 码生成规则更简单，如 $n=7$，7 的二进制码为 111，取最低 2 位为尾码，因此尾码为 11；前缀码应该为 2 位一元码字，即为 01。表 4-10 给出了 $b=3$，4，5 和 $n\leqslant 10$ 的 Golomb 码字。

对于 $G(k)$码字，如果令 $k=0$，则 $b=1$，此时 $G(0)$是一元码。因此可以看出：一元码是 Golomb 码的特例，而特殊的 Golomb 码 $G(k)$，又是用一元码作前缀码的截断 Huffman 码。

4.3.3 指数 Golomb 码与通用变长码

相同前缀的 Golomb 码的信息表达能力主要在于尾码。可是从表 4-10 可见，其尾码

长度随 n 增长缓慢，因为它主要取决于 b。而所谓指数 Golomb 码，可以让同一个前缀下的 Golomb 码字数呈指数级增长。本质上，指数 Golomb 码就是以 $G(0)$ 码为前缀，再加上 $q+m$ 位尾码(或称后缀)，尾码事实上就 $q+m$ 位二进制码。q 就是 $G(0)$ 码中“0”的个数(均取“0…01”形式的一元码)，而 $m \geqslant 0$ 则为指数 Golomb 的阶数。此时，尾码增加 1 位，即 m 增加 1，码字数就可以翻一番。

指数 Golomb 码已经应用在视频编码中，如在我国制定的 AVS(先进音视频编码系统)标准中，就已经采用 m 阶指数 Golomb 码，如表 4-11 所示。指数 Golomb 码的优势在于硬件复杂度较低，可以根据闭合公式解析码字，无需查表；还可以根据整数 n 的分布灵活选取或自适应改变阶数 m，以达到较好的压缩性能。对于指数哥伦布编码，当 m 和 q 确定后，其编码正整数 n 的范围为 $[2^{q+m}-2^m, 2^{q+m+1}-2^m-1]$。

表 4-11 m 阶指数 Golomb 码表

阶数 m	q	码　字	码值范围
0	0	1	0
	1	$01x_0$	1～2
	2	$001x_1x_0$	3～6
	…	…	…
1	0	$1x_0$	0～1
	1	$01x_1x_0$	2～5
	2	$001x_2x_1x_0$	6～13
	…	…	…
2	0	$1x_1x_0$	0～3
	1	$01x_2x_1x_0$	4～11
	2	$001x_3x_2x_1x_0$	12～27
	…	…	…

由于 0 阶指数 Golomb 码的前缀码始终比其尾码多 1 位，如表 4-11 阶数为 0 时所示，因此可以把 q 位尾码嵌入到 $q+1$ 位前缀码中。这就是 ITU H.26L(H.264 建议前身)甚低码率视频压缩算法采用的通用变长码(UVLC)，如表 4-12 所示。可以看到，UVLC 实质上就是一种前后缀交织的 0 阶指数 Golomb 码。

UVLC 码的优点在于：同等码长的 UVLC 码它不仅“异字头”，也是“异字尾”。因此，只要码长已知，如果正向译码出错，还可以反向译码。这样降低了码字的误码敏感性。

表 4-12 UVLC 码的结构

q 的值	码字形式	码　　字
0	1	1
1	0 x_0 1	001, 011
2	0 x_1 0 x_0 1	00001, 00011, 01001, 01011
3	0 x_2 0 x_1 0 x_0 1	0000001, 0000011, 0001001, 0001011, 0100001, 0100011, 0101001, 0101011
…	…	…

【例 4-7】 设有一信源的消息符号集为 0，±1，±2，±3，±4，±5，其出现概率对称且单调下降，如图 4-5 所示。假设正负符号合在一起出现的概率为 0.38，0.32，0.16，0.08，0.04，0.02。求此信息源的 UVLC 码和 Huffman 码。

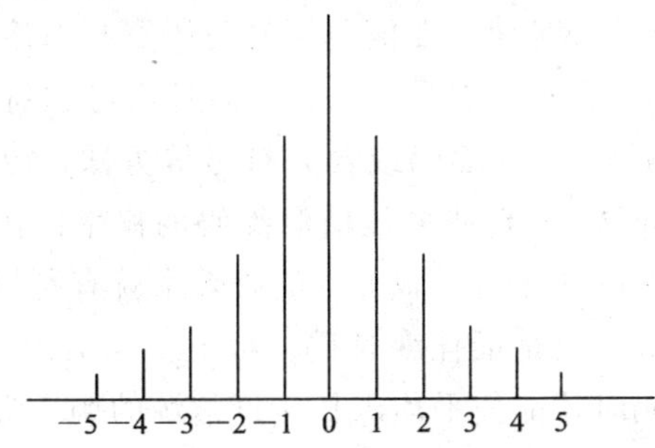

图 4-5 对称单调下降概率分布

【解】 可以按照表 4-12 把这种符号映射到表 4-13 所示的 UVLC 码。

表 4-13 此信源的 UVLC 码

符号值	0	1	−1	2	−2	3	−3	4	−4	5	−5
Code_num	1	2	3	4	5	6	7	8	9	10	11
UVLC 码	1	001	011	00001	00011	01001	01011	0000001	0000011	0001001	0001011
码字长	1	3	3	5	5	5	5	7	7	7	7

该信源也可以采用 Huffman 编码，码表如 4-14 所示。

表 4-14 此信源的 Huffman 码

符号值	0	1	−1	2	−2	3	−3	4	−4	5	−5
Huffman 码	0	111	110	1011	1010	10011	10010	10000	100011	1000101	1000100
码字长	1	3	3	4	4	5	5	5	6	7	7

按照符号的出现概率计算出这种信源熵值为

$$
\begin{aligned}
&-2\,(0.01\times \mathrm{lb}\,0.01+0.02\times \mathrm{lb}\,0.02+0.04\times \mathrm{lb}\,0.04+0.08\times \mathrm{lb}\,0.08\\
&\qquad+0.16\times \mathrm{lb}\,0.16)-0.38\times \mathrm{lb}\,0.38\\
&=2.69\ \mathrm{bit}
\end{aligned}
$$

采用 UVLC 编码的平均码字长度为

$$1\times 0.38+3\times 0.32+5\times (0.16+0.08)+7\times (0.04+0.02)=2.96\ \mathrm{bit}$$

采用 Huffman 编码的平均码字长度为

$$1\times 0.38+3\times 0.32+4\times 0.16+5\times 0.08+5\times 0.02+6\times 0.02+7\times 0.02=2.74\ \mathrm{bit}$$

计算出平均码长为 2.84 bit。比较起来，Huffman 码平均码长更接近于信源熵值，UVLC 码比 Huffman 码稍差，但 UVLC 码的编解码的复杂度比 Huffman 码低很多，实现更容易，因此在最新的视频编码标准 H.264 中，UVLC 码也是熵编码的选择方案之一。

4.4 算术编码

以上讨论的熵保持编码，都是建立在信源符号与码字相对应的基础上，这种编码通常称为块码或分组码。此时信源符号一般是多元的，而且不考虑符号间的相关性。但对常见的二元信源，需采用游程编码、分帧编码或合并符号等方法，转换成多值符号，而且也一般假设信源为离散无记忆信源。这就使最佳信源编码的概率匹配原则(大概率符号匹配短码字，小概率符号匹配长码字)不能充分满足，编码效率就有所损失。

比如，我们知道 Huffman 码是最佳变长码。对于二元信源，必须进行信源的 N 次扩展，然后进行 Huffman 编码时才能使平均码长接近信源的熵，编码效率才高。它必须计算出所有 N 长信源序列的概率分布，并构造相应的完整的码树，当 N 较大时，这个过程变得非常复杂。那么对于很长的信源序列，是否存在简单有效的编码方法呢?

1979 年，Rissanen 等人提出了一种二元码的编码方法，叫做算术编码(Arithmetic Coding)。该方法在不知信源输出符号的概率统计情况下编成的码率可趋近于信源熵值，它属于普适编码的范畴，是香农-费诺- Elias 编码的推广。

算术编码的基本思路是：从全序列出发，将各信源序列的概率映射到[0，1)区间上，使每个序列对应[0，1)区间内的一点，也就是一个二进制小数；这些点将把[0，1)区间划分为许多小段，每段长度对于某一序列的概率；最后在段内取一个二进制小数，其长度可以精确表示它属于哪一个小段，从而达到高效编码的目的。可以看到，与 Huffman 编码、游程编码和哥伦布编码不同，算术编码跳出了单符号编码的范畴，它不再是对将单个信源符号映射成一个码字，而是将整个输入符号序列映射成一个码字。

4.4.1 算术编码的起源

为了理解算术编码方法，首先介绍香农编码，因为算术编码是沿着他们的思路发展的。

早在 1948 年，香农就提出将信源符号依其概率降序排序，用符号序列累计概率的二进制表示作为对信源的编码，并从理论上证明了它的优越性。香农编码方法归结如下：

① 设信源符号集共有 L 个符号，按符号出现概率大小进行排列，则

$$P(x_1) \geqslant P(x_2) \geqslant \cdots \geqslant P(x_L)$$

② 计算概率的累计分布

$$\begin{cases} C_1 = 0 \\ C_2 = P(x_1) \\ C_3 = P(x_2) + P(x_1) = P(x_2) + C_2 \\ \quad \vdots \\ C_L = P(x_{L-1}) + \cdots + P(x_1) = P(x_{L-1}) + C_{L-1} \end{cases} \tag{4-7}$$

③ 每一符号编码的码字长 n_i，它是符合以下不等式的最小整数。

$$2^{n_i} P(x_i) \geqslant 1 \tag{4-8}$$

如果 $P(x_i)$取值刚好能使式(4-8)的等号成立，那么 $P(x_i)=2^{-n_i}$，符号 x_i对信源熵值的贡

献为 $-P(x_i)\mathrm{lb}P(x_i)=n_iP(x_i)$，信源熵值为 $\sum_{i=1}^{L}n_iP(x_i)$ 恰巧等于平均字长，即编码码率等于熵值。一般情况下，$P(x_i)$取值不能使等式成立，依式(4-8)，则有 $P(x_i)\geqslant 2^{-n_i}$，它符合上一章介绍的 Kraft 不等式，即满足码长 n_i 为唯一可译码一定存在，因此各符号能在符合前缀条件下编成码字，译码时就能把各码字分开。

④ 编码的方法：把 C_i 展开为二进小数，按照式(4-8)取 n_i 位，当第 n_{i+1} 位是 1 则进位，当第 n_{i+1} 位是 0 则舍去，这个 n_i 位二进码就是符号 x_i 的编码。

按上面讨论，$2^{n_i}P(x_i)\geqslant 1$ 并趋近于 1，则编码码字平均长度大于并趋近于信源的熵值。并且按上述方法编码时，一个新的分配长度为 n_i 比特的码字是前一个累计分布再加上一个符号概率值成为新的分布值的二进小数表示值，由于上一个符号的概率值在未增长的码位上必定有值，因此把它的数值加上去，未增长的码位数字必然和前一个码字不相同，所以按这个方法编码的码字符合前缀条件。

【例 4-8】 已知四个符号的信源$\{x_1, x_2, x_3, x_4\}$；$p(x_1)=0.4$，$p(x_2)=0.3$，$p(x_3)=0.2$，$p(x_4)=0.1$。试计算该信源的香农码。

【解】 根据香农码的计算步骤，可算得 $C_1=0$，$C_2=0.4$，$C_3=0.7$，$C_4=0.9$，按前缀条件确定 $n_1=2$，$n_2=2$，$n_3=3$，$n_4=4$。编成的香农码为 $c_1=00$，$c_2=10$，$c_3=110$，$c_4=1111$。

前述的 Huffmen 编码比香农编码更接近于熵值，故现在一般都采用 Huffman 码。香农编码是对符号集的单个符号编码，Elias 把香农编码方法概念推广到对符号序列的直接编码，Rissanen 将其推广成为信源统计性质未知的普适信源，下节我们将介绍这种方法。

4.4.2　算术编码的基本原理

设信源在第 i 时刻发出的符号为 x_i，把信源从开始到第 n 时刻发出的符号序列记为 S_n，则

$$\begin{cases} S_1 = x_1 \\ S_2 = x_1x_2 = S_1x_2 \\ \quad\vdots \\ S_n = x_1x_2\cdots x_n = S_{n-1}x_n \end{cases} \tag{4-9}$$

对于 Markov 信源，可以用条件概率 $p(x|S)$来描述信源输出一个新的符号的概率，符号序列 S_n 的发生概率为

$$p(S_n) = P(x_1)P(x_2 \mid x_1)\cdots P(x_n \mid x_1\cdots x_{n-1}) \tag{4-10}$$

在第 n 时刻，符号序列 S_n 由 n 个符号构成，由可能的各种符号序列构成概率之和，它满足：

$$\sum p(x_1\cdots x_n) = 1 \tag{4-11}$$

例如，图 4-6 中给出了二元符号集合$\{0, 1\}$在最初时刻生长出的符号序列 S_1，S_2，S_3，及其可能构成的概率，假设序列中符号的出现概率是独立无关的，设 $p(0)<p(1)$，$p(0)=1/3$，$p(1)=2/3$。S_1 就只有一个符号为 1 或 0，其概率为 $p(1)$或 $p(0)$，把长度为 1 的间隔按 1∶2 的比例分割，就是序列 S_1 的各种构成的概率。S_2 有 4 种构成为 11，10，01，00，其中，11，10 是由 S_1 为 1 时发展而成，在符号出现概率独立无关假定下 $p(x_n|s_{n-1})=$

$p(x_n)$，所以 $p(11)=p(1)p(1)$，$p(10)=p(1)p(0)$。只要把 S_1 分割为 1 的那一段 $p(1)$ 再按 1∶2 的比例分割，就得到 S_2 为 11 和 10 时的概率 $p(11)$ 和 $p(10)$。同样把 S_1 为 0 的一段 $P(0)$ 再按 1∶2 的比例分割，就得到 S_2 为 01 和 00 时的概率 $p(01)$ 和 $p(00)$，显然 $p(11)+p(10)+p(01)+p(00)=1$，符合式(4-11)，用此方法可以一步一步递推出 n 个符号序列 S_n 的各种可能构成的概率 $p(S_n)$。

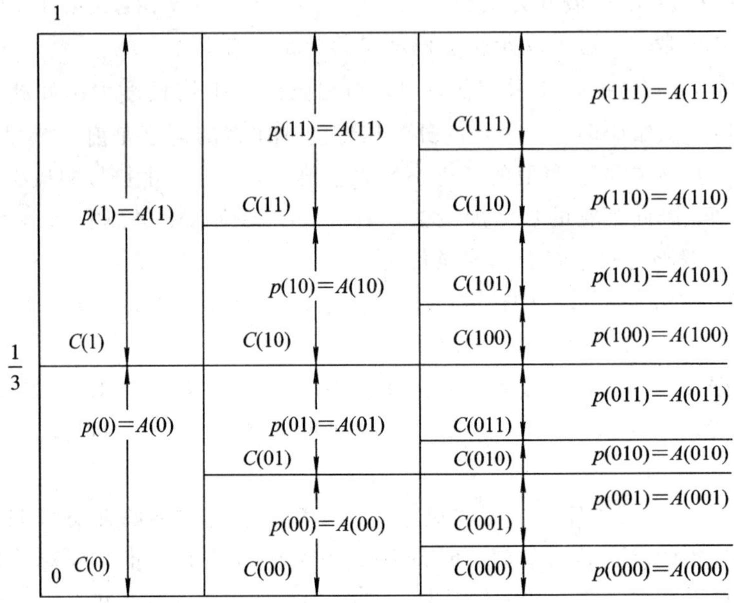

图 4-6　符号序列 S_n 出现的概率和算术编码

编码并不按单个符号编码，而按符号序列的发展对序列进行整体编码。借鉴香农用 n 个符号序列 S_n 出现的概率的累计分布 $C(S_n)$，在区间 $[C(S_n), C(S_n)+A(S_n))$ 选取一点，用其二进制小数表示编码，并把 $C(S_n)$ 和 $A(S_n)$ 的计算转换成递归运算。$A(S_n)$ 称为符号序列 S_n 编码可用空间或值域(Range)，它的大小就是 $p(S_n)$，即符号序列 S_n 的出现概率。

设在上一时刻信息的符号序列为 S，这一时刻信源发出符号 x，序列发展成为新的序列 Sx。递归计算序列 Sx 的累计分布函数 $C(Sx)$ 和编码可用空间 $A(Sx)$ 的递推公式如下：

(1) 累计分布函数的递推：

$$C(Sx)=C(S)+A(S)P(x) \tag{4-12}$$

图 4-6 中，如果 $x=1$，有

$$C(S1)=C(S)+A(S)P(1)=C(S)+\frac{A(S)}{3}$$

如果 $x=0$，有

$$C(S0)=C(S)+P(0)A(S)=C(S)$$

(2) 编码可用空间的递推：

$$A(Sx)=p(Sx)=p(x)A(S) \tag{4-13}$$

图 4-6 中，如果 $x=1$，有

$$A(S1)=A(S)p(1)=2\times\frac{A(S)}{3}$$

如果 $x=0$，有

$$A(S0)=A(S)p(0)=\frac{A(S)}{3}$$

式(4-13)中，$p(x)$为符号出现的概率，$P(x)$为符号 x 的累积概率，如式(4-7)所示。对于图 4-6，有

$$P(1)=p(0)=\frac{1}{3},\ P(0)=0$$

$$p(1)=\frac{2}{3},\ p(0)=\frac{1}{3}$$

初始条件为 $C(\varphi)=0$，$A(\varphi)=1$和 $P(\varphi)=0$，$p(\varphi)=1$。

可见，算术编码在传输任何符号 x 之前，信息的完整范围是$[C(\varphi),\ C(\varphi)+A(\varphi))=[0,\ 1)$。当处理符号 x 后区间宽度就依据x 的出现概率 $p(x)$变窄，大概率符号比小概率符号使区间变窄的范围要小。然后在区间$[C(S),\ C(S)+A(S))$找一代表点，对其值进行编码。符号序列越长，相应的子区间就越窄，编码表示该子区间所需的比特数也就越多。另外从上述迭代公式可知，符号串每一步新扩展的码字 $C(Sx)$都是由原符号串的码字 $C(S)$和新区间宽度 $A(Sx)$的算术相加而得的，"算术码"一词由此得来。

对于计算信源符号序列的累积计分布函数，还可以从树图的角度来考虑。假设二元符号序列串 $S=\{s_1,\ s_2,\ \cdots,\ s_n\}$，另一个二元序列串为 $Y=\{y_1,\ y_2,\ \cdots,\ y_n\}$。若两个序列串中对某第一个 i 有 $s_i=1$、$y_i=0$，则认为 $S>Y$。也就是说，把这个符号序列串看成二进制小数 $0.S$ 和 $0.Y$，当某一个 $s_i>y_i$，则二进制小数 $0.S>0.Y$，也即对应 $S>Y$。我们把二元符号序列排成一棵 n 阶(n 为序列串的长度)二元整树，如图 4-7 所示，可以看到，所有小于 S 的序列都在同一阶 S 节点的左侧。因此，根据累计分布函数的递归定义，信源符号序列 S 的累计分布函数：

$$C(S)=\sum_{Y<S}p(Y)=\sum_{S\text{左侧的所有节点}T}p(T) \tag{4-14}$$

例如，若输入序列 $S=0111$，由式(4-14)可知

$$\begin{aligned}C(S)&=C(0111)=p(T_1)+p(T_2)+p(T_3)\\&=p(00)+p(010)+p(0110)\end{aligned} \tag{4-15}$$

图 4-7 中所圈出的树枝正好是式(4-15)中的项。

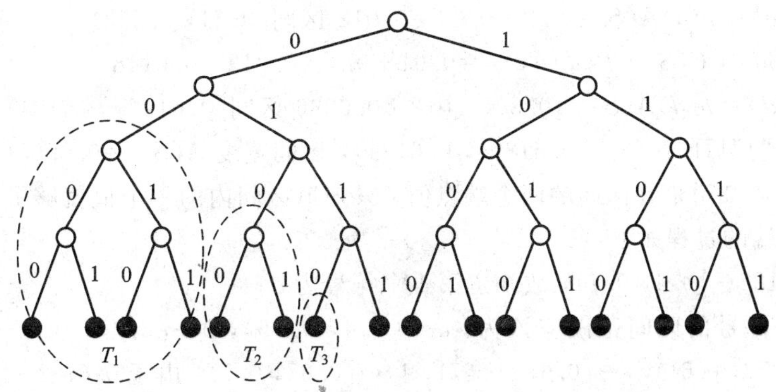

图 4-7 算术编码输入符号序列对应的树

另外，此序列 $S=0111$ 按式(4－12)计算出的累计分布函数为

$$\begin{aligned}C(S)&=C(0111)=C(011)+A(011)P(1)=C(011)+p(011)p(0)\\&=C(01)+A(01)P(1)+p(011)p(0)\\&=C(01)+p(01)p(0)+p(011)p(0)\\&=C(0)+A(0)P(1)+p(01)p(0)+p(011)p(0)\\&=0+p(0)p(0)+p(01)p(0)+p(011)p(0)\\&=p(00)+p(010)+p(0110)\end{aligned}$$

由上式可见，它的结果与式(4－15)所得的结果一致。因此，式(4－14)提供了一种简单明了的计算累计分布函数的方法。

【例 4－9】 信源符号集 $S=\{a, b, c, d, e, !\}$，其中前 5 个符号为实际信源符号，最后一个符号“!”用来表示编码结束。各概率和初始区间范围如表 4－15 所示，试编码字符串 *dead*。

表 4－15 信源符号及其概率分布

符号	符号概率 $p(a_i)$	符号累积概率 $P(a_i)$	符号初始区间范围
a	0.2	0	[0, 0.2)
b	0.1	0.2	[0.2, 0.3)
c	0.1	0.3	[0.3, 0.4)
d	0.3	0.4	[0.4, 07)
e	0.2	0.7	[0.7, 0.9)
!	0.1	0.9	[0.9, 1)

【解】 编码过程如下：

“d”，$C(Sd)=C(\varphi)+P(d)A(\varphi)=0.4$

$A(Sd)=p(d)A(\varphi)=0.3$ 区间[0.4, 0.7)

“e”，$C(Se)=C(S)+P(e)A(S)=0.4+0.7\times0.3=0.61$

$A(Se)=p(e)A(S)=0.2\times0.3=0.06$ 区间[0.61, 0.67)

“a”，$C(Sa)=C(S)+P(a)A(S)=0.61$

$A(Sa)=p(a)A(S)=0.2\times0.06=0.012$ 区间[0.61, 0.622)

“d”，$C(Sd)=C(S)+P(d)A(S)=0.61+0.4\times0.012=0.6148$

$A(Sd)=p(d)A(S)=0.3\times0.012=0.0036$ 区间[0.6148, 0.6184)

编码符号“!”后的区间为[0.61804, 0.6184)，区间宽度 $A(S)=0.000\ 36$。

解码器无需知道最终区间的两个端点值，只知道区间内的一个值就够了。比如知道值 0.6182，解码端的过程如下：

由于 $0.6182\in[0.4, 0.7)$，故知道第 1 个符号为 d；

则下一个符号的区间范围应该为：$a\leftrightarrow[0.4, 0.46)$，$b\leftrightarrow[0.46, 0.49)$，$c\leftrightarrow[0.49, 0.52)$，$d\leftrightarrow[0.52, 0.61)$，$e\leftrightarrow[0.61, 0.67)$，! $\leftrightarrow[0.67, 0.7)$。由于 $0.6182\in[0.61, 0.67)$，故知道第 2 个符号为 e；

以此类推，可以解码出符号 a，d，!。当解码出！符号时，解码完成。

4.4.3 算术编码的码字计算与编码效率

根据式(4-12)和式(4-13)可以计算出符号序列 S 对应不同的区间为$[C(S), C(S)+A(S))$，那么如何在此区间内选取一点来代表此区间呢？该过程如下：

将符号序列的累计分布函数写成二进制位的小数，取小数点后 l 位，若后面有尾数，就进位到第 l 位，这样得到一个数 C，并使 l 满足：

$$l = \left\lceil \mathrm{lb}\frac{1}{A(S)} \right\rceil \tag{4-16}$$

则 $C=0.z_1z_2\cdots z_l$，z_i 取 0 或 1，得到符号序列 S 的码字为 $z_1z_2\cdots z_l$。例如：$C(S)=0.101101000$，$A(S)=0.12$，则 $l=4$，可得到 $C=0.1100$，S 的码字为 1100。

这样选取的数值 C，一般由于 l 位后面有尾数，需要进位，从而满足下面关系式：

$$0 \leqslant C - C(S) < \frac{1}{2^l} \tag{4-17}$$

当 l 位后面全为 0 时，此时 $C=C(S)$。而由式(4-16)可知，$A(S) \geqslant 2^{-l}$。将式(4-17)都加上 $C(S)$，得

$$C(S) \leqslant C < C(S) + \frac{1}{2^l} < C(S) + A(S) \tag{4-18}$$

可见，数值 C 在区间$[C(S), C(S)+A(S))$内，而信源符号序列对应的不同区间是不重叠的，所以编码是即时码。

由于信源符号序列 S 的码长满足式(4-18)，而 $A(S)$就是信源序列的出现概率 $p(S)$，因此可以得到：

$$\sum_S p(S)\mathrm{lb}p(s) \leqslant \bar{l} = \sum_S p(S)l(S) < -\sum_S p(S)\mathrm{lb}p(S) + 1 \tag{4-19}$$

平均每个信源符号的码长为

$$\frac{H(S^n)}{n} \leqslant \frac{\bar{l}}{n} < \frac{H(S^n)}{n} + 1 \tag{4-20}$$

若信源是无记忆的，则 $H(S^n)=nH(S)$，得

$$H(S) \leqslant \frac{\bar{l}}{n} < H(S) + \frac{1}{n} \tag{4-21}$$

若信源是有记忆的，只是式(4-13)中的 $p(S)$计算方法按式(4-10)计算，但不影响上式的正确性。由此可见，当信源符号序列很长时，n 会很大，平均码长自然接近信源的熵。

4.4.4 二元算术编码的实现

对于未知统计的非平稳二元信源，$P(1)$和 $P(0)$是未知的，而且是变化中的，但是根据信源的马尔可夫特性，用一段信息统计出的 1 和 0 出现的频度 $f(1)$和 $f(0)$来分别替代 $P(1)$和 $P(0)$。例如，对于二值图像，可用当前像素周围的邻近像素 x_1，x_2，x_3，x_4小区域进行统计，或者用前一像素 x_1来统计 1 和 0 出现的频度 $f(1)$和 $f(0)$ 替代 1 和 0 出现的概率 $P(1)$和 $P(0)$，如图 4-8 所示。Rissanen 把这种区域范围称为模型的定义结构，采用了某一种定义结构，就可以统计得到 1 和 0 出现的频度 $f(1)$和 $f(0)$。

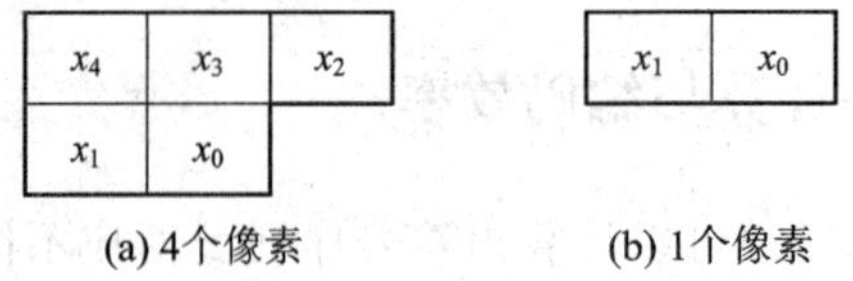

(a) 4个像素　　(b) 1个像素

图 4-8　模型的定义结构

下面以图 4-8(b)结构统计像素 x_1 的 1 和 0 出现的频度 $f(1)$和 $f(0)$，在此把得到的频度 $f(1)$和 $f(0)$分别作为 x_0 出现 1 和 0 的概率。在下面讨论中，假定 1 出现的概率低于 0 出现的概率(如果 1 的出现概率高于 0 的出现概率，对下式作相应更改即可)，设置“1”计数器 $n(1|z)$，其初始值设置于 3。若 x_1 中出现“1”时，$n(1|z)$增加 1。另一计数器是“0”计数器 $n(0|z)$，初始值置于 $2^{k(s)+1}$。若 x_1 中出现“0”时，$n(0|z)$增加 1。每当 $n(1|z)$中计数达到 6 时，把 $n(1|z)$和 $n(0|z)$中计数除 2，以及把 $k(s)$减少 1，并且如果 $n(0|z)$计数达到 $2^{k(s)+2}-1$ 时，使 $k(s)$增加 1。因此每当出现 3 个“1”时，$n(1|z)$恢复到初始置定数 3，而 $n(0|z)$从原来的初始置定数 $2^{k(s)+1}$ 除 2 成为 $2^{k(s)}$，如果这时不出现“1”而相继出现许多个“0”，使 $n(0|z)$计数器的计数达到 $2^{k(s)+2}-1$，亦即出现了 $2^{k(s)+2}-1-2^{k(s)}=3\times 2^{k(s)}-1$ 个“0”时，$n(0|z)$计数器恢复到原来的初始置定数 $2^{k(s)+1}$。$k(s)$会在两个连续整数之间摆动，则“1”和“0”数目动态平衡时，它们出现的频数之比近似为 $3:3\times 2^{k(s)}-1\approx 1:2^{k(s)}-1$。我们就以 $2^{-k(s)}$ 作为 $p(1)$的近似值。当信源非平稳时，所得到的频数 $f(1)$和 $f(0)$能随着 $p(1)$和 $p(0)$的变动而及时更新。Rissenan 把 $k(s)$称做不对称数(Skew Number)。使用不对称数，可把式(4-13)概率的递推计算化成：

$$\left.\begin{aligned} A(S)&\Leftarrow P(S1)=P(S)\cdot 2^{-k(s)} && (x=1)\\ A(S)&\Leftarrow P(S0)=P(S)\cdot(1-2^{-k(s)})=P(S)-P(S1) && (x=0)\end{aligned}\right\} \tag{4-22}$$

编码时，用式(4-10)和式(4-12)递推计算累计分布值 $C(S_n)$和序列概率 $P(S_n)$，并按 $P(S_n)$的位数确定 $C(S_n)$的位数作为编码。于是，就把香农编码发展成为对符号序列的直接编码，并且这种编码无需知道信源的统计，因此它也是一种普适编码。

我们再来分析这种方法的编码效率。信源每发出一个符号，序列就增加一个符号，如把 $2^{-k(s)}$ 看成是 $p(1)$的估值，根据式(4-13)增加一个符号“1”时，$p(S1)$为 $p(S)$乘上 $2^{-k(s)}$，亦即以二进制小数表示 $p(S)$增加了 $k(s)$位，编成的码 $C(S)$按式(4-12)是以 $p(S1)$来确定位数的，所以也增加了 $k(s)$位。因此信源发出“1”时，编成的码位数增长的期望值为 $-2^{-k(s)}\text{lb}2^{-k(s)}$，则码位数增长是符号“1”在熵值中的贡献 $-p(1)\text{lb}p(1)$的估值。同样当信源发出“0”时，根据式(4-13)，$p(S0)=p(s)(1-2^{-k(s)})$，编成码位数增长为 $-\text{lb}(1-2^{-k(s)})$。现在，“0”出现的概率为 $1-2^{-k(s)}$，位数的增长期望值为 $(1-2^{-k(s)})\text{lb}(1-2^{-k(s)})$，它相当于“0”在信源熵值中的贡献的估值。因此，随着信息序列增长，这个方法编码的码率趋于信源的熵值。

根据式(4-12)和式(4-13)进行递推的编码运算，成为只有加、减和乘法的运算，又因为采用不对称数 $k(s)$的幂近似来表示概率，乘法运算化成了移位操作，因此这种方法在实现中的复杂度大大简化。

现在介绍具体的编解码方法。假设 $p(1)<p(0)$，以及 $p(1)+p(0)=1$，所以 $p(1)<1/2$。此时，符号排序时 1 在前 0 在后，因此累计分布 $P(1)=0$，$P(0)=p(1)$。计算新的编码可用空间 $A(S)$值越来越小，可用浮点数表示 $A(S)$，$E(S)$为其指数，例如 $A(S)=0.001011$，可表示为 1.011×2^{-3}，则 $E(S)=3$，$E(S)$用来控制 $A(S)$的移位，使数据规范化。

计算时，式(4-13)还可以作近似，规范化的$A(S)$用$1.000\times2^{-E(S)}$来代替，则$A(S)$的递归新值计算式成为

$$\left.\begin{aligned}&A(S)\Leftarrow p(S1)\approx 2^{-(E(S)+k(S))}=W(S1) && (x=1)\\ &A(S)\Leftarrow p(S0)\approx A(S)-2^{-(E(S)+k(S))}=A(S)-W(S1) && (x=0)\end{aligned}\right\}\tag{4-23}$$

为了书写方便，这里，$2^{-(E(S)+k(S))}=W(S1)$，表示码序列S随后出现1的近似概率。编码过程可归结为以下递归过程。

初始化：$A(S)=1.0$，$C(S)=0.0$，$E(S)=0$。进入第(1)步。

第(1)步：按给定不对称值$k(S)$，根据出现符号按式(4-24)分割编码可用空间，计算$A(S)$，

$$\left.\begin{aligned}&A(S)\Leftarrow W(S1) && (x=1)\\ &A(S)\Leftarrow A(S)-W(S1) && (x=0)\end{aligned}\right\}\tag{4-24}$$

进入第(2)步。

第(2)步：按式(4-12)计算码字$C(S)$，

$$\left.\begin{aligned}&C(S1)=C(S)+P(1)A(S)=C(S) && (x=1)\\ &C(S0)=C(S)+P(0)A(S)=C(S)+p(S1)=C(S)+W(S1) && (x=0)\end{aligned}\right\}\tag{4-25}$$

进入第(3)步。

第(3)步：更新$E(S)$值，如果出现码符$x=0$，则

$$\begin{aligned}&E(S)\Leftarrow E(S)+1 && (A(S)<2^{-E(S)})\\ &E(S)\Leftarrow E(S) && (A(S)\geqslant 2^{-E(S)})\end{aligned}\tag{4-26}$$

如果出现码符$x=1$，则

$$E(S)\Leftarrow E(S)+k(S)\tag{4-27}$$

回到第(1)步，或编码终结。

【例4-10】 符号信源给出码序列0，0，1，0，在各码位上假定$k(S)$的数值为3，1，1，1，给出上述编码过程的结果。

【解】 按上述编码过程可得到表4-16所示的编码结果。

表4-16　例4-10的编码过程

	码符x	$k(S)$	$E(S)$	$W(S1)$	$C(S)$	$A(S)$
初始化			0		0.000000	1.000000
1	0	3	0	0.001	0.001000	0.111000
2	0	1	1	0.01	0.011000	0.101000
3	1	1	1	0.01	0.011000	0.010000
4	0	1	2	0.001	0.100000	0.001000

从表中可见，随着码序列的增长，$A(S)$越来越小，$C(S)$作为小数位数也越来越长，但始终不超过1。另外也可以看到，$C(Sx)$在$[C(S),\ C(S)+A(S))$区间发展，也就是随着码符数n的增长，算术编码的码字值不会超过$C(S_n)+A(S_n)$，但位数会越来越长。如果用定点计算需要无穷位数的运算器，用浮点运算就可以用有限位数的处理器如普通的16或32

位运算器计算。在 $C(S)$ 运算器之前加一个先进先出（FIFO）的寄存器 Q，用“Q，C”来表示，Q 和 C 之间的“,”表示运算时 C 的高位数可以通过移位移到 Q 中。FIFO 寄存器 Q 的输出就是算术编码的码字输出。

作浮点运算时，所得到 $E(S)$ 值就会把 $A(S)$ 和 $C(S)$ 移位成为规范化的表示数。$A(S)$ 的规范化很简单，把 $A(S)$ 左移 $E(S)$ 值位数即可。当 $A(S)$ 移位时，在“Q，C”中左移相同位数即可，这时 $C(S)$ 的高位就移了相应的位数到 Q 中，这个移位就称为规范化。现在不必计算 $E(S)$ 值，主要修改上面编码过程的第(3)步改成下面的第(3′)步，把计算 $E(S)$ 的增加值改成为对 $A(S)$ 和 $C(S)$ 移位即可，用 SL(m)表示左移 m 位。而编码过程的初始化不变，第(1)、(2)步的 $W(S1)$ 按 $p(S1)$ 算。编码过程修改如下：

初始化：$A(S)=1.0$，$C(S)=0.0$，$E(S)=0$。进入第(1′)步。

第(1′)步：按给定不对称值 $k(S)$，根据出现符号按以下方式分割编码可用空间，计算 $A(S)$，则

$$\left.\begin{aligned} &A(S)\Leftarrow P(S1)=2^{-k(S)} && (x=1)\\ &A(S)\Leftarrow A(S)-P(S1)=A(S)-2^{-k(S)} && (x=0)\end{aligned}\right\} \tag{4-28}$$

进入第(2′)步。

第(2′)步：按式(4-12)计算码字 $C(S)$，则

$$\left.\begin{aligned} &C(S1)=C(S)+P(1)A(S)=C(S) && (x=1)\\ &C(S0)=C(S)+P(0)A(S)=C(S)+p(S1) && (x=0)\end{aligned}\right\} \tag{4-29}$$

进入第(3′)步。

第(3′)步：规范化，

如果出现码符 $x=0$，当 $A(S)<1.0$，则 $A(S)$ 和 $C(S)$ 都 SL(1)，

如果出现码符 $x=1$，则 $C(S)$ 左移 SL($k(S)$)，$A(S)=1.0$

回到第(1′)步，或编码终结。

例 4-10 的编码运算可改为表 4-17 所示。

表 4-17 例 4-10 的规范化编码过程

	码符 x	$k(S)$	$2^{-k(s)}$	Q	$C(S)$	$A(S)$	规范化
初始化					0.000000	1.000000	
1	0	3	0.001	0	0.010000	1.110000	SL(1)
2	0	1	0.1	0	0.110000	1.010000	No
3	1	1	0.1	00	1.100000	1.000000	SL($k(S)$)
4	0	1	0.1	010	0.000000	1.000000	SL(1)

在这里对第 4 个码的运算加以说明，在第(2′)步，由式(4-29)中的 $x=0$ 可知，$C(S0)=C(S)+p(S1)=1.10+0.100=0.000$，再加上从 $C(S)$ 向 Q 进位 1，使 Q 从 00 变成 01(这个进位叫做结转运算)，然后由第(3′)步规范化左移 1 位 Q 成为 010，而 $C(S)$ 成为 0.000。在结转运算时，从 $C(S)$ 向 Q 进位，如果 Q 的末几位是 1，FIFO Q 会具有加法计算的能力，即把 1 翻成为 0，并进到最前面 1 的前一个 0 位上。由于算术编码的算法，码字的界限为编码可用空间 $C(S_n)+A(S_n)$ 的界限，结转运算的进位最多只能进到 $A(S_n)$ 的小数

表示的最高位上，因此以后的进位不会超过这个最高位了。本例中，Q 的记数 010 就是编码的结果，算术编码的结果是一个小数，这个码应该是 0.10。

鉴于上述结转运算的进位特点，在编码时可以用以下办法控制结转，而不必用无限长的 Q 寄存器。即在 Q 寄存器中设立一个限额数 v，例如 $v=16$，当 Q 寄存器中相继为 1 的个数超过 v 时，这时自动在 v 个 1 后填充一个 0，在接收端如果发现有 v 个 1 相连，得知后一位是多余的填充比特，那么就要考察这个比特。如果这个比特是 0，就丢弃它，因为它本来是一个多余的填充比特；如果这个比特是 1，就会知道后面的进位到这里被拦断，不再往前进行。因此就在接收端补行进位，把前 v 个 1 改成 0，而把其前一位 0 改成 1。发生 v 个 1 相连的概率很小，最大为 2^{-v}，故这种方法最多是 2^v 个比特增加 1 个比特，增加的码率很少。

例 4-10 中的不对称值 $k(S)$ 是给定的，也可以通过信源统计得到，如按照前面所说的在编码时用设置计数器 $n(1|z)$ 和 $n(0|z)$ 统计得出。如果把 $2^{-k(s)}$ 看成是出现符号 $p(1)$ 的概率估值，这种估值只能是 2 的负幂次方值，看起来会很粗糙。但是当 0 和 1 出现动态平衡时，$k(S)$ 值在相连续的整数间摆动，按照出现的频次平均逼近于概率估值。同时，当信源统计是非平稳时，这种估值可以随子信源统计的变化而变化。因此，这种编码是一种普适编码，也是一种和混合信源匹配的自适应编码。

【例 4-11】 把按照上例编好的码进行译码。

【解】 译码过程是编码过程的逆运算。设码符序列为 Sx_iS_b，S 为已译的码序列。根据所译出码按照编码过程同样方法生成 $C(S)$ 和 $A(S)$，码字 C 放在 CBUF 运算器进行与编码时相反的操作。我们先看编码过程的第(2′)步，由式(4-28)可见，如果 $x_i=1$，$C(S1)=C(S)$，码字 C 在编码可用空间 $[C(S),\ C(S)+p(S1))$ 内。如果 S 后接的 x_i 是 0，码字 $C\geqslant C(S0)\geqslant C(S)+p(S1)$，根据式(4-28)，有 $p(S1)=2^{-k(S)}$，所以先在 CBUF 运算器做一个差值 CBUF$=C-p(S1)=C-2^{-k(S)}$。如果差值为正，判定 x_i 是 0，该 CBUF 值保留即为剩余的码字 C，为译后续序列 S_b 用；如果差值为负，判定 x_i 是 1，该 CBUF 值不用，恢复前一个码字 C，为译后续序列 S_b 用。

因此，可把译码过程归结为以下四步：

初始化：$A(S)=0$，$C(S)=$输入码字 C，进入第(1″)步。

第(1″)步：给定不对称值 $k(S)$，如果

CBUF$=C-2^{-k(S)}\geqslant 0$，判定码符 x 为 0

CBUF$=C-2^{-k(S)}<0$，判定码符 x 为 1，恢复 CBUF$=C$

进入第(2″)步。

第(2″)步：根据所判定码符，计算编码可用空间 $A(S)$ 新值

$$\left.\begin{aligned}A(S)&\Leftarrow P(S1)=2^{-k(S)} & (x=1)\\ A(S)&\Leftarrow P(S0)=A(S)-2^{-k(S)} & (x=0)\end{aligned}\right\}\tag{4-30}$$

进入第(3″)步。

第(3″)步：规范化，

如果码符 $x=0$，当 $A(S)<1.0$，则 $A(S)$ 和 $C(S)$ 和 SL(1)，

如果码符 $x=1$，则 $C(S)$ 进行 SL($k(S)$)，$A(S)=1.0$

最后，回到第(1″)步，或译码终结。

计算中对于码字 C 要考虑由于前面所述的结转运算的进位，根据限额数 v，如果发现有 v 个 1 相连，就要考察这个比特；如果这个比特是 0，可以丢弃它，因为它是多余的填充比特；如果这个比特是 1，知道是从后面进位到这里的，不再往前进行。因此就在接收端补行进位，把前 v 个 1 改成 0，而把其前一位 0 改为 1。根据上面译码算法，例 4－10 的译码过程如表 4－18 所示。

表 4－18　例 4－10 的译码过程

	$k(S)$	$C(S)$	$A(S)$	CBUF	x 判决值	规范化
初始化		0.100	1.000			
1	3	0.110	1.110	0.011	0	SL(1)
2	1	0.010	1.010	0.010	0	No
3	1	0.100	1.000	−1.110	1	SL($k(S)$)
4	1	0.000	1.000	0.000	0	SL(1)

上面的编码算法按照 $p(1)<p(0)$ 考虑，如果 $p(1)>p(0)$，算法中 1 和 0 互换即可。

4.5　字　典　码

本章前面几节主要论述了基于统计思想的编码方法，核心思想是概率匹配——用短码字编码出现概率大的符号，用长码字编码出现概率小的符号，从而减少信源编码的平均符号长度。这类方法需要事先知道信源的统计特性，但在工程实践中，有些信源的统计特性可能无法确定，或者根本不是随机信源，对此这种统计编码方法就会失效。

1965 年，前苏联数学家 A. N 柯尔莫哥洛夫开创了完全不依赖于统计的组合信息论和算法信息论的新领域，在这一理论推动下，出现了新的通用编码方法，字典码就是其中的突出代表。

基于字典的压缩方法设法将长度不同的符号串编码成一个新符号，用其形成一本符号字典。若编码符号字典索引需要的码长小于编码原始符号需要的码长，则实现了信号的无损压缩。**字典码的核心思想是通过变换，使得原始输出符号概率分布不均匀的信源转换为输出符号概率分布均匀的信源，然后对输出符号概率分布均匀的信源进行等长编码**。字典码是一种通用编码方法，即在信源统计特性不知或不存在时，仍然可以对信源进行压缩编码。

4.5.1　LZ 码的基本概念

字典编码起源于 20 世纪 70 年代末。1977 年和 1978 年，以色列两位博士 J. Ziv 和 A. Lempel 陆续提出了两种不同但又有联系的关于文字数据压缩的论文，该文中的码习惯上简称为 LZ 码[21]。这两篇论文算法在后来的文献里分别被称做 LZ77 及 LZ78，奠定了其后文字数据压缩研究的基础。其中，LZ78 算法的精神类似于上述字典编码法的观念。1984 年，T. A. Welch 博士对 LZ78 算法加以改进，提出了所谓的 LZW 算法。至今，在处理文字数据压缩的问题时，LZW 算法一直是被广泛使用。

设想我们要用计算机来储存以下一段 9 个字符的文字数据，即 ABBBABAAB。如果每个字符都用8比特的ASCII码来储存，则需要72比特的内存。然而，如果该计算机拥有一个如表4-19中所示的字典1，借助该字典的信息，则仅需10比特的内存，亦即AB、BB、AB、A及AB等文字数据分别会先被编码成10、11、10、00及10等十个比特，然后再存入内存，其省下的储存空间高达86%。之后，如果一次以两个比特的方式来读取数据，然后通过同样的字典进行译码，则内存所储存的数据1011100010很快地就会被解读出原来的文字数据为ABBBABAAB。

表4-19 计算机字典

字典索引	索引对应编码	字典1	字典2
1	00	A	A
2	01	B	B
3	10	AB	BA
4	11	BB	AB

通过上面的例子可以看到，与Huffman码正好形成鲜明对比的是：LZ码及后来的改进算法都是将变长的输入符号串映射成定长(或长度可预测)的码字。LZ码按照几乎相等的出现概率编排输入符号串，从而使频繁出现的符号的串将比不常出现符号的串包含更多的符号。例如在一张将英文字母和符号串编码成12位码字的压缩字符串表中(如表4-20所示)，不常用的字母如Z，独占一个12位码字；而常用的符号如空格(表4-20中用“空”表示)和零，则以不同长度的长串表示(实用中字符串长度可大于30)。如果输入一个长串，就会被替换成一个12位码字，此时压缩比自然很高。实际上，表4-20也就是LZ码使用的字典，所以LZ码也是基于字典的压缩编码算法。

表4-20 一种LZ编码的字典

符号串	码字(索引)	符号串	码字(索引)
A	1	空空空	12
AB	2	空空空空	13
AN	3	空空空空空	14
AND	4	空空空空空空	15
AD	5	0	16
Z	6	00	17
D	7	000	18
DO	8	0000	19
DO空	9	00001	20
空	10	…	…
空空	11	$ $ $	4095

上述的字典编码法称做静态字典(Static Dictionary)编码法，这是因为表4-19中的计算机字典的内容是固定的。然而，如果想要储存的数据为BAAABABBA，显然通过表

4-19 中的计算机字典 2，其数据压缩效果会比字典 1 的更好。因此，如果根据所预储存文字数据的型态，动态地建构字典的内容，即所谓动态字典(Adaptive Dictionary)编码法，它能明确地反映出目前所处理的文字数据的型态，当然其数据压缩效果会比用静态字典编码法所得的结果好。LZW 算法就是这样一种动态字典无失真压缩编码算法。

4.5.2 LZW 算法

由 T. A. Welch 在 1984 年提出的 LZW 算法，是 LZ 系列码中应用最广、变形最多的 LZ 码。它的标识只有一项，即指向字典的指针。LZ 码系列算法的共同点是：分解输入流，使其成为长度各异的"短语"，并把它们存入"短语字典"，并给每个"短语"赋予一个码字(通常就是短语的字典索引)。只要短语的码字长度小于短语的长度，就达到了压缩的目的。LZW 编码算法独特的地方是先建立初始字典，再将输入流分解为短语词条，这个短语若不在初始字典内，就将其存入字典，这些新词条和初始字典共同构成编码器的字典。初始字典由信源符号集构成，每个符号是一个词条。比如在英文文本的压缩中，可以将扩展的 ASCII 码作为初始字典，使其成为字典的前 256 项，这样的初始字典足以应付普通的英文文本压缩。

LZW 算法将输入字符串映射成定长(通常为 12 位)的码字。LZW 码表(字典)具有所谓的"前缀性"——表中任何一个字符串的前缀字符串也在表中。这也就是说，如果由某个字符串 S 和某个单字符 c 所组成的字符串 Sc 在表中，则 S 也在表中，其中 c 叫前缀串 S 的扩展字符。

对码表作出这样的说明后，编码前可以将其初始化以包含所有的单字符。在压缩过程中，码表里面存放着编码器在压缩过程中已经遇到的字符串，它动态反映消息的统计特性。LZW 使用的是"贪婪"分析算法，即依次检查各个字符，直到碰到码表中没有的字符串或者扫描完全部字符。除初始化码表外，其他码表项也是通过这种方法加入进码表中的。LZW 编码算法流程如图 4-9 所示。

```
初始化：将所有的单字符存入码表
        读第一个输入字符→前缀串 S
Loop：读下一个输入字符 c
      if 没有这样的 c (输入已穷尽)
         串 S 的码字→输出；结束编码。
      if Sc 已存在于码表
         Sc→S：重复Loop；
      else Sc 不在码表中
         串 S 的码字→输出；
         Sc→码表；
         c→S：重复Loop
```

图 4-9　LZW 编码算法流程

【例 4-12】 试对一个最简单的 2 字符串"ABBBABAAB"作 LZW 编码。

【解】 根据图 4-9 给出的 LZW 编码算法流程，可以得到如下的编码步骤：

步骤 0：将 A 及 B 字符存入字典里，也就是 A 及 B 字符之后分别会被编码成索引值 1 及 2；并读入第一字符 A，前缀串 S=A。

步骤1：读入下一个字符 c=B，串 Sc=AB不在码表中，输出串 S=A在字典里的索引值1；并将新的字符串AB存入字典里，其索引值等于3；最后置 S=B。

步骤2：读入下一个字符 c=B，串 Sc=BB不在码表中，输出串 S=B在字典里的索引值2；并将新的字符串BB存入字典里，其索引值等于4；最后置 S=B。

步骤3：读入下一个字符 c=B，串 Sc=BB已经在码表中，置 S=BB。

步骤4：读入下一个字符 c=A，串 Sc=BBA不在码表中，输出串 S=BB在字典里的索引值4；并将新的字符串BBA存入字典里，其索引值等于5；最后置 S=A。

步骤5：读入下一个字符 c=B，串 Sc=AB已经在码表中，置 S=AB。

步骤6：读入下一个字符 c=A，串 Sc=ABA不在码表中，输出串 S=AB在字典里的索引值3；并将新的字符串ABA存入字典里，其索引值等于6；最后置 S=A。

步骤7：读入下一个字符 c=A，串 Sc=AA不在码表中，输出串 S=A在字典里的索引值1；并将新的字符串AA存入字典里，其索引值等于7；最后置 S=A。

步骤8：读入下一个字符 c=B，串 Sc=AB已经在码表中，置 S=AB。

步骤9：读入下一个字符 $c=\phi$，输入已经穷尽，输出串 S=AB在字典里的索引值3，编码结束。

该过程如表4-21所示。

表4-21 字符串"ABBBABAAB"的LZW编码过程

编码步骤	(S, c)	读入字符	输出	码字(索引)	字典内容
0				1	A
0		A		2	B
1	(A, B)	B	1	3	AB
2	(B, B)	B	2	4	BB
3	(B, B)	B			
4	(BB, A)	A	4	5	BBA
5	(A, B)	B			
6	(AB, A)	A	3	6	ABA
7	(A, A)	A	1	7	AA
8	(A, B)	B			
9	(AB, ϕ)	ϕ	3		

LZW的解码过程如下：

步骤1：首先建立初始化码表(字典)，它由信源的全部符号集构成(编码器和解码器的初始化码表要完全一样)。

步骤2：依序解码接收到的码字(字典索引值)，如果可以根据目前字典里的内容进行译码，则译码出相对应的词条 I。同时将 Ic 存入解码字典中，此时 c 未知，它是下一个从字典中读取的词条的首个字符。再输入下一个码字，从字典取回词条 J，J 的首字符对应上一步未知字符 c，此时 Ic 完全已知。

步骤 3：假如目前码字译码出的字符串为 S_2（$=cS_3$），且上一个收到的码字被译码成字符串 S_1，则将新的字符串（S_1c）存入字典里，并对应新的索引值。如果 S_3 未知，则译码出新的字符串为 S_1c。

步骤 4：重复步骤 2 和 3，则自动重建了解码表，并输出原始信源序列。

【例 4-13】 试对上例进行 LZW 解码，其接收码字为 1、2、4、3、1、3。

【解】 根据上述的 LZW 解的算法流程，可以得到如下的解码步骤：

步骤 0：建立解码器的初始化码表（字典）。

步骤 1：读入第 1 个接收码字 1，从字典中取出 $I=$A，将串 A 输出，并在解码字典中添加新的项 Ax，索引值为 3。

步骤 2：读入第 2 个接收码字 2，从字典中取出 $I=$B，将串 B 输出，同时更新字典中的项 Ax 为 AB，并在字典中添加新的项 Bx，索引值为 4。

步骤 3：读入第 3 个接收码字 4，从字典中取出 $I=$Bx，由于 x 未知，上一步输出字符串 $S_1=$B，I 的首字符为 B，输出字符串 BB，更新字典中的项 Bx 为 BB，并在字典中添加新的项 BBx，索引值为 5。

步骤 4：读入第 4 个接收码字 3，从字典中取出 $I=$AB，将串 AB 输出，同时更新字典中的项 BBx 为 BBA，并在字典中添加新的项 ABx，索引值为 6。

步骤 5：读入第 5 个接收码字 1，从字典中取出 $I=$A，将串 A 输出，同时更新字典中的项 ABx 为 ABA，并在字典中添加新的项 Ax，索引值为 7。

步骤 6：读入第 6 个接收码字 3，从字典中取出 $I=$AB，将串 AB 输出，同时更新字典中的项 Ax 为 AA，解码结束。

具体译码过程及结果如表 4-22 所示。

表 4-22 接收符号“1，2，4，3，1，3”的 LZW 解码过程

解码步骤	接收符号	输出	I	字典索引	字典内容
0				1	A
0				2	B
1	1	A	A		
2	2	B	B	3	AB
3	4	BB	Bx	4	BB
4	3	AB	AB	5	BBA
5	1	A	A	6	ABA
6	3	AB	AB	7	AA

习题与思考题

4-1 设信源符号集 $\begin{bmatrix} X \\ p(x) \end{bmatrix}=\begin{bmatrix} x_1 & x_2 \\ 0.1 & 0.9 \end{bmatrix}$，

(1) 求 $H(X)$ 和信源剩余度；

(2) 对信源的$N(N=1, 2, 3, 4)$次无记忆扩展信源X^N进行二元 Huffman 编码，求平均码长和编码效率。

4-2 信源空间为

$$\begin{bmatrix} X \\ p(x) \end{bmatrix} = \begin{bmatrix} x_1 & x_2 & x_3 & x_4 & x_5 & x_6 & x_7 & x_8 \\ 0.3 & 0.18 & 0.12 & 0.10 & 0.10 & 0.10 & 0.05 & 0.05 \end{bmatrix}$$

码符号为$W=\{0, 1, 2\}$，试构造一种三元的紧致码。

4-3 对于静止图像的色度编码，设相邻两块的 DC 系数的差值 DIFF 为 37 或 −37，请给出对应的截断 Huffman 编码。

4-4 设有一页传真文件，其中某一扫描行上的像素点如下所示：

|←70 白→|←10 黑→|←12 白→|←16 黑→|←1620 白→|

(1) 求该扫描行的 MH 码；

(2) 求编码后该行总比特数；

(3) 求本行编码压缩比(原始比特数：编码后比特数)。

4-5 指数 Golomb 码与 Golomb 码有何异同？

4-6 已知离散无记忆信源

$$\begin{bmatrix} X \\ p(x) \end{bmatrix} = \begin{bmatrix} x_1 & x_2 & x_3 \\ 5/9 & 1/3 & 1/9 \end{bmatrix}$$

给出算术编码方法对序列$\{x_3, x_1, x_2, x_1\}$进行编解码的详细过程。

4-7 如果某信源的符号集为等概分布，不利用数据前后关联的延长编码能不能实现数据压缩？

4-8 解释 Huffman 编码和字典编码的基本原理的异同点。

4-9 给出$b=6$，$n<10$时的 Golomb 码。

4-10 试对一个最简单的 3 字母字符串“ababcbababaaaaaaa”进行 LZW 编解码。

4-11 某 8×8 图像块的残差数据如下图所示，设 PRED＝30，试给出残差数据的编码。

$$\begin{bmatrix} 25 & 8 & 0 & 0 & 0 & 0 & 0 & 0 \\ 12 & 4 & 0 & 0 & 0 & 0 & 0 & 0 \\ 0 & 0 & -1 & 0 & 0 & 0 & 0 & 0 \\ 1 & 0 & 0 & 0 & 0 & 0 & 0 & 0 \\ 0 & 0 & 1 & 0 & 0 & 0 & 0 & 0 \\ 0 & 0 & 0 & 0 & 0 & 0 & 0 & 0 \\ 0 & 0 & 0 & 0 & 0 & 0 & 0 & 0 \\ 0 & 0 & 0 & 0 & 0 & 0 & 0 & 0 \end{bmatrix}$$

4-12 用 LZW 算法对输入数据流 0010000011100100000111111010101010111110 进行编码，并计算压缩效率(假设未压缩字符 0 和 1 用 8 比特的 ASCII 表示)。

第5章 预测编码

在第3章分析信源的熵时，我们已经知道，对于具有M种取值的信源，其输出第L个符号时的熵满足如下不等式：

$$\mathrm{lb}M \geqslant H(x_L) \geqslant H(x_L/x_{L-1}) \geqslant \cdots \geqslant H(x_L/x_{L-1}, x_{L-2}, \cdots, x_1) \geqslant H_\infty$$

该式告诉我们：如果知道了前面一些符号$x_k(k<L)$，再猜测后续符号x_L，比直接猜测x_L容易得多，并且知道的前面符号x_k越多，则越容易猜中x_L。这可以从如下例子里面得到验证，如在汉语里面，如果告诉你第一个字为“中”，则第二个字为“间”、“国”的概率明显要比“反”、“力”等字的概率要高；这也就是说在前一个字已知的情况下，猜测后面的字的难度降低，因此后续字容易猜中。

容易猜中就意味着该信源的不确定性减小了，从信息论的角度解释就是信源的条件熵要小于等于无条件熵。根据无失真信源编码定理可知熵减小了，编码码率自然也可以随之下降，这正是预测编码的理论依据。极端情况下，若能100％地猜中信源的每个符号，那么就不存在关于信源符号的不确定性了，因而也不需要传输任何信息，即编码码率可以为零。事实上，若信源能够用一个数学模型精确描述，并且信源的输出与该模型的输出始终相匹配，那么我们就能精确预测这些数据，也就不需要对信源符号进行编码了。然而，几乎没有一个实际系统同时符合这两个条件，但是我们可以设计更好的预测器，使其预测值接近信源的实际值，从而减少信源编码时的编码码率。

本章主要介绍预测编码的基本原理、最佳线性预测器的设计、常用预测编码方法、语音预测编码技术、图像和视频的预测编码技术等内容。

5.1 预测编码的基本原理

预测编码(Prediction Coding)的基本原理如下：**根据某一种模型，利用以前的(已收到)一个或几个样值，对当前的(正在接收的)样本值进行预测，将样本实际值和预测值之差进行编码。如果样本时间上相关性很强，而且模型足够好，则预测值与实际值也越接近，其差值的数学期望为0，方差非常小；也就是说，差值信号的不确定性相比原始信号的不确定性减少。因此，差值信号的熵值相比原始信号的熵值减小，对差值信号进行编码需要的码率也会变小，从而可以获得较高的压缩比。**

5.1.1 DPCM基本原理

1952年，Bell实验室的B. M. Oliver等人开始了线性预测编码理论研究，同年该实验室的C. C. Cutler取得了差分脉冲编码调制(Diffrential Pulse Code Modulation, DPCM)系统的专利。1958 年，Graham 首次用计算机模拟法研究了图像的 DPCM 编码方法。1966 年，O. Neal 依据最小均方误差(MMSE)准则，对图像 DPCM 编码中的线性预测器和量化器作了系统研究。这些成果奠定了预测编码在现代媒体信号编码中的地位。

DPCM 基本原理框图如图 5-1 所示，其中编、解码器分别完成对预测误差量化值的熵编码和解码。为了正确恢复被压缩信号，收端不仅要有与发端完全一样的预测器，而且输入信号也要相同。

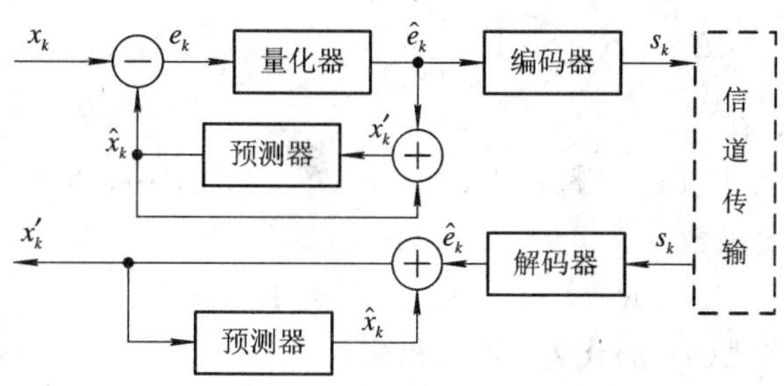

图 5-1 DPCM 原理框图

DPCM 系统工作时，发端先发送一个初始值 x_0(预测值初始化为 0)，接着就只发送预测误差 $e_k=x_k-\hat{x}_k$。预测值 $\hat{x}_k$ 可记为

$$\hat{x}_k = f(x'_{k-1}, x'_{k-2}, \cdots, x'_{k-N}), \quad k \geqslant N \tag{5-1}$$

收端把接收到的量化后的误差信号 $\hat{e}_k$ 与本地预测器算出的预测值 $\hat{x}_k$ 相加，即可恢复信号 x'_k。在不考虑信道传输误码的影响下，收端重建信号 x'_k 与发端原始信号 x_k 之间的差异为

$$x_k - x'_k = x_k - (\hat{x}_k + \hat{e}_k) = (x_k - \hat{x}_k) - \hat{e}_k = e_k - \hat{e}_k = q_k \tag{5-2}$$

这正是量化器造成的量化误差，即整个预测编码系统的失真完全来自发端的量化器。

因此，如果在图 5-1 的系统中没有量化器，那么可以得到 $x'_k=x_k$，这时 DPCM 为无失真(熵保持)编码；如果存在量化器，那么一般 $q_k \neq 0$，则必然有 $x'_k \neq x_k$，此时为有失真编码。

根据式(5-1)是线性函数还是非线性函数，预测编码可以分为线性预测编码和非线性预测编码。对于线性预测编码，式(5-1)又可以表示成：

$$\hat{x}_k = \sum_{i=1}^{N} a_i(k) x'_{k-1} \tag{5-3}$$

5.1.2 最佳线性预测

预测编码的核心问题是预测器的设计。在图 5-1 中，预测器设计得越好，预测值与原始信号值就越接近，预测误差也就越集中分布在零附近，编码码率就会越小。那么如何设计预测器，使得预测值与原始值最接近呢？这就是所谓的最佳预测器设计问题。

为简化这个问题的研究难度，经典的方法是以最小均方误差为准则，然后设计时不变线性预测器，即在式(5-3)中，预测系数 $a_i(k)=a_i$ 与 k 无关。同时，为使分析简单，用原始信号的样值 x_k 来代替量化后的恢复值 x'_k。此时，式(5-3)可以简化为

$$\hat{x}_k = \sum_{i=1}^{N} a_i x_{k-i} \tag{5-4}$$

预测误差信号为

$$e_k = x_k - \hat{x}_k = x_k - \sum_{i=1}^{N} a_i x_{k-i} \tag{5-5}$$

根据 MMSE 准则，即使式(5-5)定义的 e_k 的均方值 $\sigma_e^2 = E\{(x_k - \hat{x}_k)^2\}$ 最小，这里认为 $\mu_e = 0$。显然，当 N 给定后，σ_e^2 取决于预测系数 a_i，对式 $\sigma_e^2 = E\{(x_k - \hat{x}_k)^2\}$ 求 a_i 的偏微分，有

$$\frac{\partial \sigma_e^2}{\partial a_i} = E\left\{-2(x_k - \hat{x}_k)\frac{\partial \sigma_e}{\partial a_i}\right\} = 0, \quad i = 1, 2, \cdots, N \tag{5-6}$$

将式(5-4)代入上式，有

$$E\{(x_k - \hat{x}_k)x_{k-i}\} = 0, \quad i = 1, 2, \cdots, N \tag{5-7}$$

定义数据的自相关函数：

$$R(i, j) = R(j, i) = E\{x_i x_j\} \tag{5-8}$$

将式(5-7)展开，并将式(5-8)代入，可以得到：

$$R(k, k-i) = \sum_{j=1}^{N} a_j R(k-j, k-i) \tag{5-9}$$

当 $\{x_k\}$ 广义平稳时，自相关函数满足下列等式：

$$R(k-i, k-j) = R(k-j, k-i) = R(j-i) = R(i-j) = R(|i-j|) \tag{5-10}$$

将式(5-10)代入式(5-9)，并用矩阵表示，有

$$\begin{bmatrix} R(1) \\ R(2) \\ \vdots \\ R(N) \end{bmatrix} = \begin{bmatrix} R(0) & R(1) & \cdots & R(N-1) \\ R(1) & R(0) & \cdots & R(N-2) \\ \vdots & \vdots & & \vdots \\ R(N-1) & R(N-2) & \cdots & R(0) \end{bmatrix} \begin{bmatrix} a_{1opt} \\ a_{2opt} \\ \vdots \\ a_{Nopt} \end{bmatrix} \tag{5-11}$$

式(5-11)也称 Yule-Walker 方程。该方程右边矩阵是 x_k 的自相关矩阵，其主对角线上诸元素相等，同时与主对角线平行的任一斜线上的元素也相等，它是实对称的 Toeplitz 矩阵，故它是正定阵且可逆，因此它的解是存在的，即按 MMSE 准则的最佳预测器是存在的。

按式(5-11)计算得到最佳预测系数 a_i 后，然后就可以计算最小均方误差为

$$\sigma_{\min}^2 = R(0) - \sum_{i=1}^{N} a_i R(i) \tag{5-12}$$

这是在 MMSE 准则下得到的结果。因而在最佳预测条件下必然有 e_k 的方差 σ_e^2 小于原始信号的 $R(0)$，甚至可能 $\sigma_e^2 \ll R(0)$。这意味着预测误差信号的自相关性弱于原始信号的自相关性，甚至可能弱很多。因此，预测编码传送已经去除了大部分相关性的预测误差序列 $\{e_k\}$，有利于降低编码码率。一般而言，$R(i)(i>0)$ 越大，原始信号序列 $\{x_k\}$ 的相关性越强，σ_e^2 就越小，所能达到的编码效率也就越高；反之，若 $R(i)=0(i>0)$，则原始信号序列 $\{x_k\}$ 各点之间不相关，$\sigma_e^2 = R(0)$，此时预测编码并不能降低码率。

5.1.3 常用预测编码方法

1. 增量调制(DM)

增量调制简称 ΔM 或增量脉码调制(DM)，它是继 PCM 后出现的又一种模拟信号数

字化的方法。ΔM 在 1946 年由法国工程师 De Loraine 提出，目的在于简化模拟信号的数字化方法，它是最简单的预测编码方式。ΔM 将信号当前值与前一个抽样时刻的量化值之差进行量化，而且只对这个差值的符号进行编码，而不对差值的大小编码。因此量化只限于正和负两个电平，只用 1 比特传输一个样值。若差值是正就发"1"码，若差值为负就发"0"码。因此数码"1"和"0"只是表示信号相对于前一时刻的增减，不代表信号的绝对值，如图 5-2 所示。同样，在接收端，每收到一个"1"码，译码器的输出相对于前一个时刻的值上升一个量阶。每收到一个"0"码就下降一个量阶。当收到连"1"码时，表示信号连续增长，当收到连"0"码时，表示信号连续下降。译码器的输出再经过低通滤波器滤去高频量化噪声，从而恢复原信号，只要抽样频率足够高，量化阶距大小适当，收端恢复的信号与原信号非常接近，量化噪声可以很小。

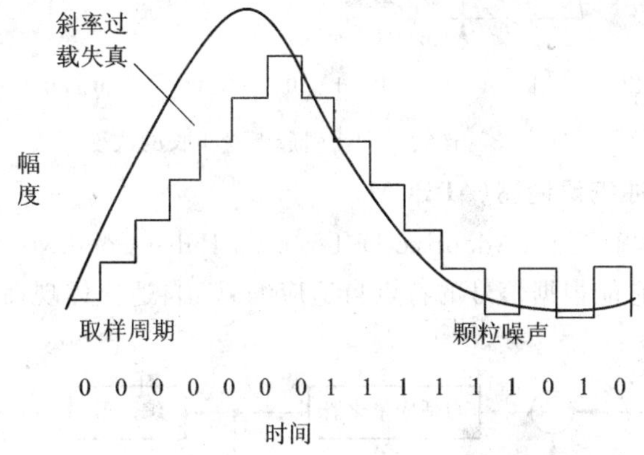

图 5-2 使用 1 比特差分码进行编码的 ΔM

在 ΔM 量化过程中存在斜率过载(量化)失真，如图 5-2 所示，主要是由于输入信号的斜率较大，调制器跟踪不上而产生的。因为在 ΔM 中每个抽样间隔内只允许有一个量化电平的变化，所以当输入信号的斜率比抽样周期决定的固定斜率大时，量化阶的大小便跟不上输入信号的变化，因此产生斜率过载失真(或称为斜率过载噪声)。另外，在信号幅度为固定值时，量化输出都将呈现 0、1 交替的序列，这种量化噪声被称为颗粒噪声。

2. 自适应增量调制(ADM)

为了减少颗粒噪声对信号质量的影响，要将幅值增量取得足够小。但是增量取得过小过载噪声就容易出现，过载噪声就会增大，因而这时必须增加采样频率以减少各个采样值之间的信号变化，这样又造成了信息压缩效果的降低。兼顾这两方面的要求应采用随输入波形自适应的改变增量大小的自适应编码方式，使增量随信号平均斜率而变化。斜率大时，增量自动增大；反之则减小；这就是自适应增量调制(ADM)。

ADM 的基本原理是：在信号的幅值变化不太大的区间内，取小的增量值来抑制颗粒噪音；在幅值变化大的地方，取大的增量值来减小过载噪音。其增量增量的幅度确定方法为，首先在颗粒噪音不产生大的影响的前提下，确定最小的增量幅值。在同样的符号持续产生的情况下，将增量幅值增加到原来的 2 倍。比如当 2 增量连续出现时，如果下一个残差信号还是2 增量，那么就将增量幅值增加一倍，如此下去，并且确定好某一个最大的增量幅值上限，只要在这个最大的增量幅值以内同样的符号持续产生，就将增量幅值继续增加下去。相反，如果残差信号值为异号时，就将前面的增量幅值 2 增量设为原来的 1/2，重新以增量的 1/2 为幅值。也就是说，如果同样的符号持续产生两次以上，在第三次时就将增量幅值增加一倍，如果产生异号，将增量幅值减小 1/2。而且，当异号持续产生而减小增量幅值时，一直减小到以最初确定的最小的增量幅值为下限为止。ADM 的基本编码原理图如图 5－3 所示。

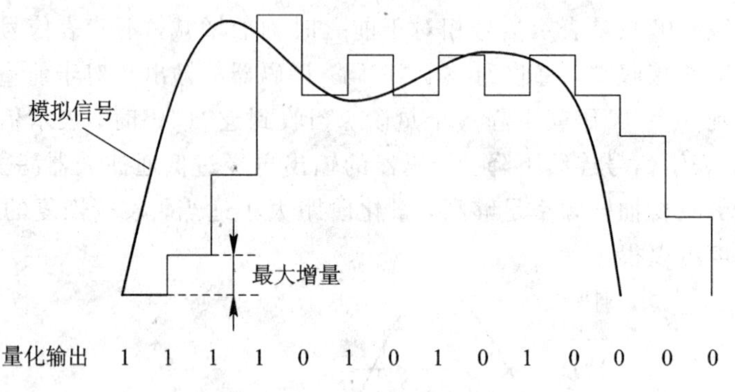

图 5－3 连续 0 和 1 引起增量步长的改变

3. 自适应差分脉冲编码调制（ADPCM）

自适应差分脉冲编码调制（Adaptive Differential Pulse Code Modulation，ADPCM）的原理如图 5－4 所示，它能根据信号的特点自适应编码。自适应体现在自适应量化和自适应预测两个方面。

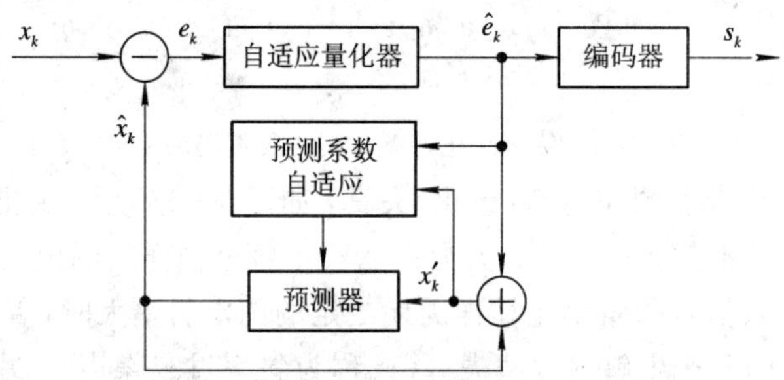

图 5－4 ADPCM 的原理框图

自适应量化的基本思想与 ADM 调制一样。在图 5－4 中的量化器的量化级不是固定不变的，而是根据输入信号 x_k 瞬时值的变化作自适应调整的。具体来说，就是使用小的量化阶（step-size）去量化小的差值，使用大的量化阶去量化大的差值，从而使量化误差的均方值最小。自适应量化又分为前向自适应量化（AQF）和后向自适应量化（AQB）。前向自适应量化的量阶信息要与误差信号一起送到收端解码器，否则，收端无法知道该时刻的量阶值，因而也不能正确解码。AQF 的优点是量化误差小，信噪比大；缺点是需要传输量阶信息，降低了编码效率。后向自适应量化的量阶信息可以从接收码流中提取，码率低，实现容易，但信噪比不如 AQF。

自适应预测的基本思想是预测器的系数能根据输入信号 x_k 瞬时值的变化作自适应调整，即预测系数 $a_i(k)$ 是时变的，与 k 有关，如式（5－3）所示。采用时变的预测系数可以跟踪信号的自相关函数的变化，使之能自适应信号的变化，降低预测误差信号的均方值。这类自适应脉冲编码调制方法，已经成为 1986～1990 年间 ITU－T 所制定的 G. 722/G. 726/G. 727 等一系列语音编码标准的技术基础。例如，G. 727 建议就是采用 ADPCM 作为编码算法的。

5.2 语音信号的线性预测编码

语音信号的线性预测编码(Linear Predictive Coding, LPC)的基础是语音信号特征参数提取(编码)和语音信号的合成(译码重建)。从原理上讲，LPC通过分析语音信号波形来产生声道激励和传输函数的参数(见7.2.1节)，对语音信号的编码实际上就是对这些参数的编码，这使得语音的编码率可以很低。在接收端使用LPC分析得到的参数，通过语音合成器重建语音。预测器和合成器实际上是一个离散的随时间变化的时变线性滤波器，分析语音波形时是预测器，重建语音时是合成器。

5.2.1 基于语音短时和长时相关性的语音生成模型

语音信号存在两类相关性：一类为语音样值之间的短时相关性；另一类为相邻基音周期之间的长时相关性(见7.1.2节)。利用线性预测编码技术，可以去除语音信号的这两类相关性，以降低编码速率。

1. 语音的短时预测

语音信号的短时相关性(谱包络)可以用一个全极点滤波器来描述，其传输函数为

$$H_a(z) = \frac{1}{A(z)} = \frac{1}{1 - \sum_{i=1}^{p} a_i z^{-i}} \tag{5-13}$$

其中，$\{a_i\}$为语音信号的短时预测系数；p为预测器的阶数。

一般称$H(z)$为线性预测(LP)综合滤波器，$A(z)$为LP分析滤波器或逆滤波器。当采样频率为8 kHz时，p的取值范围为8～12。预测系数是从语音中利用线性预测分析方法计算出来，它随时间逐帧更新，更新速率一般为30～100次/秒。

2. 语音的长时预测

语音信号的长时相关性可以用一个全极点滤波器描述，其传输函数为

$$H_b(z) = \frac{1}{B(z)} = \frac{1}{1 - \sum_{i=-q}^{r} b_i z^{-(i+d)}} \tag{5-14}$$

其中，$\{b_i\}$为语音信号的长时预测系数；d为延时参数，其值等于基音周期。

d和$\{b_i\}$均可从语音信号中直接提取，也可从去除了短时相关性所得到的残差信号中提取。这些参数随时间更新，更新速率一般为50～200次/秒。在实际的语音编码方案中，可以根据需要只用短时预测，而不用长时预测。

3. 基于语音短时和长时相关性的语音生成模型

考虑了语音信号上述两种相关性的语音生成模型如图5-5所示。

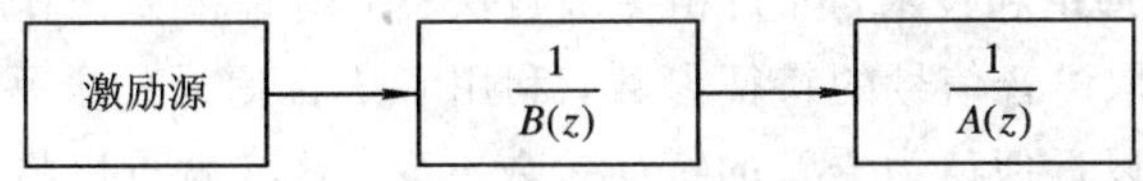

图5-5 基于语音短时和长时相关性的语音生成模型

如果用线性预测残差信号代替图 5-5 中的激励源的输出信号，作为长时预测综合滤波器 $H_b(z)$的输入，再将 $H_b(z)$的输出输入到短时预测综合滤波器 $H_a(z)$，则可在输出端无失真地恢复原始输入语音信号(不考虑数字信号的有限字长效应)。此时，这种预测编码还是波形编码的范畴，它不仅需要编码语音信号的特征参数，还需要编码残差信号，其编码码率还是比较高的。更进一步，不使用线性预测残差信号作为 $H_b(z)$的激励源，而是从残差信号中再提取几个特征参数；然后将这几个特征参数和预测器系数一起编码传输；解码端用这些参数作为图 5-5 中的激励源的输入去产生激励信号，最后得到合成语音。此时，这种预测编码方式已经跳出波形编码的范畴了，它属于参数编码。由于它不需要编码残差信号，因而编码码率可以很低。

5.2.2 LPC 声码器

参数编码的一个关键问题是采用何种形式的激励信号源。以线性预测分析/合成技术为基础的参数编码，一般都根据语言信号的基音周期和清/浊音标志信息来决定使用哪种激励信号源。如果是清音，就以随机信号(白噪声)作为清音帧的激励源；如果是浊音，则用一个周期性脉冲序列作为浊音帧的激励源，这就是 LPC 声码器的二元激励模型。

典型的 LPC 声码器编/解码原理框图如图 5-6 所示。为实现语音的 LPC 编码，编码器端首先要将数字化后的语音信号按固定时间间隔分成一帧帧的信号；然后逐帧对这些信号进行处理。帧信号同时被送到清/浊音判决模块、基音周期提取模块、LP 分析滤波模块；清/浊音判决模块分析当前语音信号帧是清音为主还是浊音为主，基音周期提取模块分析当期语音信号帧的基音周期 T，LP 分析滤波模块计算预测系数 $a_i(i=1, 2, \cdots, p)$，有时还计算增益系数 G；编码器采用熵编码技术编码这些参数，并送到信道上传输。在解码器端，首先对收到的码流进行熵解码，得到特征参数 U/V、T、a_i 等；激励源根据 U/V 参数决定是使用白噪声还是用周期性脉冲序列(周期为 T)作为激励源；最后，LP 合成滤波器利用参数 a_i 和激励源的输出合成语音信号。另外，解码端的语音合成也是逐帧进行的。

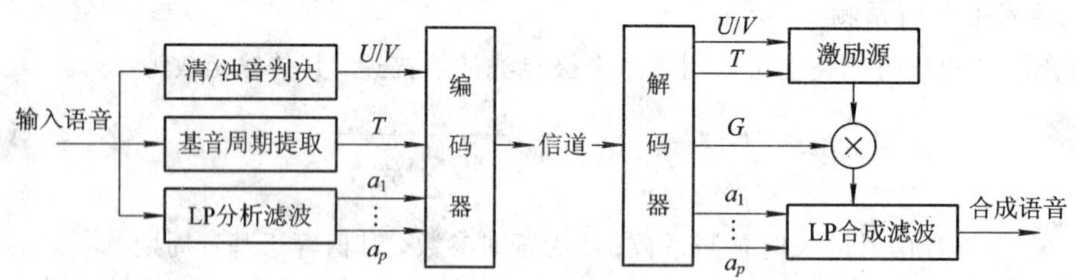

图 5-6 LPC 声码器编/解码原理框图

5.2.3 特征参数的提取

在语音参数编码中，特征参数的提取是一个非常关键的问题。特征参数提取技术主要基于数字信号处理的理论和技术，如自相关函数法、平均幅度差值函数法、线性预测和短时波形分析等。为提取语音信号的特征参数，利用了语音信号的准平稳特性，即在 20 ms 左右的短时间内，可以近似认为语音的特征参数不变。这样就可以将语音信号分成短的时间段，在每个段内进行参数提取，即语音信号按帧进行特征提取。

1. 加窗技术

语音信号帧长一般为 20 ms 左右。在采样频率为 8 kHz 条件下，一帧信号一般包括 160 个样点。短时分析通常采用两种方法：一种是对一个长的语音信号 $x(n)$ 和一个窗函数 $w(n)$ 相乘，形成加窗语音信号，然后进行短时分析；另一种方法是不对语音信号 $x(n)$ 加窗，而是在短时分析中限定语音序列的间隔。第一种方法在实际应用中更普遍。加窗语音信号可以表示为

$$x_w(n) = x(n)w(n) \tag{5-15}$$

常用窗函数有方窗和汉明窗，其表达式分别为(N 为帧长，即一帧信号的样点数)

$$w(n) = \begin{cases} 0 & n = 0, 1, \cdots, N-1 \\ 1 & \text{其他值} \end{cases} \tag{5-16}$$

$$w(n) = \begin{cases} 0.54 + 0.64\cos\left(\dfrac{2n}{N-1} - 1\right)\pi & n = 0, 1, \cdots, N-1 \\ 0 & \text{其他值} \end{cases} \tag{5-17}$$

2. 基音周期估计

通常，人们把发出浊音时的声带振动的基频称为基音频率，基音频率的倒数称为基音周期，它是语音信号的一个重要参数。基因周期提取模块常采用的算法有以下两种。

1) 基于短时自相关函数的基音周期估计

设 $x(n)$ $(n = 1, 2, \cdots, N-1)$ 是一段加窗语音信号，$x(n)$ 的自相关函数 $R(k)$ 可以表示为

$$R(k) = \sum_{n=0}^{N-1-k} x(n)x(n+k) \tag{5-18}$$

短时自相关函数 $R(k)$ 在基音周期各个整数倍点上都有很大的峰值。只要找到 $R(k)$ 两个最大峰，就可以根据两个峰值之间的距离估计基音周期。

2) 基于短时平均幅度差函数的基音周期估计

基于短时平均幅度差函数的基音周期估计是求语音信号的最深谷值点的位置，即求短时平均幅度差函数 $y(k)$ 的谷值点，表达式为

$$y(k) = \sum_{n=0}^{N-1-k} \mid x(n+k) - x(n) \mid \tag{5-19}$$

用平均幅度差函数进行基音周期估计的优点是谷值点尖锐度比自相关函数的峰值尖锐度高，因而精确度高，但它对语音信号幅度的快速变化比较敏感，影响估计精度。这是它的缺点。

3. 清/浊音判断

清/浊音判断一般综合采用模式匹配，基于低带能量、平均幅度差值函数最大值/最小值之比、过零率来进行。然后再对基音周期值、清/浊音判决结果用动态规划算法，在三帧范围内进行平滑和错误校正。最后给出当前帧的基音周期 T 和清/浊音判断参数 U/V。每帧清/浊音判断结果用两位码表示：00 代表稳定清音、01 代表清音向浊音转换、10 代表浊音向清音转换、11 代表稳定浊音。

4. 增益 G 的估计

增益 G 的均方根值 RMS 一般根据下式进行计算：

$$\mathrm{RMS}=\sqrt{\frac{1}{N}\sum_{k=0}^{N-1}[x(k)]^2} \tag{5-20}$$

式中，N 为语音的帧长度。

5. 线性预测器参数$\{a_i\}$的估计

线性预测器参数$\{a_i\}$一般采用 MMSE 准则，根据式(5-11)进行估计。预测器系数 a_i 的微小变化都会对合成滤波器极点位置造成很大的变化。为保证合成滤波器的稳定性，要求对预测系数有相当高的量化精度，因此每个系数一般需要 8～10 比特量化。

5.3 JPEG 图像无损/近无损预测编码

1. 图像预测编码分类

前面第 2 章在讨论图像信号的数字化时，已经指出静止图像是二维空间的采样，它可以被看成是一个平面点阵。图像采样点不仅在水平方向上是相关的，在垂直方向上也是相关的。根据已知样值和待预测样值之间的位置关系，图像的预测编码可以分为：

(1) 行内预测(一维预测)：用与 $x_\tau(m, n)$处于同一扫描行的因果性样值 $x_\tau(m, n-k)$，$k>0$ 来预测。若只用 $x_\tau(m, n)$左边那个最邻近样值 $x_\tau(m, n-1)$预测，即为前值预测。

(2) 帧内预测(二维预测)：不仅用到同一行的样值 $x_\tau(m, n-k)$，也用到以前行中的采样值 $x_\tau(m-l, p)$，$0<l<m$，p 可以为任意列。

(3) 帧间预测(三维预测)：主要利用相邻几帧的样值进行预测 $x_{\tau'}(m', n')$，$\tau\neq\tau'$。三维预测一般针对的是图像序列，也就是视频序列，实际应用中主要采用基于块的预测技术。

2. JPEG 无损压缩模式

JPEG 主体压缩技术是采用有失真的变换编码技术。但有些情况下，不允许图像信号有失真，或者要求压缩后的图像信号近似无损，如医疗用的 X 光图片。因此，JPEG 还有一个独立的无损/近无损压缩编码系统，主要采用帧内的 DPCM 去除相邻像素间的相关性，然后对预测误差直接进行 Huffman 编码或算术编码去除像素在概率分布上的冗余度。由于未采用有失真的量化，且上述两步都是可逆的，因而可以保证重建图像数据与原始图像数据完全一样，即为无失真编码。

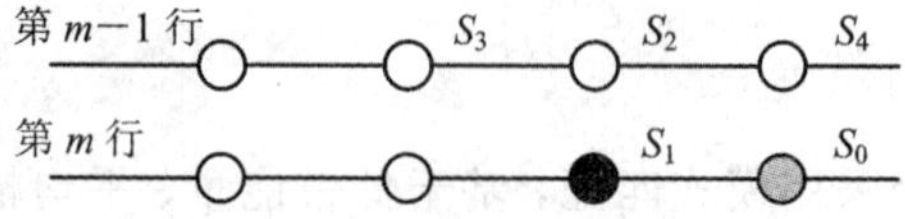

图 5-7　二维图像像素

JPEG 无损压缩编码的预测器在预测 S_0 的值时只考虑图 5-7 中的 S_1、S_2 和 S_3 这 3 个相邻像素，采用式(5-21)作为线性预测公式，预测系数$\{a_i\}$可从表 5-1 的 8 种简单线性组合方案中进行选择。

$$\hat{S}_0=a_1S_1+a_2S_2+a_3S_3 \tag{5-21}$$

表 5-1 JPEG 无失真编码所采用的预测器系数

选择值	a_1	a_2	a_3	预测公式	说明
0				非预测	用于分层模型的差分编码
1	1	0	0	S_1	前值预测，用于第1行
2	0	1	0	S_2	前行预测，用于第1列
3	0	0	1	S_3	二维预测
4	1	1	−1	$S_1+S_2-S_3$	二维预测
5	1	1/2	1/2	$S_1+(S_2-S_3)/2$	二维预测
6	1/2	1	−1/2	$S_2+(S_1-S_3)/2$	二维预测
7	1/2	1/2	0	$(S_1+S_2)/2$	二维预测

3. JPEG-LS 压缩

上面的JPEG无损压缩编码虽然简单快速，但压缩比却难以满足使用要求；另外由于有多种预测模式，不能立即推断出使用哪种预测模式最合适，因此对大尺度图像难以实时压缩。为此，JPEG组织从1994年开始征集新的无损/近无损算法草案，并于1998年正式公布了新的无损/近无损图像压缩标准JPEG-LS。JPEG-LS的正式名称是“信息技术——连续色调静止图像无损/接近无损压缩标准”，标准号为ISO 14495/ITU-T.87。JPEG-LS编码系统如图5-8所示，它与JPEG无损压缩模式相比，引入了基于上下文建模、游程编码模式及可控的误差编码，其主要步骤如下：

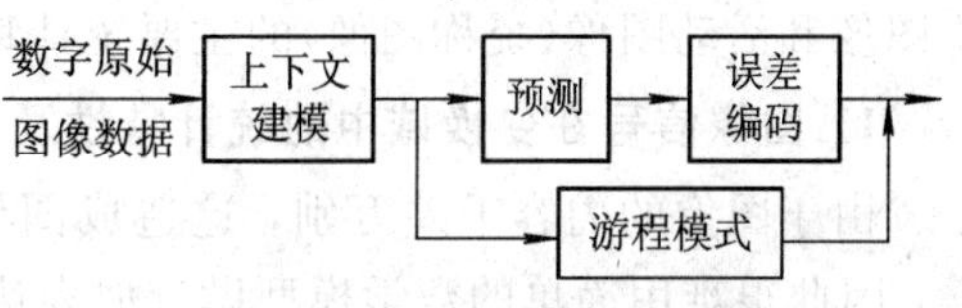

图5-8 JPEG-LS编码器框图

(1) 基于上下文建模。根据当前像素S_0的4个因果性相邻像素S_1、S_2、S_3、S_4(如图5-7所示)处重建值S_1'、S_2'、S_3'、S_4'建立上下文模型。上下文模型是基于局部梯度的计算，如下所示：

$$\begin{cases} D_1 = S_4' - S_2' \\ D_2 = S_2' - S_3' \\ D_3 = S_3' - S_1' \end{cases} \tag{5-22}$$

如果对$i=1, 2, 3$都有

$$\begin{cases} D_i = 0, & \text{对无损编码} \\ |D_i| \leqslant \text{NEAR}, & \text{近无损编码} \end{cases} \tag{5-23}$$

编码器进入游程模式；否则，编码器进入预测编码模式。参数NEAR表示所允许的最大误差。

(2) 预测。JPEG-LS的预测编码方式也与以前的无损编码的预测编码方式差别很大。其基本思想是利用图像边缘的方向特征进行自适应预测切换，其预测公式如下：

$$S_0' = \begin{cases} \min(S_1', S_2'), & \text{若 } S_3' \geqslant \max(S_1', S_2') \\ \max(S_1', S_2'), & \text{若 } S_3' \leqslant \min(S_1', S_2') \\ S_1' + S_2' - S_3', & \text{其他} \end{cases} \tag{5-24}$$

上式中的预测器能根据图像局部方向特性而自动改变，这种自适应预测可望减少预测误差，从而降低编码码率。另外，如果采用近无损编码，还可以对预测误差进行量化。

(3) 误差编码。误差编码是指对预测误差信号(或者量化后的预测误差信号)进行熵编码，具体编码方式是 Golomb 编码。

(4) 游程编码模式。如果进入游程编码模式，则从 S_0 处统计游程长度，直到遇到不同值(或差值超过给定误差限)或到达行尾，最后对游程长度进行 Golomb 编码。

5.4 活动图像的预测编码

5.4.1 图像信号的统计特征分析

图像信号通常分为静止图像和活动图像信号两类。静止图像就是计算机中的图片，活动图像就是计算机中的视频。本质上，活动图像信号(视频)是由多帧静止图像组成的。静止图像和活动图像(统称图像)的主要统计特性如下。

1. 图像信号在变换域中的统计特性及自相关函数

由于图像的内容千差万别，这造成图像的亮度信号 $f(x, y)$的时域概率分布多种多样，因此很难用简单的数学模型做近似表达。但是，对于电视视频信号的一维傅里叶频谱特性，早有人做过测量，如图 5-9 所示。这是对不同类型的大量电视节目进行统计平均所得到的实验结果。这条频谱曲线的特点是：从低频起到行频的两倍即约 30 kHz 处，曲线慢慢下降；然后以每倍频－6 dB 的斜率下降；当频率高达 4 MHz 以上时，功率谱的相对值已经低于－50 dB。这些特性表明电视信号的绝大多数能量集中于直流成分和低频成分。也就是说，对于大多数电视信号而言，空间频率域中的低频成分(电视图像信号中缓慢变化部分，如人脸的额部、简单结构的背景等等)为主要部分，而高频成分(电视图像信号中急剧变化部分，如人脸的眼部和嘴部，各种黑白边沿等等)较少。

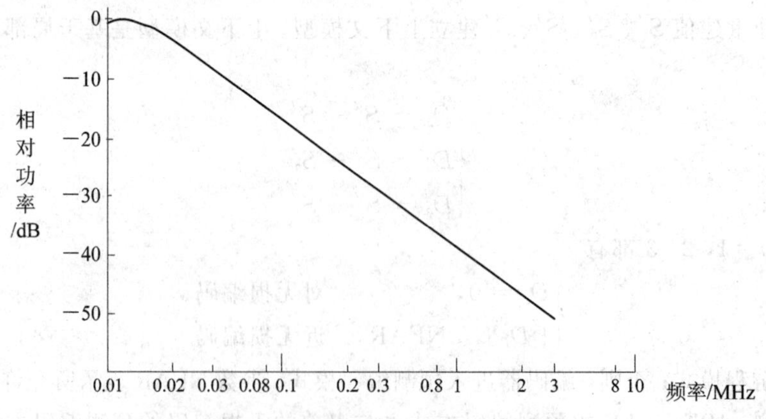

图 5-9 典型电视信号的功率谱包络

对于如图 5-9 所示的电视信号的频谱曲线，其功率谱 $F_p(w)$ 可以用一个数学模型表示，即

$$|F_p(w)| = \frac{1}{w^2 + \alpha^2} \tag{5-25}$$

其中，w 为角频率，α 为常数。此式在高频区域内(当 $w \geqslant \alpha$ 时)，具有每倍频程下降 6 dB 的特点，这就是电视信号在频率域的特性。

对于电视信号的时域特性，虽然其亮度值的概率分布各种各样，但是可以对其自相关函数进行分析。1966 年，Franks 对图像信号的一维自相关函数进行了理论分析，认为电视行扫描方向(水平方向)的图像亮度信号可以看成平稳的一阶马尔可夫过程。Franks 提出的假设有：

(1) 图像亮度值 V_i 向 V_{i+1} 之间的转移是一阶马尔可夫过程；

(2) 在时间间隔 T 内发生 K 次亮度值转移的概率遵从泊松分布；

(3) 图像亮度信号是一个平稳过程。

Franks 根据上述假设，推导出图像信号在水平方向的相邻像素间的相关函数为

$$R_f(\tau) = \mathrm{e}^{-\alpha|\tau|} = \rho^{|\tau|} \tag{5-26}$$

式中，τ 为时间区间，它相当于二维图像空间域中的采样区间 Δx 或 Δy；$\rho = \mathrm{e}^{-\alpha}$ 为相邻像素间的相关系数。

对于任意的第 i 行(水平方向)中第 j 列和第 l 列的两个相邻像素，其自相关行数的形式可以由式(5-26)改写为

$$R(j,\ l) = \rho^{|j-l|} \tag{5-27}$$

式中，ρ 通常满足 $0<\rho<1$，对于一般的电视图像，ρ 的值在 0.95～0.98 之间。

2. 图像差值信号的概率分布

对于常见的大多数图像而言，上节对图像信号在变换域的统计特性及自相关函数的讨论表明：① 空间频率的直流成分和低频成分占能量的主要部分；② 图像的相邻像素之间具有较强的相关性。这说明对于常见的大多数图像而言，相邻两个像素之间的差值(水平方向上或垂直方向上相邻像素的差值，其值为零或接近零的概率较大，如下所示：

$$\begin{cases} d_h(i,\ j) = f(i,\ j) - f(i,\ j-1) \\ d_v(i,\ j) = f(i,\ j) - f(i-1,\ j) \end{cases} \tag{5-28}$$

为了解图像信号相邻像素差值信号的统计特性，1966 年，O'Neal 测量了图像水平差值信号 $d_h(i,\ j)$ 的概率分布。他选用了三张 100×100 像素的典型人物头肩像，用计算机绘出的 $d_h(i,\ j)$ 的概率分布曲线如图 5-10。图中横坐标为差值信号，取原始图像信号的均方根差为单位。

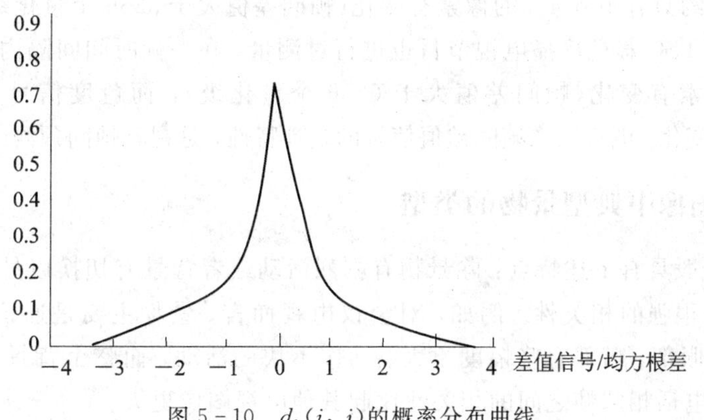

图 5-10 $d_h(i,\ j)$的概率分布曲线

从上图中可以看到，图像差值信号绝对值较小的概率大，为零的概率最大；绝对值较大的概率很小。这说明对于一般的人物头肩像，图像内容为缓慢变化的平坦区占绝大多数。很多类型图像的实际测量表明，差值信号绝对值的 80%～90%以上落在 16～18 个量化层(256 个量化级)范围内。这个重要的统计特性是图像预测编码的基本依据。

根据图 5-10 所示的典型曲线，图像差值信号的概率分布可以用拉普拉斯分布进行近似描述，可表示为

$$p(d) = \frac{1}{\sqrt{2}\sigma_d}\exp\left\{-\frac{\sqrt{2}\mid d\mid}{\sigma_d}\right\} \tag{5-29}$$

式中，d 为差值信号，σ_d 为其均方根值。

以上讨论的是水平方向上相邻两个像素的差值信号的概率分布。在垂直方向上也有类似的结果。如果利用像素 x_0 邻近的 x_1、x_2、x_3 和 x_4(见图 5-11)作线性预测来预测当前像素 x_0 的亮度值，即 $\bar{x}_0 = f(x_1, x_2, x_3, x_4)$，然后再求预测值与真实值的差值信号 $d = x_0 - \bar{x}_0$，可以得到比图 5-10 更加尖锐的概率分布曲线。

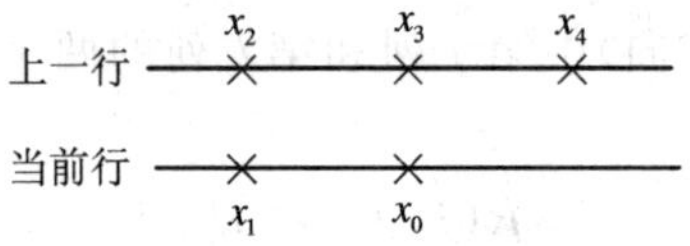

上一行 —×—×—×— (x_2, x_3, x_4)

当前行 —×—×— (x_1, x_0)

图 5-11 相邻像素在图像中的位置

3. 视频信号的帧间差值的统计特性

对于电视图像这类活动图像(视频)，它是时间轴方向上一系列连续采样的帧 F_τ(一幅图像称为一帧)所组成的集合$\{F_\tau\}$，其中每帧 F_τ 是时间轴 τ 时刻的一幅二维静止图像。上面讨论的统计特性限于单幅二维静止图像，即讨论的是 F_τ 内的统计特性。本节讨论相邻帧之间的统计特性，也被称为帧间统计特性。最简单及最有用的帧间统计特性就是帧间差值信号的统计特性。活动图像中的亮度帧间差值定义如下：

$$d_\tau(i, j) = f_\tau(i, j) - f_{\tau-1}(i, j) \tag{5-30}$$

式中，$f_\tau(i, j)$是由位置(i, j)指定的像素在当前帧的亮度值，$f_{\tau-1}(i, j)$是同一位置像素在前一帧的亮度值。

Candy 等人对不同类型的电视电话景物进行过测量。他们的测量结果如下：在一帧的时间间隔内，大约只有不到 4%的像素有变化(帧间差值大于 3256 个量化级)。Iinuma 等人对不同类型的 NTSC 彩色广播电视节目也进行过测量，在一帧时间间隔内，亮度信号平均只有 7.5%的像素有变化(帧间差值大于 6256 个量化级)，而色度信号更低，平均只有 7.5‰ 的像素有变化。电视图像帧间差值信号的统计特性，是视频帧间预测编码的基本依据。

5.4.2 电视图像中典型景物的类型

电视图像一般具有下述特点：除景物有剧烈活动或者背景有切换以外，电视图像在相邻帧之间也存在很强的相关性。例如，对会议电视而言，景物主要是通话双方的头肩像。一般只有头部、眼部、嘴部有些幅度不大、动作不快的活动，而整个背景一般是静止不变的。因而，电视电话相邻帧之间的相关性比起其他电视图像更大。

下面以最简单的电视电话图像中的景物为例，来说明视频图像的景物类型。电视电话

图像一般有一个细节并不复杂的背景和一个活动量不大的单个人物头肩像。由于人物的运动可能造成图像的第 k 帧与第 $k-1$ 帧之间有一个 x 方向的位移，位移量为 d_x 像素/帧。整个画面可以大致划分为以下三个各具特点的区域，如图 5-12 所示。

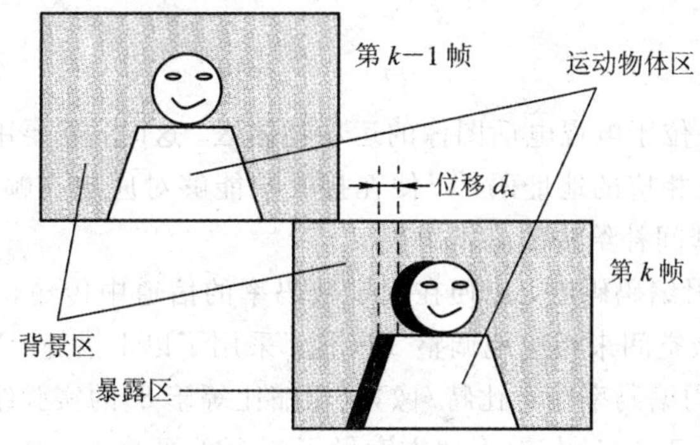

图 5-12　电视电话的典型景物示意图

(1) 背景区：指摄像机不动而摄取的人物后面的图像细节不十分复杂的背景。它对人物起着陪衬的作用，一般是静止的；如果照明灯光没有变化，并且假设没有噪声，第 k 帧的背景区与第 $k-1$ 帧的背景区，绝大部分数据完全相同。这表示两个帧的背景区之间的帧间相关性极强。

(2) 运动物体区：如果将运动物体如一个人的头和肩部的运动近似地看成是一个简单平移，如图 5-12 中只有 x 方向位移量 d_x，那么第 k 帧内运动物体区之数据与第 $k-1$ 帧内运动物体的数据，也接近完全相同，只是在空间 x 方向上往右平移 d_x 距离。如果能估计出这个位移量并加以修正，那么这两个帧的运动物体区之间的帧间相关性也是较强的。

(3) 暴露区：指物体运动后而暴露出来的原来曾被物体遮盖住的背景区域。如果由存储器将这些暴露区的数据暂时存储起来，那么再次经过遮盖住后，下一次再暴露出来的数据应该和原先的完全相同又有帧间极强的相关性。

以上三类区域的帧间相关性虽然属于最理想的情况，但都可以作为图像预测编码的依据。当然，整个画面也可能从一类景物切换为另一类景物，这时的帧间相关性会变得很差，就不能再利用帧间预测编码了。

5.4.3　帧间预测编码方法

在电视图像编码中首先提出帧间预测方案的是 Mounts 等人(1969 年)，称为条件帧间补给法(Conditional Frame Replenishment，CFR)，应用于黑白电视电话图像。其中将第 τ 帧中当前像素 $x_\tau(k)$ 的预测值 $\hat{x}_\tau(k)$ 定义为第 $\tau-1$ 帧中对应位置的像素的复原值 $x'_{\tau-1}(k)$，如图 5-13 所示。

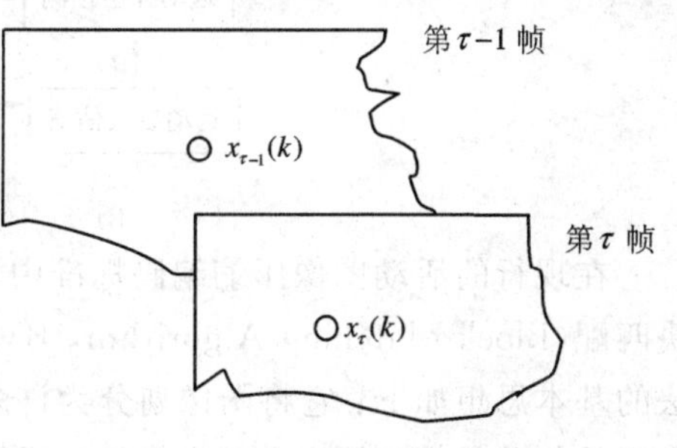

图 5-13　相邻帧的帧间差值

定义当前像素 $x_\tau(k)$ 的帧间差值(Frame Difference)FD(k)为

$$\begin{aligned}\mathrm{FD}(k) &= x_\tau(k) - \hat{x}_\tau(k) \\ &= x_\tau(k) - x'_{\tau-1}(k) \qquad (5-31)\end{aligned}$$

现在，规定一个阈值 TH，如果满足：

$$|\mathrm{FD}(k)| \leqslant \mathrm{TH} \tag{5-32}$$

则认为当前像素 $x_\tau(k)$位于电视电话图像的静止部分（背景区）或相对静止部分。对这类像素不进行传输，或者仅仅为了“更新”接收端帧存储器内容，而每几帧才传输一次。反之，如果满足：

$$|\mathrm{FD}(k)| > \mathrm{TH} \tag{5-33}$$

则认为当前像素 $x_\tau(k)$位于电视电话图像的运动物体区。这时，需要用 8 比特/像素的 PCM 编码值传输 $x_\tau(k)$以及相应的地址码，以便在接收端能够对应地在帧存储器里更新对应像素的值。这就是条件帧间补给法的基本思想。

为了在发送端平滑编码码流，以便在固定数码率的信道中传输，必须设置一个缓冲存储器，并且根据其剩余空间来相应地调整 TH 值。采用了以上措施，Mounts 等人首次得到电视电话帧间编码平均编码率在 1 比特/像素（压缩比等于 8）的实验结果。

随后，Candy 等人于 1971 年对上述方案做了两个重要改进：其一是当满足式（5－33）时，传输的是式（5－31）的帧间差值 FD(k)，而不是当前像素 $x_\tau(k)$本身。在接收端可以通过下式：

$$x'_\tau(k) = x'_{\tau-1}(k) + \mathrm{FD}(k) \tag{5-34}$$

获得 $x_\tau(k)$的重建值，用于更新帧存储器内的当前像素值。其二是将需要传输的同一扫描行内的各帧间差值用变字长编码，组成了一个群（cluster）；在每个群的头部附加行起始地址码，而在其尾部附加行终止码，这样就不需要对每个帧间差值都逐个作地址码的编码。上述两个措施可以获得更多的数据压缩。换句话说，也就是在相同的编码率 1 比特/像素的条件下，对于活动量稍大的运动物体，此方法可以改善图像质量。

帧间预测编码的继续发展基于运动补偿的帧间预测编码，其原理框图如图 5－14 所示。和一切预测编码一样，所有输入到预测器的数据都为图像恢复数据，即原输入数据为 $x_k(i, j)$，预测值为 $x'_k(i, j)$，两者的差值经过量化后为 $\mathrm{FD}_k(i, j)$，图像恢复数据 $x'_k(i, j)$和图像原数据 $x_k(i, j)$相比含有量化误差 $e_k(i, j)$。把复原数据 $x'_k(i, j)$经行帧存储器存储后，即为当前帧的前一帧的数据。把前一帧数据和当前数据送运动参数估值器后就得到运动位移的估值。估值方法一般采用像素递归法、块匹配法等。

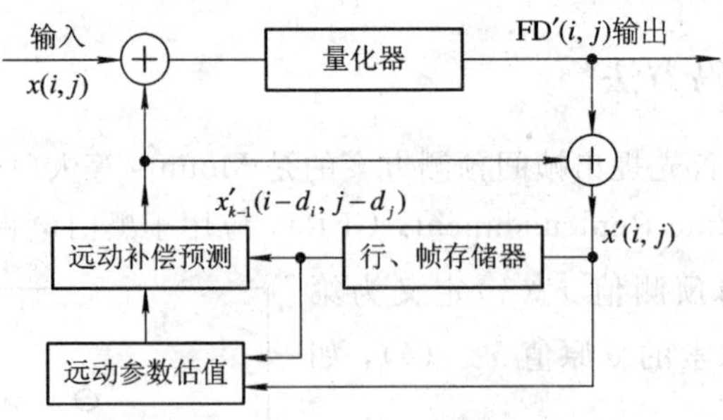

图 5－14　运动补偿预测编码

在现行的活动图像压缩编码标准中，如 MPEG－x 和 H. 26x 系列标准，采用的是基于块匹配（Block Matching Algorithm，BMA）的运动估计/运动补偿预测编码算法。块匹配算法的基本思想如下：它将图像划分为许多互不重叠的子块（例如 8×8），并认为子块内所有像素的位移量都相同，这意味着每个子块均可以被视为运动物体；假设在图像序列中，t 时

刻对应于第 k 帧图像，t'时刻对应于第 k' 帧图像；对于 k 帧中的一个子块，在 k' 帧中寻找与其最相似的子块的过程称为块匹配，并称该匹配块在 k' 帧中所处的位置与 k 帧中当前子块的位置差值为运动矢量，用 $V=\{v_x, v_y\}$ 来表示这种位置的变化，$|v_x|\leqslant d_x$，$|v_y|\leqslant d_y$；编码时用第 k' 帧的匹配块作为第 k 帧当前子块的预测值，传输这两个块对应元素的差值和运动矢量，实现图像的预测编码。块匹配运动估计原理如图 5-15 所示，一般水平方向上的搜索范围为$[M-d_x, M+d_x]$，垂直方向的搜索范围为$[N-d_y, N+d_y]$，因此搜索窗的大小为$[M+2d_x]\times[N+2d_y]$的图像块。另外，图像的帧间预测编码中，参考帧在时间上既可以超前也可以滞后于当前帧。当 $t>t'$ 时，称之为后向运动估计；当 $t<t'$ 时，称之为前向运动估计。参考帧可以取多个帧。

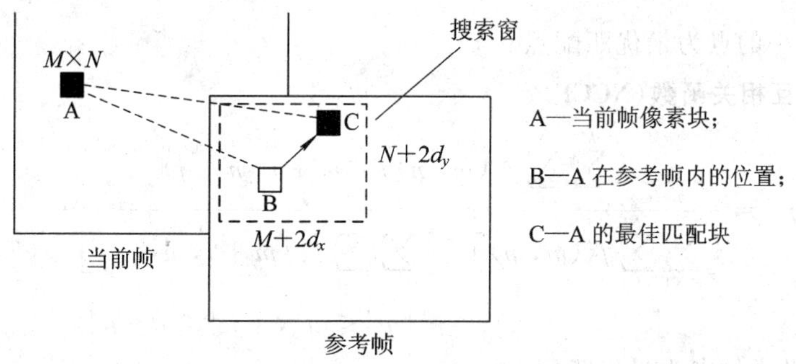

图 5-15 块匹配运动估计原理示意图

目前国际上的 MPEG-x 和 H.26x 标准、国内的 AVS 标准都是采用帧内块余弦变换编码和帧间运动估计/运动补偿预测编码的混合编码，运动参数估值用的是块匹配法，块数据误差采用块余弦变换编码。在帧内编码帧和预测编码帧之间再作运动补偿内插，综合这些编码方法，取得了好的编码质量和高压缩比，我们将在第 9 章视频编码再作详细讨论。

5.5 图像的运动估计/运动补偿

5.5.1 块匹配准则

所谓块匹配准则，就是如何判断搜索窗内的图像块是当前块的最佳匹配。它是决定基于块匹配的运动估计算法能否快速得到比较精准的结果的一个重要因素。常用的匹配标准有平均绝对误差(Mean Absolute Difference，MAD)、平均平方误差(Mean Square Error，MSE)和归一化互相关函数(NCCF)等，它们分别定义如下：

1. 平均绝对误差(MAD/SAD)

$$\text{MAD}(i, j)=\frac{1}{MN}\sum_{m=1}^{M}\sum_{n=1}^{N}|f_k(m, n)-f_{k'}(m+i, n+j)| \quad |i|\leqslant d_x, |j|\leqslant d_y \tag{5-35}$$

式中，(i, j) 为位移矢量，$f_k(m, n)$和 $f_{k'}(m+i, n+j)$分别为图像当前帧在(m, n)和参考帧在$(m+i, n+j)$ 的值，$M\times N$ 为块的大小，若在某一点(i_o, j_o)，MAD 达到最小，则该点为要找的最优匹配点。

在实际应用中，由于 MAD 准则不需作乘法运算，实现简单方便，所以使用最多，还可以将 MAD 简化为 SAD，即求和绝对误差(Sum of Absolute Difference)，这样可以去掉实际中不必要的运算。SAD 的定义如下：

$$\mathrm{SAD}(i, j)=\sum_{m=1}^{M}\sum_{n=1}^{N}\left| f_k(m, n)-f_{k'}(m+i, n+j)\right| \qquad |i|\leqslant d_x, |j|\leqslant d_y \tag{5-36}$$

2. 平均均方误差(MSE)

$$\mathrm{MSE}(i, j)=\frac{1}{MN}\sum_{m=1}^{M}\sum_{n=1}^{N}\left[f_k(m, n)-f_{k'}(m+i, n+j)\right]^2 \qquad |i|\leqslant d_x, |j|\leqslant d_y \tag{5-37}$$

MSE 值最小的点为最优匹配点。

3. 归一化互相关函数(NCCF)

$$\mathrm{NCCF}(i, j)=\frac{\sum_{m=1}^{M}\sum_{n=1}^{N} f_k(m, n) f_{k'}(m+i, n+j)}{\left[\sum_{m=1}^{M}\sum_{n=1}^{N} f_k^2(m, n)\right]^{1/2}\left[\sum_{m=1}^{M}\sum_{n=1}^{N} f_{k'}^2(m+i, n+j)\right]^{1/2}} \qquad |i|\leqslant d_x, |j|\leqslant d_y \tag{5-38}$$

NCCF 值最大的点为最优匹配点。

4. 最大误差最小函数(MME)

$$\mathrm{MME}(i, j)=\max_{m, n\in G}\left| f_k(m, n)-f_{k'}(m+i, n+j)\right| \qquad |i|\leqslant d_x, |j|\leqslant d_y \tag{5-39}$$

该准则取 MME 值最小者对应的运动矢量作为搜索结果。

5.5.2 块匹配运动估计/运动补偿面临的主要问题

1. 运动估计的计算复杂性问题

运动估计目前面临的主要问题就是计算复杂性问题。根据评测，运动估计是视频编码中耗时最长、资源占用最高的模块。

最直接的实现块匹配的运动估计方法是全搜索(Full Search, FS)算法，也称为穷尽搜索法。它通过对搜索窗中所有测试点的检查来获得最优匹配点的运动矢量，是对$[M+2d_x]\times[N+2d_y]$搜索范围内所有可能的候选位置计算 SAD(i, j)值，从中找出最小 SAD，其对应水平方向和垂直方向上的偏移量即为所求运动矢量。全搜索算法的优点是实现时简单，并且可以获得最优匹配，因而它得到的运动矢量性能最好，但计算复杂性也是最高的，这限制了它不能应用在需要实时视频信号压缩的场合，所以并不实用。

实际上，即使采用了快速算法，运动估计仍然是视频编码中计算复杂性最大的模块。如在 H.261 的编码过程中，在采用著名的三步快速搜索法的情况下，运动估计仍要占用整个编码过程 63%的计算量；而在 H.263 编码器中，运动估计也占用了 42%的计算量。因此，运动估计成了视频压缩编码的瓶颈。

2. 块大小的选择

将图像划分成多大的块进行块匹配也是影响运动估计算法性能的关键问题。块大小的选择受到两个矛盾的约束。块大时，由于块内像素点增多，块内的像素运动不一致的概率增大，从而影响了运动估计的精度。块小时，一方面易受噪声影响，估计不够可靠；另一方面也会造成运算量增加、运动矢量增多等问题。因此必须恰到好处地选择块的大小，以做到两者兼顾。在大量实验数据的基础上，目前的视频压缩标准，如 H.263 和 MPEG-1/2 等，一般均以 16×16 大小的块作为块匹配单元，这是一个已为实践证明的较好的折中结果。在最新的视频压缩编码标准 H.264 中，则采用了更复杂的块大小可变的块匹配算法。

3. 估计精度

图像中的物体在帧间的真实位移一般不会正好是采样点的整数间隔，因此为实现更精确的预测性能，要求运动矢量 $\boldsymbol{v}_x$ 和 $\boldsymbol{v}_y$ 可以在区间 $[M-d_x, M+d_x]$ 和 $[N-d_y, N+d_y]$ 内连续变化。但由于计算复杂性的要求，不可能实现 $\boldsymbol{v}_x$ 和 $\boldsymbol{v}_y$ 在区间 $[M-d_x, M+d_x]$ 和 $[N-d_y, N+d_y]$ 内的连续变化，只能取有限个点。因此，就存在整数像素运动估计和亚像素运动估计，如图 5-16 所示。当运动矢量为整数时，为整像素估计；当运动矢量为小数时，为亚像素运动估计；亚像素估计一般取半像素（又称 1/2 像素，运动矢量为 1/2 的整数倍），1/4 像素（运动矢量为 1/4 的整数倍）；亚像素点的值一般由整像素点进行内插得到。

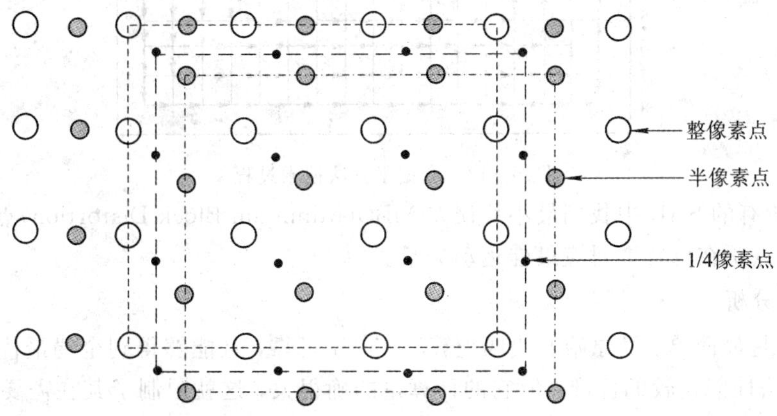

图 5-16 运动估计的整像素和亚像素

4. 运动矢量场的不一致性

当做平移运动的物体较大，即包含了多个子块时，这些相关子块的运动矢量应该是十分接近的。但由于块匹配法将图像分割成子块，孤立地逐块进行匹配，没有利用块间的相关性，因此常常使所求得的运动矢量场一致性不好。在会议电视等视频序列中，常常遇到"边界块"，即块内一部分为背景，一部分为运动物体。此时，块匹配法的块内各像素做相同的平移运动的前提假设不成立，块内各像素的运动矢量场也不一致。在这两种情况下都会造成运动估计预测编码算法质量的下降。

5.5.3 全搜索法

1. 算法思想

全搜索法（Full Search Method，FS）也称为穷尽搜索法，是对 $(M+2\times dx_{max})\times(N+2\times dy_{max})$ 搜索范围内所有可能的候选位置计算 SAD 值，从中找出最小 SAD，其对应偏移量即为所求运动矢量。此算法虽计算量大，但最简单、可靠，找到的必为全局最优点。

2. 算法描述

FS算法的描述如下：

(1) 从原点(即水平和垂直方向上的位移矢量都为0)出发，按顺时针方向由近及远，在逐个像素处计算SAD值，直到遍历搜索范围内所有的点，如图5-17所示。

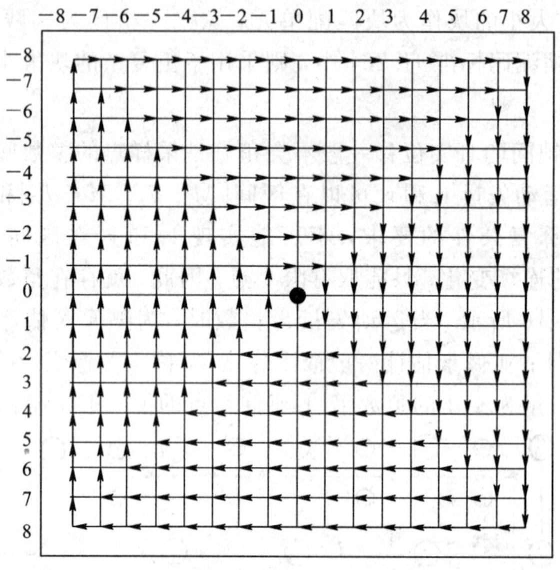

图5-17　全搜索算法搜索过程

(2) 在所有的SAD中找到最小块误差MBD(Minimum Block Distortion)点(SAD值最小的点)，该点所在位置即对应最佳运动矢量。

3. 算法分析

FS算法是最简单、最原始的块匹配算法，由于可靠，且能够得到全局最优的结果，通常是其他算法性能比较的标准，但它的计算量的确很大，这就限制了其在需要实时压缩场合的应用，所以有必要进一步研究其他快速算法。

5.5.4　快速运动估计算法

1. 二维对数法

二维对数(Two-Dimensional Logarithmic，TDL)搜索法由J. R. Jain和A. K. Jain提出，它开创了快速算法的先例，分多个阶段搜索，逐次减小搜索范围直到不能再小而结束。

1) 基本思想

二维对数搜索法的基本思想是从原点开始，以"十"字形分布的五个点构成每次搜索的点群，通过快速搜索跟踪MBD点。

2) 算法描述

(1) 从原点开始，选取一定的步长，在以"十"字形分布的五个点处进行块匹配计算并比较。

(2) 若MBD点在边缘四个点处，则以该点作为中心点，保持步长不变，重新搜索"十"字形分布的五个点；若MBD点位于中心点，则保持中心点位置不变，将步长减半，构成"十"字形点群，在五个点处计算。

(3) 在中心及周围八个点处找出 MBD 点，若步长为 1，该点所在位置即对应最佳运动矢量，算法结束；否则重复(2)。

3) 模板及搜索过程图示

图 5-18 是二维对数法的一个搜索例子。图中点(0，−4)、(+4，−4)、(+6，−4)是每个搜索阶段的最小块误差点。最终运动矢量为(+5，−4)，每个点上的数字表明了每个阶段搜索时计算的候选块的位置。

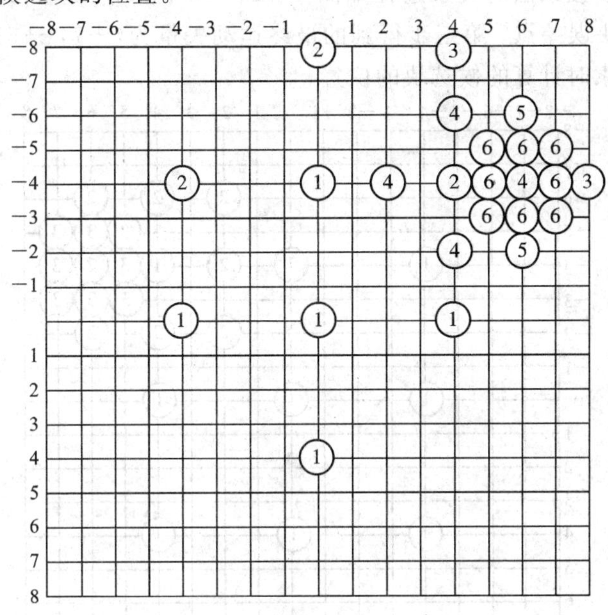

图 5-18　二维对数搜索算法搜索过程

4) 算法分析

TDL 算法搜索时，最大搜索点数为 $2+7\mathrm{lb}W$，这里 W 表示最大偏移量 dx_{max}(或 dy_{max})。若发现新的“十”字形点群的中心点位于搜索区的边缘，则步长也减半，后来有人提出应该在搜索的每个阶段都将步长减半。所有这些改动都是为了使算法搜索范围很快变小，从而提高收敛速度。TDL 算法的前提是假设搜索区内只有一个谷点，如果搜索区内存在多个谷点时，该方法找到的可能是局部最小点而不是全局最小点。事实上，不能保证找到全局最优点是大部分快速搜索算法的通病。

2. 三步搜索法

三步搜索法(Three Step Search，TSS)与二维对数法类似，是 T. KOGA 等人提出的，由于其具有简单、健壮、性能良好的特点，为人们所重视。若最大搜索长度为 7，搜索精度取 1 个像素，则步长为 4、2、1，共需三步即可满足要求，因此而得名三步法。

1) 基本思想

TSS 算法的基本思想是采用一种由粗到细的搜索模式。从原点开始，按一定步长取周围八个点构成每次搜索的点群，然后进行匹配计算，跟踪最小块误差 MBD 点。

2) 算法描述

(1) 从原点开始，选取最大搜索长度的一半为步长，在周围距离步长的八个点处进行块匹配计算并比较。

(2) 将步长减半，中心点移到上一步的 MBD 点，重新在周围距离步长的八个点处进行块匹配计算并比较。

(3) 在中心及周围八个点处找出 MBD 点，若步长为 1，该点所在位置即对应最佳运动矢量，算法结束；否则重复(2)。

3) 模板及搜索过程图示

一个可能的三步搜索法的搜索过程如图 5-19。图中点(+4，-4)、(+6，-4)是第一、第二步的最小块误差点。第三步得到的最终运动矢量为(+7，-5)，每个点上的数字表明了每个阶段搜索时计算的候选块的位置。

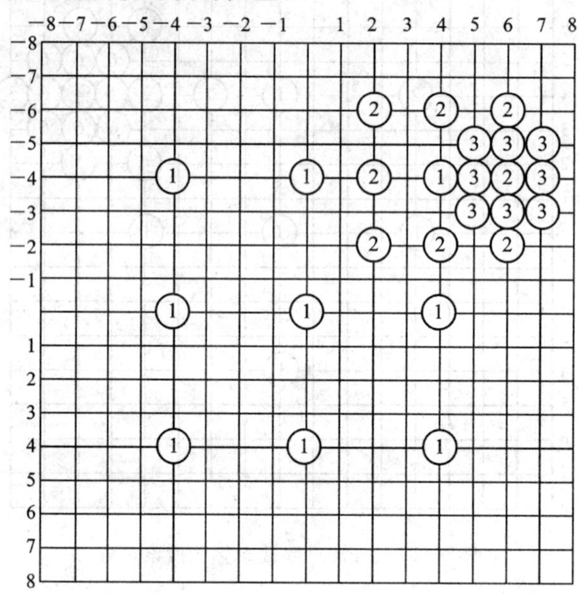

图 5-19　三步法搜索算法搜索过程

4) 算法分析

TSS 算法搜索时，整个过程采用了统一的搜索模板(Search Pattern)，使得第一步的步长过大，容易引起误导，从而对小运动效率较低。最大搜索点数为 2+8 lb W，当搜索范围大于 7 时，仅用 3 步是不够的，搜索步数的一般表达式为 lb(d_{max}+1)。总体说来，三步法是一种较典型的快速搜索算法，所以被研究得较多，后来又相继有许多改进的新三步法出现，改进了它对小运动的估计性能。

3. 新三步法

新三步搜索法(Novel Three Step Search，NTSS)是 1994 年由 R. Li、B. Zeng 和 M. L. Liou 提出的，它在三步法的基础上进行了改进。

1) 基本思想

NTSS 的基本思想是利用运动矢量的中心偏置分布，采用具有中心倾向的搜索点模式，并应用提前中止判别技术，减少搜索次数。

2) 算法描述

(1) 搜索 17 个点(图 5-20 中标注①的点)，如果 MBD 点为搜索窗中心，算法结束；如果 MBD 点在中心点的 8 个相邻点，则进行(2)，否则进行(3)。

(2) 以上一步 MBD 点为中心，使用 3×3 搜索窗进行搜索，若 MBD 点在搜索窗中心，则算法结束；否则重复(2)。

(3) 执行 TSS 法的(2)和(3)，算法结束。

3) 模板及搜索过程图示

图 5-20 是新三步法的一个搜索例子。图中点(1，-1)是第一个搜索阶段的最小块误差点，也是第二搜索阶段的最小块误差点，且位于搜索窗中心，故最终运动矢量为(1，-1)。每个点上的数字表明了每个阶段搜索时计算的候选块的位置。

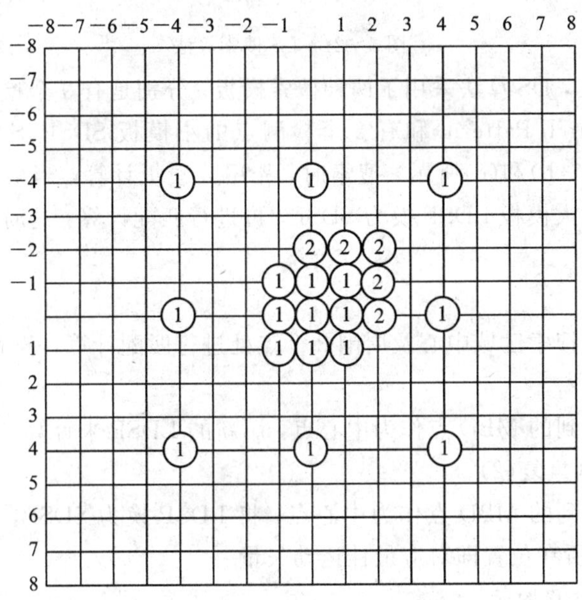

图 5-20 新三步法搜索算法搜索过程

4) 算法分析

NTSS 算法搜索时，运动矢量通常总是高度集中分布在搜索窗的中心位置附近。NTSS 采用中心倾向的搜索点模式不仅提高了匹配速度，而且减少了陷入局部极小的可能性；而采用中止判别技术则大大降低了搜索复杂度，提高了搜索效率。

4. 菱形搜索算法(DS)

菱形搜索算法(Diamond Search，DS)最早由 Shan Zhu 和 Kai-Kuang Ma 两人提出，后又经过多次改进，已成为目前快速块匹配算法中性能最优异的算法。1999 年 10 月，DS 算法被 MPEG-4 国际标准采纳并收入验证模型(VM)。

1) 基本思想

搜索模板的形状和大小不仅影响整个算法的运行速度，也影响它的性能。块匹配的误差实际上是在搜索范围内建立了误差表面函数，全局最小点即对应着最佳运动矢量。由于这个误差表面通常并不是单调的，所以搜索窗口太小，就容易陷入局部最优。例如基于块的梯度下降搜索法(BBGDS 算法)，其搜索窗口仅为 3×3；而搜索窗口太大，又容易产生错误的搜索路径，例如 TSS 算法的第一步。另外，统计数据表明，视频图像中进行运动估值时，最优匹配点通常在零矢量周围(以搜索窗口中心为圆心，两像素为半径的圆内)，如图 5-21(a)所示。

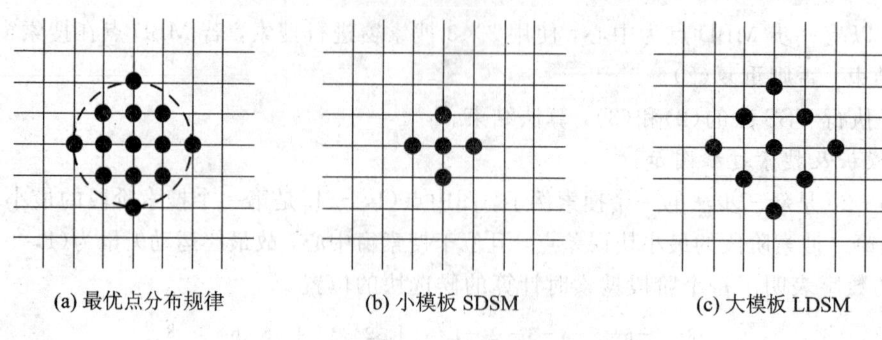

(a) 最优点分布规律　　(b) 小模板 SDSM　　(c) 大模板 LDSM

图 5-21　DS 搜索算法

基于这两点事实，DS 算法采用了两种搜索模板，分别是有 9 个检测点的大模板 LDSP（Large Diamond Search Pattern）和有 5 个检测点的小模板 SDSP（Small Diamond Search Pattern），如图 5-21(b)和(c)所示。搜索时，先用大模板计算，当最小块误差 MBD 点出现在中心点处时，将大模板 LDSP 换为 SDSP，再进行匹配计算，这时 5 个点中的 MBD 即为最优匹配点。

2）算法描述

（1）用 LDSP 在搜索区域中心及周围 8 个点处进行匹配计算，若 MBD 点位于中心点，则进行(3)；否则到(2)。

（2）以上一次找到的 MBD 点作为中心点，用新的 LDSP 来计算，若 MBD 点位于中心点，则进行(3)；否则重复(2)。

（3）以上一次找到的 MBD 点作为中心点，将 LDSP 换为 SDSP，在第 5 个点处计算，找出 MBD 点，该点所在位置即对应最佳运动矢量。

3）模板及搜索过程图示

图 5-22 显示了一个用 DS 算法搜索到运动矢量(−4，−2)的例子。搜索共有 5 步，MBD 点分别为(−2，0)、(−3，−1)、(−4，−2)，使用了四次 LDSP 和一次 SDSP，总共搜索 24 个点。

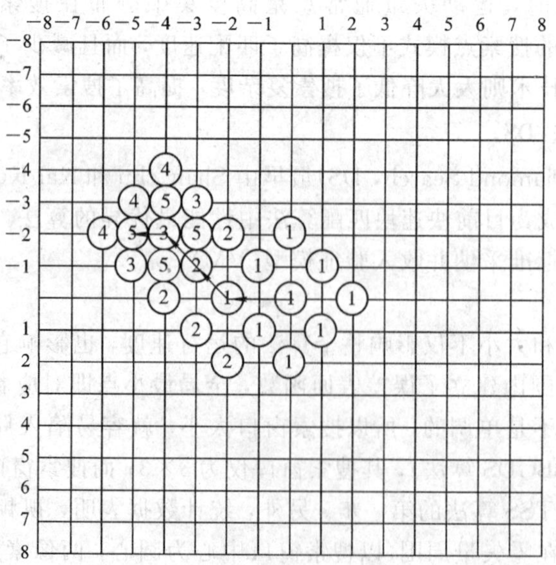

图 5-22　菱形算法示意图

4) 算法分析

DS算法的特点在于它分析了视频图像中运动矢量的基本规律，选用了大小两种形状的搜索模板LDSP和SDSP。先用LDSP搜索，由于步长大，搜索范围广，可以进行粗定位，使搜索过程不会陷于局部最小；当粗定位结束后，可以认为最优点就在LDSP周围8个点所围的菱形区域中，这时再用SDSP来准确定位，使搜索不致于有大的起伏，所以它的性能优于其他算法。另外，DS搜索时各步骤之间有很强的相关性，模板移动时只需在几个新的检测点处进行匹配计算，所以也提高了搜索速度。

5. 非对称十字型多层次六边形格点搜索算法

非对称十字型多层次六边形格点搜索算法(Unsymmetrical-Cross Multi-Hexagon Search，UMHexagonS)是H.264编码系统中所采用的快速运动估计算法。

1) 基本思想

UMHexagonS算法采用混合和分等级的运动搜索策略，整个搜索由4步不同类型的搜索模式构成。第1步，预测起始点选择和预测模式重排序；第2步，非对称十字型搜索；第3步，非均匀的多层次六边形格点搜索；第4步，扩展的六边形搜索。在搜索过程中采用预结束算法，准确而有效的预结束算法，不但不会导致算法进入局部最小点，而且会大大地节省运动估计的搜索点数，节约宝贵的时间，提高运动估计算法的效率。

2) 算法描述

(1) 取得中值预测的MV，并计算该预测位置的SAD。

(2) 然后作非对称十字型搜索，计算各点的SAD，如果最优点在中心，则进入(4)。

(3) 以上一步的最优点为中心，进行步长为2的全搜索，完成后比较阈值，如最优点在中心，则进入(4)，否则以最优点为中心，以16点六边形模板进行搜索，寻找最优点。

(4) 从上一步的最优点开始，进行扩展六边形搜索，当最优点在中心时进行小"十"字模板搜索，直到中心点最小，得到最优点。

3) 模板及搜索过程图示

若假定搜索半径为16，并以(0, 0)作为起始搜索点，则UMHexagonS的搜索策略如图5-23所示。

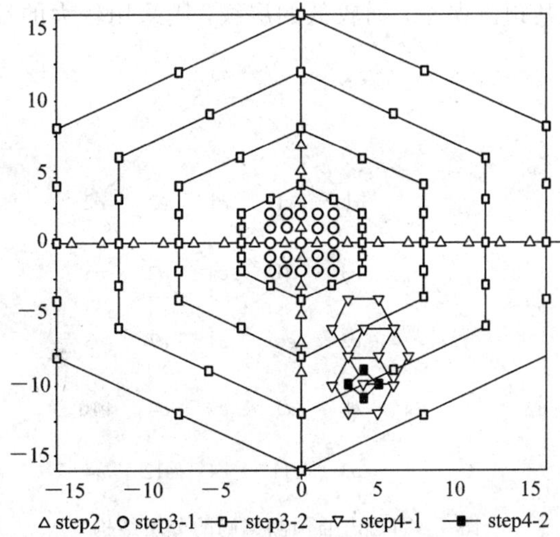

图5-23 UMHexagonS算法搜索过程

4）算法分析

UMHexagonS 算法是一种整像素算法，主要体现了"快速"的特点。由于它没有使用 1/2 或 1/4 子像素插值搜索，估计精度上稍差，但却节约了很大的运算量，同时，基于自然图像序列在水平方向的运动要比垂直方向的运动更加普遍的规律，其搜索点的分布在水平方向比垂直方向更多，以求在初始阶段找到匹配块。另外，该算法使用了新的估计预测策略，能作出更准确的初始搜索点的预测，还有预结束判断、动态搜索范围等概念，在搜索策略上下了相当一番功夫。UMHexagonS 算法的运算量相对于 H.264 中原有的快速全搜索算法可节约 90%以上，它在高码率大运动图像序列编码时，在保持较好率失真性能的条件下，运算量十分低，这对于编码的实时实现有重要的意义。

5.6　基于内插预测的图像编解码技术

5.6.1　基于内插预测的图像编解码方案概述

内插预测编码(Interpolative Coding)在 1978 年由 Hunt 提出，随后被 Burt 和 Adelson 所完善，基于这种思路的图像编码器之后被多个不同的组织实现。在本系列的预测方案中，图像中的像素点被分配到由不同采样间隔划分的层级上，而编码器以由粗到细的顺序遍历预测所有层级。预测思路是，交替地用方形和菱形网格的 4 个顶点来预测其中心，而参与预测的顶点都属于已编码的上级层级。

图 5-24 表示一幅图像中的一个 5×5 小块，它描述了内插预测编码的层级分布结构。图像被分为从 a 到 e 五层，每一层级的像素都由上一层级来预测。例如，4 个标记为 a 的像素构成一个边长为 4 的正方形，它们用以预测其中心 $b1$；而示意图以外的所有其他 b 点也由其他 a 点预测，这时所有的 b 点都被量化重构值 b' 取代，可参与下一级的预测；标 c 的点则由其所在的边长为 $2\sqrt{2}$ 且偏转 45°角的正方形的顶点来预测，如 $c1$ 的预测由正方形($a1$，$b1$，$a2$，$b3$)完成；而标 d 的像素点则由边长为 2 且未偏转的正方形顶点来预测，依此类推。不同的层级采用不同的量化参数。较高的层级(特别是 a 级)，鉴于其重要性，采用较小的量化参数来量化其预测误差；而较低的层级，则采用较大的量化参数来量化。

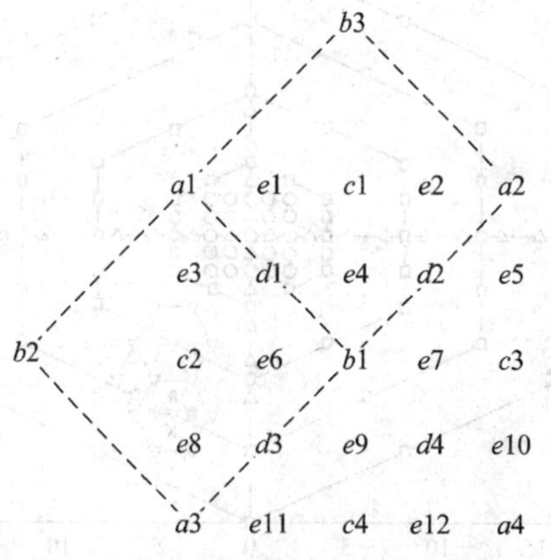

图 5-24　内插预测编码的分层结构

5.6.2　APT图像编解码方案

APT(Adaptive Prediction Trees)是由 Robinson 于 2006 年提出的一种基于内插预测的图像压缩方案。它所采用的空域自适应预测技术，被证明在大量不同类别的图像上都相当有效。同时，它所采用的基于主分量分析的颜色空间变换、六叉树存储结构，都对提高压缩效率起到了非常重要的作用。

1. APT 空域自适应预测

APT 空域自适应预测是 APT 的核心组成部分，如图 5-25 所示，该方法通过已编码的邻近像素集 $P_x=\{A, B, C, D, U, V\}$来预测目标像素 X 的灰度值。简单的双线性预测 $X_{pred}=(A+B+C+D)/4$ 通常不是最佳的预测方式。APT 空域自适应预测器根据像素$\{A, B, C, D\}$所构成的形状结构(定义为 structure)来决定 X 的预测公式。

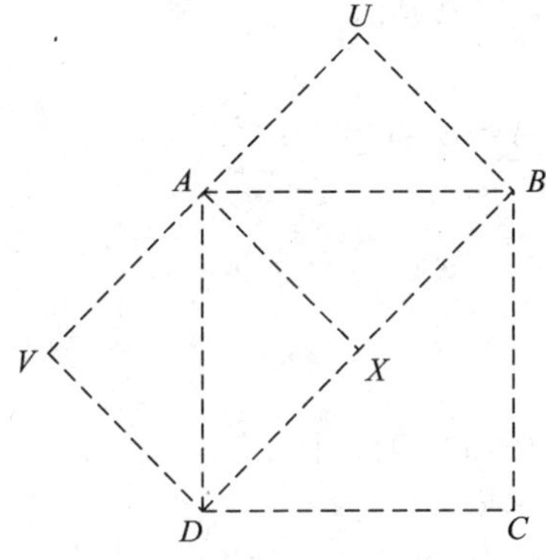

图 5-25　APT 空域自适应预测

定义 R=(>，=，<)，那么 X 周围 4 个点之间的关系(ARB, BRC, CRD, DRA)就有 $3^4=81$ 种可能，去掉某些不可能的情况(例如 $A>B>C>D>A$)，Robinson 对大量的图像进行了训练，得到不同的关系集(ARB, BRC, CRD, DRA)下与真实情况最接近的预测规则，形成一套关系集和预测规则的对应关系。每条预测规则对应一个 structure。

APT 空域自适应预测可分为两部分：第一步，根据邻域像素的大小关系决定目标像素所在局部图像的形状特征，即 structure；第二步，根据 structure 所对应的预测公式计算目标像素的预测值 X_{pred}。

图 5-25 中，A、B、C、D 是距目标像素 X 最近的四个上层像素，U、V 是同级中距 X 最近的点。(A, B, C, D)构成一个正方形预测框，对于菱形的预测框，如(A, X, B, U)只需将将上述布局旋转 45°，同理进行预测。

APT 空域自适应预测器的设计流程如下。

(1) 定义局部量度参数 M_i 来表征局部图像的结构特征，包括以下三种量度：

① 预测像素集$\{A, B, C, D, U, V\}$或者其某个子集的方差；

② 预测像素集$\{A, B, C, D, U, V\}$或者其某个子集的大小排列顺序；

③ 预测像素集$\{A, B, C, D, U, V\}$的值的均等性。

(2) 对局部图像结构特征的描述：

① $M_i\in$\{某子集或范围\}，例如：方差<某阈值；

② 上述不同局部量度的条件的任何逻辑组合{AND, OR, NOT}。

（3）预测等式（预测像素点的线性组合）：

$$X_{pred}=k_1A+k_2B+k_3C+k_4D+k_5U+k_6V$$

（4）预测方式：

① 选择预测器时依次考察一系列判断条件，这些判断按照给定顺序进行，第一个满足的条件所对应的计算公式被用于目标像素值的预测；

② 可能的用于构成局部量度的子集包括：A、B、C、D、U，V 六个单独的点，$\{A, B\}$，$\{B, C\}$，$\{C, D\}$，$\{A, D\}$，$\{A, C\}$，$\{B, D\}$，四个上级邻近点$\{A, B, C, D\}$以及所有六个邻近点$\{A, B, C, D, U, V\}$；

③ 预测公式中的 k_i 取值为 0 或 $1/n$，这里 n 是非零 k_i 的个数，意味着所有预测器的取值均为预测像素集 P_x 的某个子集的平均值。

基于以上设计，Robinson 在大量图像训练集上考察了各种形状分布，相应地找出了最佳预测规则，得出了以下自适应预测算法。

```
If A=B=C=D
    预测值为 X_pred=A=B=C=D；
If A=B AND C=D
    If V 在图像中
        X_pred=V；
    Else
        X_pred=(A+B+C+D)/4
If A=C AND B=D
    If U 在图像中
        X_pred=V；
    Else
        X_pred=(A+B+C+D)/4
定义一个根据质量参数计算出的阈值 T，
If {A, B, C, D}中的最大值和最小值之间的差值小于 T，
    X_pred=(A+B+C+D)/4
If {A, B, C, D}中的三个点有相等的灰度值 P，而剩下一个为不等于 P 的值 Q
    X_pred=P；
If B>A, D AND C>A, D OR B<A, D AND C<A, D
相应的分布结构为线状，定义两个预测值，山脊值 R1 和山谷值 R2：
If B>A, D AND C>A, D
    R1=(B+C)/2；
    R2=(A+D)/2；
    Else
    R1=(A+D)/2；
    R2=(B+C)/2；
    If X 的实际值更接近于 R1
        在码流中用一个比特 1 来指示预测值为 R1；
```

Else

在码流中用一个比特 0 来指示预测值为 $R2$；

Else

$X_{\text{pred}}=\text{median}(A, B, C, D)$，即中值预测。

2. APT 的编码流程

图 5-26 描述了 APT 的主要编码过程，解码器是编码的逆过程，只在预滤波和预测误差的量化这两个阶段与编码端的处理有所不同。APT 主要通过去除输入图像像素间的颜色轴间冗余和空域冗余，达到压缩图像的目的。编码器提供一个可在码率和失真之间灵活调整的质量参数 Q，取值为 0～100，对应的图像质量由坏到好，包括无损。用户可以自行调整 Q 值以满足不同应用的需求。一般来说，图像的率失真控制主要由量化步长 S_k 决定，因此需建立 Q 与 S_k 的关系，即

$$S_k=\max\left(0.8^{M-k}\frac{(100-Q)^2}{100}, 1\right) \tag{5-40}$$

其中，下标 k 表示第 k 层级的像素的量化步长。实验表明，采用上面的经验公式具有较好的系统性能，APT 的量化器即是基于上述公式设计的。

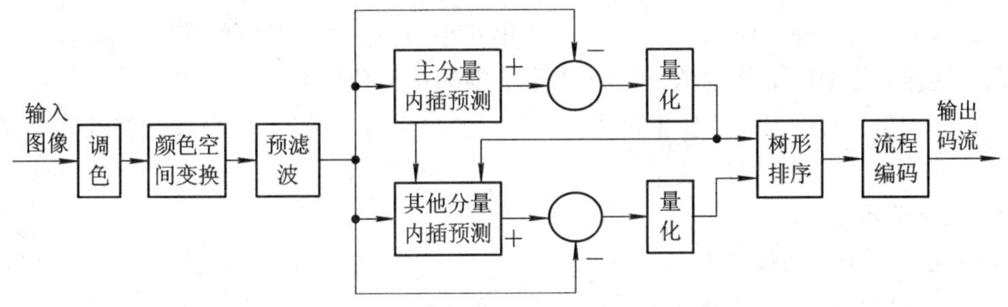

图 5-26 APT 的编码流程

下面对 APT 各组成模块分别作详细介绍。

1) 调色盘

某些图像所含颜色较少，即输入图像的颜色空间集所包含元素的个数远小于颜色空间所能包含的最大的元素个数，若仍采用常规方式编码，必然浪费存储空间。因此调色技术可将输入图像的颜色空间集所含元素映射到一个较小的子空间中再进行编码。

调色技术的关键在于选取合适的调色板，即映射方式。映射的基本原则是使得在调色板中相邻的元素在图像中也相邻，以保持原始图像的空域相关性尽可能不变，不影响空域冗余的去除。

编码器首先根据输入图像的色彩元素个数、出现频率以及质量参数 Q 决定是否采用调色技术。对于需要应用调色技术的图像，通过适当的算法选取调色盘进行映射。

APT 在经过大量测试后给出了启用调色的判断准则：

(1) 输入图像的颜色种类小于 10 种；

(2) 输入图像的颜色种类小于 256 种，且预先设定的 Q 值大于 70；

(3) 输入图像的颜色种类小于 4000 种，且预先设定的 Q 值等于 100，且输入图像的尺寸大小超过 0.25 MB 像素。

2）颜色空间预处理

由于输入图像的颜色空间存在轴间冗余，即红、绿、蓝三个颜色轴之间存在着相关性，故可以通过某种数学变换将图像信号转到新的颜色空间，达到消除冗余的目的。

对于无损压缩，APT 采用固定的可逆多分量变换；对于有损压缩，APT 则采用主分量分析法进行颜色空间变换(即 K－L 变换，K－L 变换已经被应用于小波变换编码中)。主分量分析通过对角化输入像素的 RGB 分量的互相关矩阵，获得相应的颜色变换空间的基，新的颜色空间中，主轴上具有最大的方差。实验表明，对于通用的图像集而言，采用颜色空间的主分量分析法，能够显著提高压缩效率。

3）基于统计排序的预滤波技术

内插预测的准确度在带噪声图像上显然会大打折扣，严重影响压缩效率，更可能使得重构图像的闪烁效应更为严重。为抑制这种情况，APT 通常对输入图像统计进行预滤波，该方法一定程度上降低了重建图像的客观质量，但能提升主观质量，缓解闪烁效应。

为了不使预滤波对真实的图像纹理进行平滑操作，为此，APT 采用了非线性的处理办法，给出了滤波门限 $R=\min(90-Q, 80)$。如果目标像素周围的像素的变化范围小于门限值 R，则进行统计滤波。具体处理如下：对待目标像素的 3×3 邻域值进行排序，如果待编码像素值不小于排序表中第 k 大值或不大于第 k 小的值，则用对应的第 k 大或第 k 小的值来取代。这样，待编码的像素值就接近变化范围的中间值。如果 $R<40$，则 $k=3$；其他情况，$k=4$。该方法通过去除图像中可能的噪声，使之更符合 APT 空域预测特性，缓解了闪烁效应。

4）主分量预测

主分量上集中了图像的大部分能量，主轴预测的准确与否，直接决定了整个系统的编码效率。主分量的灰度值按照金字塔结构进行预测。首先对图像进行稀疏采样，作为顶层像素(如图 5－24 中的 a_1、a_2、a_3、a_4)，它们直接利用 DPCM 方式保存。接着按照 5.6.1 节介绍的次序依次对其他各层(b～e 层)像素进行预测，直到把整个图像填满。预测误差根据所在的层级被量化，准备用于重排序和熵编码。

5）其他分量预测技术

鉴于其他分量与主分量的相关性，APT 利用主分量预测时决定的 structure 对其他分量进行预测。但在预测开始前会对主分量决定的 structure 进行修正，依次考察主轴上各 structure 所对应的预测值与重构值的差别，若主分量预测决定的 structure 不是最佳选择，其他分量将采用最佳的 structure 进行预测(主分量所用的 structure 不能修改)。实验表明，这种修正机制能将码率降低大约 5%。

6）树形结构重排序

APT 对量化的预测误差按照树形结构进行重排序，其树形分布及结构如图 5－27 和图 5－28 所示。像素 B_1 是 C_1 和 C_2 的父节点。对于 RGB 彩色图像而言，一个非叶子节点拥有六个子节点(每个子像素的 3 个轴具有的 3 个灰度值)。编码器引入一种“终结符”表示叶子节点(可能的子树上全为零的节点)，叶子节点原本应有的子节点上的则无需比特表示。APT 对每一个未被终结的节点插入一个标记来指示其值本身是否为零以及是否叶子节点。这种方法能够跳过很多有规律出现的零码值，在静态图像压缩方面有较好的效果。

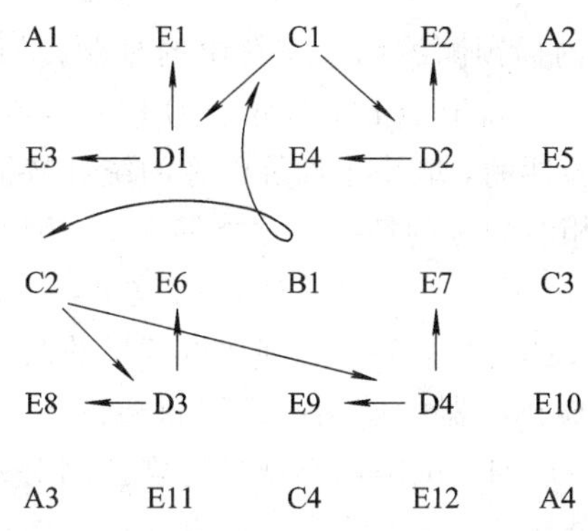

图 5-27 像素点在 APT 预测树上的分布

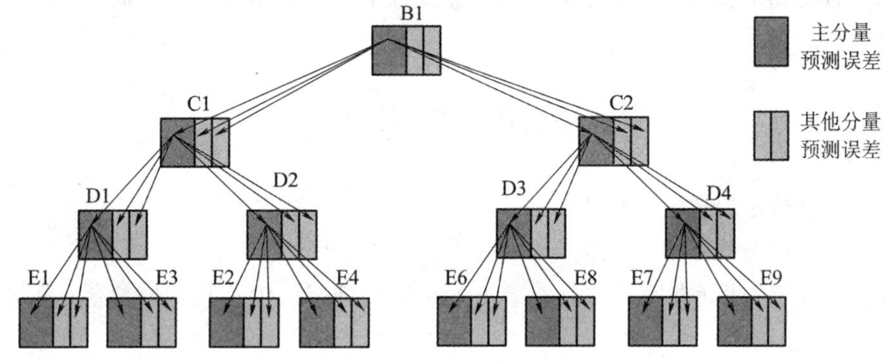

图 5-28 APT 的六叉树结构

7）熵编码

APT 的熵编码和重排序紧密结合在一起，在寻找叶子节点的同时统计预测误差的分布特性用于构建熵编码表。编码器从顶层像素(树的根节点)开始，遍历所有六叉树上的预测误差，从最低层级开始，对所有分量为零的节点向上结合，直到遇到非零节点，插入“终结符”，即为叶子节点。

八个独立的游程霍夫曼编码器分成每四个一组同时运行：其中四个用于“方形预测”的格点，另外四个用于“菱形预测”的格点。对于每组编码器，其中之一用于编码各节点的主分量灰度值是否为零以及是否为叶子节点，另外三个用于编码三个分量的非零预测误差值。

最后采用最高频率的无损游程霍夫曼编码去除预测误差中的统计冗余，其基本流程如下：编码器首先找到消息队列中出现频率最高的符号 S，首先对符号 S 和非符号 S 的游程进行编码，然后对非符号 S 序列编码。游程和符号均用标准的霍夫曼编码器进行压缩。霍夫曼编码器需两次遍历消息队列，一次提取其统计特性，构建码表，一次根据码表对消息进行编码。为提高压缩效率，APT 还提供另一种不传码表的霍夫曼编码方式，即认为消息队列近似服从拉普拉斯分布，以内置码表进行编码。

5.6.3 APT 的优势及其局限性

APT 在图像压缩上的成功为内插预测编码赢得了更多的关注。点到点的预测机制决定了 APT 对图像细节纹理的保持优于其他编码方案(如 JPEG 2000)，却也导致了闪烁效应(speckling artifact)，这是内插预测编码急需解决的难题；APT 空域自适应预测的准确性保证了 APT 较高的压缩效率(高于 JPEG 而低于 JPEG 2000)。值得注意的是，APT 空域自适应预测器的设计是经验性的，取决于训练图像的统计特征。APT 空域自适应预测器的精度只有在图像内容变化相对规则的情况下才能够保证。因此，APT 在空间相关性较强的连续色调图像(continuous-tone image)上有较好的效果，但在不可预测的混乱图像上，其空域自适应预测器则无法发挥作用，甚至起到适得其反的效果。

简言之，APT 空域自适应预测器的使用必须以目标图像类型与训练图像集相似为前提。在将该预测器用于视频编码时，试图用空域自适应预测对视频序列的运动估计残差进行编码，其性能就会受很大限制。残差图像并非常规的自然图像，预测器在设计过程中并不会考虑这种类型的图像，所以预测器在残差图像上的预测精度大大降低，从而影响了压缩效率。

习题与思考题

5-1　预测编码的理论依据是什么？

5-2　预测编码的基本原理和关键技术是什么？

5-3　试证明，若采用最佳线性预测系数 $a_i(i=1, 2, \cdots, N)$进行预测，最小均方误差为

$$\sigma_{\min}^2 = R(0) - \sum_{i=1}^{N} a_i R(i)$$

5-4　常用的预测编码方法有哪些，其优缺点是什么？

5-5　语音信号预测编码的基本原理和方法是什么？

5-6　图像预测编码通常可以分为哪三类？

5-7　相对于 JPEG 无损压缩标准，JPEG-LS 标准做了哪些改进？

5-8　预测编码是有损压缩吗？为什么？

5-9　如果信号的当前采样值与其前一个采样值统计独立，对当前采样值进行 DPCM 预测编码还有效吗？为什么？

5-10　RGB 和 YC_bC_r 色彩空间每个分量分别代表什么物理量？这两个色彩空间有什么关系？

5-11　电视图像的 4∶1∶1 和 4∶2∶0 采样格式是什么意思？这两种格式的原始码率一样吗？

5-12　电视电话中的图像内容可以分为哪三类，对图像压缩有什么意义？

5-13　你认为基于块匹配的运动估计/运动补偿算法中将图像分割成 $M \times N$ 的矩形子块是否合理？为什么？

5-14　基于块匹配的运动估计/运动补偿算法主要存在的问题有哪些？

5-15　为什么全搜索算法的运动估计精度要优于快速算法的运动估计精度？实际动态图像编码中为什么要采用快速算法进行运动估计？

5-16　基于内插预测的图像编解码方案的基本原理是什么？

5-17　基于 APT 的图像编码流程是什么，每个模块的作用是什么？

5-18 为什么同等语音质量的条件，ΔM 的采样率要比 PCM 的采样率高得多？

5-19 为什么语音的 LPC 编码中需要每帧计算一次参数？

5-20 设有如下图所示的 8×8 灰度图像，求：

① 计算该图像的熵；

② 对该图像做前值预测(即列差值，8×8 区域外图像取零值)，试给出误差图像及其熵值；

③ 再对上步误差图像做行差值，继续计算误差图像及其熵值；

④ 试比较上述 3 个熵值，可能得出什么结论。

$$\begin{bmatrix} 4 & 4 & 4 & 4 & 4 & 4 & 4 & 4 \\ 4 & 5 & 5 & 5 & 5 & 5 & 4 & 3 \\ 4 & 5 & 6 & 6 & 6 & 5 & 4 & 3 \\ 4 & 5 & 6 & 7 & 6 & 5 & 4 & 3 \\ 4 & 5 & 6 & 6 & 6 & 5 & 4 & 3 \\ 4 & 5 & 5 & 5 & 5 & 5 & 4 & 3 \\ 4 & 4 & 4 & 4 & 4 & 4 & 4 & 3 \\ 4 & 4 & 4 & 4 & 4 & 4 & 4 & 3 \end{bmatrix}$$

第6章 变换编码

在实际媒体信号的压缩编码中，主要采用变换编码、预测编码和无损的熵保持编码这三大技术。前面两章分别介绍了熵保持编码技术和预测编码技术，本章主要介绍变换编码技术。目前常用的正交变换有：傅里叶变换、沃尔什(Walsh)变换、哈尔(Haar)变换、斜(Slant)变换、余弦变换、正弦变换、KLT、小波变换等。本章重点介绍KLT、余弦变换和小波变换。

6.1 变换编码的基本概念和原理

6.1.1 变换编码的概念与历史

20世纪70年代后，科学家们开始探索比预测编码效率更高的编码方法，这就是变换编码。变换编码是指先对信号进行某种函数变换(一般采用正交变换)，从一种信号空间变换到另一种信号空间，然后再对变换后的信号进行编码。如将时域信号变换到频域，因为声音、图像大部分信号都是低频信号，在频域中信号的能量较集中，再进行采样、编码，那么就能够压缩数据。以大家熟悉的傅里叶变换为例，时域的单频正弦信号经过傅里叶变换后，成为频域的单根谱线，在频域描述单根谱线所需要的比特数显然少于在时域描述正弦信号的比特数，从而实现数据压缩。

变换编码的通用模型如图6-1所示，它一般经过映射变换、变换域系数二次量化、量化系数的统计编码(熵编码)三个步骤。映射变换的作用是把信号从一个域变换到另一个域，使信号在变换域容易进行压缩，变换后的样值更独立和有序。在采用实数变换的情况下，变换编码一般为可逆变换，即变换前和变换后的数据是一一对应的，变换编码的数据压缩作用主要是依靠二次量化和统计编码实现。广义上说，预测编码、游程编码等都可以纳入图6-1所示模型，只是根据实用技术上的习惯，未将其归入变换编码范畴。

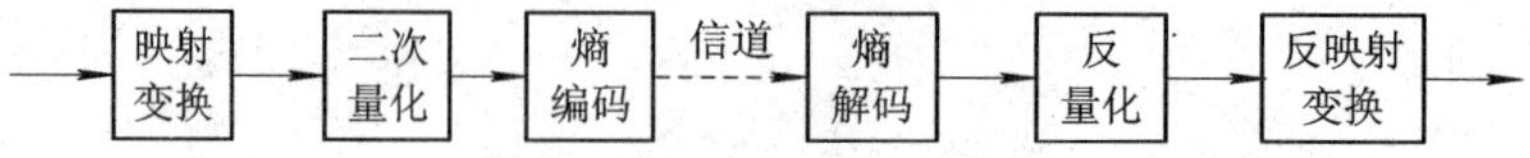

图6-1 变换编码通用模型

人们首先研究的变换编码为KLT(Karhunen-Loeve Transform)、傅里叶变换等正交变换，得到了比预测编码效率高得多的结果，但由于算法的计算复杂性太高，它们更适合于科学研究。直到20世纪70年代后期，研究者发现了离散余弦变换(Discrete Cosine Transform，DCT)。在最小方差准则下，KLT是信号处理的最佳变换，但是由于KLT没有快速算法，且计算困难，所以没有真正的实用价值，只能作为衡量其他变换性能的标准。而DCT在理论上虽然不是最优(次最佳正交变换)，但是它在去相关与能量集中性上仅次于KLT(最佳正交变换)，且具有快速算法，这使得它在媒体信号编码中占有重要的地位。小波变换是继DCT之后科学家们找到的又一个可以实用的正交变换，它与DCT各有千秋，因而分别被不同的研究群体所推崇。

6.1.2 正交变换与正交矩阵

首先，根据矩阵代数理论，线性变换可以定义为

$$\boldsymbol{Y} = \boldsymbol{AX} \tag{6-1}$$

其中，$\boldsymbol{X}$ 为矢量信号，$\boldsymbol{X}=(x_1, x_2, \cdots, x_N)^{\mathrm{T}}$ 是由 N 个分量组成的列向量；$\boldsymbol{A}$ 是一个 $N\times N$ 的矩阵，称为此变换的核矩阵；变换结果 $\boldsymbol{Y}=(y_1, y_2, \cdots, y_N)^{\mathrm{T}}$ 也是由 N 个分量组成的列向量，称为 $\boldsymbol{X}$ 的像。式(6-1)反映了 Y 坐标系与 X 坐标系的基矢量之间的关系。

如果线性变换能保持 N 维矢量信号 $\boldsymbol{X}$ 的模 $\|\boldsymbol{X}\|$ 不变，则称此变换为正交变换，此时 $\boldsymbol{A}$ 为正交矩阵。$\boldsymbol{A}$ 为正交矩阵的充要条件为

$$\boldsymbol{AA}^{\mathrm{T}} = \boldsymbol{A}^{\mathrm{T}}\boldsymbol{A} = \boldsymbol{I} \tag{6-2}$$

其中，$\boldsymbol{I}$ 为单位阵，$\boldsymbol{A}^{\mathrm{T}}$为 $\boldsymbol{A}$ 的转置。又 $\boldsymbol{AA}^{-1}=\boldsymbol{I}$，因此正交矩阵为满秩阵，其逆矩阵 $\boldsymbol{A}^{-1}$等于它的转置矩阵 $\boldsymbol{A}^{\mathrm{T}}$，即 $\boldsymbol{A}^{-1}=\boldsymbol{A}^{\mathrm{T}}$。由于逆矩阵的存在，保证了可用反变换得到唯一确定的复原信号 $\boldsymbol{X}'$，即正交变换保证了 $\boldsymbol{X}$ 与 $\boldsymbol{Y}$ 的一一对应关系，如式(6-3)所示。这是一个能使正交变换在媒体信号压缩编码中得到应用的重要性质。

$$\boldsymbol{X}' = \boldsymbol{A}^{\mathrm{T}}\boldsymbol{Y} = \boldsymbol{A}^{\mathrm{T}}\boldsymbol{AX} = \boldsymbol{X} \tag{6-3}$$

其次，根据矩阵代数理论，一个实对称矩阵 $\boldsymbol{\Phi}$，必然存在一个正交矩阵 $\boldsymbol{Q}$ 及其转置矩阵 $\boldsymbol{Q}^{\mathrm{T}}$，使得：

$$\boldsymbol{Q\Phi Q}^{\mathrm{T}} = \boldsymbol{\Lambda} \tag{6-4}$$

式中，$\boldsymbol{\Lambda}$ 为对角阵，即

$$\boldsymbol{\Lambda} = \begin{bmatrix} \lambda_1 & & & 0 \\ & \lambda_2 & & \\ & & \ddots & \\ 0 & & & \lambda_N \end{bmatrix} \tag{6-5}$$

$\lambda_1, \lambda_2, \cdots, \lambda_N$ 为实对称矩阵 $\boldsymbol{\Phi}$ 的 N 个特征根，而矩阵 $\boldsymbol{Q}^{\mathrm{T}}=[q_1 q_2 \cdots q_N]^{\mathrm{T}}$ 的第 i 个列向量 q_i(称为矩阵 $\boldsymbol{\Phi}$ 的特征向量)和 $\boldsymbol{\Phi}$ 的特征根 λ_i 满足

$$\boldsymbol{q}_i = [q_{i1} q_{i2} \cdots q_{iN}]^{\mathrm{T}} \tag{6-6}$$

$$\boldsymbol{q}_i^{\mathrm{T}}\boldsymbol{q}_j = \begin{cases} 1, & i = j \\ 0, & i \neq j \end{cases} \tag{6-7}$$

$$\boldsymbol{\Phi q}_i = \lambda_i \boldsymbol{q}_i \tag{6-8}$$

因此，化实对称矩阵 $\boldsymbol{\Phi}$ 为对角阵 $\boldsymbol{\Lambda}$ 的关键是找出该矩阵的特征根及相应的特征向量，这在矩阵代数理论里面已经有介绍，本书就不在此赘述了。

6.1.3 正交变换的压缩原理

现在以一个简单的例子说明变换编码实现数据压缩的基本原理。设对一个缓变均匀分

布的信号的采样值采用 3 比特进行编码，每个样本有 $2^3=8$ 个幅度等级，则相邻两个样值 x_1 和 x_2 的联合事件 x_1x_2 共有 $8\times8=64$ 种可能性，可以用图 6－2 所示的二维平面坐标表示，其中 x_1 轴和 x_2 轴分别表示相邻两样本的可能取值。由于信号缓慢变化，那么相邻两个样值的幅度等级变化差异不大，那么联合事件 x_1x_2 出现在图 6－2 所示的阴影区内的概率就很大。或者说，绝大多数的 x_1x_2 联合事件位于图 6－2 所示的阴影区内。不妨将此阴影区称为 x_1 和 x_2 相关区，x_1 和 x_2 越相关，此阴影区越扁；x_1 和 x_2 越不相关，此相关区就越加"方圆"。如果相邻两个样值幅度等级最多差 1，那么 x_1x_2 联合事件全部出现在此阴影区内。

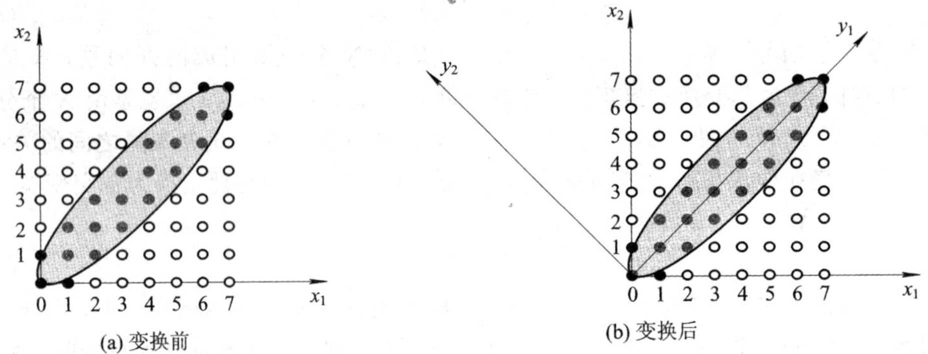

图 6－2 正交变换示意图

现在作一个简单的正交变换，即将(x_1, x_2)坐标系逆时针旋转 45°，得到(y_1, y_2)坐标系。在新的(y_1, y_2)坐标系中，(x_1, x_2)坐标系中的 45°直线变成了坐标轴 y_1。此时，阴影区正好处在坐标轴 y_1 的上下，且它在 y_1 上的投影比在 y_2 上的投影明显大。这表明，变量 y_1 和 y_2 之间的联系远没有 x_1 和 x_2 之间的联系密切，y_1 和 y_2 彼此在统计上更为独立（x_1 和 x_2 的幅度等级很接近，而 y_1 和 y_2 彼此不再存在类似关系）。坐标轴旋转后，样本方差分布也发生了改变。在原坐标系中，x_1 和 x_2 具有相同的方差 $\sigma_{x_1}^2=\sigma_{x_2}^2$；但在新的坐标系中却有不同的方差，且 $\sigma_{y_1}^2\gg\sigma_{y_2}^2$，这表明样本能量向 y_1 轴相对集中了。由于变换前后信号能量不应该发生改变，那么方差总和应该不变，即 $\sigma_{x_1}^2+\sigma_{x_2}^2=\sigma_{y_1}^2+\sigma_{y_2}^2$。

这种变换后，各坐标轴上方差的不均匀分布正是正交变换编码实现数据压缩的理论基础。比如，可以根据能量在各变换系数上的这种不均匀分布的统计特点进行统计编码，还可以按照某种规则对系数重新进行量化编码，以实现更高的压缩比。

6.2 KLT 编码

KLT 可使变换后的各个分量之间在统计上互不相关。离散 KLT 有时也称为霍特林(Hoteling)变换，经霍特林变换后离散信号的各分量不再具有相关性。下面讨论 KLT 及其性质。

对于一个离散信号序列，若每一个信号由 n 个样点组成，那么就可以将该信号视作一个 n 维空间的点，而每个样值代表 n 维信号矢量空间的一个分量，记作 $\boldsymbol{X}=(x_1, x_2, \cdots, x_N)^{\mathrm{T}}$。矢量 $\boldsymbol{X}$ 的协方差矩阵 $\boldsymbol{\Phi}_X$ 可以表示为

$$\boldsymbol{\Phi}_X = E\{[\boldsymbol{X}-E(\boldsymbol{X})][\boldsymbol{X}-E(\boldsymbol{X})]^{\mathrm{T}}\} = \begin{bmatrix} \phi_{11} & \phi_{12} & \cdots & \phi_{1j} \\ \phi_{21} & \phi_{22} & \cdots & \phi_{2j} \\ \vdots & \vdots & & \vdots \\ \phi_{i1} & \phi_{i2} & \cdots & \phi_{ij} \end{bmatrix} \tag{6-9}$$

其中，元素 ϕ_{ij} 的物理意义为分量 x_i 和 x_j 之间的相关性，又由协方差的性质可知 $\phi_{ij}=\phi_{ji}$，协方差矩阵 $\boldsymbol{\Phi}_X$ 为实对称阵，它反映了信号 $\boldsymbol{X}$ 各分量之间的相关性。若各分量之间互不相关，则只有对角线元素不为0，且它们代表了各分量的方差，即能量。根据上面理论，我们对 $\boldsymbol{X}$ 进行正交变换的最主要目的是尽可能去除信号分量之间的统计相关性，减少信号的数据冗余成分，从而实现最大程度的数据压缩。

由于 $\boldsymbol{\Phi}_X$ 为实对称阵，由式(6-4)可知，必存在一个与协方差矩阵 $\boldsymbol{\Phi}_X$ 相对应的正交矩阵 $\boldsymbol{Q}$，其列向量是矢量信号 $\boldsymbol{X}$ 的协方差矩阵 $\boldsymbol{\Phi}_X$ 的特征向量。我们用正交矩阵 $\boldsymbol{Q}$ 对信号 $\boldsymbol{X}$ 作正交变换，即

$$\boldsymbol{Y} = \boldsymbol{Q}\boldsymbol{X} \tag{6-10}$$

这个变换的基本思想是 Karhunen 和 Loeve 分别在 1947 年和 1948 年提出来的，因此被称为 KLT，$\boldsymbol{Q}$ 为 KLT 矩阵，其主要性质如下所述。

1. 去相关性

KLT 使变换后的矢量信号 $\boldsymbol{Y}$ 的各分量互不相关。

要证明矢量信号 $\boldsymbol{Y}$ 的各分量互不相关，也就是要证明 $\boldsymbol{Y}$ 的协方差矩阵为对角型。根据协方差矩阵的定义，可以得到

$$\boldsymbol{\Phi}_Y = E\{[\boldsymbol{Y}-E(\boldsymbol{Y})][\boldsymbol{Y}-E(\boldsymbol{Y})]^{\mathrm{T}}\} \tag{6-11}$$

将式(6-10)代入式(6-11)，有

$$\begin{aligned} \boldsymbol{\Phi}_Y &= E\{[\boldsymbol{Q}\boldsymbol{X}-E(\boldsymbol{Q}\boldsymbol{X})][\boldsymbol{Q}\boldsymbol{X}-E(\boldsymbol{Q}\boldsymbol{X})]^{\mathrm{T}}\} \\ &= \boldsymbol{Q}\{E[\boldsymbol{X}-E(\boldsymbol{X})][\boldsymbol{X}-E(\boldsymbol{X})]^{\mathrm{T}}\}\boldsymbol{Q}^{\mathrm{T}} \\ &= \boldsymbol{Q}\boldsymbol{\Phi}_X\boldsymbol{Q}^{\mathrm{T}} = \boldsymbol{\Lambda} \end{aligned} \tag{6-12}$$

由此可以得出结论，$\boldsymbol{\Phi}_Y$ 为对角阵，$\boldsymbol{Y}$ 的各分量之间不存在统计相关性。这也就是说，$\boldsymbol{X}$ 各分量的相关性被完全去除，这正是采用正交变换编码所希望得到的结果。

2. 能量集中性

KL 变换的能量集中性体现在两个方面：一方面，变换后 $\boldsymbol{Y}$ 矢量的协方差矩阵 $\boldsymbol{\Phi}_Y$ 只在主对角线上值不为零；另一方面，主对角线上的元素的大小按左上角到右下角的顺序依次排列，这也就是说，最大的方差将集中在前 m 个分量之中。

3. 最佳性

在最小均方误差准则下，KLT 是失真最小的变换。它是从数据压缩角度提出的。

首先，正交变换是“模”保持变换，因此变换域信号 $\boldsymbol{Y}$ 的能量与原始信号 $\boldsymbol{X}$ 的能量是相等的，变换本身一般是可逆变换，它不牵涉到数据失真，只是使信号易于压缩编码。其次，为实现更高性能的数据压缩，必须删除部分能量，这就带来了失真。设只保留前 $m<n$ 个分量(n 为信号维数)，则解码时也只能恢复 m 个分量。最后，若删除的 $n-m$ 个信号分量的均值为零，则理论上可以证明 KLT 可使恢复信号的均方误差最小，且这个最小值等于变换域被删除的最小 $n-m$ 个矢量信号的方差之和，即

$$\min(\sigma_e^2) = \sum_{i=m+1}^{n} \lambda_i \tag{6-13}$$

本性质对在一定保真度要求下，应用 KLT 进行媒体信号压缩编码具有指导意义。该性质指出，对于零均值信号，KLT 以后，用“省略”较小的对角线分量的方法进行数据压缩编码，可使均方误差最小。

但在实践中，使用 KLT 还是受到很大限制，原因在于两方面：

① KLT 的变换矩阵随数据集的不同而不同，它需要知道信源的协方差矩阵并求出特征值和特征向量，而求特征值和特征向量非常困难，有时连信源的协方差矩阵都得不到。

② 即使借助于计算机能求解出特征值和特征向量，也很难满足实时编码的要求；而且还需要将这些信息传输给解码端，这反过来又不利于压缩码率。

在早期的编码实践中，用 KLT 在 13.5 kb/s 下得到的语音质量与 56 kb/s 的 PCM 语音质量接近；在 2 比特/像素编码下的图像质量与 7 比特/像素的 PCM 质量相当。在当代的编码实践中，人们更多的是寻求一些不是“最佳”，但也有较好去相关和能量集中性能，而实现容易得多的变换编码算法，如离散余弦变换、小波变换、改进余弦变换等，而 KLT 就常常作为这些变换性能的评价标准。

6.3 DCT 编码

6.3.1 DCT 概述

图像的正交变换编码始于 1968 年。当时，H. C. Andrews 等人基于大多数自然图像的高频分量相对幅度较低，可完全舍弃或者只用少量码字编码而失真不大的认识，提出不对图像的空域样点进行编码，而对其二维 DFT 系数进行编码和传输。DFT 是一种复变换，运算量大，不易实时处理。1969 年，他们发现利用 Walsh-Hadamard 变换（WHT）取代 DFT 可使运算量大大减少。后来又提出了比 WHT 更快速的 Haar 变换（HRT）和能匹配图像亮度线性变化的斜变换（SLT）等。更有意义的是，N. Ahmed 等人于 1974 年提出了离散余弦变换（DCT），它的变换矩阵的基向量近似于 Toeplitz 矩阵的特征向量，而 Toeplitz 矩阵又体现了信号的相关特征。因此，DCT 被认为是对语音和图像信号的准最佳变换，其性能接近 KLT。

自从提出 DCT 以后，DCT 已被广泛应用于语音及图像数据压缩领域。DCT 在理论上是次最佳正交变换，但是它在去相关与能量集中性上仅次于 KLT，具有快速算法且算法结构具有很强的规律性，实现上非常高效，这些使得 DCT 在图像编码中占有重要的地位。

DCT 的基本原理如下：它先将图像分成 $N\times N$ 像素块，然后对 $N\times N$ 像素块逐一进行二维 DCT（2D - DCT）。由于大多数图像的高频分量较小，相应于图像高频分量的系数经常为零，加上人眼对高频成分的失真不太敏感，所以可用更粗的量化。因此，传送变换系数的数码率要大大小于传送图像像素所用的数码率。到达接收端后通过反离散余弦变换（IDCT）恢复到初始样值，虽然会有一定的失真，但人眼是可以接受的。

DCT 矩阵的元素都是小数，实际应用中用浮点表示不利于降低应用成本，若改用定点表示就可能在精度损失不多的情况下采用定点器件实现。另外，对变换后的数据一般也会进行二次量化，而量化本身就会带来失真，所以变换环节有一点失真也是可以接受的。所以，变换编码一般为有失真压缩编码。另外，在新的视频编码标准 H.264 中，也开始直接采用整数变换(近似 DCT)。

6.3.2 DCT 定义

长度为 M 的一维序列 $\{x(m)\mid m=0, 1, \cdots, M-1\}$ 的一维离散余弦变换(1D-DCT)定义为

$$Y(k)=\sqrt{\frac{2}{M}}C(k)\sum_{m=0}^{M-1}x(m)\cos\frac{(2m+1)k\pi}{2M},\quad k=0, 1, \cdots, M-1 \tag{6-14}$$

反变换(IDCT)定义为

$$x(m)=\sqrt{\frac{2}{M}}C(k)\sum_{m=0}^{M-1}Y(k)\cos\frac{(2m+1)k\pi}{2M},\quad m=0, 1, \cdots, M-1 \tag{6-15}$$

其中，$C(k)=\begin{cases}\frac{\sqrt{2}}{2}, & k=0\\ 1, & k=1, 2, \cdots, M-1\end{cases}$。

可见，1D-DCT 正反变换的变换核都是

$$a(k, m)=C(k)\sqrt{\frac{2}{M}}\cos\frac{(2m+1)k\pi}{2M} \tag{6-16}$$

$\{a(k, m), k=0, 1, \cdots, M-1\}$称为 DCT 的基向量元素组，它满足如下正交条件：

$$\sum_{m=0}^{M-1}a(p, m)a(q, m)=\begin{cases}1, & p=q\\ 0, & p\neq q\end{cases} \tag{6-17}$$

根据式(6-14)可以得到 1D-DCT 的矩阵表示形式为

$$\begin{bmatrix}y_1\\ y_2\\ \vdots\\ y_{M-1}\end{bmatrix}=\sqrt{\frac{2}{M}}\begin{bmatrix}\frac{1}{\sqrt{2}} & \frac{1}{\sqrt{2}} & \cdots & \frac{1}{\sqrt{2}}\\ \cos\frac{\pi}{2M} & \cos\frac{3\pi}{2M} & \cdots & \cos\frac{(2M-1)\pi}{2M}\\ \vdots & \vdots & & \vdots\\ \cos\frac{(M-1)\pi}{2M} & \cos\frac{3(M-1)\pi}{2M} & \cdots & \cos\frac{(2M-1)(M-1)\pi}{2M}\end{bmatrix}\begin{bmatrix}x_1\\ x_2\\ \vdots\\ x_{M-1}\end{bmatrix} \tag{6-18}$$

数字图像 $x(m, n)$实际是一个 $M\times N$ 的数据矩阵，为了减弱或去除图像数据的空间相关性，可以用二维 DCT 将图像从空间域(MN 平面)，转换到 DCT 域(KL 平面)。二维 DCT(2D-DCT)定义为

$$Y(K, L)=\frac{2}{\sqrt{MN}}C(K)C(L)\sum_{m=0}^{M-1}\sum_{n=0}^{N-1}x(m, n)\cos\frac{(2m+1)K\pi}{2M}\cos\frac{(2n+1)L\pi}{2N} \tag{6-19}$$

其中，$K=0, 1, 2, \cdots, M-1$；$L=0, 1, 2, \cdots, N-1$；

$$C(K)=\begin{cases}\frac{\sqrt{2}}{2}, & K=0\\ 1, & K=1, 2, \cdots, M-1\end{cases};$$

$$C(L)=\begin{cases}\dfrac{\sqrt{2}}{2}, & L=0\\ 1, & L=1,2,\cdots,M-1\end{cases}。$$

变换核为

$$g=(m,n,K,L)=C(K)C(L)\cos\frac{(2m+1)K\pi}{2M}\cos\frac{(2n+1)L\pi}{2N}$$
$$=C(K)\cos\frac{(2m+1)K\pi}{2M}C(L)\cos\frac{(2n+1)L\pi}{2N} \tag{6-20}$$

令

$$U(m,K)=C(K)\cos\frac{(2m+1)K\pi}{2M}$$

$$V(n,L)=C(L)\cos\frac{(2n+1)L\pi}{2N}$$

上式可以分离成

$$g(m,n,K,L)=U(m,k)V(n,L)$$

所以可改写成

$$Y(K,L)=\sqrt{\frac{2}{M}}C(K)\sum_{m=0}^{M-1}\left[\sqrt{\frac{2}{N}}C(L)\sum_{n=0}^{N-1}x(m,n)\cos\frac{(2n+1)L\pi}{2N}\right]\cos\frac{(2m+1)K\pi}{2M}$$
$$K=0,1,2,\cdots,M-1;\ L=0,1,2,\cdots,N-1 \tag{6-21}$$

令

$$x'(m,L)=\sqrt{\frac{2}{N}}\sum_{n=0}^{N-1}x(m,n)V(n,L)$$

则

$$Y(K,L)=\sqrt{\frac{2}{M}}C(K)\sum_{m=0}^{M-1}x'(m,L)\cos\frac{(2m+1)K\pi}{2M}$$
$$=\sqrt{\frac{2}{M}}\sum_{m=0}^{M-1}x'(m,L)U(m,K) \tag{6-22}$$

这样，二维 DCT 实际上就已分解成双重一维 DCT 了。

2D-DCT 的反变换 2D-IDCT 的定义为

$$x(m,n)=\frac{2}{\sqrt{MN}}\sum_{m=0}^{M-1}\sum_{n=0}^{N-1}C(K)C(L)Y(K,L)\cos\frac{(2m+1)K\pi}{2M}\cos\frac{(2n+1)L\pi}{2N}$$
$$m=0,1,\cdots,M-1;\ n=0,1,\cdots,N-1 \tag{6-23}$$

由此可知，二维 DCT 和 IDCT 的计算过程都可以采用先后进行两次一维 DCT 和 IDCT，这种方法被称为行、列分离算法。

【例 6-1】 试对协方差矩阵 $\boldsymbol{\Phi}_X$ 作 DCT，其中 $\boldsymbol{\Phi}_X=\begin{bmatrix}a&b&b&b\\b&a&b&b\\b&b&a&b\\b&b&b&a\end{bmatrix}$。

【解】 由 $\boldsymbol{\Phi}_X$ 可知，$M=4$。根据式(6-16)，可知 4 点 DCT 的变换核为

$$\boldsymbol{A}_4 = \frac{1}{2} \times \begin{bmatrix} 1 & 1 & 1 & 1 \\ c & d & -d & -c \\ 1 & -1 & -1 & 1 \\ d & -c & c & -d \end{bmatrix}$$

其中，$c=\sqrt{2}\cos\frac{\pi}{8}$，$d=\sqrt{2}\cos\frac{3\pi}{8}$。

对 $\boldsymbol{\Phi}_X$ 作 $\boldsymbol{A}_4\boldsymbol{\Phi}_X\boldsymbol{A}_4^{\mathrm{T}}$ 变换，变换后的矩阵记为 $\boldsymbol{\Phi}_Y$，得

$$\boldsymbol{\Phi}_X = \boldsymbol{A}_4\boldsymbol{\Phi}_X\boldsymbol{A}_4^{\mathrm{T}} = \begin{bmatrix} a+3b & 0 & 0 & 0 \\ 0 & a-b & 0 & 0 \\ 0 & 0 & a-b & 0 \\ 0 & 0 & 0 & a-b \end{bmatrix}$$

可以看到，本例中 $\boldsymbol{\Phi}_X$ 满足 Toeplitz 矩阵的条件，即沿对角线方向的元素都相同。由变换结果可知，它与 KLT 的结果一样。

由此我们可以注意到 DCT 有一个重要性质，就是它的变换矩阵的基向量很近似于 Toeplitz 矩阵的特征向量。这就是说，对 Toeplitz 矩阵的 DCT 将非常接近 KLT 的结果。统计表明，人类的语言、图像等媒体信号的自相关矩阵常常近似于 Toeplitz 矩阵。从这个意义上说，DCT 是比较适合对语言、图像等媒体信号作变换处理的一种变换，它的变换性能接近 KLT。

6.3.3 快速算法

按照式(6-14)计算 N 点 1D-DCT 需要 N^2 次乘法和 $N(N-1)$ 次加法，而计算一个 $N\times N$ 的图像块的 2D-DCT 在采用行列分离后需要 $2N^3$ 次乘法和 $2N^2(N-1)$ 次加法。对于常用的 8×8 图像块，这需要 1024 次乘法和 896 次加法。为大幅度降低计算量，许多学者从多方面进行研究，提出许多快速离散余弦变换 FDCT 算法，包括利用 FFT、代数分解、矩阵分解等方法。这里将重点介绍利用代数分解的 FDCT 算法。

下面以 $N=8$ 为例，首先介绍一种比较简单的 1D-DCT 算法。这类算法尽量利用 DCT 定义式中的对称性，以减少运算过程中的加法和乘法次数。先作如下符号定义：

$C_k=\cos(k\pi/16)$	$S_k=\sin(k\pi/16)$	$s_{jk}=x(j)+x(k)$	$d_{jk}=x(j)-x(k)$
$C_0=S_8=1$	$C_1=S_7=0.9808$	$C_2=S_6=0.9236$	$C_3=S_5=0.8315$
$C_4=S_4=0.7071$	$C_5=S_3=0.5556$	$C_6=S_2=0.3827$	$C_7=S_1=0.1951$

以上符号中，C_k 和 S_k 代表 DCT 的系数，s_{jk} 代表样值的和，d_{jk} 代表样值的差。于是，8 点 1D-DCT 的变换系数 $\{Y(k)|k=0, 1, \cdots, 7\}$ 可写成如下的形式：

$2Y(0)=C_4(s_{0734}+s_{1625})$，其中 $s_{0734}=s_{07}+s_{34}$，$s_{1625}=s_{16}+s_{25}$；

$2Y(1)=C_1d_{07}+C_3d_{16}+C_5d_{25}+C_7d_{34}$；

$2Y(2)=C_2d_{0734}+C_6d_{1625}$，其中 $d_{0734}=s_{07}-s_{34}$，$d_{1625}=s_{16}-s_{25}$；

$2Y(3)=C_3d_{07}-C_7d_{16}-C_1d_{25}-C_5d_{34}$；

$2Y(4)=C_4(s_{0734}-s_{1625})$；

$2Y(5)=C_5d_{07}-C_1d_{16}+C_7d_{25}+C_3d_{34}$；

$2Y(6)=C_6d_{0734}-C_2d_{1625}$；

$2Y(7)=C_7d_{07}-C_5d_{16}+C_3d_{25}-C_1d_{34}$。

从上面的式子可以看出，现在计算一个 8 点 1D-DCT 只需 22 次乘法和 28 次加法，只是简单地利用系数的对称性，然后反复地在运算中使用样值的和、差，就可以使计算量大幅度的下降。

Ligtenberg 和 Vetterli 改进了上述代数分解方法，用更加复杂的快速算法进一步减少了计算量，其 FDCT 算法的流程图如图 6-3 所示。

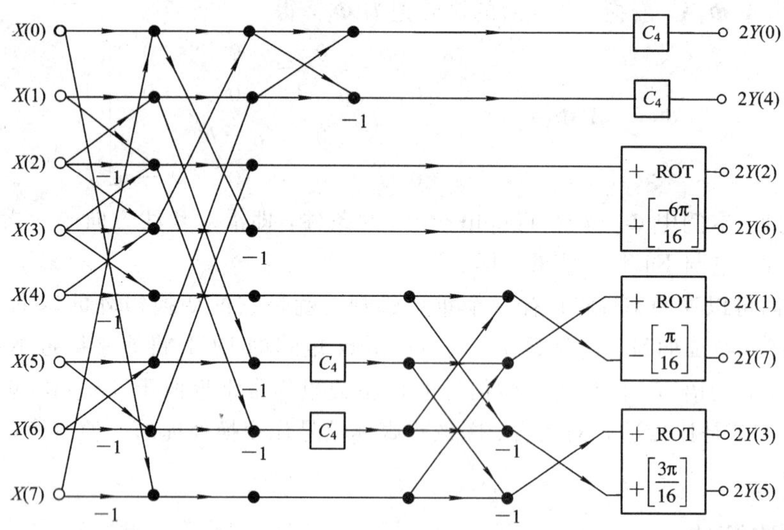

图 6-3　Ligtenberg 和 Vetterli 的 FDCT 算法流程[17]

在图 6-3 中，运算流从左至右，相互交于一节点的线彼此相加或相减。小方块中的 C_4 表示用 C_4 乘以该信号。标注"ROT"的单元为旋转运算单元，此运算单元输入端子如果标注"+"，则经此端子进入运算单元的信号极性不变；如果标注"−"，则经此端子进入运算单元的信号极性发生改变(乘以−1)。旋转运算单元定义如下：

$$\begin{cases}X = C_kx + S_ky \\ Y = -S_kx + C_ky\end{cases} \tag{6-24}$$

从式(6-24)中可以看到，一次旋转需要 4 次乘法和 2 次加法。此式还可以通过变换表示成式(6-25)所示的 3 次乘法和 3 次加法的形式。

$$\begin{cases}X = C_k(x+y) + (S_k - C_k)y \\ Y = -(S_k + C_k)x + C_k(x+y)\end{cases} \tag{6-25}$$

由此可以统计图 6-3 中的运算量为 13 次乘法和 29 次加法。需要指出的是，随着微处理器性能的不断提高，许多处理器都能完成单周期的乘法运算和加法运算，因此有些 FDCT 算法虽然具有较少的乘法和加法次数，但由于其复杂的取址方式，在现代处理器条件下，实际计算复杂度不一定是最优的。

6.3.4 基于 DCT 的图像编码

基于 DCT 的图像编解码框图如图 6-4 所示，其关键模块为：DCT、量化、熵编码。该过程一般为有损压缩编码。

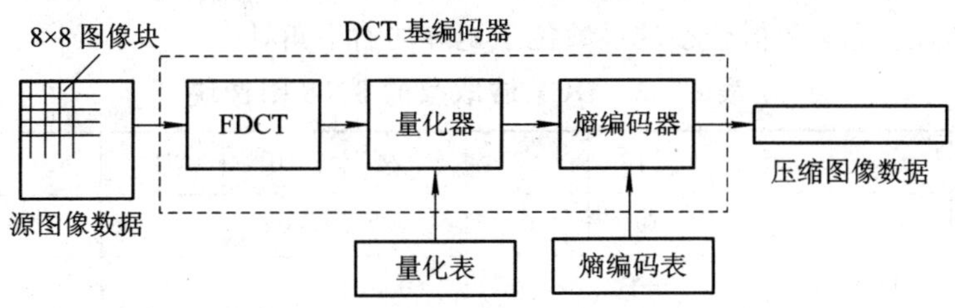

(a) DCT 基压缩编码步骤

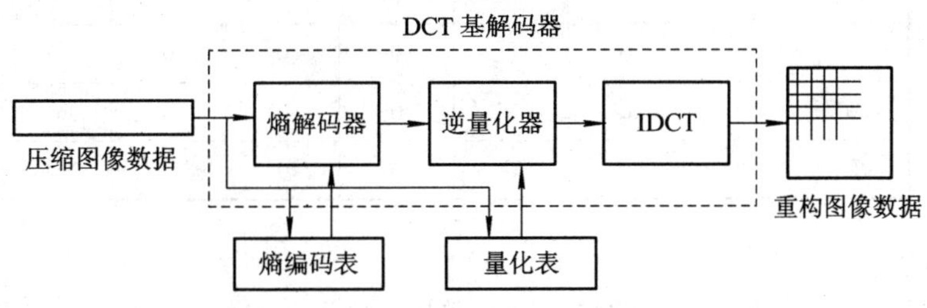

(b) DCT 基解压缩步骤

图 6-4　基于 DCT 的图像编解码框图

1. DCT

经过大量图像信号在 DCT 域的统计分析发现，图像数据经 DCT 后，频谱系数主要成分集中在比较小的范围，且主要位于低频部分。进行图像的 DCT 时，并不是对整幅图像进行一次 DCT，而是将图像划分成尺寸相同的块(例如 8×8、16×16 或 32×32 的块)，然后再对每个块分别进行 DCT，其原因在于：一方面，小块图像的 DCT 的计算更容易；另一方面，距离较远的像素之间相关性比距离较近的像素之间相关性小。

下面举例介绍图 6-4 所示的基于 DCT 的图像压缩编码过程。

【例 6-2】　表 6-1 所示为一个 8×8 图像块在空间域的亮度采样值，试对它进行基于 DCT 的图像编码。

表 6-1　空间域的 8×8 图像块

83	78	79	70	61	66	55	42
82	77	78	66	60	64	53	41
80	75	76	64	58	62	52	39
78	74	74	62	56	61	50	37
76	72	72	60	55	59	49	36
74	70	70	59	53	57	47	34
72	67	69	56	51	55	45	31
71	66	67	55	49	54	43	30

表 6-2 是对表 6-1 数据进行二维 DCT 且经过取整后得到的 8×8 变换域系数。从表 6-1 可以看出，在空间域相邻像素间的相关性强，采样值比较接近。从表 6-2 可以看出，经过变换和取整后，大部分系数为 0，只有少数系数不为 0。数值较大的系数主要集中在变

换系数矩阵的左上角，数值较小的系数位于矩阵的右下角处。

表 6-2 DCT 域取整的 8×8 图像块

484	95	−10	18	−24	10	12	0
32	0	0	0	0	0	0	−1
0	0	−1	0	0	1	0	0
3	0	0	0	0	0	0	0
0	0	0	0	0	0	0	−1
0	0	0	0	0	0	0	0
0	0	0	0	0	0	0	0
0	0	0	0	0	0	0	0

2. 量化

量化的目的是减小非 0 系数的幅度以及增加 0 值系数的数目。在 DCT 图像编码中，可以采用均匀量化或非均匀量化进行标量量化。当采用非均匀量化时，量化步长是按照系数所在的位置和性质来确定。首先，由于人眼对亮度信号和色度信号的敏感程度不同(人眼对亮度更敏感)，亮度信号和色度信号使用不同的量化表，亮度系数的量化步长一般小于色度系数的量化步长；其次，低频系数和高频系数的量化步长也不一样，一般低频系数反映图像的整体情况，高频系数反映图像的边缘细节，低频系数更重要，因此低频系数的量化步长要小于高频系数的量化步长。

JPEG 标准采用非均匀量化，其量化系数表 $Q(k, l)$ 如表 6-3 所示。量化过程就是简单地将变换系数除以相应的量化步长，然后四舍五入进行取整，即

$$c(k, l) = \mathrm{INT}\left[\frac{X(k, l)}{Q(k, l)} + \frac{1}{2}\right] \qquad (k, l = 0, 1, \cdots, 7) \tag{6-26}$$

反量化过程则表示为

$$X'(k, l) = c(k, l) \times Q(k, l) \tag{6-27}$$

表 6-3 JPEG 的标准量化表

(a) 亮度量化表

16	11	10	16	24	40	51	61
12	12	14	19	26	58	60	55
14	13	16	24	40	57	69	56
14	17	22	29	51	87	80	62
18	22	37	56	68	109	103	77
24	35	55	64	81	104	113	92
49	64	78	87	103	121	120	101
72	92	95	98	112	100	103	99

(b) 色度量化表

17	18	24	47	99	99	99	99
18	21	26	66	99	99	99	99
24	26	56	99	99	99	99	99
47	66	99	99	99	99	99	99
99	99	99	99	99	99	99	99
99	99	99	99	99	99	99	99
99	99	99	99	99	99	99	99
99	99	99	99	99	99	99	99

表6－2的数据经过量化后，得到的数据如表6－4所示。从表6－4中的数据可以看出，图像数据经过DCT和量化后，其绝大部分数据都已经变为0，因而编码传输DCT变换域的系数比编码传输图像空域的系数所需要的码率要小很多。

表6－4 采用JPEG量化表量化后的8×8图像块

30	8	−1	1	−1	0	0	0
2	0	0	0	0	0	0	0
0	0	0	0	0	0	0	0
0	0	0	0	0	0	0	0
0	0	0	0	0	0	0	0
0	0	0	0	0	0	0	0
0	0	0	0	0	0	0	0
0	0	0	0	0	0	0	0

3. 熵编码

熵编码就是要使编码后的图像平均比特数R尽可能接近图像熵H，达到进一步减少图像数据编码码率的目的，其基本原理在第4章已经介绍过。图像中常用的熵编码是Huffman编码，它在输入符号概率空间已知的情况下，是最佳变长编码，并且是可逆编码，即熵解码后的数据可以无失真地恢复。这就是说，在对表6－4所示数据进行熵编码后(在第4章例4－5有详细介绍)，在解码端可以无失真地恢复出表6－4的数据，但由于DCT编码过程中的取整和量化的影响，最后在解码端恢复的数据是不同于原始数据的，是有失真的，如表6－5所示。

表6－5 经反量化和反变换后恢复出的空间域的数据

77	78	73	64	61	61	54	41
76	78	73	63	60	61	53	41
75	77	71	62	59	60	52	40
73	75	70	60	57	58	50	38
72	73	68	59	56	56	49	36
70	72	67	57	54	55	47	35
69	71	66	56	53	54	46	34
68	70	65	55	53	53	45	33

4. 基于块的图像DCT编码的缺点

目前采用的图像DCT编码都是基于块的，即首先将图像分成8×8的像素块，然后对每块进行DCT得到64个DCT系数。这样虽然大大减少了运算量，但是由于对每块进行DCT，块与块之间的相关性就被忽略了；另外，在对每块的DCT系数进行量化时，是将DCT系数除以量化步长后取整，丢弃一些对图像影响不大的高频分量，以达到降低码率的目的，但是如果量化比较粗糙，就会丢失边缘的大量高频信息，这两方面的原因会造成：

(1) 重建图像质量的较大损失会使图像变得模糊，重建图像总体效果会呈现一种被平滑的感觉。

(2) 重建图像中块的边界处出现不连续的跳变，形成“块效应”，特别是在低比特率时，解码恢复出的图像的块边界上会出现明显可见的方块效应，从而降低了图像的视觉质量。

以上这两点均在图 6 - 5 中得到反映。

(a) 源图像

(b) JPEG 标准量化

(c) 均匀量化(step=32)

(d) 均匀量化(step=64)

图 6 - 5　DCT 域的图像处理

6.3.5 修正离散余弦变换(MDCT)

我们知道，正交变换通常分块进行，而每块的变换系数一般独立编码，相继块的量化误差未必相同，因此分块正交变换在边界处存在着固有的不连续性。在图像编码中，这种不连续性可能在块边界处产生较明显的幅度差异，从而造成人眼非常敏感的“方块效应”。

为降低这种影响，最方便的方法就是利用各种滤波器来平滑块边界处的不连续性。这种方法的缺点在于会或多或少地模糊图像的细节。另一种思路是设法重叠相邻分块的部分数据样点再做变换：首先利用本块 M 个采样和两个相邻块各 $K/2$ 个采样构成 $M+K$ 个样本，加窗后做 $M+K$ 点 DCT，得到 $M+K$ 个独立的变换系数；解码恢复后再把这 K 个样本叠加，以减少块间数据的不连续性。这种方法由于对 K 个重叠点变换了两次，因而导致了 DCT 编码效率的降低。为克服这一不足，Prencen 和 Bradly 提出一种修正离散余弦变换

(Modified DCT, MDCT)，利用时域混叠消除(Time Domain Aliasing Cancellation, TDAC)来减轻“边界效应”。MDCT的正、反变换示意图如图6-6所示。

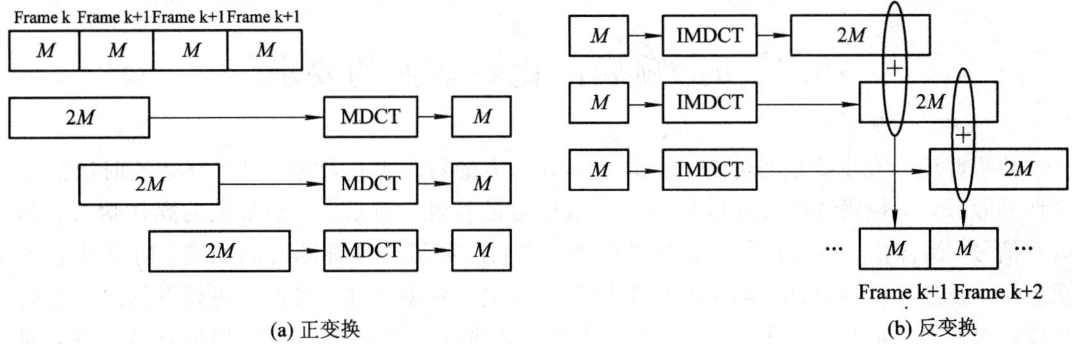

图6-6 MDCT的正、反变换重叠示意图

首先对于输入序列 $x(m)$，用一个长为 $2M$ 的窗函数 $h(m)$ 截取 $2M$ 点，并将截取的数据段 $h(m)x(m)$ 进行MDCT。MDCT定义为

$$X(k) = \sum_{m=0}^{2M-1} h(m)x(m)\cos\left[\frac{(2k+1)\pi}{2M}(m+m_0)\right], \quad k=0, 1, \cdots, M-1 \quad (6-28)$$

式中，$m_0=(M+1)/2$，为一固定的时间偏移。然后将“窗口”移动 M 点，继续上述工作，使得各块窗口数据有50%重叠(即本块的 M 个采样和前块的 M 个采样相重叠)。通过这种MDCT算法完成从时域数据到频域数据的变换。显然，对每一个输入样本需要进行两次变换，变换数据量扩大一倍。但由式(6-28)可知，变换系数 $X(k)$ 具有如下对称性：

$$\begin{aligned} X(2M-1-k) &= \sum_{m=0}^{2M-1} h(m)x(m)\cos\left[\frac{(2(2M-1-k)+1)\pi}{2M}(m+m_0)\right] \\ &= \sum_{m=0}^{2M-1} h(m)x(m)\cos\left[\left(2\pi-\frac{(2k+1)\pi}{2M}\right)(m+m_0)\right] \\ &= -\sum_{m=0}^{2M-1} h(m)x(m)\cos\left[\frac{(2k+1)\pi}{2M}(m+m_0)\right] \\ &= -X(k) \end{aligned} \quad (6-29)$$

因此，$2M$ 个变换系数只有 M 个是独立的，50%重叠变换的编码性能并未降低(输入 M 个新样点，变换后输出 M 个独立系数)。

$X(k)$ 的反变换，即反修正离散余弦变换(IMDCT)定义为

$$\hat{x}(m) = \frac{2}{M}h(m)\sum_{k=0}^{M-1} X(k)\cos\left[\frac{(2k+1)\pi}{2M}(m+m_0)\right], \quad m=0, 1, \cdots, M-1 \quad (6-30)$$

由于式(6-30)是用 M 个独立系数恢复 $2M$ 个独立数据，因此必有 $\hat{x}(m)\neq x(m)$，即由式(6-30)无法精确恢复原始的 $2M$ 个数据。但数学上可证明，如果窗函数 $h(m)$ 满足如下的对称性条件：

$$h(i)h(i)+h(i+M)h(i+M)=1 \quad (6-31)$$

则可按下式将变换域的混叠在时域抵消，从而精确地恢复出原始数据。

$$x(m)=\hat{x}'(m+M)+\hat{x}(m), \quad m=0, 1, \cdots, M-1 \quad (6-32)$$

其中，$\hat{x}'(m+M)$ 为前一个分块样本的反变换。

由于 MDCT 性能优于 DCT，也有快速算法，因此被广泛应用于宽带音频编码，比如著名的 MP3、AAC 音频编码都使用了 MDCT。

6.4 时-频局部化对变换的要求

傅里叶变换在平稳信号分析和处理中是强有力的数学工具，它可以将复杂的时域信号变换到频域，用频谱特性去分析和表示时域信号的特性。但是，一些常见的媒体信号，如语音信号、图像信号等，它们都是非平稳的，它们的频域特性都随时间而变。对这些非平稳信号，经常需要知道某些局部时段上所对应的主要频率特性，或者某些频率信息出现的时段，为了进一步的精细化处理。这也就是说，需要了解短时域信号的局部频域特性，即时-频局部化特性。但是传统变换对此无能为力，无法给出信号的时-频局部化特性。

1. 傅里叶变换的不足

以传统傅里叶变换为例，我们分析其不能给出信号时-频局部化特性的原因。对于一个能量有限的时域信号 $f(t)$，其傅里叶变换定义为

$$F(\omega)=\int_{-\infty}^{+\infty} f(t)\mathrm{e}^{-\mathrm{j}\omega t}\,\mathrm{d}t \tag{6-33}$$

由式(6-33)可以看出，为了得到信号 $f(t)$ 的频谱特性，需要用其在整个定义域的全部信息。另外，如果信号 $f(t)$ 仅在某个时刻的一个小邻域发生变化，那么整个频谱特性 $F(\omega)$ 都会受到影响。如冲激函数 $\delta(t-t_0)$ 的定义为

$$\begin{cases}\delta(t-t_0)=0, & t\neq t_0\\ \int_{-\infty}^{+\infty}\delta(t-t_0)=1\end{cases} \tag{6-34}$$

冲激函数 $\delta(t-t_0)$ 及其傅里叶变换表明，在时域任意时刻 t_0 出现一个冲激后，其频谱覆盖整个频域。所以，对傅里叶变换来说，信号在时域的瞬时变化会影响到整个频谱，其频谱反映不出信号在时域的局部变化，例如反映不出 t_0 的信息。因此，对于非平稳信号的分析和处理，只依靠傅里叶变换往往是不够的，需要新的变换来解决这一问题。

2. Gabor 变换

为了克服上述傅里叶变换的不足，1946 年，D. Gabor 提出一种加窗傅里叶变换，又称 Gabor 变换。在 Gabor 变换中引入了一个局部化函数 $g(t-b)$，称之为窗函数，用来截取一段时域信号进行傅里叶变换，然后利用参数 b 在时域上移动窗口。

设窗函数 $g(t-b)$ 满足绝对可积条件 $0<\int_R |g(t-b)|^2\,\mathrm{d}t<+\infty$，则 Gabor 变换定义为

$$G_f(\omega, b)=\int_R f(t)g(t-b)\mathrm{e}^{-\mathrm{j}\omega t}\,\mathrm{d}t \tag{6-35}$$

一般选择窗函数 $g(t-b)$ 在 $|t|>b$ 时迅速趋于零的所谓“钟形”函数，如 Gabor 用的窗函数为高斯函数。这样，滑动窗 $g(t-b)$ 在乘以信号 $f(t)$ 后，便可以有效抑制 $t=b$ 邻域以外的信号，所以式(6-35)反映的是 $t=b$ 时刻附近的局部信号的频谱信息，从而达到时域局部化的目的。

再分析 Gabor 变换在频域局部化方面的作用。由于 $f(t)$和 $F(\omega)$、$g(t)$和 $G(\omega)$为傅里叶变换对，根据傅里叶变换的性质，加窗后的信号 $f(t)g(t-b)$的傅里叶变换为

$$f(t)g(t-b) \Leftrightarrow G_f(\omega, b) = F(\omega) * (G(\omega)\mathrm{e}^{-\mathrm{j}\omega b}) \tag{6-36}$$

式(6-36)表明，$G_f(\omega, b)$实际上是频谱 $F(\omega)$经过 $G(\omega)$卷积平滑后的结果(相差一个相位因子)。如果 $G(\omega)$在 ω 附近有局部化作用(选取 $g(t)$时一般要保证这一点)，那么频域信息 $F(\omega)$也就在 ω 附近被局部化。

可见，加窗傅里叶变换 Gabor 可以在 $t=b$ 附近观察时域信号 $f(t)$，在 ω 附近观察频域信号 $F(\omega)$。也就是说，通过选取合适的窗函数 $g(t)$，就可以同时达到时-频局部化的要求。

3. 时-频窗与窗函数条件

设 $g(t)$是窗函数，称

$$t^* = \frac{\int_R t \mid g(t) \mid^2 \mathrm{d}t}{\int_R \mid g(t) \mid^2 \mathrm{d}t} \tag{6-37}$$

为时窗中心，称

$$\Delta t = \left[\frac{\int_R (t-t^*)^2 \mid g(t) \mid^2 \mathrm{d}t}{\int_R \mid g(t) \mid^2 \mathrm{d}t}\right]^{1/2} \tag{6-38}$$

为时窗半径。

在此定义下，时窗函数 $g(t)$的窗口为$[t^*-\Delta t, t^*+\Delta t]$，窗口宽度为 $2\Delta t$。依本定义，可得到窗函数 $g(t-b)$的时窗中心为 t^*+b，窗口宽度仍为 $2\Delta t$。

类似地，可定义频窗中心和频窗半径。

设 $g(t)$是窗函数，则其傅里叶变换 $G(\omega)$为频窗函数，称

$$\omega^* = \frac{\int_R \omega \mid G(\omega) \mid^2 \mathrm{d}\omega}{\int_R \mid G(\omega) \mid^2 \mathrm{d}\omega} \tag{6-39}$$

为频窗中心，称

$$\Delta\omega = \left[\frac{\int_R (\omega-\omega^*)^2 \mid G(\omega) \mid^2 \mathrm{d}\omega}{\int_R \mid G(\omega) \mid^2 \mathrm{d}\omega}\right]^{1/2} \tag{6-40}$$

为频窗半径。

在此定义下，频窗函数 $G(\omega)$的窗口为$[\omega^*-\Delta\omega, \omega^*+\Delta\omega]$，窗口宽度为 $2\Delta\omega$。依本定义，可得到窗函数 $G(\omega-\eta)$的频窗中心为 $\omega^*+\eta$，窗口半径和宽度不变，分别为 $\Delta\omega$ 和 $2\Delta\omega$。

由以上两个定义可知，$g(t)$和 $G(\omega)$分别起时窗和频窗的作用。在时间-频率平面上，时窗和频窗共同作用的结果就形成了时-频窗(分辨率单元)，它是时-频局部变化的几何直观描述，如图 6-7 所示。时间-频率平面又简称“相平面”，它在非平稳信号、突变信号的分析和处理中起着非常重要的作用。

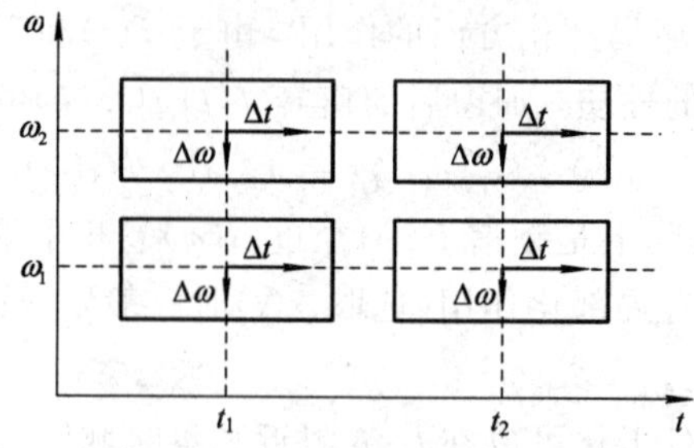

图 6-7 时间-频率平面上的时-频窗

时窗和频窗的条件如下：

$$\begin{cases} |\ g(t)\ | < |\ t\ |^{-\frac{3}{2}}, & |\ t\ | \to +\infty \\ |\ G(\omega)\ | < |\ \omega\ |^{-\frac{3}{2}}, & |\ \omega\ | \to +\infty \end{cases} \tag{6-41}$$

这也是说，若选用一个函数 $g(t)$作为时窗，其傅里叶变换 $G(\omega)$作为频窗，则 $g(t)$和 $G(\omega)$应同时具有较强的衰减特性，它们要同时满足式(6-41)的要求。

从局部化要求的角度出发，为提高时间分辨率和频率分辨率，则希望 Δt 和 $\Delta\omega$ 越小越好。但实际上它们之间存在着相互制约的关系，必须服从信号的海森堡测不准原理，即

$$\Delta t \times \Delta\omega \geqslant \frac{1}{2} \tag{6-42}$$

这意味着 Δt 和 $\Delta\omega$ 不可能同时都非常小，只能根据实际需要，牺牲时间分辨率 Δt 以得到高的频率分辨率 $\Delta\omega$，或者，牺牲频率分辨率 $\Delta\omega$ 以得到高的时间分辨率 Δt。

4. Gabor 变换的局限

从式(6-37)和式(6-38)可以看出，对于给定的窗函数 $g(t)$，Gabor 变换的时间窗的窗宽度是不变的；同理，其频域窗的宽度也是不变的。对于任意时刻 b 和任意频率 ω，Gabor变换的时频窗固定以(b, ω)为中心，窗宽为 $2\Delta t$，窗高为 $2\Delta\omega$，如图 6-7 所示。但在实际应用中，由于信号的频率与其持续时间成反比，因此对高频信号检测时，因其持续时间较短，需要较窄的时间窗，以保证一定的精度；对低频信号检测时，因其持续时间较长，需要较宽的时间窗，以便获得足够多的信息。这也就是说，需要一个灵活可变的分辨率单元，使其面对高频成分时，时间窗口自动变窄，具有“显细节”的功能；而面对低频成分时，时间窗口自动变宽，具有“显概貌”的功能。这种理想的时-频窗如图 6-8 所示。显然，Gabor 变换不能满足实际问题的这种要求，这就导致了下一节要讨论的小波变换的提出。

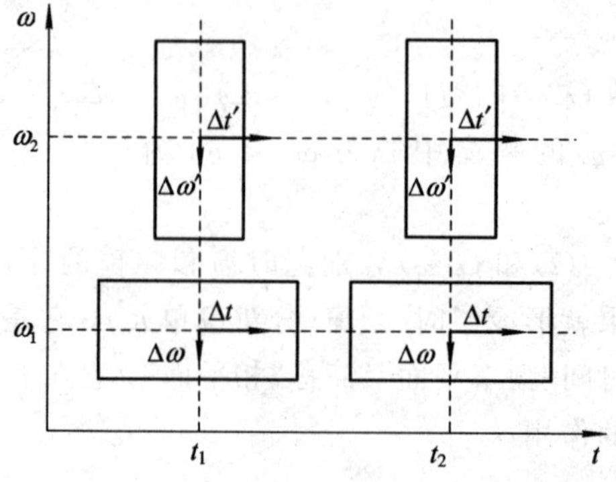

图 6-8 时间-频率平面上的时-频窗

6.5 小波变换

小波变换(Wavelet Transform)是 20 世纪 80 年代中期发展起来的一种时频分析方法，是傅里叶变换的发展，中间经历了窗口傅里叶变换。原始数据一般是时间或空间信号，在时空上有最大分辨率。时空信号经傅里叶变换后得到频率信号，在频域上有最大分辨率，但其本身并不包含时空信息。窗口傅里叶变换通过对时空信号进行分段或分块进行时空-频谱分析，但由于其窗口的大小是固定的，不适用于频率波动大的非平稳信号。小波变换可以根据频率的高低自动调节窗口大小，是一种自适应的时频分析方法，具有多分辨分析功能。

虽然基于 DCT 的 JPEG 标准的压缩效果已经很不错，但在较高压缩比时会出现明显的马赛克现象，且不支持渐进图像传输。为了适应网络发展的需要，2000 年底推出了采用 DWT (Discrete Wavelet Transform，离散小波变换)的 JPEG 2000 标准，正式地在国际标准里面将小波变换引入到图像编码中。

6.5.1 连续小波变换

1. 连续小波变换的定义

连续小波变换(Continuous Wavelet Transform，CWT)的定义为

$$W_f(a, b) = \frac{1}{\sqrt{|a|}} \int_{-\infty}^{\infty} f(x) \overline{\psi\left(\frac{x-b}{a}\right)} \mathrm{d}x \tag{6-43}$$

其中，a 为缩放因子(对应于频率信息)，b 为平移因子(对应于时空信息)，$\psi(x)$为小波函数(又叫基本小波或母小波)，$\overline{\psi(x)}$为 $\psi(x)$的复共轭。连续小波变换的过程如图 6-9 所示。

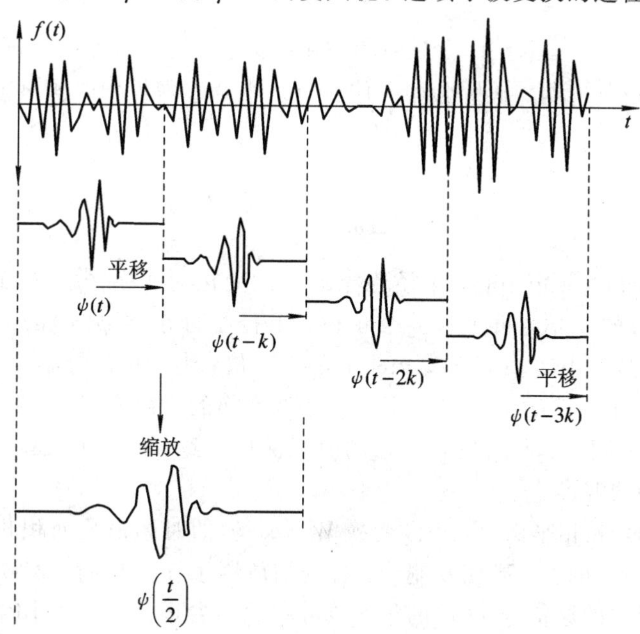

图 6-9 连续小波变换的过程

小波变换与傅里叶变换比较，它们的变换核不同：傅里叶变换的变换核为固定的虚指数函数（复三角函数）$e^{-j\omega x}$，而小波变换的变换核为任意的母小波 $\psi(x)$。前者是固定的，后者是可选的。实际上可选母小波有无穷多种，只要 $\psi(x)$ 满足下列条件即可：

(1) 绝对可积且平方可积，即 $\psi \in L^1 \cap L^2$；

(2) 正负部分相抵，即 $\int_{-\infty}^{+\infty} \psi(x)\mathrm{d}x = 0$（即 $\hat{\psi}(0)=0$）；

(3) 满足允许条件（admissible condition），即 $\int_{-\infty}^{+\infty} \frac{|\hat{\psi}(\omega)|^2}{\omega}\mathrm{d}\omega < +\infty$（广义积分收敛），其中，$\hat{\psi}(\omega)$ 为 $\psi(x)$ 的傅里叶变换。

连续小波变换的定义式(6-43)也可以用内积形式表示为

$$W_f(a, b) = \langle f(x), \psi_{a,b}(x) \rangle, \psi_{a,b}(x) = \psi\left(\frac{x-b}{a}\right) \tag{6-44}$$

即函数 $f(x)$ 的小波变换是其在小波基函数上的投影。

通过式(6-44)可以粗略地解释小波变换的含义：由于数学上内积表示两个函数"相似"的程度，所以小波变换表示 $f(x)$ 与 $\psi(x)$ 的相似程度。当 a 增大时（$a>1$），表示用伸展了的 $\psi(x)$ 的波形在一个更长的时间范围内去观察 $f(x)$；反之，当 a 减小时（$0<a<1$），表示用压缩后的 $\psi(x)$ 的波形去观察 $f(x)$ 的局部。随着缩放因子 a 从大到小的变换，$f(x)$ 的小波变换可以反映 $f(x)$ 从概貌到细节的全部信息。而利用平移因子 b，则可在时间轴上移动小波函数，将小波基函数放到任何感兴趣的位置上。

2. 小波变换的时-频窗

可以证明，如果母小波 $\psi(x)$ 对应的时窗中心和半径分别为 t_ψ^* 和 Δt_ψ，则 $\psi_{a,b}(x)$ 对应的时窗中心和半径分别为

$$\begin{cases} t^* = at_\psi^* + b \\ \Delta t = a\Delta t_\psi \end{cases} \tag{6-45}$$

类似地，$\psi_{a,b}(x)$ 对应的频窗中心和半径为（ω_ψ^* 和 $\Delta\omega_\psi$ 为母小波频窗中心和半径）

$$\begin{cases} \omega^* = \dfrac{\omega_\psi^*}{a} \\ \Delta\omega = \dfrac{\Delta\omega_\psi}{a} \end{cases} \tag{6-46}$$

可见，$\psi_{a,b}(x)$ 的时-频窗中心，半径随着 a、b 的变化而变换。$\psi_{a,b}(x)$ 时窗中心是母小波 $\psi(x)$ 的时窗中心的 a 倍，再平移 b 个单位，半径是母小波 $\psi(x)$ 的时窗半径的 a 倍；$\psi_{a,b}(x)$ 的频窗中心是母小波 $\psi(x)$ 的频窗中心的 $1/a$ 倍，半径也是母小波 $\psi(x)$ 的频窗半径的 $1/a$ 倍。这样，对于固定的 b，随着 a 增大，小波变换的时窗增宽，频窗变窄。另一方面，$\psi_{a,b}(x)$ 的时-频窗的面积与母小波时-频窗的面积保持一致，恒定为 $4\Delta t_\psi \times \Delta\omega_\psi$，其大小仅取决于母小波 $\psi(x)$ 的波形。

综上所述，在时-频相平面上，小波变换 $W_f(a, b)$ 的时频窗是面积相等但宽、高不同的矩形区域。这些窗口的宽、高相互制约，且受缩放因子 a 的控制。缩放因子 a 是与小波变换 $W_f(a, b)$ 所反映的原信号 $f(x)$ 的频率成分相关的参量：当 a 较小时，$W_f(a, b)$ 反映 $x=b$ 处的高频成分特征，并且所观察的频段宽度较宽；当 a 较大时，$W_f(a, b)$ 反映 $x=b$ 处的低频成分特征，并且所观察的频段较窄。将不同的 a、b 值下的时-频窗绘制在同一个

图上，就得到图 6-8 所示的理想时-频分辨单元，可见小波变换非常适用于分析和处理非平稳信号。

3. 常见的小波函数

(1) Haar 小波(Alfred Haar，1910 年)，其母小波函数为

$$\psi(x)=\begin{cases}1 & (0\leqslant x<0.5)\\ -1 & (0.5\leqslant x<1)\\ 0 & (\text{其他})\end{cases} \tag{6-47}$$

Haar 小波函数的时域波形和其傅里叶变换后的信号波形如图 6-10 所示。

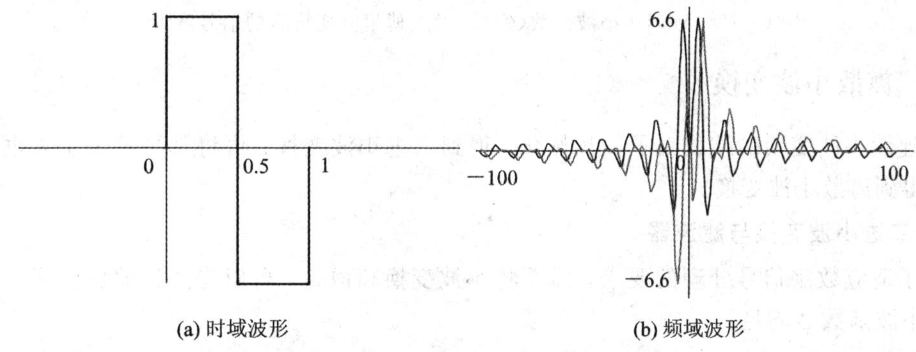

图 6-10 Haar 小波函数及其傅里叶变换后的信号波形

(2) 墨西哥草帽(Mexican hat)小波，其母小波函数为后

$$\psi(x)=\frac{\mathrm{d}^2}{\mathrm{d}x^2}\mathrm{e}^{-\frac{x^2}{2}} \tag{6-48}$$

墨西哥草帽小波函数的时域波形和其傅里叶变换后的信号波形如图 6-11 所示。

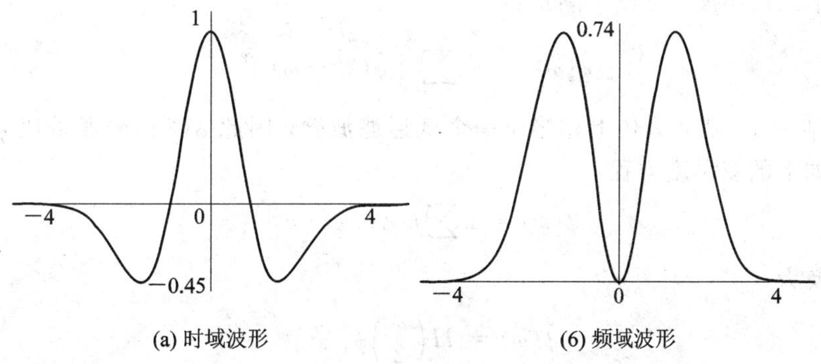

图 6-11 墨西哥草帽小波函数及其傅里叶变换后的信号波形

(3) Morlet 小波(Jean Morlet，1984 年)，其母小波函数为

$$\psi(x)=\mathrm{e}^{\mathrm{j}Cx}\cdot\mathrm{e}^{-\frac{x^2}{2}},\quad C\geqslant 5 \tag{6-49}$$

Morlet 小波函数的时域波形和其傅里叶变换后的信号波形如图 6-12 所示。

除了 Haar 小波外，其他紧支集小波都不是初等函数。有的小波函数是用导数/积分或微分方程/积分方程来定义的；有的小波用其傅里叶变换定义的；有的小波甚至没有解析表达式，而只是一些数字解。很多小波为复函数，所以不太直观。

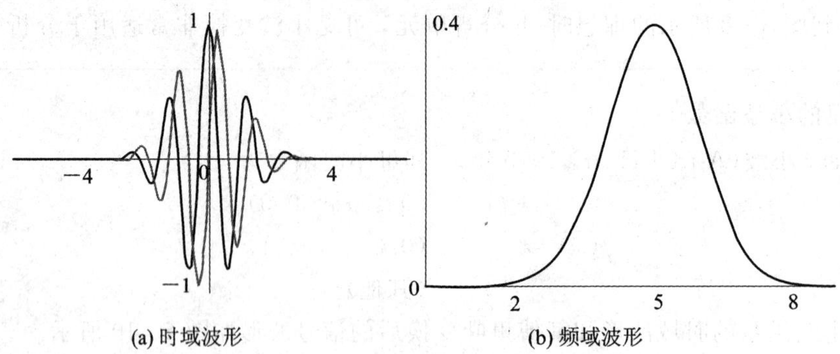

图 6-12　Morlet 小波函数(C=5)及其傅里叶变换后的信号波形

6.5.2　离散小波变换

将连续小波变换的缩放因子 a 离散化，得到二进小波变换；再将其平移因子 b 也离散化，就得到离散小波变换。

1. 二进小波变换与滤波器

为了适应数字信号处理的要求，需要将小波变换离散化。可以先进行缩放因子 a 的离散。若小波函数 ψ 满足：

$$\sum_{k\in Z} |\ \hat{\psi}(2^k\omega)\ |^2 = 1 \tag{6-50}$$

则称 ψ 为基本二进小波。

在连续小波变换中，若 ψ 为基本二进小波，则令 $a = 2^k$，得到二进小波变换：

$$W_{2^k} f(b) = \frac{1}{\sqrt{2^k}} \int_{-\infty}^{+\infty} f(x)\ \overline{\psi\left(\frac{x-b}{2^k}\right)}\ \mathrm{d}x \tag{6-51}$$

为了构造基本二进小波，可设 ϕ 满足：

$$|\ \hat{\phi}(\omega)\ |^2 = \sum_{j=1}^{+\infty} |\ \hat{\psi}(2^j - \omega)\ |^2 \tag{6-52}$$

可推出 $|\hat{\phi}(0)|^2=1$，则 ϕ 大体上相当于一个低通滤波器，因此 $\phi(2x)$ 的通带比 $\phi(x)$ 的宽。可设 ϕ 满足如下的双尺度方程：

$$\phi(x) = 2\sum_{n\in Z} h_n \phi(2x-n) \tag{6-53}$$

其傅里叶变换为

$$\hat{\phi}(\omega) = H\left(\frac{\omega}{2}\right)\hat{\phi}\left(\frac{\omega}{2}\right) \tag{6-54}$$

其中，$H(\omega) = \sum_{n\in Z} h_n \mathrm{e}^{-\mathrm{j}\omega n}$，为低通滤波器。由 $|\hat{\phi}(0)|^2=1$，可得 $H(0)=1$，即 $\sum h_n = 1$。

若设 $|G(\omega)|^2=1-|H(\omega)|^2$，其中 $G(\omega) = \sum_{n\in Z} g_n \mathrm{e}^{-\mathrm{j}\omega n}$，则 G 为高通滤波器，取

$$\psi(x) = 2\sum_{n\in Z} g_n \phi(2x-n) \tag{6-55}$$

其傅里叶变换为

$$\hat{\psi}(2\omega) = G(\omega)\hat{\phi}(\omega) \tag{6-56}$$

因 $\hat{\psi}(0)=0$ 且 $|\hat{\phi}(0)|^2=1$，得 $G(0)=0$，即 $\sum g_n = 0$。

2. 离散小波变换

下面再将二进小波变换中的平移因子也离散化：令 $b = n2^k$，则可得离散小波变换为

$$W_{2^k} f(n) = 2^{-k/2}\int_{-\infty}^{\infty} f(x)\,\overline{\psi(2^{-k}x - n)}\,\mathrm{d}x \tag{6-57}$$

可将上式用前面所讲的滤波器系数改写成如下循环形式：

$$\begin{cases} D = W_{2^j} f(n) = \sum\limits_k g_k S_{2^{j-1}} f(n - 2^{j-1}k) \\ A = S_{2^j} f(n) = \sum\limits_k h_k S_{2^{j-1}} f(n - 2^{j-1}k) \end{cases} \tag{6-58}$$

其中，$S_{2^0} f(n) = f(n)$；$D = Wf$，为高频部分；$A = Sf$，为低频部分；h_k 与 g_k 为上面讲过的滤波器 $H(\omega)$ 与 $G(\omega)$ 的系数。

可以写出如下正反离散小波变换的具体算法：

(1) 正变换(分解)(保存 $S_{2^j} f$ 和所有 $W_{2^j} f$)

$j=0$；$S_{2^0} f(n) = f(n)$；

while ($j < J$) {

$$W_{2^{j+1}} f(n) = \sum_k g_k S_{2^j} f(n - 2^j k)$$

$$S_{2^{j+1}} f(n) = \sum_k h_k S_{2^j} f(n - 2^j k)$$

$j{+}{+}$；

}

(2) 逆变换(重构)(利用正变换所保存下来的 $S_{2^j} f$ 和所有 $W_{2^j} f$)

$j = J$；

while ($j > 0$) {

$$S_{2^{j-1}} f(n) = \sum_k \bar{h}_{-k} S_{2^j} f(n - 2^{j-1}k) + \sum_k \bar{g}_{-k} W_{2^j} f(n - 2^{j-1}k)$$

$j{-}{-}$；

}

$f(n) = S_{2^0} f(n)$

3. 小波分解

执行离散小波变换的有效方法是使用滤波器。该方法是 Mallat 在 1988 年提出的，叫 Mallat 算法。该算法实际上是一种信号的分解方法，在数字信号处理中称为双通道子带编码。用滤波器实现离散小波变换的框图如图 6-13 所示。

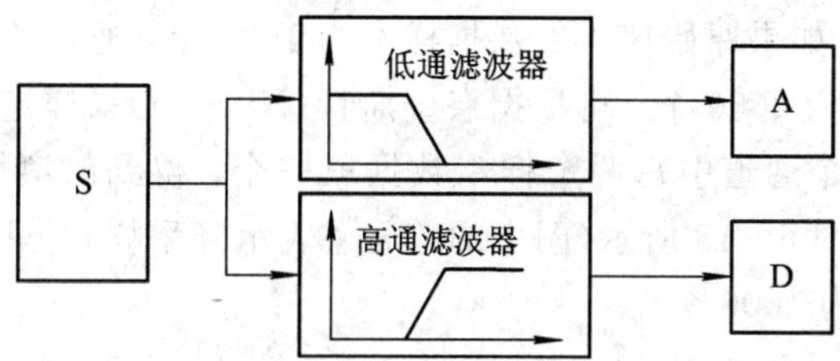

图 6-13　双通道滤波过程

图 6-13 中，S 表示原始的输入信号，通过两个互补的滤波器产生 A 和 D 两个信号，A 表示信号的近似值(Approximations)，D 表示信号的细节值(Detail)；近似值对应信号的低频部分，细节值对应信号的高频部分。在许多应用中，信号的低频部分是最重要的，而高频部分起一个“添加剂”的作用。犹如声音那样，把高频分量去掉之后，听起来声音确实是变了，但还能够听清楚说的是什么内容。相反，如果把低频部分去掉，声音听起来就莫名其妙。在小波分析中，近似值是大的缩放因子产生的系数，表示信号的低频分量，而细节值是小的缩放因子产生的系数，表示信号的高频分量。

由此可见，离散小波变换可以被表示成由低通滤波器和高通滤波器组成的一棵树。原始信号通过这样的一对滤波器进行的分解叫做一级分解。信号的分解过程可以迭代，也就是说可进行多级分解。如果对信号的高频分量不再分解，而对低频分量连续进行分解，就得到许多分辨率较低的低频分量，形成如图 6-14 所示的一棵比较大的树。这种树叫做小波分解树，分解级数的多少取决于要被分析的数据和用户的需要。另外，小波分解树一般只对信号的低频分量进行连续分解。

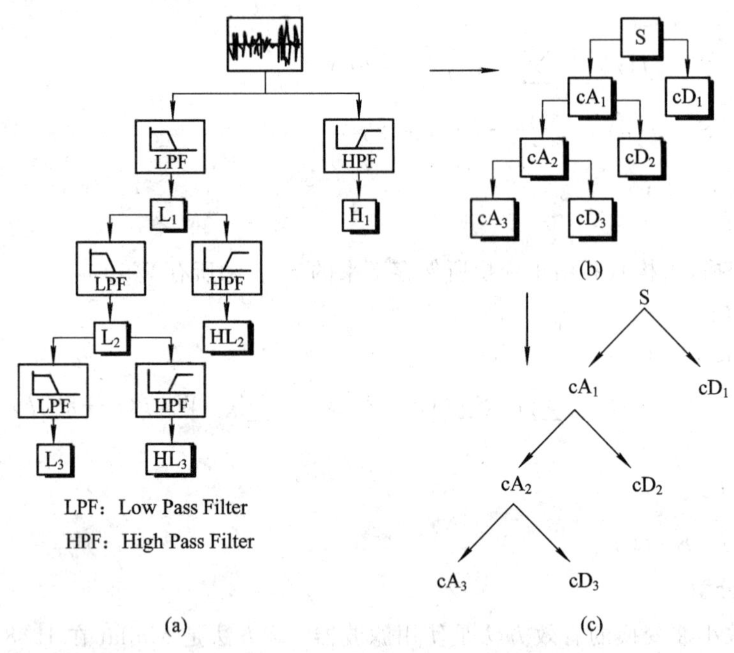

图 6-14 小波分解树

需要指出的是，在使用滤波器对真实的数字信号进行小波变换时，得到的数据将是原始数据的两倍。例如，如果原始信号的数据样本为 1000 个，通过滤波之后每一个通道的数据均为 1000 个，总共为 2000 个。可根据奈奎斯特(Nyquist)采样定理提出的降采样(Down Sampling)方法，在每个通道中每两个样本数据取一个，得到的离散小波变换的系数分别用 cD 和 cA 表示，如图 6-15 所示(图中的符号⊕表示降采样)。只有这样，经过滤波器分解后的输出系数才仍为 1000 个。

4. 小波重构

离散小波变换正变换过程叫做分解或者分析；把分解的系数还原成原始信号的过程叫做小波重构(Wavelet Reconstruction)或者合成(Synthesis)，数学上叫做逆离散小波变换

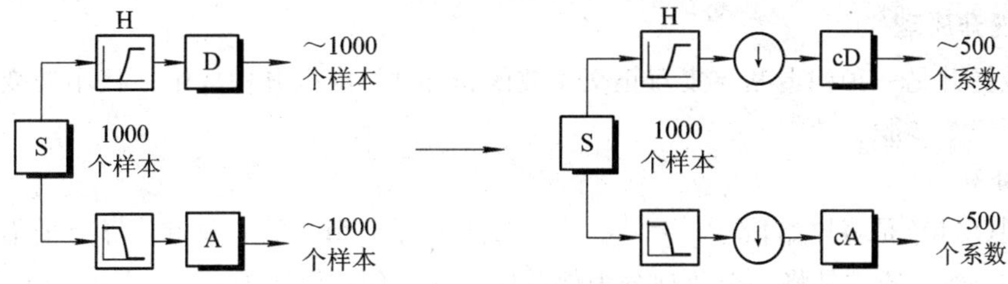

图 6-15 降采样过程

(Inverse Discrete Wavelet Transform，IDWT)。

在使用滤波器做小波正变换时包含滤波和降采样两个过程，在小波重构时要包含升采样(Up Sampling)和逆滤波过程，如图 6-16 所示，图中的符号⊕表示升采样。

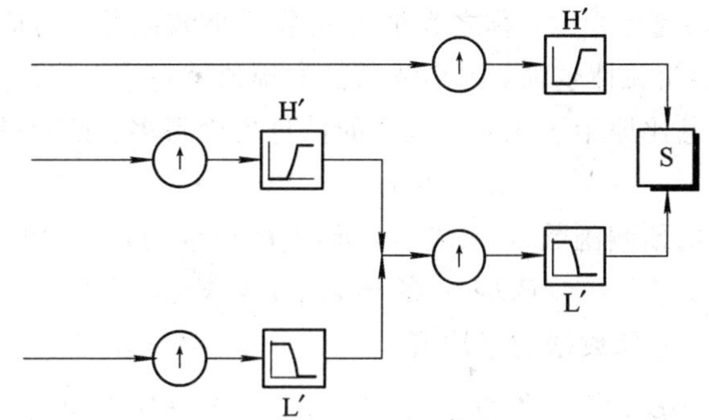

图 6-16 小波重构方法

升采样是在两个样本数据之间插入“0”，目的是把信号的分量恢复成原始长度。升采样的过程如图 6-17 所示。

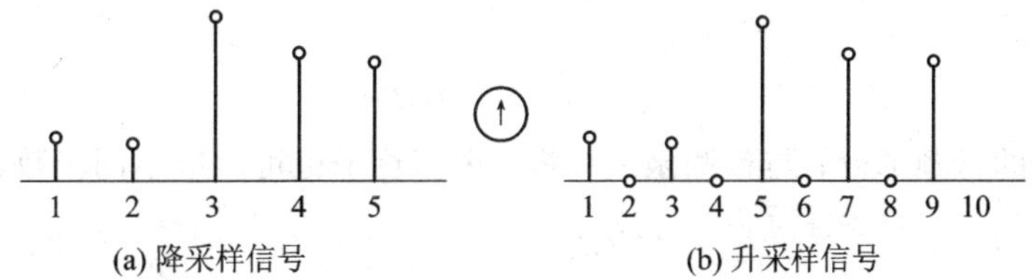

图 6-17 升采样的方法

6.5.3 第二代小波变换

由于一般的小波滤波器的输出结果是浮点数，因而在对变换后的数据进行压缩时，要先进行量化，以得到相应的整数，这必然会引入误差，不适合于图像的无损压缩。1994 年，Wim Swelden 提出了一种新的小波构造方法——提升方案(Lifting Scheme)，也叫第二代小波变换(Second Generation Wavelet Transform，SGWT)或整数小波变换(Integer Wavelet Transform，IWT)。由于第二代小波能实现图像的整数到整数的变换，因此奠定了基于小波变换的图像无损压缩理论基础，它是 JPEG 2000 标准的一个组成部分。

1. 提升原理

小波提升是一种构造紧支集双正交小波的新方法。由提升构成第二代小波变换的过程分为如下三个步骤：

1）分裂

分裂(Split)是将原始信号 $s_j=\{s_{j,k}\}$分为两个互不相交的子集和。每个子集的长度是原子集的一半。通常是将一个数列分为偶数序列 e_{j-1}和奇数序列 o_{j-1}，即

$$\mathrm{Split}(s_j)=(e_{j-1},\ o_{j-1}) \tag{6-59}$$

其中，$e_{j-1}=\{e_{j-1,k}=s_{j,2k}\}$，$o_{j-1}=\{o_{j-1,k}=s_{j,2k+1}\}$。

2）预测

预测(Predict)是利用偶数序列和奇数序列之间的相关性，由其中一个序列(一般是偶序列 e_{j-1})来预测另一个序列(一般是奇序列 o_{j-1})。实际值 o_{j-1}与预测值 $P(e_{j-1})$的差值 d_{j-1}反映了两者之间的逼近程度，称之为细节系数或小波系数，对应于原信号 s_j的高频部分。一般来说，数据的相关性越强，则小波系数的幅值就越小。若预测是合理的，则差值数据集 d_{j-1}所包含的信息比原始子集 o_{j-1}包含的信息要少得多。预测过程如下：

$$d_{j-1}=o_{j-1}-P(e_{j-1}) \tag{6-60}$$

其中，预测算子 P 可用预测函数 P_k来表示，函数 P_k可取为 e_{j-1}中的对应数据本身：

$$P_k(e_{j-1,k})=e_{j-1,k}=s_{j,2k} \tag{6-61}$$

或 e_{j-1}中的对应数据的相邻数据的平均值：

$$P_k(e_{j-1})=\frac{e_{j-1,k}+e_{j-1,k+1}}{2}=\frac{s_{j,2k}+s_{j,2k+1}}{2} \tag{6-62}$$

或其他更复杂的函数。

3）更新

经过分裂步骤产生子集的某些整体特征（如均值）可能与原始数据并不一致，为了保持原始数据的这些整体特征，需要一个更新(Update)过程。更新过程用算子 U 来代替，具体如下：

$$s_{j-1}=e_{j-1}+U(d_{j-1}) \tag{6-63}$$

其中，s_{j-1}为 s_j的低频部分；与预测函数一样，更新算子也可以取不同函数，如

$$U_k(d_{j-1})=\frac{d_{j-1,k}}{2} \tag{6-64}$$

或

$$U_k(d_{j-1})=\frac{d_{j-1,k-1}+d_{j-1,k}}{4}+\frac{1}{2} \tag{6-65}$$

若 P 与 U 取不同的函数，可构造出不同的小波变换。

2. 分解与重构

经过小波提升，可将信号 s_j分解为低频部分 s_{j-1}和高频部分 d_{j-1}；对于低频数据子集 s_{j-1}可以再进行相同的分裂、预测和更新，把 s_{j-1}进一步分解成 d_{j-2}和 s_{j-2}；…… 如此下去，经过 n 次分解后，原始数据 s_j的小波表示为 $\{s_{j-n},d_{j-n},d_{j-n+1},\cdots,d_{j-1}\}$。其中，$s_{j-n}$代表了信号的低频部分，而$\{d_{j-n},d_{j-n+1},\cdots,d_{j-1}\}$则是信号的从低到高的高频部分系列。

每次分解对应于上面的三个提升步骤，即分裂、预测和更新。

$$\text{Split}(s_j) = (e_{j-1}, o_{j-1}), d_{j-1} = o_{j-1} - P(e_{j-1}), s_{j-1} = e_{j-1} + U(d_{j-1}) \quad (6-66)$$

小波提升是一个完全可逆的过程，其反变换的步骤如下：

$$e_{j-1} = s_{j-1} - U(d_{j-1}), o_{j-1} = d_{j-1} + P(e_{j-1}), s_j = \text{Merge}(e_{j-1}, o_{j-1}) \quad (6-67)$$

分解的三个步骤可以用替代的方式来计算：先将奇数序列更新（用偶数序列预测奇数序列），然后用更新的奇数序列更新偶数序列。大致过程如下：

$$\text{Split}(s_j) = (e_{j-1}, o_{j-1}), o_{j-1} -= P(e_{j-1}), e_{j-1} += U(o_{j-1}) \quad (6-68)$$

其反变换过程也可以用替代的方式来计算：

$$e_{j-1} -= U(o_{j-1}), o_{j-1} += P(e_{j-1}), s_j = \text{Merge}(e_{j-1}, o_{j-1}) \quad (6-69)$$

用提升方法进行小波分解和重构的示意图如图 6-18 所示。

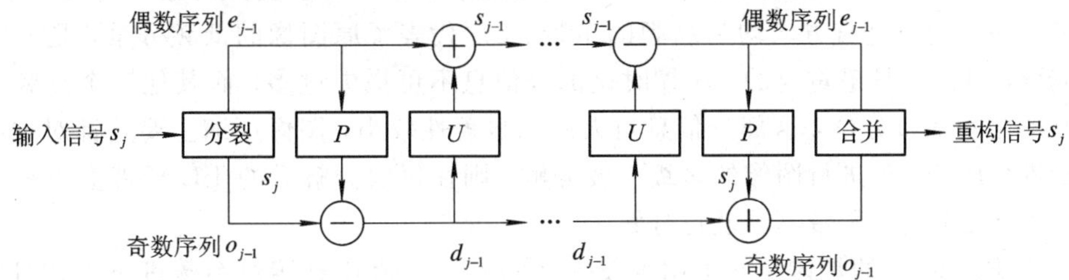

图 6-18 提升方法分解和重构

3. 特点

第二代小波变换是由第一代小波变换的提升实现的。与第一代小波相比，第二代小波变换具有以下优点：

(1) 本位操作：所有运算可做本位操作，节省内存；

(2) 效率高：利用复合赋值，减少了浮点运算量；

(3) 并行性：一个上升步骤中的所有操作是并行的，而多个上升步骤之间是串行的；

(4) 逆变换：逆变换只需简单地改变代码执行的先后顺序，具有与正向变换相同的计算复杂性；

(5) 通用性：由于变换过程中不必依赖傅里叶分析，因此很容易推广到一般性应用领域；

(6) 非线性：易于构造非线性小波变换(如整数变换)；

(7) 自适应：支持自适应性小波变换。函数的分析由粗到细逐步进行，细化过程可仅限于感兴趣的区域。

6.5.4 图像的小波变换

正因为第二代小波变换具有计算速度快、占用内存少、可以实现整数变换等特点，它成为 JPEG 2000 推荐的小波变换，是 JPEG 2000 中的核心算法。与传统的 Mallat 构造方法相比，第二代小波变换的提升格式完全是基于时(空)域的构造方法，它不依赖于平移和伸缩，也不需要频谱分析工具，因此适用于有限区域、曲面以及非均匀采样等领域中小波的构造。第二代小波变换的基本思想是建立在双正交小波和完全可恢复滤波器组的理论基础上的，在保持小波双正交特性的条件下，通过所谓的提升和对偶提升过程，来改善小波及其对偶的性能，以满足各种应用的需要。对于二维数字图像信号，提升小波变换可以通过在水平和垂直方向上分别应用 h、g 滤波器(行变换和列变换)进行一维滤波来实现，分解过程如图 6-19 所示。

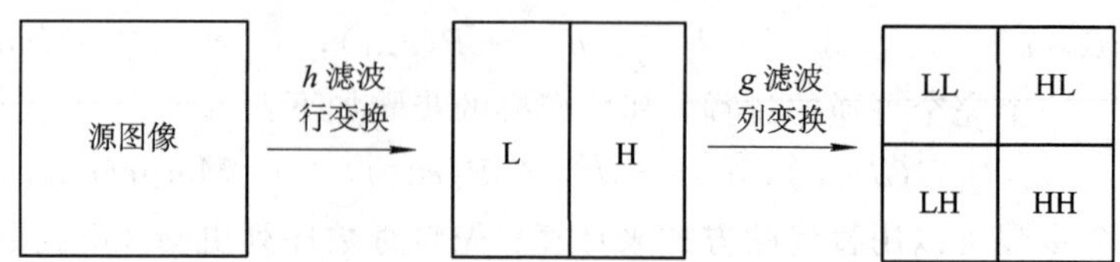

图 6-19　图像的提升小波分解

对二维图像数据进行行方向与列方向上的一维滤波，得到相应 LL、HL、LH 和 HH 子带。行变换过程和列变换过程是对称的，其顺序可以交换。其中，LL 子带代表原图像水平方向和垂直方向上均为低频的子带，HL 代表了原图像垂直方向上为低频而水平方向上为高频子带；LH 代表了原图像水平方向上的低频子带，而垂直方向上的高频子带；HH 代表了水平方向和垂直方向均为高频的子带。LL 代表了原图像的低频分量，是原图像的概貌成分，对人眼是最重要的，压缩时这部分信息不可损失过多；而其他三个高频子带代表了原图像的细节分量，这部分信息对人眼的显著性较小，图像压缩主要是针对这部分高频分量进行压缩。若进行图像的多级小波分解，则在每次分解后的 LL 子带上重复上述过程，对其余三个高频子带不再进行分解。

在 JEPG 2000 的具体实现中用小波提升的方法来避免直接对系数进行卷积计算，其中采用了两种小波变换，分别是用于有损压缩的 9/7 浮点型小波变换和既可以无损也可以用于有损压缩的 5/3 整数小波变换。$x(n)$表示输入的图像数据，$y(n)$表示经提升后的小波系数，有如下的计算公式。

(1) 5/3 小波实现算法：

$$\begin{cases} y(2n+1) = x(2n+1) - \left\lfloor \dfrac{x(2n)+x(2n+2)}{2} \right\rfloor \\ y(2n) = x(2n) + \left\lfloor \dfrac{y(2n-1)+y(2n+1)+2}{4} \right\rfloor \end{cases} \tag{6-70}$$

(2) 9/7 小波实现算法：

$$\begin{cases} y(2n+1) = x(2n+1) + \alpha[x(2n)+x(2n+2)],\ \alpha = 1.486\ 134\ 342 \\ y(2n) = x(2n) + \beta[x(2n-1)+x(2n+1)],\ \beta = -0.042\ 980\ 118 \\ y(2n+1) = y(2n+1) + \gamma[y(2n)+y(2n+2)],\ \gamma = 0.882\ 911\ 075 \\ y(2n) = y(2n) + \delta[y(2n-1)+y(2n+1)],\ \delta = 0.443\ 506\ 852 \\ y(2n+1) = -K \times y(2n+1),\ K = 1.230\ 174\ 105 \\ y(2n) = \dfrac{y(2n)}{K} \end{cases} \tag{6-71}$$

最后，给出一个图像小波变换的实例，展示如何用小波变换进行图像压缩编码。

【例 6-3】 设一个空间域图像的数据如下式所示，试对它进行非规范哈尔小波变换。

$$\boldsymbol{A} = \begin{bmatrix} 64 & 2 & 3 & 61 & 60 & 6 & 7 & 57 \\ 9 & 55 & 54 & 12 & 13 & 51 & 50 & 16 \\ 17 & 47 & 46 & 20 & 21 & 43 & 42 & 24 \\ 40 & 26 & 27 & 37 & 36 & 30 & 31 & 33 \\ 32 & 34 & 35 & 29 & 28 & 38 & 39 & 25 \\ 41 & 23 & 22 & 44 & 45 & 19 & 18 & 48 \\ 49 & 15 & 14 & 52 & 53 & 11 & 10 & 56 \\ 8 & 58 & 59 & 5 & 4 & 62 & 63 & 1 \end{bmatrix}$$

【解】 一个图像块是一个二维的数据阵列，可以先对阵列的每一行进行一维小波变换，然后再对行变换之后的阵列的每一列进行一维小波变换，最后对经过变换之后的图像数据阵列进行编码。

(1) 求均值与差值。利用一维的非规范化哈尔小波变换对图像矩阵的每一行进行变换，即求均值与差值。在图像块矩阵 $\boldsymbol{A}$ 中，第一行的像素值为

$$R0: [64 \quad 2 \quad 3 \quad 61 \quad 60 \quad 6 \quad 7 \quad 57]$$

步骤 1：在 $R0$ 行上取每一对像素的平均值，并将结果放到新一行 $N0$ 的前 4 个位置，其余的 4 个数是 $R0$ 行每一对像素的差值的一半(细节系数)：

$$N0: [33 \quad 32 \quad 33 \quad 32 \quad 31 \quad -29 \quad 27 \quad -25]$$

步骤 2：对行 $N0$ 的前 4 个数使用与第一步相同的方法，得到两个平均值和两个细节系数，并放在新一行 $N1$ 的前 4 个位置，其余的 4 个细节系数直接从行 $N0$ 复制到 $N1$ 的相应位置上：

$$N1: [32.5 \quad 32.5 \quad 0.5 \quad 0.5 \quad 31 \quad -29 \quad 27 \quad -25]$$

步骤 3：用与步骤 1 和 2 相同的方法，对剩余的一对平均值求平均值和差值：

$$N2: [32.5 \quad 0 \quad 0.5 \quad 0.5 \quad 31 \quad -29 \quad 27 \quad -25]$$

其中，第一个元素是该行像素值的平均值，其余的是这行的细节系数。需要指出的是，上述过程是可逆的。

(2) 计算图像矩阵。使用上步对 $R0$ 行处理的方法，对矩阵的每一行进行计算，得到行变换后的矩阵为

$$\boldsymbol{A}_R = \begin{bmatrix} 32.5 & 0 & 0.5 & 0.5 & 31 & -29 & 27 & -25 \\ 32.5 & 0 & -0.5 & -0.5 & -23 & 21 & -19 & 17 \\ 32.5 & 0 & -0.5 & -0.5 & -15 & 13 & -11 & 9 \\ 32.5 & 0 & 0.5 & 0.5 & 7 & -5 & 3 & -1 \\ 32.5 & 0 & 0.5 & 0.5 & -1 & 3 & -5 & 7 \\ 32.5 & 0 & -0.5 & -0.5 & 9 & -11 & 13 & -15 \\ 32.5 & 0 & -0.5 & -0.5 & 17 & -19 & 21 & -23 \\ 32.5 & 0 & 0.5 & 0.5 & -25 & 27 & -29 & 31 \end{bmatrix}$$

其中，每一行的第一个元素是该行像素值的平均值，其余的是这行的细节系数。使用与行处理相同的方法，再对每一列进行计算，得到：

$$\boldsymbol{A}_{RC} = \begin{bmatrix} 32.5 & 0 & 0 & 0 & 0 & 0 & 0 & 0 \\ 0 & 0 & 0 & 0 & 0 & 0 & 0 & 0 \\ 0 & 0 & 0 & 0 & 4 & -4 & 4 & -4 \\ 0 & 0 & 0 & 0 & 4 & -4 & 4 & -4 \\ 0 & 0 & 0.5 & 0.5 & 27 & -25 & 23 & -21 \\ 0 & 0 & -0.5 & -0.5 & -11 & 9 & -7 & 5 \\ 0 & 0 & 0.5 & 0.5 & -5 & 7 & -9 & 11 \\ 0 & 0 & -0.5 & -0.5 & 21 & -23 & 25 & -27 \end{bmatrix}$$

上式中，左上角的元素表示整个图像块的像素值的平均值，其余是该图像块的细节系数。

可以看到：

① 变换过程到此没有丢失信息，由于整个变换过程是可逆的，因此能够从最后得到的数据中无失真地重构出原始数据。

② 对这个给定的变换，我们可以从所记录的数据中重构出各种分辨率的图像。例如，在分辨率为1(此例8×8)的图像基础上重构出分辨率为2(此例4×4)的图像，在分辨率为2的图像基础上重构出分辨率为4(此例2×2)的图像。

③ 通过变换之后产生的细节系数的幅度值比较小，这就为图像压缩提供了一种途径，例如去掉一些微不足道的细节系数而不影响对重构图像的理解，这时是不可逆过程。一种做法是设置一个阈值，例如设置阈值为5，对细节系数小于等于5时就把它当做“0”看待，这样有矩阵：

$$\boldsymbol{A}_\delta = \begin{bmatrix} 32.5 & 0 & 0 & 0 & 0 & 0 & 0 & 0 \\ 0 & 0 & 0 & 0 & 0 & 0 & 0 & 0 \\ 0 & 0 & 0 & 0 & 0 & 0 & 0 & 0 \\ 0 & 0 & 0 & 0 & 0 & 0 & 0 & 0 \\ 0 & 0 & 0 & 0 & 27 & -25 & 23 & -21 \\ 0 & 0 & 0 & 0 & -11 & 9 & -7 & 0 \\ 0 & 0 & 0 & 0 & 0 & 7 & -9 & 11 \\ 0 & 0 & 0 & 0 & 21 & -23 & 25 & -27 \end{bmatrix}$$

与 $\boldsymbol{A}_{RC}$ 相比，$\boldsymbol{A}_\delta$ 中“0”的数目增加了18个，也就是去掉了18个细节系数。这样做的好处是可提高图像小波变换编码的效率。

对矩阵进行逆变换，得到了重构的近似矩阵。

$$\widetilde{\boldsymbol{A}} = \begin{bmatrix} 59.5 & 5.5 & 7.5 & 57.5 & 55.5 & 9.5 & 11.5 & 53.5 \\ 5.5 & 59.5 & 57.5 & 7.5 & 9.5 & 55.5 & 53.5 & 11.5 \\ 21.5 & 43.5 & 41.5 & 23.5 & 25.5 & 39.5 & 32.5 & 32.5 \\ 43.5 & 21.5 & 23.5 & 41.5 & 39.5 & 25.5 & 32.5 & 32.5 \\ 32.5 & 32.5 & 39.5 & 25.5 & 23.5 & 41.5 & 43.5 & 21.5 \\ 32.5 & 32.5 & 25.5 & 39.5 & 41.5 & 23.5 & 21.5 & 43.5 \\ 53.5 & 11.5 & 9.5 & 55.5 & 57.5 & 7.5 & 5.5 & 59.5 \\ 11.5 & 53.5 & 55.5 & 9.5 & 7.5 & 57.5 & 59.5 & 5.5 \end{bmatrix}$$

将此式的结果和原始数据相比，可看到数据有失真。

利用小波变换，用户可以按照应用要求获得不同分辨率的图像。如图6-20所示，其中，(a)表示原始的Lena图像，(b)表示通过一级(level)小波变换可得到1/4分辨率的图像，(c)表示通过二级小波变换可得到1/8分辨率的图像，(d)表示通过三级小波变换可得到1/16分辨率的图像。

阈值处理可用于去除图像中的噪声和控制编码后图像的数据量。在取不同阈值的情况下重构图像，可观察到图像质量发生的变化，如图6-21所示。其中，(a)表示原始的Lena图像，(b)表示阈值5的重构图像，(c)表示阈值10的重构图像，(d)表示阈值20的重构图像。从图中可以看到，随着阈值的增大，图像质量也随之降低。

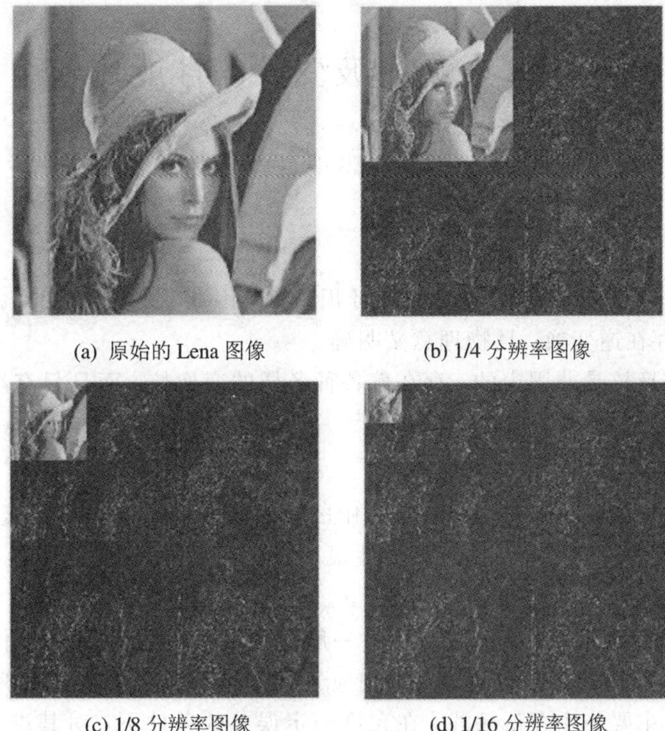
(a) 原始的 Lena 图像 (b) 1/4 分辨率图像
(c) 1/8 分辨率图像 (d) 1/16 分辨率图像

图 6-20 使用小波分解产生多种分辨率图像

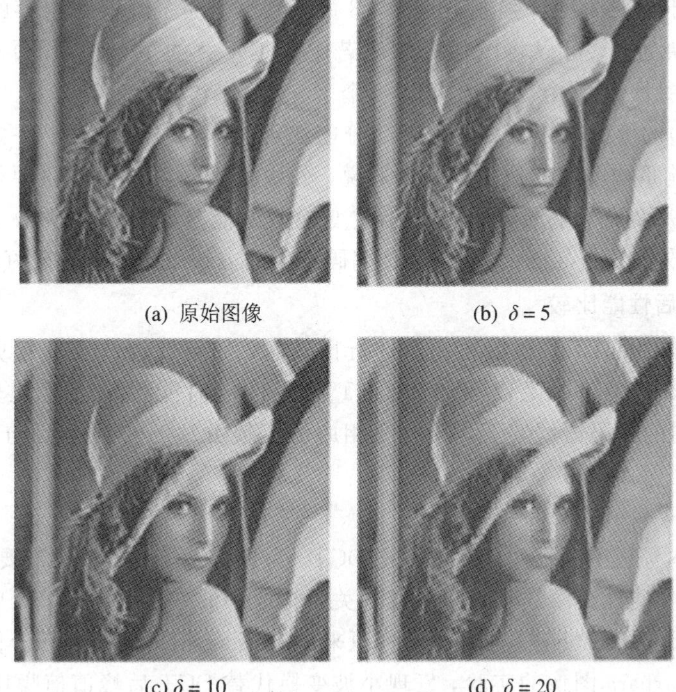
(a) 原始图像 (b) $\delta=5$
(c) $\delta=10$ (d) $\delta=20$

图 6-21 不同阈值下的 Lena 图像

6.6 DCT与小波变换的性能比较

DCT和小波变换作为在媒体信号编码中最常用的两种变换，它们之间的比较如下[14-15]：

1. 变换核

DCT的变换核是固定的，它满足绝对可积条件，因此它是可逆变换。任何一个经过DCT后的信号都存在逆变换，且物理意义明确。

小波变换的变换核是非固定的，存在着各种各样的变换核，而且只有在所采用小波满足“可容许条件”下，逆变换才存在。

2. 能量集中是这两种变换共同的特点

变换域编码的作用就是将时域(或空域)中的信号变换到另外一个正交矢量空间(即变换域)，并使变换域中各信号分量之间相关性很小或互不相关，从而与变换前相比，其能量更加集中。

DCT是先将图像分成$N\times N$像素块(N一般等于8)，然后对$N\times N$像素块逐一进行DCT。由于大多数图像的高频分量较小，相应于图像高频成分系数经常为零，因此DCT使实际信号的能量主要集中在低频段，在允许一定误差的条件下，对其进行编码时，可以忽略能量小于某值的频率分量，使数码率降低，但数码率很低时要产生令人眼无法忍受的方块效应。

小波变换并不需要将图像强制分成8×8的小块。但为了降低对内存的需求和方便压缩域中可能的分块处理，可以将图像分割成若干互不重叠的矩形块(tile)。分块的大小任意，既可以整个图像是一个块，也可以一个像素是一个块。一般分成$2^{6\sim10}\times 2^{6\sim10}$(即64～1024像素宽)的等大方块，不过边缘部分的块可能小一些，而且不一定是方的。图像分块的大小会影响重构图像的质量。一般来说，分块大比分块小的质量要好一些。小波变换具有很好的时-频局部化特性，信号经小波变换后的能量也集中在少数变换系数上，合理利用其变换系数分布特点，可克服DCT编码产生的方块效应，获得较好的压缩效果。

3. 图像压缩后性能比较

在对图像编码中的DCT和小波变换进行比较时，如果允许改变变换方式，则应固定量化器和熵编码器，这是在比较小波和DCT编码性能时能提供客观比较的唯一方法。Xiong等人在相同的编码器框架下，只改变相应的变换方法对小波编码与DCT编码的性能进行了比较。

1) 基于基本等级的JPEG编码器

在JPEG基本等级编码器中，使用的是DCT。为进行性能比较，只需要DCT部分改为3层的DWT，并按照图6-22(a)所示的父子关系构成小波变换系数块，然后根据小波系数频率变化规律以图6-22(b)扫描次序代替原来的ZigZag扫描，其余部分保持不变。通过对Lena图像和Barbara图像的实验，发现小波变换代替DCT后峰值信噪比PSNR改进了1 dB左右，如表6-6所示。表中码率的单位b/p指的是每像素比特数(bit per pixel)。

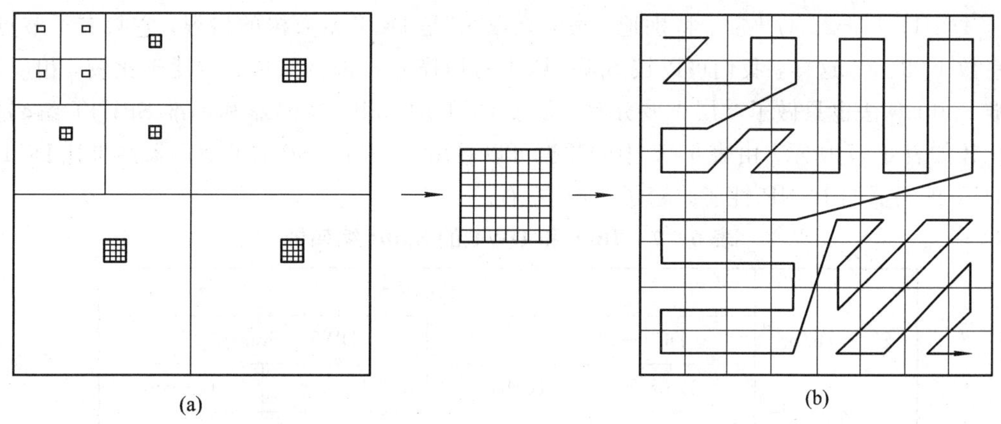

图 6-22　在 JPEG 基本编码器中用 3 层 DWT 代替 DCT 后的系数组块和扫描方式

表 6-6　DCT 和 DWT 的基本 JPEG 编码器

码率(b/p)	PSNR			
	DCT-JPEG		DWT-JPEG	
	Lena	Barbara	Lena	Barbara
0.25	31.60	25.20	32.07	26.62
0.50	34.90	28.30	35.83	30.68
0.75	36.60	31.00	37.94	33.50
1.00	37.90	33.10	39.31	36.06

2) 基于 SPIHT 编码框架的比较

20 世纪 90 年代，Shapiro 的 EZW 算法以及 Said 等人的 Spiht 小波编码的成功应用，对传统的 DCT 编码提出了严峻的挑战。在 Spiht 编码框架下，用 DCT 代替 DWT，为了应用 Spiht 的系数的树形父子关系，对 DCT 的系数也按照树形结构进行划分，如图 6-23 所示。

0	1	4	5	16	17	20	21
2	3	6	7	18	19	22	23
8	9	12	13	24	25	28	29
10	11	14	15	26	27	30	31
32	33	36	37	48	49	52	53
34	35	38	39	50	51	54	55
40	41	44	45	56	57	60	61
42	43	46	47	58	59	62	63

图 6-23　DCT 系数的树形结构(深度为 3 的系数树)

经过划分后，8×8 的 DCT 系数块可以看成是 3 层的小波系数树，其父子关系如下：对于系数节点，$1\leqslant i\leqslant 63$，其父系数节点为$[i/4]$；对于系数节点，$1\leqslant j\leqslant 15$，其子节点为

{4j，4j+1，4j+2，4j+3}。特别地，直流系数"0"是DCT系数树的树根，它只有子节点，即系数1、2、3。这样，我们可以按Spiht算法的扫描方式进行扫描。为便于比较，相应的标准Spiht算法也只做了3层小波分解。基于DCT的Spiht编码器和标准SPIHT编码器的比较如表6-7所示。由表6-7中的数据可以看出，DWT-SPIHT编码器结果比DCT-SPIHT编码器的PSNR性能改善了1 dB左右。

表6-7 DCT和DWT的Spiht编码器

码率/(b/p)	PSNR			
	DCT-Spiht(8×8)		DWT-Spiht(3层)	
	Lena	Barbara	Lena	Barbara
0.25	32.27	26.93	33.53	27.09
0.50	35.98	30.87	36.90	31.07
0.75	38.04	33.73	38.86	34.00
1.00	39.60	36.08	40.23	36.17

3) JPEG基本编码器的DCT系数量化和编码方法优化后与EZW的比较

事实上，JPEG基本编码器的DCT系数的量化和编码并不是最优的，M. Crouse等人[23]提出了一种优化的DCT系数的量化和编码方法，取得了相比基本JPEG编码器有1.7 dB左右的PSNR性能改善(如表6-8所示)，该结果和嵌入零树小波变换(EZW)相当，但与Spiht还是有一定差距。

表6-8 优化后的DCT与EZW的性能比较

码率/(b/p)	PSNR			
	DCT(optimized)		EZW	
	Lena	Barbara	Lena	Barbara
0.25	32.30	26.70	33.17	26.77
0.50	35.90	30.60	36.28	30.53
0.75	38.10	33.60	—	—
1.00	39.60	35.90	39.55	35.14

4) DCT与小波变换在视频压缩中的比较

标准的视频编码方法是建立在将DCT应用到运动补偿图像的框架上的。将小波变换引入到视频编码中一直以来都是一个受到广泛研究的主题。一个观点就是用小波变换代替视频编码标准方法中的DCT。在基于DCT和小波变换的二维变换视频编码方法中，运动补偿图像同很多自然的静止图像相比有很大的不同，即在运动补偿后空间系数会减少。Xiong等人比较了Samoff公司提出的基于小波的零树熵(ZTE)视频编码器和MPEG-4校验模型(VM)视频编码器的结果，如表6-9所示。从表6-9的结果可以看出，在相同的比特率和帧频下，基于小波的ZTE编码器在MPEG-4 VM上产生的客观性能与基于DCT的编码器相当。

表 6-9 基于 ZTE 和 DCT 的 MPEG-4 VM 视频编码性能比较

视频序列	码率	Y/C	DCT	ZTE
Akiyo@10f/s	24 kb/s	Y	37.46	36.64
		C	42.15	44.02
Hall @10f/s	24 kbps	Y	34.46	34.11
		C	39.38	39.63
Coast@7.5f/s	48 kb/s	Y	29.74	29.20
		C	40.78	40.88
News@7.5f/s	48 kb/s	Y	35.10	35.17
		C	39.11	40.46

4. 多分辨率分析能力比较

小波变换具有多分辨率分析的能力，算法是采用 Mallat 提出的多分辨率塔形算法。小波变换处理的图像各个频带分别对应了原图像在不同尺度和不同分辨率下的细节，以及一个由小波变换分解级数决定的最小尺度、最小分辨率下对原始图像的最佳逼近。研究表明，有多种方法能使 DCT 产生类似于小波的多分辨率图像分解特性：一种是将常规的二维 DCT 通过系数重组来获得多分辨率的图像；另一种是层式 DCT 编码分解形式。DCT 的多分辨率图像分解为适应网络图像、信号的可分级传输、内容检索等提供了条件。从人类视觉特性对图像进行由粗到细的理解过程看，用于图像编码的任何变换都应该具有多分辨率分析特征。在这一点上，小波变换、DCT 均有相似之处，但就目前来看，小波变换的多分辨率分析能力比 DCT 表现得更有优势。

5. 结论

经过静止图像和视频的基于 DCT 和小波的编码比较后，可以得知在图像编码中的主要因素是量化器和熵编码器而不是小波变换和 DCT 的差别。在具有同样的量化器和熵编码器条件下，基于小波变换的图像编码比基于 DCT 的小波编码图像客观质量 PSNR 改进约 1 dB 左右，在视频编码中则质量相当。另外，通过改进 DCT 系数重组方式，DCT 也能产生类似小波的多分辨率图像分解特性。但是，小波变换的计算复杂度一般都高于 DCT 的复杂度。因此，DCT 具有很强的生命力，在未来的图像视频压缩中必将还能发挥重要的作用。

习题与思考题

6-1 变换编码的基本原理是什么？

6-2 试对协方差矩阵 $\boldsymbol{\Phi}_X=\begin{bmatrix} a & b & b & b \\ b & a & b & b \\ b & b & a & b \\ b & b & b & a \end{bmatrix}$，求 KLT 矩阵，并验证该矩阵可以将 $\boldsymbol{\Phi}_X$ 对角化。

6-3　试证明 DCT 是正交变换。

6-4　你认为利用正交变换能否实现熵保持编码？为什么？

6-5　按照 JPEG 标准的基本算法，试对如下所示的 8×8 源图像的亮度采样值编码。

142	144	151	156	156	157	156	156
140	143	148	150	154	155	156	155
148	150	156	160	158	158	156	158
159	160	162	161	160	159	158	160
158	162	161	164	162	160	160	162
160	164	143	162	160	158	157	159
162	163	148	160	158	156	154	156
163	160	150	154	154	154	153	155

① 求出该图像块的全部码字(假设前一个量化子块的 DC 系数为 11)；

② 计算数据压缩比；

③ 求出该压缩图像的重建亮度值；

④ 计算该重建图像的归一化均方误差。

6-6　修正离散余弦变换与离散余弦变换有何区别？

6-7　基于离散余弦变换的图像编码的优缺点主要体现在哪些方面？

6-8　连续小波变换中的参数 a 和 b 各是什么含义？

6-9　基于离散小波变换的图像编码的优缺点主要体现在哪些方面？

6-10　对图像进行小波变换需要先对图像进行分块吗？为什么？

6-11　试对题 6-5 所示的图像数据进行哈尔小波变换(取 $\delta=5$)，并求出重建图像数据。

6-12　第二代小波变换有哪些主要优点？提升原理的 3 个步骤的名称和内容各是什么？

第7章　语音编码技术

语音信号是通过空气传播的一种连续波，它是携带信息的重要媒体。压缩数字语音信号的传输带宽或降低语音通信的传输码率一直是人们追求的目标，语音编码是实现这一目标的关键技术。语音编码需要在保持可懂度和音质、降低比特率和减少编码过程的复杂度等几个方面进行折中。本章主要介绍语音信号的统计特性、语音编码原理及技术、语音编码标准及语音编码技术的最新发展。

7.1　语音信号统计特性

7.1.1　语音信号的产生

语音产生的大致过程如下：从肺部压出的空气由气管到达声门，气流流经声门时形成声音，然后再经咽腔，由口腔或鼻腔送出。其中，咽腔和口腔、鼻腔构成由多节声管组成的声道，当腔体呈不同形状，舌、齿、唇等处于不同位置时，相当于形成一个具有不同零极点分布的滤波器，气流通过该滤波器后产生相应的频响输出，从而发出不同的声音。人的说话过程产生的声音通常分为两种基本类型：

第一类为浊音，由声带振动而产生，每次振动使一股空气从肺部流入声道，产生一个准周期的空气脉冲。激励声道的各股空气之间的间隔称为音调间隔或基音周期(Pitch Period)，其波形如图7-1(a)所示，它表现为准周期。

第二类为清音，一般又分成摩擦音和破裂音两种。前者用空气通过声道的狭窄段而产生的湍流作为音源；后者声道在瞬间闭合，然后在气压激励下迅速散开而产生破裂音源。清音的波形如图7-1(b)所示，它比浊音具有更大的随机性，更像噪声。

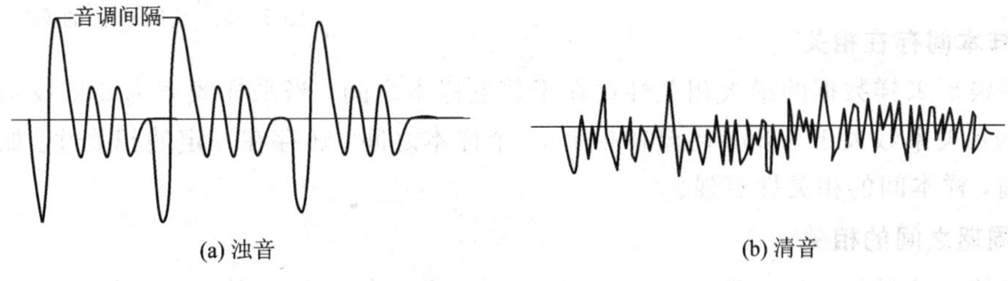

图7-1　典型的浊、清音波形图

典型的语音信号波形如图7-2所示。从中可以看出，语音波形的各段之间具有明显的停顿，而且各段波形具有突发性，即各段能量在开始时猛增，然后缓慢减小，这正是人们发音的特点。另外，由于浊音而形成的男、女声的基音周期分别为 5～20 ms 和 2.5～10 ms，而典型的浊音持续时间约为 100 ms，因此一个单音中可能有 20～40 个音调间隔。

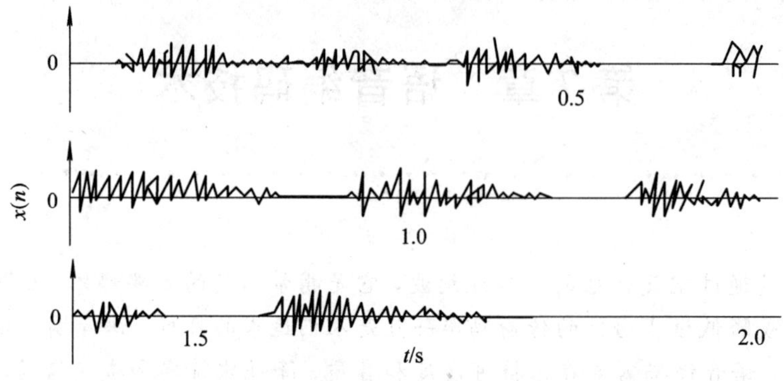

图 7-2 语音信号的典型特征

7.1.2 语音信号的时域统计特性

从时域的角度看，语音信号的统计特性主要有以下几个方面。

1. 幅度非均匀分布

一般说来，话音信号的长时平均幅度概率分布特性的一阶近似可简单由拉普拉斯分布或伽玛分布近似，即

$$P_{\mathrm{L}}(x)=\frac{1}{\sqrt{2}\sigma_x}\mathrm{e}^{-\frac{\sqrt{2}|x|}{\sigma_x}} \tag{7-1}$$

$$P_{\mathrm{G}}(x)=\left[\frac{\sqrt{3}}{8\pi\sigma_x\,|\,x\,|}\right]^{1/2}\mathrm{e}^{-\frac{\sqrt{3}|x|}{2\sigma_x}} \tag{7-2}$$

其理论上的拉普拉斯分布概率密度或伽玛概率密度分布归一化后如图 7-3 所示。其中，虚线为实际测量得到的语音振幅分布。

由图 7-3 可以看出，语音信号的幅度概率分布特性具有以下特征：① 幅度为零及其附近值的概率较大，这说明低电平的波形和无声的时间较多；② 大幅度信号出现的概率较小；③ 在二者之间的概率密度是幅度的单调函数。

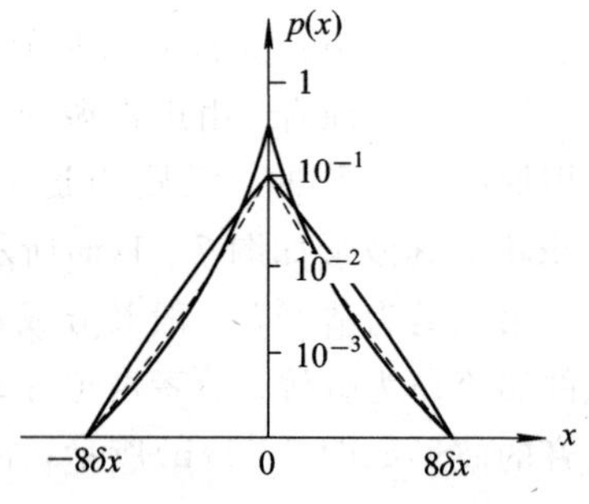

图 7-3 长时语音的幅度分布

2. 样本间存在相关

语音波形采样数据的最大相关性存在于邻近样本之间。当采样频率为 8 kHz 时，相邻样本间的相关系数大于 0.85；甚至在相距 10 个样本之间，还存在一定的相关性。如果采样频率提高，样本间的相关性更强。

3. 周期之间的相关

虽然语音信号的频谱大致为 300～3400 Hz 之间，但在特定的瞬间，某一段声音却往往只是该频带内的少数频率分量起作用。当声音只存在少数几个基本频率时，就会像某些振荡波形一样，存在准周期性，因而周期与周期之间存在一定的相关性。

4. 静止系数

在语音通话中，总是一个人在讲、一个人在听，一般平均下来每人各占一半的通话时间。听的时候不讲，即使讲的时候也会出现字、词、句之间的停顿。通话分析表明，话音间隙使得全双工话路的典型效率为通话时间的 40%(或 60%是不讲话的)。

7.1.3 语音信号的频域统计特性

从频域的角度看，语音信号的统计特性主要有以下几个方面。

1. 非均匀的长时功率谱密度

在相当长的时段内统计平均，可得到长时功率谱密度函数，典型曲线如图 7-4(a)所示。不难看出，其功率谱呈现强烈的非平坦性，这说明语音信号的频率分布不均匀，有的频率出现多，有的频率出现少，此外直流分量的能量并非最大。

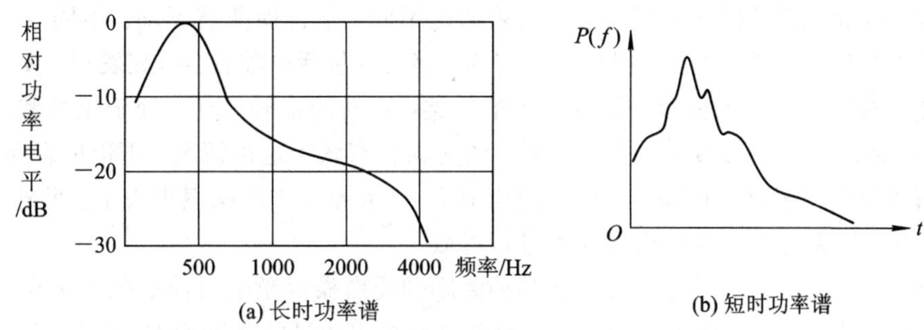

图 7-4 语音信号的功率谱密度函数

2. 语音特有的短时功率谱密度

语音信号的短时功率谱，在某些频率上出现峰值，在另一些频率上出现谷值，典型曲线如图 7-4(b)所示。这些峰值频率，也就是能量较大的频率，通常称为共振峰频率。此频率不只一个，但最主要的 1 或 2 个决定了语音的基本特征。另外，整个谱也是随频率增加而递减，这说明语音的高频部分占的能量是非常少的。

7.2 语音信号处理

语音信号是非平稳的、时变、离散性大、信息量大、复杂的信号，因此处理难度很大。各国学者经过多年努力，对一些问题的处理已经取得较好的结果。本节就语音处理中的实用方法和实际物理量进行简要介绍，它们是语音信号压缩编码的基础。

7.2.1 语音信号的数字生成模型

语音是由肺部的气流激励声道，然后由嘴唇或鼻孔或同时从嘴唇和鼻孔发射出来而形成的，语音信号的数字生成模型就是采用数学模型来描述这种语音形成过程。它由激励模型、声道模型和辐射模型组成，如图 7-5 所示。

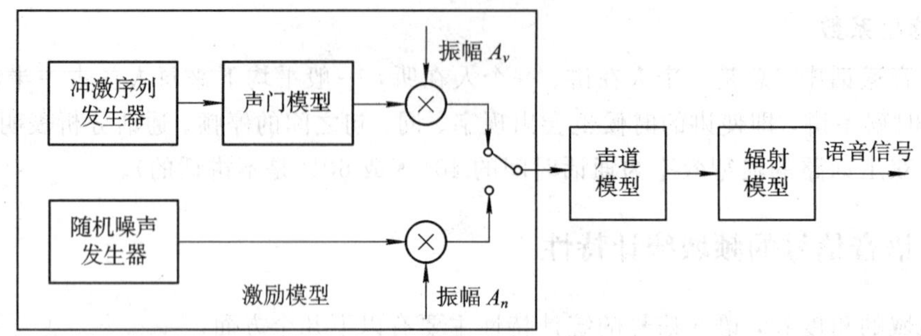

图 7-5　数字语音的生成模型

1. 激励模型

人发不同的声音时，激励的情况各不相同。发音的情况大致可以分为两大类。第一类，在发浊音时，气流经过绷紧的声带，对声道进行冲击，产生振动，使得声门处形成准周期的脉冲串。声带的绷紧程度不同，振动的频率也不同，基音周期就不同。不同的人声带不同，其基音周期也不同。浊音不但包括所有的元音，也包括浊辅音。研究发现，发浊音时所产生的脉冲波形类似于三角形的脉冲串。第二类，在发清音时，声带处于松弛状态，不发生振动，气流通过声门直接进入声道。所有的清辅音都属于这种情况。不论擦音还是塞音，其激励信号都相当于随机白噪声，可以用均值为 0、方差为 1 的噪声来表示。另外，现有研究表明，声门模型可以用两级极点模型进行等效。

应该指出，将语音信号分为受周期脉冲激励和受白噪声激励两种情况并不完全符合实际情况，有时甚至与实际情况相差很远，目前已经提出改进的激励模型。但为了分析方便，一般都采用这种二元激励模型。

2. 声道模型

声学理论研究指出，语音信号是声道被激励发生共振而产生的输出，因此可以将声道看做是由多个不同截面积的无损声管串联而成的系统。在工程应用中，声道可以利用一个时变线性系统来模拟，该系统的传递函数 $V(Z)$ 是一个全极点函数。假定声道长度 17 cm 左右，利用无损声管模型，在 0～5 kHz 范围内可得到 5 个共振峰，其位置大致在 500 Hz、1500 Hz、2500 Hz、3500 Hz、4500 Hz 附近，每个共振峰对应传递函数 $V(Z)$ 的一对极点，这与实际的语音信号的频谱分析结果基本一致。在实际的语音编码或语音处理中，

$$V(Z)=\frac{1}{\sum_{i=1}^{p}a_i(k)z^{-i}} \tag{7-3}$$

式中，p 为全极点滤波器的阶数，一般在 8～12 的范围内取值；$a_i(k)$ 为声道模型参数。

3. 辐射模型

声道的终端是口和唇。从声道输出的是速度波，而语音信号是声压波，二者的倒比称为辐射阻抗，可以用它来表示口唇的辐射效应和头部的绕射效应等。由辐射引起的能量损耗正比于辐射阻抗的实部，口唇端的辐射效应在高频段比低频段明显，因此可以用一个高通滤波器来表示辐射模型：

$$R(Z)=1-r\cdot z^{-1} \tag{7-4}$$

式中，系数 r 近似为 1。

在实际信号分析时，经常采用预加重技术，即在采样之后插入一个一阶高通滤波器，在语音合成时再进行去加重处理，恢复出原来的语音。

根据上面分析，数字语音信号的生成模型可以用如下全极点形式的传递函数表示为

$$H(z) = U(z)V(z)R(z) \tag{7-5}$$

7.2.2　语音信号的预处理

预处理是指在对语音信号数字分析处理之前的前期工作，如通用的抗工频干扰、反混叠滤波等信号处理方法，或者专用的预加重与分帧处理等。

1. 预加重

预加重也称高频提升。预加重的目的是进行语音信号频谱的高频提升，使其变得平坦，便于进行频谱分析或声道参数分析。

在介绍语音信号数字生成模型时，声门模型是一个两极点模型，辐射模型是一个零点模型，如果一个零点抵消一个极点，那么还有一个极点的影响，这可以通过预加重设计出另一个零点来抵消极点的影响。因此，预加重传递函数一般表示为

$$H(z) = 1 - \mu \cdot z^{-1} \tag{7-6}$$

式中，μ 的典型值为 0.94。

该预加重模型是以发浊音的情况推导出来的，但是对于发清音时的情况就值得推敲。从发音过程看，发不同清音时，经常能产生零点特性，所以简单对语音信号输入后做预加重不尽合理，有时需要进行调整。

2. 分帧处理

由于语音信号是非平稳过程，是时变的，但是由于人的发音器官的肌肉运动速度较慢，所以语音信号可以认为是局部平稳的，或短时平稳的。这样就可将平稳过程的处理方法和理论引入到语音信号的短时处理，使得语音信号的分析变得简单。实践证明，这样做是符合客观实际的，也是合理的。因此，语音信号分析常采用分帧处理，一般每秒的帧数约为 33～100。帧信号既可以是连续的，也可以是有交叠的。

语音信号分析中常用"短时分析"这一概念。短时分析实质上就是把语音信号截成一段一段的，这个操作对数字信号最简单的实现方式就是用一个矩形窗截取信号。数字信号处理理论告诉我们，两个信号时域相乘，在频域相当于两个信号的卷积，矩形窗的高频频谱必将影响语音信号的高频部分。因此，简单的矩形窗有时并不合适，需要设计一下更加复杂的窗函数，以减少窗函数的频谱对信号频谱的影响。

7.2.3　短时平均能量、幅度和过零率

1. 短时平均能量

在信号时刻 n，语音信号的短时平均能量 E_n 定义为

$$E_n = \sum_{m=-\infty}^{+\infty} [x(m)w(n-m)]^2 = \sum_{m=n-N+1}^{n} [x(m)w(n-m)]^2 \tag{7-7}$$

式中，$x(n)$ 为语音数字信号，$w(n)$ 为窗函数，N 为窗大小。在 $w(n)$ 为矩形窗时，

$$E_n = \sum_{m=n-N+1}^{n} x^2(m) \tag{7-8}$$

若令 $h(n)=w^2(n)$，则式(7-7)可写成

$$E_n=\sum_{m=-\infty}^{+\infty}x^2(m)h(n-m)=x^2(n)\times h(n) \tag{7-9}$$

此式表明，窗函数加权的短时能量相当于将“语音平方”信号通过一个线性滤波器的输出，该滤波器的单位冲激响应为 $h(n)$，实现方式如图 7-6 所示。

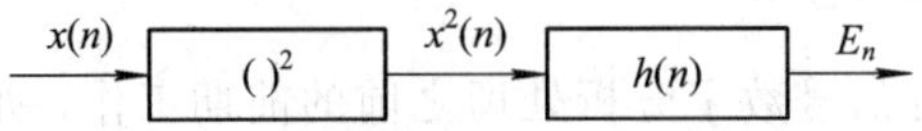

$$x(n)\rightarrow\boxed{(\ )^2}\xrightarrow{x^2(n)}\boxed{h(n)}\xrightarrow{E_n}$$

图 7-6　语音短时能量估计

由此可见，不同窗函数的选择(形状、长度)对语音短时平均能量影响很大，常用的窗函数为矩形窗、汉明窗或其他混合窗等。无论是什么形状的窗，窗口序列的长度 N 将起决定性作用。N 选得大，滤波器的通带变窄，波形的振幅变化细节被平滑掉；反之，N 太小，则滤波器的通带变宽，信号得不到足够的平均。

另外，窗口长度的长或短，都是相对于语音信号的基音周期而言的。通常认为，一个语音帧应含有 1～7 个基音周期为好。但是人的语音的基音周期因人而异，并且是时变的，因此通常折中地选择 N 为 100～200 个样点。

2. 短时平均幅度

对于高电平信号，短时平均能量 E_n的平方处理方式显得动态范围过大，在数字处理的有限字长效应下，容易产生溢出。因此，可以采用短时平均幅度 M_n来度量语音信号的幅度变化，其定义如下：

$$M_n=\sum_{m=-\infty}^{+\infty}|x(m)|h(n-m)=|x(n)|\times h(n) \tag{7-10}$$

采用这个参数后，语音时域分析时清/浊音的 M_n值的动态范围不如 E_n值大。

由于 M_n值和 E_n值都要进行低通滤波的运算，且等效的窗口长度是有限的，因此我们可以用快速衰减的无限长度的窗口函数来代替，这个等效的低通滤波器的冲激响应可以表示为

$$h(n)=\begin{cases}a^n, & n\geqslant 0\\ 0, & n<0\end{cases} \tag{7-11}$$

其中，$0<a<1$。$h(n)$对应的系统函数为

$$H(z)=\frac{1}{1-az^{-1}} \tag{7-12}$$

因此，采用该滤波器的 M_n和 E_n的差分实现方式如下：

$$E_n-a\times E_{n-1}=x^2(n) \tag{7-13}$$

$$M_n-a\times M_{n-1}=|x(n)| \tag{7-14}$$

用差分方法实现可以连续计算、简单方便。

3. 短时平均过零率

信号的幅度值从正值到负值的变化要经过零值，从负值到正值也要经过零值，称其为过零。如果统计信号一秒钟有几次过零，就称为过零率。如果将信号分段，统计该段内信号的过零率，就是短时平均过零率。短时平均过零率主要用来估计语音信号的频率性质。

语音信号序列 $x(n)$ 的短时平均过零率 Z_n 可定义为

$$
\begin{aligned}
Z_n &= \sum_{m=-\infty}^{+\infty} |\operatorname{sgn}[x(m)] - \operatorname{sgn}[x(m-1)]| w(n-m) \\
&= |\operatorname{sgn}[x(n)] - \operatorname{sgn}[x(n-1)]| w(n)
\end{aligned}
\tag{7-15}
$$

式中，$\operatorname{sgn}[\cdot]$ 是符号函数，$w(n)$ 为窗函数，在这里一般为矩形窗，其实现流程如图 7-7 所示。

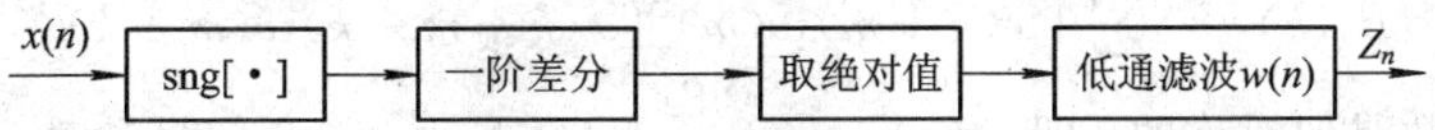

图 7-7 语音信号的短时平均过零率

短时平均过零率在语音信号分析中主要用来进行清/浊音判决。发浊音时，声带振动，尽管有若干个共振峰，但其能量集中于低于 3 kHz 的频率范围内。发清音时，声带不振动，声道的某部分阻塞气流产生类白噪声，其能量主要集中于较高的频率范围。也就是说，发清音时的过零率要高于发浊音时的过零率。通过大量的实验统计，得到每 10 ms 作为一个平均段的清音和浊音的典型平均过零率的直方图，直方图的分布形状与高斯分布很接近，如图 7-8 所示。可以看出，浊音时短时平均过零率的均值为 14 过零/10 ms，清音时短时平均过零率的均值为 47 过零/10 ms。图中清音过零率和浊音过零率有一个交叠区，此时用短时平均过零率很难区分清/浊音。

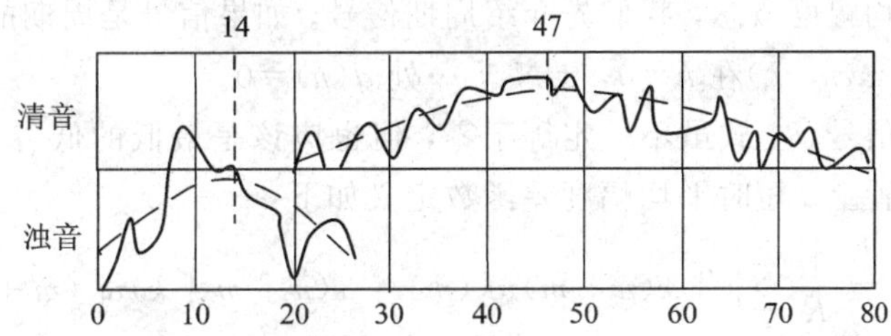

图 7-8 语音信号 10 ms 内的典型平均过零率

7.2.4 短时自相关函数和平均幅度差函数

1. 短时自相关函数

语音信号的短时自相关函数定义为

$$
R_n(k) = \sum_{m=-\infty}^{+\infty} x(m)w(n-m)x(m+k)w(n-m-k) \tag{7-16}
$$

由于自相关函数是偶函数，可以改写成

$$
\begin{aligned}
R_n(k) = R_n(-k) &= \sum_{m=-\infty}^{+\infty} [x(m)x(m-k)][w(n-m)w(n-m+k)] \\
&= \sum_{m=-\infty}^{+\infty} [x(m)x(m-k)]h_k(n-m) \\
&= [x(n)x(n-k)] * h_k(n)
\end{aligned}
\tag{7-17}
$$

即自相关函数可理解为序列 $[x(n)x(n-k)]$ 通过一个具有冲激响应为 $h_k(n)$ 的数字滤波器的输出，$h_k(n)=w(n)w(n+k)$，其运算过程如图 7-9 所示。

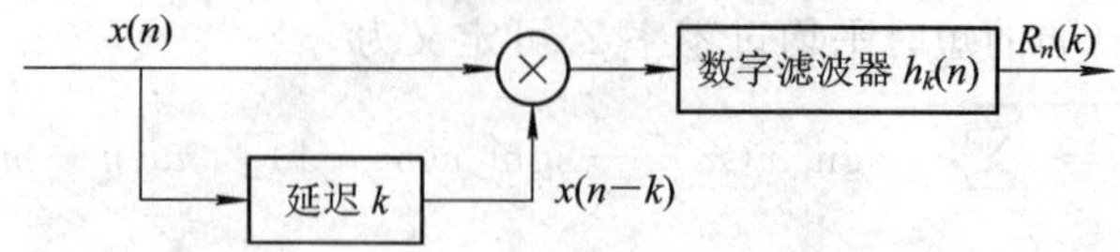

图 7-9　语音信号的短时自相关函数

也可以不用数字滤波器来运算，而采用直接运算的方法，只需将公式改写为

$$R_n(k) = \sum_{m=-\infty}^{+\infty} [x(n+m)w(m)][x(n+m+k)w(m+k)] \tag{7-18}$$

这里要求窗函数是偶对称的，即 $w(n) = w(-n)$。窗不动，语音信号移动，如果窗口长度 $0 \leqslant n \leqslant N-1$，则式(7-18)可简化为

$$R_n(k) = \sum_{m=0}^{N-1-k} [x(n+m)w(m)][x(n+m+k)w(m+k)] \tag{7-19}$$

在实际语音信号计算中，窗口长度的选择至少要大于基音周期的两倍。对于浊音，找出其第二个，第三个最大点是必须的。当然，N 值应尽可能小，以减少自相关运算时的计算量。

2. 短时平均幅度差函数

短时自相关函数是语音时域分析的重要参量之一，但是运算量很大。因此，人们又提出与自相关函数具有类似功效的短时平均幅度差函数(Short Time Average Magnitude Difference Function)，但运算量要小得多，在语音信号处理中得到广泛应用。

为引入短时平均幅度概念，我们先介绍周期信号。如果信号是周期的(周期为 N_p)，则应有 $d(n)=x(n)-x(n-k)$ 在 $k=0, \pm N_p, \cdots$ 处 $d(n)=0$。

对于实际语音信号，上式虽不一定等于零，但也应该是最低的低谷，这些低谷将出现在周期的整数倍位置上。短时平均幅度差函数定义如下：

$$F_n(k) = \frac{1}{R}\sum_{m=-\infty}^{+\infty} \mid x(n+m)w_1(m) - x(n+m+k)w_2(m+k) \mid \tag{7-20}$$

式中，R 是信号 $x(n)$ 的平均值。显然，如果 $x(n)$ 在窗口取值范围内具有周期 p，则 $F_n(k)$ 在 $k=p, 2p, \cdots$ 处将出现谷点。这里的窗函数一般选择矩形窗，两个窗的长度不同。这样上式可以简化为

$$F_n(k) = \frac{1}{R}\sum_{n=0}^{N-1} \mid x(n) - x(n+k) \mid,\ k = 0, 1, \cdots, N-1,\ R = \sum_{n=0}^{N-1} \mid x(n) \mid \tag{7-21}$$

3. 三电平中心消波法

用自相关函数提取音调周期时，关心的是时间，也就是自相关函数值出现的位置，峰值本身的大小无关紧要。如果将消波(如图 7-10 所示)后的波形无论大小，都定义为±1，被消去的部分定义为 0，那么用 1、−1、0 这三个电平进行自相关运算将变得简洁、快速。

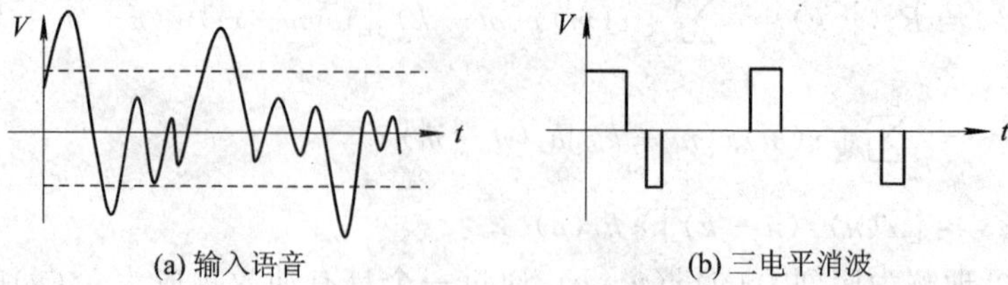

图 7-10　三电平消波过程

三电平中心消波后，自相关函数计算非常简单。如果我们以 $y(n)$表示三电平中心消波后的输出，则自相关函数为

$$R_n(k)=\sum_{m=0}^{N-1-k} y(n+m)y(n+m+k) \tag{7-22}$$

式中，乘积 $y(n+m)y(n+m+k)$ 只有三个值：0、+1 和 −1。因此，无论是软件实现还是硬件实现，都避免了乘法的计算，从而降低了自相关函数计算的复杂性。实验表明，采用三电平中心消波法能大大简化自相关函数的计算量，却基本上不降低音调检测性能。

7.3　语音波形编码器

波形编码是应用最早、人们最熟悉的语音编码技术，是一种经典的语音编码技术。这种编码将语音信号当成一般的波形信号来处理，其实质是使重建语音信号的波形与原始语音信号的波形尽量一致。当编码速率在 64～16 kb/s 时，它具有较高的编码质量，但当编码速率下降时，其重建语音质量也将下降很快。

常用的波形编码有脉冲编码调制(PCM)、增量调制(DM 或 ΔM)、差分脉冲编码调制(DPCM)、自适应差分脉冲编码调制(ADPCM)、子带编码(SBC)和变换域编码(TC)。波形编码的理论基础就是预测编码，通过利用波形前后样点之间的相关性实现高精度的数据预测，从而实现语音信号压缩的目的。本节主要介绍 G. 721 和 G. 722 这两个代表性的波形编码器。

7.3.1　ADPCM 与 G. 721 语音编码器

1984 年，CCITT 公布了 G. 721 建议。该建议规定了高音质 32 kb/s ADPCM 语音编码的国际标准，并在 1986 年做了进一步的修改。该编码器语音质量十分接近 G. 711 A 律或 μ 律 64 kb/s 的 PCM 的语音质量，MOS 分值为 4.1，已达到国际长途电话质量等级。其抗误码性能优于 PCM，采样率为 8 kHz，每一样点采用 4 比特编码，其编码器工作原理如图 7-11 所示。

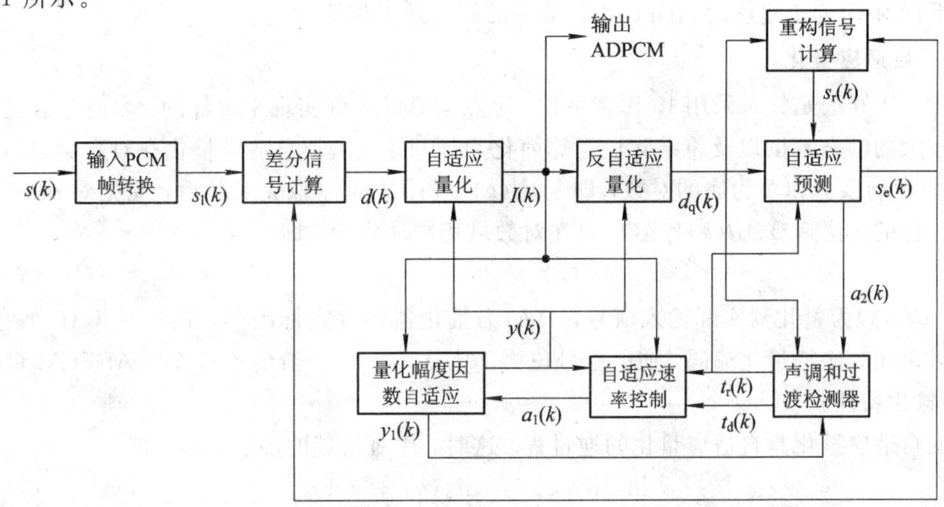

图 7-11　G. 721 建议的高质量 32 kb/s ADPCM 编码原理框图

G.721 建议的编译码器的输入或输出是标准的 A 律或 μ 律 PCM 语音信号。为便于数学计算，在编码器中先将 8 位的 PCM 信号 $s(k)$ 转换成 14 位的线性信号 $s_l(k)$。然后，同预测信号 $s_e(k)$ 相减产生差值信号 $d(k)$，再对 $d(k)$ 进行自适应量化，得到每样点 4 比特的 ADPCM 信号 $I(k)$。一方面，将 $I(k)$ 通过信道送给译码器；另一方面，还需要将 $I(k)$ 送给本地译码器进行译码。本地反自适应量化器得到信号 $d_q(k)$ 与预测信号 $s_e(k)$ 相加得到本地重建信号 $s_r(k)$。自适应预测器根据 $s_r(k)$、$d_q(k)$ 及前几个时刻的样点值计算 $s_e(k+1)$。为了使量化器能适应语音、带内数据及信令等具有不同统计特点以及不同幅度的输入信号，自适应要依据输入信号的特性自动改变自适应参数来控制量阶。这一功能由量化器幅度因数自适应、自适应速率控制、声调和过渡检测器这三个功能单元完成。

图 7-12 为译码器原理框图，从图中可以看到，译码器实际上已经包含在编码器之中。与编码端的译码器相比，只是多了一个线性码到 PCM 码的转换以及同步编码调整单元。同步编码调整是为了避免在某种情况下由于同步级联编码（ADPCM→PCM→ADPCM 等数字连接）而产生的累积误差，以保证较高的转换质量。

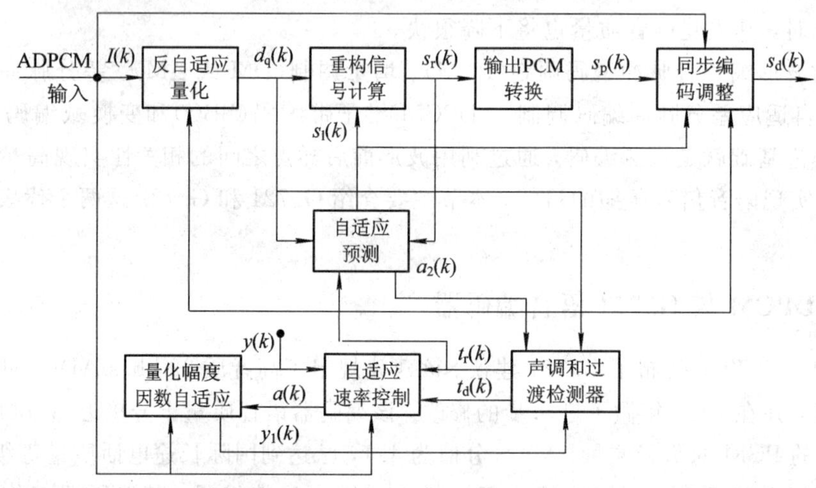

图 7-12　G.721 建议的高质量 32 kb/s ADPCM 译码原理框图

下面对 G.721 建议的 ADPCM 各部分的算法及工作原理做进一步说明。

1. 自适应量化

G.721 算法是针对采用 16 比特字长、定点运算的硬件实现来设计的。为使自适应量化器有较大的动态范围以及将乘除法运算简化为加减法运算，自适应量化在对数域进行。首先将 $d(k)$ 转换为以 2 为底的对数，即令 $dl(k)=\text{lb}|d(k)|$。取完对数后，原先对 $d(k)$ 用量阶归一化的除法运算 $|d(k)|/\Delta(k)$ 可在对数域用减法实现，即

$$dl_k(k) = dl(k) - y(k) \tag{7-23}$$

式中，$dl_k(k)$ 为量化器实际输入信号，$y(k)$ 为量化器幅度定标因子，$y(k)=\text{lb}\Delta(k)$。定标后信号采用 3 比特量化编码，加上符号位为 4 比特。表 7-1 给出了 G.721 ADPCM 量化器输入/输出特性。

反自适应量化是自适应量化的逆过程。这时，作对数域的加法运算，即

$$\text{lb}\,|d_s(k)| = dl_k(k) + y(k) \tag{7-24}$$

再作反对数运算，求 $d_q(k)$，最后乘以 $d_q(k)$ 的符号位，即获得误差重建信号 $d_q(k)$。

表 7-1　G.721 ADPCM 量化器输入/输出特性

量化器输入 $dl_k(k)$	量化器输出编码 $I(k)$	归一化量化器输出
[3.12, +∞)	111	3.32
[2.72, 3.12]	110	2.91
[2.34, 2.72]	101	2.52
[1.91, 2.34]	100	2.13
[1.38, 1.91]	011	1.66
[0.62, 1.38]	010	1.05
[−0.98, 0.62]	001	0.031
(−∞, −0.98)	000	−∞

2. 量化器自适应定标因子及速率控制

G.721 建议的 32 kb/s ADPCM 的量化器定标因子采用运算量小、性能好的抗干扰乘子自适应算法，其特点是能按输入信号统计特性改变量化器自适应速度。对短时能量变化较快的语音信号使用快速自适应，对短时能量变化较慢的带内数据信号等使用慢速自适应。量阶自适应抗扰乘子算法为

$$\Delta(k) = M[I(k-1)]\Delta^{\beta}(k-1) \tag{7-25}$$

两边取以 2 为底的对数，有

$$\text{lb}\,\Delta(k) = \beta\,\text{lb}\Delta(k-1) + \text{lb}M[I(k-1)]$$

采用 G.721 算法中的符号，上式可以表示成

$$y_M(k) = (1-2^{-5})y(k) + 2^{-5}W[I(k)] \tag{7-26}$$

式中，$y_M(k)$为快速非锁定标度因子，取值范围为 $1.06 \leqslant y_M(k) \leqslant 10.0$，对应线性区为$[2^{1.06}, 2^{10.0}]$，最大和最小量化阶之比约为 491。$W[I(k)]$的取值规定如表 7-2 所示。

表 7-2　$W[I(k)]$的取值

$\lvert I(k)\rvert$	7	6	5	4	3	2	1	0
$W[I(k)]$	70.13	22.19	12.38	7.00	4.00	2.56	1.13	−0.75

由表 7-2 可以看出，对于外层量化电平，W 取值都比较大，这是为适应语音预测信号中基音起始部分会突然增大，量阶需要很快调大，以避免量化器过载。式(7-26)能够适应短时能量变化较快的语音信号。

对于数据等短时能量变化较慢的信号，量阶自适应速度需要变慢，采用的算法为

$$y_l(k) = (1-2^{-6})y_l(k-1) + 2^{-5}y_M(k) \tag{7-27}$$

式中，$y_l(k)$为锁定标度因子，它是对 $y_M(k)$再次平滑得到的。

将上述两种算法合并，得到控制量阶大小的定标因子 $y(k)$为

$$y(k) = a_l(k)\,y_M(k-1) + [1-a_l(k)]\,y_l(k-1) \tag{7-28}$$

式中，$a_l(k)$为自适应速度控制参数，取值范围为 $0 \leqslant a_l(k) \leqslant 1$。对于语音信号，$a_l(k) \to 1$，这样有 $y(k) \to y_M(k-1)$，此时为快速自适应；对非语音信号，$a_l(k) \to 0$，这样有 $y(k) \to y_l(k-1)$，此时为慢速自适应。控制参数 $a_l(k)$是通过求 $I(k)$幅度的长、短时平均值的差得

出的，它反映了预测误差信号的变化率。

3. 自适应预测

为了系统能够稳定工作以及对各类输入信号都有较好的预测效果，采用 6 阶零点、2 阶极点的预测器。预测信号为

$$\begin{cases} s_e(k) = \sum_{i=1}^{2} a_i(k-i)s_r(k-i) + s_{ez}(k) \\ s_{ez}(k) = \sum_{i=1}^{6} b_i(k-i)d_q(k-i) \end{cases} \tag{7-29}$$

式中，$a_i(k)$ 和 $b_i(k)$ 分别是极点、零点预测器系数。

重建信号为

$$s_r(k) = s_e(k) + d_q(k) \tag{7-30}$$

7.3.2 SBC 与 G.722 编码器

子带编码(Sub-Band Coding，SBC)是一种应用比较广泛的语音编码技术，它利用带通滤波器组将输入信号分成若干个不同的小的频带(称为子带)，然后再对这些子带信号分别进行编码(详细的子带编码理论见 8.4 节)。

把语音信号分成若干个子带信号进行编码的优点主要有以下三方面。

首先，由于语音频谱的非平坦性，如果对不同的子带合理地分配比特数，就可能分别控制各子带的量化电平数目以及相适应的重建信号的误差方差值，使比特率更精确地与各子带的信源统计特性相匹配。例如，由于语音的基音和共振峰主要集中在低频带，语音信号低频带的基音与共振峰要求编码精度较高，可以用较多的比特数对低频带进行编码，而高频带的信号可以只用少量比特进行编码。

其次，通过调整不同子带的比特分配数值，可以控制总的重建信号的误差频谱形状。进一步与语音心理和生理模型相结合，即可将噪声谱按人耳的主观噪声感知特性成形，从而获得更好的主观听音质量。

最后，子带编码的另一个优点是各子带内的量化噪声彼此独立，被束缚在自己的子带内，这样就能避免输入电平较低的子带信号被其他子带的量化噪声所淹没。

CCITT 于 1988 年制定了关于 64 kb/s、7 kHz 带宽的高音质声频编码建议 G.722。这种编码方案基于子带编码技术，将 20 Hz～7 kHz 声频带宽在 4 kHz 处一分为二，划分为低频区和高频区两个子带，然后对每个子带再分别进行 ADPCM 编码，称为 SB - ADPCM 编码算法。SB - ADPCM 编码算法有三种速率：64 kb/s、56 kb/s 和 48 kb/s，后两种速率可分别提供 8 kb/s 和 16 kb/s 的辅助数据信道。G.722 编码器组成框图如图 7 - 13 所示。

1. 正交镜像滤波器 QMF

编码端的 QMF 是一个双通道正交镜像滤波器组，其作用是将音频全频带(50 Hz～7 kHz)信号划分为低频区(50 Hz～4 kHz)和高频区(4～7 kHz)两个子带，它是一个带通数字滤波器。QMF 的输入信号是由音频发送端送来的输出信号，采样频率为 16 kHz。另一方面，低频区子带和高频区子带的 ADPCM 的输入信号 X_L、X_H 则分别是采样频率为 8 kHz 的来自发送 QMF 的输出信号。

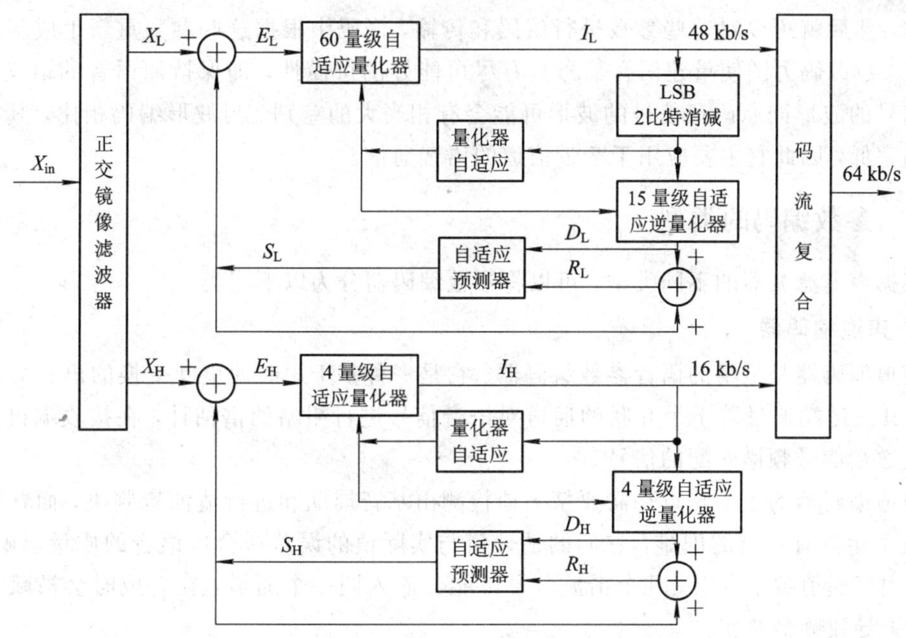

图 7-13 G.722 SB-ADPCM编码器原理框图

2. 低频子带的ADPCM编码器

低频子带的ADPCM编码器的输入是低频输入信号 X_L 与预测信号 S_L 相减的差值信号 E_L，差值信号 E_L 的量化采用60量级的非线性自适应量化器，各量化样点用6比特编码。该量化器的输出信号 I_L 作为低频区子带编码器的输出，以48 kb/s的速率发送到译码器。

另一方面，量化器的输出信号 I_L 送到LSB(最低符号位)2比特消减器，删去 I_L 的低2比特，变为4比特的 I_{Lt} 信号；然后送到具有15量级的自适应逆量化器，得到预测残差信号 D_L，最后此信号与自适应预测器的信号 S_L 叠加生成重建信号 R_L。

3. 高频子带的ADPCM编码器

高频子带的ADPCM编码器的输入是高频输入信号 X_H 与预测信号 S_H 相减的差值信号 E_H，差值信号 E_H 的量化采用4量级的非线性自适应量化器，各量化样点用2比特编码。该量化器的输出信号 I_H 作为高频区子带编码器的输出，以16 kb/s的速率发送到译码器。自适应逆量化器利用2比特的 I_H 恢复出差值信号 D_H。该差值信号与预测信号 S_H 叠加生成重建信号 R_H。

4. 码流复合

码流复合模块将来自低子带和高子带ADPCM编码器的信号 I_L、I_H 组成一个合成的8比特信号 I，复合格式如下：

$$I = \{I_{H1}, I_{H2}, I_{L1}, I_{L2}, I_{L3}, I_{L4}, I_{L5}, I_{L6}\}$$

其中，I_{H1} 是传输的第一比特，I_{H1} 和 I_{L1} 分别是 I_H 和 I_L 的最高有效位比特。

7.4 语音参数编码器

参数编码根据图7-5所示的语音生成模型，对语音信号进行分析，得到模型中各变量的参数，然后就可以对这些参数进行编码和传输，译码中根据这些参数重新生成新的语音信号。参数编码力图使重建语音信号具有尽可能好的可懂性，即保持原语音的语义，而重建的信号的波形同原语音信号的波形可能会有相当大的差别。与波形编码相比，其突出优点是码率低，因此它主要应用于窄带信道的语音通信。

7.4.1 参数编码的类型

根据声道滤波器的不同类型，可以将参数编码器分为以下三类。

1. 声道编码器

声道编码器是最早的语音参数编码器。它是一种基于短时傅里叶变换的语音分析合成系统，其发送端通过若干个并联的通道对语音信号进行粗略的谱估计，在接收端再产生一个与发送端信号频谱匹配的信号。

声道编码器的主要缺点是需要精确地检测出基音周期和进行清浊音判决，而精确地求出这两个参数有一定的困难，它们的估计值与实际值的误差对合成语音的质量影响很大。其次，由于通道数量有限，几个谐波分量可能会落入同一个通道，在合成时会被赋予相同的幅度，导致频谱畸变。

2. 共振峰声码器

共振峰声码器不将语音信号分成若干频段，而是对语音信号整体进行分析，提取共振峰的位置、幅度、带宽等参数，构造浊音和清音两个滤波器。浊音滤波器采用全极点滤波器，有多个二阶滤波器级联而成。清音滤波器通常采用一个极点和一个零点的滤波器。这两个滤波器的参数都是时变的。共振峰声码器比声道声码器合成出来的语音质量要好，比特率也低。

3. 线性预测声码器(LPC)

LPC 声码器是应用最成功的参数编码器。LPC 声码器的基本原理介绍可以参见 5.3 节。LPC 声码器基于全极点声道模型，采用线性预测分析合成原理，对于模型参数和激励参数进行编码传输。接收端根据译码参数重新合成语音。

需要指出的是，虽然 LPC 声码器和波形编码的 ADPCM 一样都基于线性预测分析来实现语音信号的编码，但是它们之间有本质的区别。ADPCM 是直接对预测误差信号进行编码，故称为波形编码；LPC 声码器不是直接对预测误差编码，而是对由预测误差或语音信号本身进行线性预测分析得到的参数进行编码，故称为参数编码。

7.4.2 LPC－10 声码器

1. LPC－10 声码器的基本原理

LPC－10 声码器是一个 10 阶线性预测声码器，它所采用的算法简单明了，在军事通信和保密通信中得到了广泛应用。这种声码器能在 2.4 kb/s 速率上给出清晰、可懂的合成语音，但在语音自然度、抗噪声性能上还存在不足。LPC－10 编码器框图如图 7－14 所示。

原始语音经过一个锐截止的低通滤波器，将输入语音限制在 100～3600 Hz 的频率范围内。然后输入到 A/D 转换器，以 8 kHz 采样并进行 12 比特线性 PCM 编码，得到数字化后的语音。然后每 180 个样点分为一帧(22.5 ms)，以帧为处理单元，提取语音特征参数并

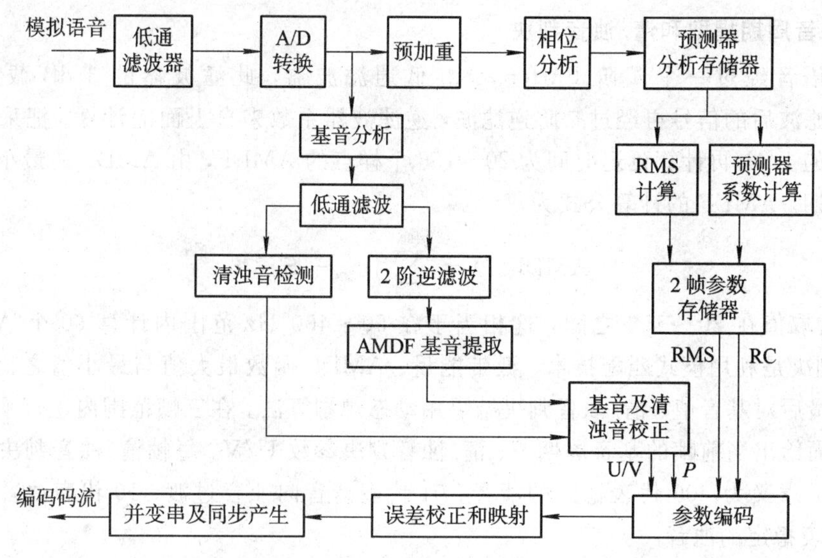

图 7 - 14　LPC - 10 编码器原理框图

加以编码。语音处理分两个支路同时进行，其中一路用于提取语音基音周期和清/浊音判决，另一路用于提取预测系数和增益因子。具体如下：

一路数字化语音送到基音分析存储器中，再次经过数字低通、2 阶逆滤波器后，用平均幅度差值函数(AMDF)计算语音的基音周期，经过平滑和校正得到该帧的基音周期 P。与此同时，对低通滤波器输出的数字化语音进行清/浊音检测，经过平滑和校正后得到该帧的清/浊音判决信息 U/V。

另一路数字化语音送到预加重模块，目的是加强语音谱中的高频共振峰，使语音短时谱以及线性预测分析中的残差频谱变得更加平坦，从而提高谱参数估计的精确度。经过预加重的语音信号送到预测分析存储器，然后计算语音信号的短时能量均方根值 RMS 和声道滤波器参数 RC。

2. 声道滤波器参数 RC 和 RMS 计算

用 10 阶线性预测分析滤波器，利用协方差法对 LP 逆滤波器 $A(z)=1-\sum_{i=1}^{10}a_i z^{-i}$ 计算滤波器短时谱参数$\{a_i\}$。预测系数不适合直接量化，因为它的微小变化会造成极点位置很大的变化。为保证综合滤波器的稳定性，就要求有相当高的量化精度(每个系数要 8～10 比特)，所以转换为部分相关系数(Partial Correlation，PC)或反射系数(Reflection Coefficient，RC)来代替预测系数进行量化编码。理论上部分相关系数和反射系数互为相反数，部分相关系数为 Levinson-Durbin 算法求解出的预测器系数，其绝对值小于 1。

增益的均方根值(RMS)用如下公式进行计算：

$$\text{RMS}=\left(\frac{1}{M}\sum_{i=1}^{M}S_i^2\right)^{1/2} \tag{7-31}$$

式中，S_i为经过预加重的数字语音，M 是分析帧的长度。

另外，在进行 LPC 分析时，采用了“半基音同步”算法，即浊音帧的分析帧长取为 130 个样点以内的基音周期整数倍值，用这个分析帧来计算 RC 和 RMS 值。这样每一个基音周期都可以单独用一组系数处理。

3. 基音周期提取和清/浊音判决

输入语音经过一个 4 阶 Butterworth 低通滤波器，此滤波器的 3 dB 截止频率为 800 Hz，滤波后的信号再经过二阶逆滤波，逆滤波器系数来自上面的计算。把采样频率降低至原来的 1/4，再计算延迟时间为 20～156 个样点的 AMDF，由 AMDF 的最小值即可确定基音周期。AMDF 的计算公式为

$$\text{AMDF}(\tau)=\sum_{m=1}^{130}\mid S_m-S_{m+\tau}\mid \tag{7-32}$$

其中，τ 的取值在 20～156 之间，这相当于在 50～400 Hz 范围内计算 60 个 AMDF 值。清/浊音判决是利用模式匹配技术、低带能量、AMDF 函数最大值与最小值之比、过零率作出的。最后对基音值、清/浊音判决结果用动态规划算法、在三帧范围内进行平滑和错误校正，从而给出当前帧的基音周期 P、清/浊音判决参数 U/V。每帧清/浊音判决结果用两比特编码，意义为：00 代表稳定的清音、01 代表清音向浊音过渡、10 代表浊音向清音过渡、11 代表稳定的浊音。

4. 参数编码

在 LPC－10 的传输码流中，包含有 10 个 RC、RMS、P、U/V、同步信号 Sync(同步信号采用相邻帧 1/0 码交替的模式)、误差校正等信息，总共编码为 54 比特或 53 比特，如表 7－3 所示。由于每秒传输 44.4 帧，因此总码率为 2.4 kb/s。

表 7－3 LPC－10 声码器的比特分配表

比特分配		浊音	清音
基音周期 P		7	7
RMS		5	5
Sync		1	1
RC	k_1	5	5
	k_2	5	5
	k_3	5	5
	k_4	5	5
	k_5	4	—
	k_6	4	—
	k_7	4	—
	k_8	4	—
	k_9	3	—
	k_{10}	2	—
误差校正		—	20
总　　计		54	53

5. LPC－10 声码器存在的问题

LPC－10 声码器主要存在以下问题：

(1) 损失了语音的自然度。由于 LPC－10 声码器采用了过分简单的二元激励，使合成的语音听起来不自然。在实际语音的残差信号中，相当一部分既非周期脉冲又非随机噪声；或者低频段是周期脉冲，高频段是随机噪声。在这种情况下采用简单的二元激励代替

残差信号，必然使合成语音听起来不自然。

(2) 鲁棒性差。由于在噪声的影响下，不易准确提取基音周期和不能正确判决清/浊音。当背景噪声较强时，系统性能显著恶化。此外，这个方案不能有效地对抗传输信道中误码的破坏作用。

(3) LPC-10的语音谱共振峰位置及带宽估值有时会产生很大的失真。失真的原因是：浊音语音段时域上的周期重复信号使得短时语音谱形状接近于线状分布谱。当基音周期P很小时，基频 $f_0=1/P$ 增加，并与谱包络中的第一共振峰相接近，即 $f_1\neq f_0$。由于LPC谱估计力图使全极点模型谱逼近于信号谱包络，在估计出的谱包络中会出现极其尖锐的峰值，也就是估计出一个能量极为集中的共振峰。相应在重建语音中会出现尖峰或较大毛刺，从而影响语音质量。

7.4.3 LPC-10e声码器

由于LPC-10声码器存在一些重要缺点，如音质较差、抗噪声性能不好等，人们针对它的问题提出许多改进措施，形成了新的声码器——LPC-10e，它可与LPC-10算法兼容。在LPC-10e的改进措施中，极为重要的一项是用混合激励方式代替简单的二元激励，这使得LPC-10e的重建语音质量得到改善。1986年，美国第三代保密电话设备确定采用2.4 kb/s的LPC-10e声码器。相比LPC-10声码器，LPC-10e声码器的改进措施包括以下几个方面。

1. 激励源的改进

采用混合激励代替简单的二元激励。在LPC-10e声码器中，浊音的激励源是由经过低通滤波的周期脉冲序列与经过高通滤波的白噪声相加而成的，周期脉冲与噪声的混合比例随输入语音的浊化程度改变。清音的激励源是白噪声加上位置随机的一个正脉冲跟随一个负脉冲的脉冲对形成的爆破脉冲。对于爆破音，脉冲对的幅度增大，与语音的突变成正比；反之则脉冲对的幅度很小。采用混合激励，可以使原二元激励合成引起的金属声、重击声、音调噪声等得到改善；同时对U/V判决的敏感程度有所降低。

激励脉冲加抖动。在二元激励的LPC中，浊音帧与清音帧的不同之处在于前者的激励信号具有周期和脉冲性质，这只有在完全的浊音帧才适用。在基音相关只有中等强度，或者残差信号中有大的峰值，即应判定为抖动的浊音帧。在这种情况下，除采用脉冲加噪声的混合激励外，激励信号中的周期脉冲的相位也要作随机抖动，以改善语音自然度。

单脉冲与码本相结合的激励模式。由于浊音的LPC残差信号中往往存在以基音周期重复的大幅度尖峰脉冲，而清音的残差信号往往类似于随机噪声。因此，可取多脉冲激励线性预测编码与码本激励线性预测编码各自的长处，对于不同的语音段采用不同的激励模式。对于周期性的语音段以基音周期重复的单脉冲作为激励源，非周期的语音段用从码本中选择的随机序列作为激励源。

2. 基音周期提取方法的改进

采用LPC的残差信号或者语音信号的自相关函数，并利用动态规划的平滑算法来更准确地提取基音周期。将每帧的LPC残差信号低通滤波后，求出所有可能的基音延时点上的归一化自相关系数，选出其中的 L 个最大值，再用过去和将来相邻三帧的每帧 L 个最大值，用动态规划的算法求得最佳基音值。在有宽带背景噪声的环境中，LPC的残差信号中基音周期可能破坏，这时可以用低通滤波的语音信号代替 LPC 残差信号提取基音周期。

3. 声道滤波器参数量化的改进

采用 LSF(Linear Spectrum Frequency)或线谱对(Linear Spectrum Pair)参数来表示线性预测器的系数。LSF 系数的误差具有相对独立性。某个频率点的 LSF 偏差只对该频率附近的重建语音谱产生影响，而对其他 LSF 频率上的语音频率谱影响不大，这有利于 LSF 的参数量化，也有利于增加系统的鲁棒性。

对每一帧语音样点，求得 10 个 LSF 参数。根据每个参数的影响，分配的量化比特为 3、4、4、4、4、3、3、3、3、3，共 34 比特。用 34 比特对 LSF 参数量化得到的重建语音与 LPC-10 声码器的 41 比特量化得到的重建语音相比，在听觉上没有任何差别，两者的波形完全吻合，可见 LPC-10e 声码器 LSF 参数编码的效率高于 LPC-10 声码器的参数编码效率。

7.5 语音混合编码器

语音混合编码是在采用线性预测编码技术的语音参数编码的基础上，通过采用许多改进措施，并引入波形编码的原理，使用合成分析法而形成的一种新的编码技术，是近些年来语音编码技术上的一种突破性进展，并受到了普遍重视，因此其发展迅速，应用也越来越广泛。

7.5.1 语音混合编码器的基本原理

研究、实验和实践证明，混合编码技术通过采用感觉加权均方误差准则，配合使用合成分析法的自适应线性预测编码，并改进激励信号源，就能在 4.8～16 kb/s 速率范围内获得良好的语音质量。

1. 感觉加权滤波器

感觉加权滤波器(Perceptually Weighted Filter，PWF)是根据人耳听觉的掩蔽效应(见 8.1 节)进行设计的。在语音谱中能量较高的频段(即共振峰处)的噪声相对于能量较低的频段噪声而言，不易被人耳所感知。因此，在度量原始输入语音与重建语音之间的误差时，可以利用人耳的这一特点，在语音能量较高的频段，允许二者的误差大一些；反之则小一些。可以用感觉加权滤波器 $W(f)$来计算二者的误差，如下：

$$e=\int_0^{f_s}|S(f)-\hat{S}(f)|^2W(f)\,\mathrm{d}f \tag{7-33}$$

式中，f_s为采样频率，$S(f)$为原始语音信号的傅里叶变换，$\hat{S}(f)$为重建语音信号的傅里叶变换，$W(f)$感觉加权滤波器的傅里叶变换。

显然，为使 e 达到最小值，$|S(f)-\hat{S}(f)|\,W(f)$在整个积分区域内应为常数值，这可以通过调整 $W(f)$的值来实现。方法就是使能量较大的语音段内 $W(f)$较小(允许更大的失真)，在能量较小的语音段内使 $W(f)$较大(允许较小的失真)，从而使$|S(f)-\hat{S}(f)|W(f)$接近或等于常数。$W(f)$在 Z 域的表达式可以表示为

$$W(z)=\frac{A(z)}{A(z/r)}=\frac{1-\sum_{i=1}^{p}a_i z^{-i}}{1-\sum_{i=1}^{p}a_i (rz)^{-i}} \tag{7-34}$$

式中，r 为感觉加权因子，$\{a_i\}$为预测系数。

图 7-15 所示为一段原始输入的语音谱经感觉加权滤波器 $W(z)$加权后的误差信号谱以及感觉加权滤波器的 $W(f)$。

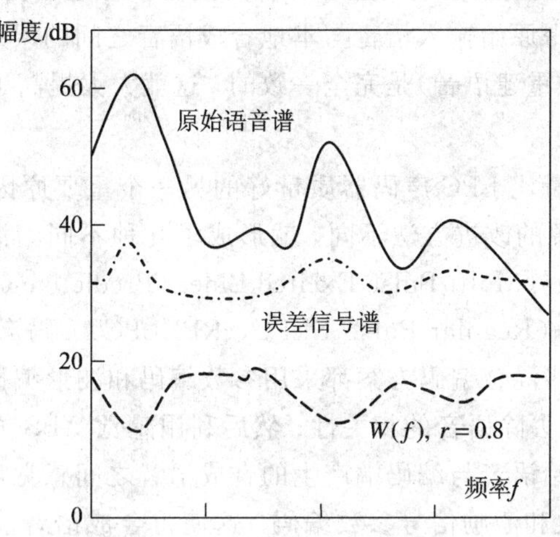

图 7-15　原始语音谱、误差信号谱与感知加权 $W(f)$的关系

由上图可知，感觉加权滤波器的频率响应的峰值、谷值恰好与原始输入语音频率谱的峰值、谷值相反。这样一来，就使误差信号的大小与人耳的听觉掩蔽效应一致，产生良好的主观听觉效果。大量实际听音结果表明，当采样频率 $f_s=8$ kHz 时，r 取 0.8 左右比较合适。

2. 合成分析法

合成分析法(Analysis-By-Synthesis，ABS)又称分析综合法，它是将综合滤波器引入到编码器中，使其与感觉加权滤波器相结合，在编码器中产生与译码器完全一致的合成语音，将此合成语音与原始输入语音相比较，根据一定的误差准则，调整、计算各相关参数，使得二者之间误差达到最小。

合成分析法的原理框图如图 7-16 所示。

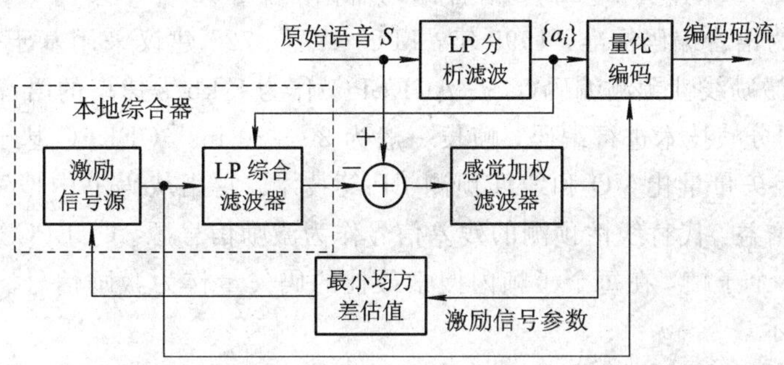

图 7-16　合成分析法的原理框图

在编码器端与 LPC 声码器相比增加了 LPC 综合滤波器和感觉加权滤波器。输入的原始语音一方面送到 LP 分析滤波器计算预测系数$\{a_i\}$；另一方面与 LP 综合滤波器输出的本地合成语音信号相减，再经过感觉加权滤波器，调整激励信号源等相关参数，使原始语音与本地合成语音之间的误差的感觉加权均方值最小，然后将相应的分析参数$\{a_i\}$和激励信号参数进行编码并传输到译码端。译码器根据激励信号参数、预测系数$\{a_i\}$等参数控制调整相应的综合滤波器和激励信号发生器，最后产生重建语音。

在 ABS 法中，由于在编码器端增加了综合滤波器和感觉加权滤波器，并在感觉加权均方误差最小准则之下使得原始输入语音与本地合成语音之间的误差为最小，而本地合成语音与译码端的合成语音(重建语音)是完全一致的，这就大大提高了重建语音的质量。

3. 激励源的改进

混合编码的语音质量比 LPC 声码器质量好的另一个重要原因是对激励信号源进行了多方面的改进。对激励源的改进方法不同，就形成了几种不同的混合编码方案，主要的有多脉冲激励线性预测编码(Multi-Pulse Excited Linear Predictive Coding，MPELPC)、规则脉冲激励线性预测编码(Regular-Pulse ELPC，RPELPC)、码激励线性预测编码(Code ELPC，CELPC)等。这些混合编码方案都采用参数编码和波形编码相结合的方式。共同特点是：先进行 LP 分析，去除语音的相关性；然后利用感觉 ABS 方法以及感觉加权均方误差最小准则找出能使原始语音与编码端产生的合成语音之间感觉加权误差为最小的激励信号参数；之后对 LP 参数和激励信号参数编码。这使得合成语音能较好地逼近原始输入语音，从而改善合成语音的质量以及编码器抗噪能力。

7.5.2 码激励线性 CELPC 预测编码

在几种混合编码方案中，重要的区别就在于激励模型的不同。码激励线性预测编码 CELPC 是目前应用最多的混合编码技术。

1985 年，Manfred R Schroder 和 Bishnu S Atal 首先提出用码书作为激励脉冲源的线性预测编码方案。CELPC 提出后，因其具有高质量的合成语音、优良的抗噪声性能以及可以多次转接等优点，所以在 16～4.8 kb/s 速率上获得了广泛应用。1988 年，美国政府标准语音编码器采用了 4.8 kb/s 的 CELPC 编码器。1989 年，北美数字移动通信全速率语音编码器标准采用改进的 8 kb/s 速率的 CELPC，即矢量和激励线性预测编码(Vector Sum ELPC，VSELPC)。1991 年，IEEE 通过了使用低延时码激励线性预测编码(Low Delay CELPC，LD－CELPC)作为 16 kb/s 语音编码器标准。1992 年，CCITT G.728 建议采用 LD－CELPC 作为语音编码标准。1995 年，ITU－T G.729 建议采用基于 CELPC 技术的共轭结构代数码激励线性预测编码(CS－ACELPC)作为 8 kb/s 速率的语音编码标准。

CELPC 采用分帧技术进行编码，帧长一般为 20～30 ms。CELPC 基于合成分析 ABS 算法、感觉加权、矢量量化 VQ 和线性预测 LP 等技术。它用从码书中搜索出来的最佳码矢量，乘以最佳增益，代替线性预测的残差信号作为激励信号源。CELPC 通常将每个语音帧再细分为 2～5 个子帧，在每个子帧内搜索最佳的码矢量作为激励信号。CELPC 原理框图如图 7－17 所示。

图 7－17 中的虚线框内是 CELPC 的激励源和综合滤波器部分。CELPC 通常用一个自适应码书中的码矢量来逼近原始语音的长时周期性结构(基音)；用一个固定的随机码书中

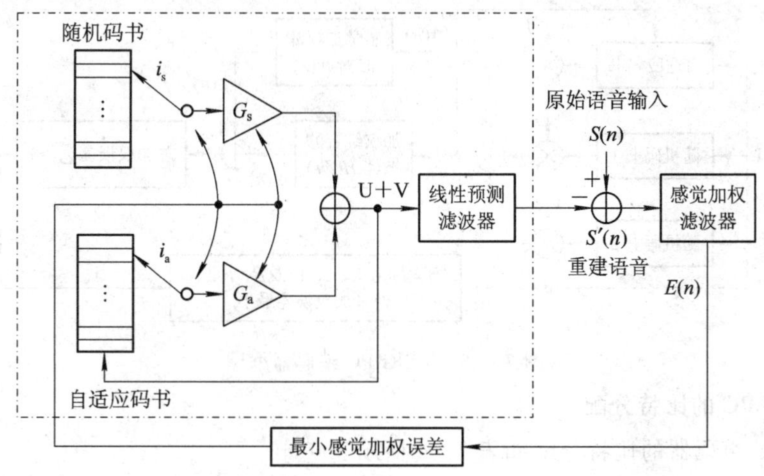

图 7-17　CELPC 原理框图

的码矢量来逼近原始语音经短时、长时预测后的残差信号(余量信号)。从两个码书中搜索出来的最佳码矢量，乘以各自的最佳增益后再相加，得到 CELPC 的激励信号源。将此激励信号送到 P 阶综合滤波器，得到合成语音 $S'(n)$，$S'(n)$ 与原始输入语音 $S(n)$ 之间的误差经过感觉加权滤波器后得到感觉加权误差 $E(n)$。通过用感觉加权最小均方误差准则，使得感觉加权误差均方值最小的码矢量就是最佳的码矢量。

自适应码书和随机码书的搜索过程基本相同，不同之处在于码书结构和目标矢量的差别。为减少计算量，通常采用两级码书顺序搜索的方法，第一级随机码书搜索的目标矢量是加权 LP 残差信号；第二级随机码书搜索的目标矢量是第一级搜索的目标矢量减去自适应码书搜索得到的最佳矢量激励综合加权滤波器的结果。CELPC 编码器的计算复杂度主要取决于码书中最佳码矢量及幅度的搜索。一般而言，码书越大，搜索时间越长，计算复杂度越大，合成语音质量也越好。

7.5.3　美国 EIA/TIA 标准 8 kb/s 的 VSELPC 声码器

1989 年，EIA/TIA(美国电子工业协会电信协会)将 Motorola 提出的 8 kb/s 矢量和激励线性预测编码(VSELPC)定为北美第一代数字蜂窝移动通信的语音编码标准。与基本 CELPC 编码器相比，由于有更多的比特用于编码，因此在 VSELPC 声码器相对 CELPC 有一定的改进。主要体现在用更大的码书对激励信号源编码；为减少计算复杂度，将大码书拆分为小码书；对码书增益采用矢量量化编码等。

1. VSELPC 编码器

VSELPC 编码器框图如图 7-18 所示。采样频率为 8 kHz，每个语音帧为 160 个样点(20 ms)，分为 4 个子帧。L、I 和 H 表示通过搜索确定的自适应矢量、随机矢量 1、随机矢量 2 的在其对应的码书中的标号，这些码矢量与它们对应的量化增益 β、γ_1 和 γ_2 相乘后，再相加得到 VSELPC 的激励信号 $e_x(n)$。将 $e_x(n)$ 送到感觉加权综合滤波器得到感觉加权合成语音 $p'(n)$。原始语音经感觉加权滤波器加权，再减去 $H(z)$ 零输入响应后，得到等效语音 $p(n)$。设 E 是子帧的 $p(n)$ 和 $p'(n)$ 的误差平方和，搜索时使 E 达到最小值的 L、I、H 和 β、r_1、r_2 就是该子帧最佳的码矢量标号和增益。

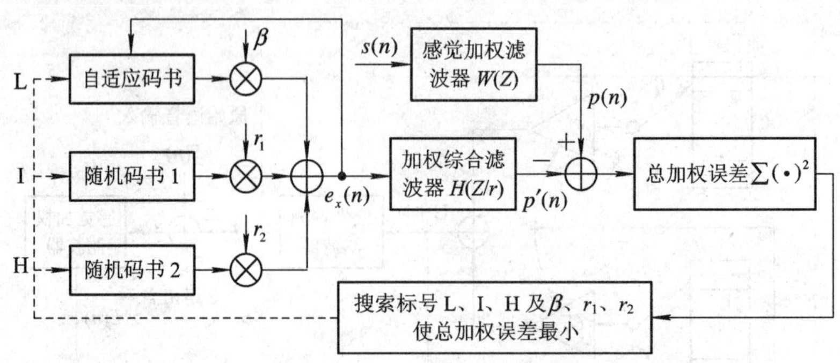

图 7-18　VSELPC 编码器框图

2. VSELPC 的比特分配

VSELPC 声码器的比特分配如表 7-4 所示。

表 7-4　VSELPC 声码器的比特分配

参　数	比特/子帧	比特/帧
10 个 LPC 参数	—	38
平均帧能量	—	5
激励码矢量标号 L、I、H	7+7+7	84
增益码矢量标号	8	32
保　留	—	1
总　计	29	160

3. VSELPC 编码方案的特点

VSELPC 声码器是一个较好的 CELPC 实用方案。这种编码方案保留了 CELPC 高效率编码的优点，同时使运算量比一般的 CELPC 减少很多。VSELPC 声码器能在 4.8～8 kb/s 编码速率上给出相当满意的合成语音质量。

由于 VSELPC 采用了两个随机码书，不但减少了运算量，而且当误码引起某个基矢量发生错误时，对总的激励信号影响减小，从而提高了抗信道误码的性能。VSELPC 在 10^{-2} 误码率条件下，仍然能给出良好的语音质量。

7.5.4　G.728 建议的 16 kb/s 的 LD-CELPC 声码器

1992 年，CCITT G.728 建议规定采用低延时码激励线性预测编码(LD-CELPC)作为 16 kb/s 语音编码标准方案。在 LD-CELPC 之前的各种线性预测编码方案，都是利用前向自适应预测器去除语音信号的冗余度，需要有足够的编码延时和存储空间，典型的编码延时为 40～60 ms。LD-CELPC 声码器采用后向自适应预测器，其算法延迟才 0.625 ms，实际一路编码延时小于 2 ms，合成语音质量良好，MOS 分值可达 4.17 分。

1. LD-CELPC 编码器

LD-CELPC 编码器原理框图如图 7-19 所示。它与一般 CELPC 声码器一样，编码器利用合成分析法搜索最佳码矢量作为激励信号，不同之处是它利用后向自适应预测技术对短时谱包络和增益进行预测和控制，所以算法延时能达到 0.625 ms，一路编码延时小于 2 ms。

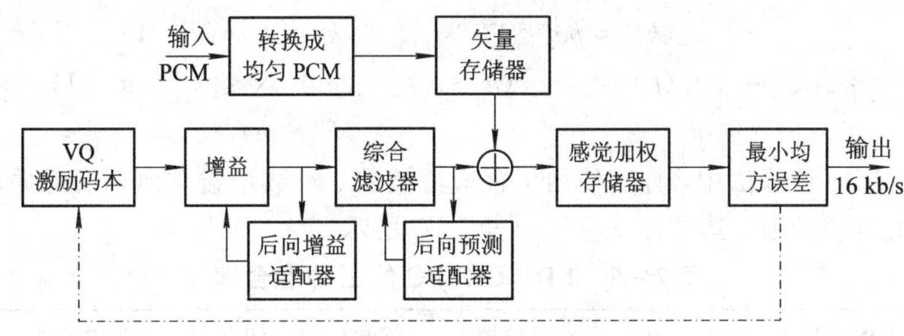

图 7 - 19　LD - CELPC 编码器原理框图

编码端首先将 64 kb/s 的 A 律或 μ 律 PCM 输入语音信号转换为均匀量化的 PCM 信号，接着由五个连续的语音样值形成一个 5 维语音矢量 $\boldsymbol{S}(n)=\{s(5n), s(5n+1), s(5n+2), s(5n+3), s(5n+4)\}$，激励码书中共有 1024 个 5 维码矢量。对于每个输入语音矢量，编码器利用合成分析法从码书中搜索出最佳码矢量，然后对最佳码矢量的标号进行 10 比特的量化编码。LP 系数是用先前量化过的语音信号来提取和更新的。每 4 个相邻的输入矢量构成一个自适应周期，称为一帧，每帧更新一次 LP 系数。激励信号的增益也是利用先前量化激励信号的增益信息逐矢量进行提取和更新。

2. 使用混合窗进行 LPC 分析

在 LD - CELPC 算法中，合成滤波器系数、听觉加权滤波器系数和激励增益都是采用 LPC 分析技术来自适应更新的。LPC 分析采用自相关法，并使用 Levinson-Durbin 算法求解，求自相关系数前要对输入信号加窗。在 LD - CELPC 算法标准化过程中先后使用了多种类型的窗函数。数字信号处理常用的窗函数有矩形窗、汉明窗和指数窗。LD - CELPC 最初的版本选用汉明窗，因为在比较中发现汉明窗具有较高的预测增益。后来为了适合用浮点实时实现算法，又改用了修正的 Barnwell 递归窗。加递归窗的运算量要比加汉明窗的运算量小，并且将编码信噪比提高了近 1 dB，也改善了重建语音的听觉质量。然而为了达到足够的精度，递归窗必须用双精度算法，所以加递归窗并不适合在定点数字信号处理器 DSP 上实时实现。于是进一步用一种新型混合窗代替了递归窗。这种混合窗由两部分组成：一部分采用升余弦形窗(非递归部分)作为前段，一部分采用指数窗(递归部分)作为后段，如图 7 - 20 所示。整个窗的形状类似递归窗，因而可取得与递归窗大致相同的预测增益，同时也适用于定点 DSP。

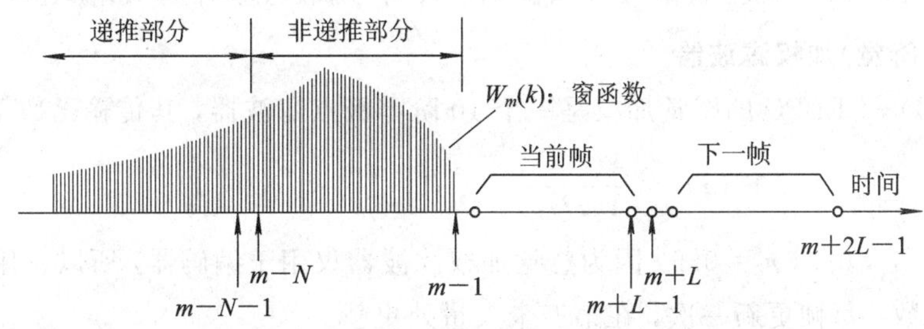

图 7 - 20　LD - CELPC 的混合窗结构

对于后向自适应 LPC 分析，混合窗加在前面所有样值索引号小于 m 的信号样值上。在 m 时刻，混合窗函数 $W_m(k)$ 定义为

$$W_m(k)=\begin{cases}f_m(k)=ba^{-|k-(m-N-1)|} & (k\leqslant m-N-1)\\ g_m(k)=\sin[c(k-m)] & (m-N\leqslant k\leqslant m-1)\\ 0 & (k\geqslant m)\end{cases} \tag{7-35}$$

在 LD－CELPC 算法中，分别使用了合成滤波器、对数增益预测器、听觉加权滤波器三类不同的混合窗函数，其混合窗参数如表 7－5 所示。

表 7－5　LD－CELPC 的三种混合窗

混合窗类型	合成滤波器	感觉加权滤波器	对数增益滤波器
窗函数长度	105	60	34
非递归长度	35	30	20
更新周期	20	20	20
递推因子 a	0.992 833 749	0.982 820 598	0.964 678 63
白噪声修正系数	257/256	257/256	257/256

LPC 分析里的混合加窗模块是为了计算加窗后信号的自相关系数 $R(i)$，并将之作为随之而来的 Levinson-Durbin 递推算法的输入。Levinson-Durbin 算法根据加窗自相关系数 $R(i)$递推求出 LPC 系数，经某种处理转换(如带宽扩展)后作为合成滤波器、对数增益预测器、听觉加权滤波器的系数。整个过程如图 7－21 所示。

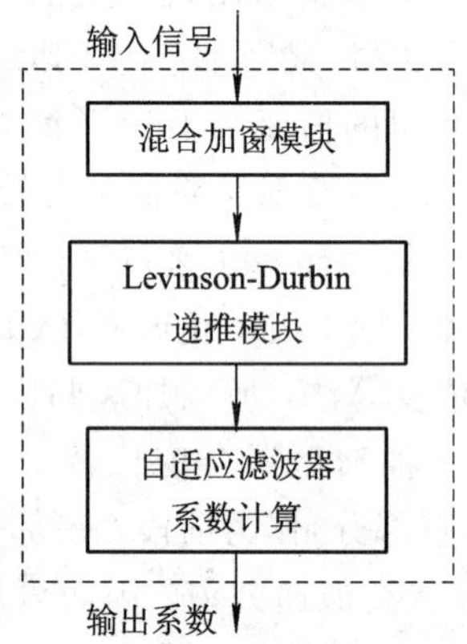

图 7－21　合成滤波器、对数增益预测器、听觉加权滤波器的系数计算过程

3. 感觉(听觉)加权滤波器

G.728 LD－CELPC 的感觉加权是一个 10 阶零极点滤波器，其传输函数 $W(z)$为

$$W(z)=\frac{A(z/r_1)}{A(z/r_2)}\qquad (0<r_2<r_1\leqslant 1) \tag{7-36}$$

式中，一般取 $r_1=0.9$，$r_2=0.6$。因为感觉加权滤波器仅用于编码器，所以它用未量化的语音提取 LP 参数，每帧更新一次，在第三个矢量处更新。

听觉加权滤波器之所以不采用反向自适应，一方面是因为合成量化语音的频谱相比原始语音频谱会有些失真，为了获得更精确的噪声谱，有必要从原始语音导出 LPC 系数；另一方面，听觉加权滤波器系数并不需要传送到解码器端，所以这样做也不会增加码率及传输时延。

4. 综合滤波器

传统的CELPC编码器一般都会使用一个前向自适应基音预测器。基音预测器又称为长期预测器，其作用是去除语音基音之间的相关性。由于低时延的要求，LD-CELPC只能使基音预测器后向自适应。而ITU又要求在10^{-2}的信道比特误码率下，语音合成质量不差于G.721。但是，后向自适应基音预测器对信道误码非常敏感，根本不可能承受这么高的信道误码率。所以，LD-CELPC算法干脆就取消了基音预测器，只使用短期预测器，并将其阶数从通常的10阶提高到50阶来补偿语音质量的损失，特别是女声语音质量的下降。

由于男、女声的基音周期一般在50个样点以下(对应的基音频率大于160 Hz)，50阶的LPC预测器(短期预测器)有足够的时间跨度覆盖至少一个基音周期。所以大部分人即使是女声的基音冗余性(长时相关性)，也可以通过这个50阶LPC预测器去除。

LPC预测器阶数选为50还有以下原因：

(1) 将阶数提高到50，反向预测器对信道误码仍然很鲁棒；

(2) 由于反向自适应，50阶LPC系数并不需要传送到解码端，系数的增多并没有使编出来的码字变长；

(3) 将阶数提高到50阶后，LPC预测增益达到饱和。

由于并未预先假定任何基因周期性，LD-CELPC编码器也就具有更大的适用范围，即提高了对非语音信号如音乐、话音数据等的合成质量。

G.728 LD-CELPC中的综合滤波器是一个50阶全极点滤波器，其输入是经过增益周期调整的激励矢量，输出是合成语音。传输函数$H(z)$为

$$H(z)=\frac{1}{1-\sum_{i=1}^{50}a_iz^{-i}} \tag{7-37}$$

预测系数a_i由后向预测自适配器提供，每个自适应周期更新一次，其更新过程与感觉加权滤波器相同。为了改善对信道误码的抵抗能力，需要对这些系数进行修正，以使LPC频谱中的峰值具有稍微大一些的带宽。带宽扩展模块按下述方法完成带宽扩展过程。给定LPC预测器系数$\hat{a}_i$，一组新的预测系数a_i按下式计算

$$a_i=\lambda^i\hat{a}_i \qquad i=1,2,\cdots,50 \tag{7-38}$$

此处的λ(带宽扩展因子)取253/256。式(7-38)具有把合成滤波器所有极点径向地移向原点的作用。由于极点由单位圆移开，所以扩展了频率响应的峰值。

5. 码本搜索

在8 kHz的采样频率下，16 kb/s语音编码要求每样值2比特。这样，一个矢量(5个样值)则需要10比特，所以码本长度应为1024。在算法实现时，为减少码本搜索运算量，将10比特1024个码字的码本，分解为7比特“形状码本”(包含128个独立码矢)和3比特“增益码本”(包含8个零对称的标量值，因此1比特代表符号，2比特代表量值)，量化输出的码矢是最佳形状码矢和最佳增益电平的乘积。

“形状码本”基于感觉加权最小均方误差准则并采用闭环优化设计而成。同时，为了提高抗信道误码的能力，7比特码矢量使用了格雷码进行编址。这样矢量索引号在传输过程中如果发生比特的错误，解码器仍然能够解码出最为接近的码矢量。同随机编址相比，这种技术显著提高了在噪声信道上的解码信噪比。在高误码率的情况下(比如达到10^{-3})，改

善了重建语音的主观质量。

原则上，码本搜索模块把1024个待选码矢的每一个用当前激励增益进行定标，然后把得到的1024个矢量一次一个地通过包括合成滤波器和听觉加权滤波器组成的串连滤波器，得到感觉加权后的合成语音矢量，并与感觉加权后的原始语音矢量作比较，得到的最佳激励码矢应该使二者的均方误差最小。

7.5.5　G.729 建议的 8 kb/s 的 CS－ACELP 声码器

G.729是ITU－T在1995年制定的编码速率为8 kb/s的共扼结构代数码书激励线性预测声码器(Conjugate Structure Algebraic Coder Excited Linear Prediction，CS－ACELP)语音编码算法标准。这种编码算法在无线方面具有一定的抗信道误码的能力，且不会引入大的干扰影响。另外，如果信道衰减很大，或传输的帧完全丢失，解码器能在最少损失话音质量的情况下隐去所丢失的帧。G.729提供了较低速率下的高质量、低延迟的语音编码，是当前较理想的语音编码算法之一。

CS－ACELP的编码方案是由共轭结构码激励线性预测(CS－CELP)和代数码激励线性预测(ACELP)的思想整合而来的。“共轭”的含义是指编码器在增益的矢量量化过程中采用了共轭结构；而“代数”是指其固定码书采用了代数结构，它的特点是码书矢量为40维，但只有4个非零脉冲，且其幅度为＋1或－1，位置在限定的范围内。这种码书的优点是无需任何存储空间，只要译码器获得非零脉冲的幅度和位置信息，即可以得到相应的输出矢量。

1. G.729 编码器

图7－22描述了G.729编码器的工作原理。输入信号在预处理模块中通过一个高通滤波器而且其幅度被缩小。经过预处理的信号作为后边所有分析的输入信号。每一帧做一次线性预测分析，计算线性预测滤波器的系数。这些系数被转化为线谱对(Line Spectral Pairs，LSP)，然后使用两级矢量量化(VQ)为18比特。激励信号是通过一个合成分析搜索过程选出，在这个过程中，原始语音与重建语音的误差按照感知加权的失真测度使其最小化。这是用感知加权滤波器将误差信号滤波而实现的，该滤波器的系数由未量化的线性预测滤波器得到。为了改进编码器的性能，使输入信号能有一个平坦的频率响应，感知加权滤波器的参数值被设计成自适应的，以改善输入信号的性能，使其有较平的频率响应。

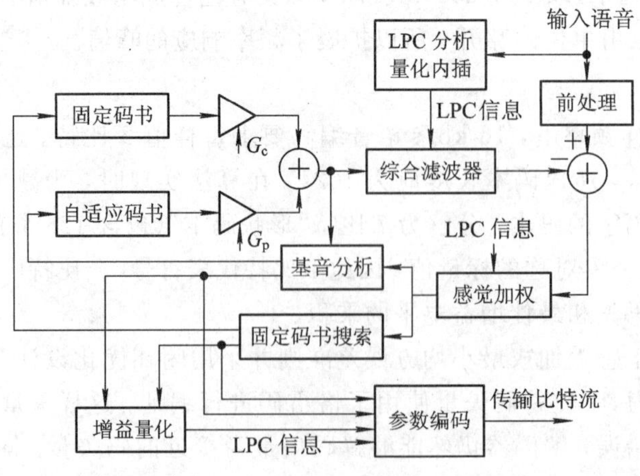

图7－22　G.729 编码器框图

第一子帧使用的量化和未量化的线性预测滤波器系数是经过插值的，而第二子帧的线性预测滤波器直接使用这些参数。每 10 ms 估计一次开环基音周期，这个估计使用的是经过感知加权的语音信号。下面提到的这些运算则是每 5 ms 重复一次。将线性预测的残差信号与激励信号之间的误差通过上述滤波器就可以更新这些滤波器的初始状态，这等同于通常的从加权后的语音信号中减去加权合成滤波器的零输入响应。加权合成滤波器的冲激响应是必须计算的。然后要做的就是在开环基音周期的附近，利用目标信号与加权合成滤波器的冲激响应进行闭环基音周期分析，以寻找自适应码书的延迟与增益。在这一过程中，用 1/3 插值方法来计算分数基音。在第一子帧，用 8 比特对基音周期进行编码；在第二子帧则用 5 比特对基音周期进行编码。将目标信号 $x(n)$减去自适应码书的贡献，就得到了新的目标信号 $x'(n)$(二次残差信号)，这个新的目标信号在固定码书搜索过程中用于寻找最优激励信号。固定码书激励使用的是 17 比特的代数码书。固定码书与自适应码书的增益被量化为 7 比特的矢量，其中固定码书增益的编码使用了移动平均(Moving Average，MA)预测。最后，用计算出的激励信号来更新滤波器的存储记忆。

2. 预处理

编码器的输入语音信号为 8 kHz 的 16 比特的线性 PCM 码。在进行编码之前，要先进行两个预处理功能：信号定标和高通滤波。定标是由输入信号除以因子 2 构成，以减少在定点实现中溢出的可能性。高通滤波器是对低频噪声信号的预防措施，此处采用的高通滤波器的下截止频率为 140 Hz。预处理的两个过程合在一起，其模块的传输函数由下式给出

$$H_{h1}(z)=\frac{0.46363718-0.92724705z^{-1}+0.46363718z^{-2}}{1-1.9059465z^{-1}+0.9114024z^{-2}} \tag{7-39}$$

语音信号输入经 $H_{h1}(z)$处理后记为 $S(n)$，将用于所有随后的编码器操作。

3. 线性预测分析与量化

短时分析与合成滤波器是建立在 10 阶线性预测滤波器的基础上的。线性预测滤波器定义为

$$\frac{1}{\hat{A}(z)}=\frac{1}{1+\sum_{i=1}^{10}\hat{a}_i z^{-i}} \tag{7-40}$$

其中，$\hat{a}_i$ 是量化后的预测系数。处理每帧时，都要先加一个不对称窗，对加窗后的语音信号计算其自相关函数，再利用自相关函数进行短时预测，或称为线性预测分析。每 80 个样点对加窗后的语音数据计算一次自相关函数，并用 Levinson-Durbin 算法将自相关函数转化为线性预测系数。为了便于进行插值和量化，再把线性预测系数转化为线性线谱对。插值后量化和未被量化的滤波器系数又被转化为线性预测系数来为每一子帧建立合成加权滤波器。

线性预测分析使用的窗函数由两部分组成：第一部分是汉明窗，第二部分是余弦函数的 1/4 周期，窗函数公式如下：

$$w_{lp}(n)=\begin{cases}0.54-0.46\cos\left(\dfrac{2\pi n}{399}\right), & n=0,1,\cdots,199\\ \cos\left(\dfrac{2\pi(n-200)}{159}\right), & n=200,\cdots,239\end{cases} \tag{7-41}$$

4. 感觉加权滤波器

感觉加权滤波器是建立在没有量化的线性预测滤波器系数 a_i 的基础上，由下式给出：

$$W(z)=\frac{A(z/r_1)}{A(z/r_2)}=\frac{1+\sum_{i=1}^{10}a_i r_1^i z^{-i}}{1+\sum_{i=1}^{10}a_i r_2^i z^{-i}} \tag{7-42}$$

由变量 r_1 和 r_2 来确定滤波器 $W(z)$ 的频率响应，适当调整这两个变量的值可以使感知加权获得更为有效的效果，这可以通过将 r_1 和 r_2 作为输入信号谱形状的函数来实现。如果子帧的内插频谱形状分类为平坦，那么加权因子 $r_1=0.94$ 和 $r_2=0.6$，如果频谱形状分类为倾斜，则 $r_1=0.98$，而 r_2 的值自适应于合成滤波器共振峰的强度，但限制在 0.4～0.7 之间。如果存在强共振，则 r_2 的值靠近上限。这种自适应，对于现行子帧是基于两个相邻线谱对系数之间的最小距离准则而获得的。

为了减少最佳自适应码书搜索的复杂度，将搜索范围限制在一个候选的基音周期 T_{op} 附近。T_{op} 由开环基音周期分析得到。开环基音分析每帧进行一次，它使用的是加权语音信号 $S_w(n)$。先计算三个最大的自相关函数 $R(t_i)(i=1, 2, 3)$，然后归一化。在三个规格化的相关值中，较低范围的延迟值被选为优胜者。

5. 自适应码书搜索

自适应码书参量(或音调参量)就是延迟和增益。在自适应码书的研究中，为了能实现音调滤波器，对小于子帧长度的延迟，激励信号在一个子帧长度内不断重复。在搜索阶段，激励是用线性预测残差扩展以简化闭环搜索。每一子帧(5 ms)作一次自适应码书搜索。

在第一子帧中，延迟范围在[19.33，84.66]中，使用分辨度为 1/3 的分数音调延迟 T_1，而延迟范围在[85，143]中，只使用整数音调延迟。

对于第二个子帧，分辨度为 1/3 的延迟 T_2 只在范围[int[T_1]－5.66，int[T_1]＋4.66]中使用，这里 int[T_1]是指第一子帧分数音调延迟 T_1 的整数部分。

用闭环音调分析的最小化的加权均方误差来决定每一子帧的最佳延时。第一子帧的基音延迟 T_1 的搜索是在开环基音延时 T_{op} 附近一个小范围(6 个样点内)进行的。闭环音调搜索的准则是使原始语音和重建语音之间的均方误差最小化。

1) 自适应码书矢量的产生

只要音调延迟已经确定，自适应码书矢量 $\boldsymbol{v}(n)$，可以用过去的激励信号 $u(n)$ 在给定的整数延迟 k 和分数 t 作内插计算，得：

$$\boldsymbol{v}(n)=\sum_{i=0}^{9}u(n-k+i)b_{30}(t+3i)+\sum_{i=0}^{9}u(n-k+1+i)b_{30}(3-t+3i)$$
$$n=0, 1, \cdots, 39;\ t=0, 1, 2 \tag{7-43}$$

内插滤波器 b_{30} 是建立在加海明窗的 sinc 函数的基础上，在±29 处截断，并在 30 处填充零($b_{30}(30)=0$)。这个滤波器在过采样域的截止频率为 3600 Hz。

2) 自适应码书延时码字的计算

第一子帧的音调延迟 T_1 用 8 比特编码，第二子帧的相对延迟用 5 比特编码。针对传输中的码流错误，为了构建一个更顽健的编码器，可以在第一子帧的延迟指针 P_1 上，加入一个奇偶校验位 P_0。这个奇偶校验位是在 P_1 的 6 个最高位上，通过异或操作产生的。在解码器中这个奇偶校验位要重新计算，如果重新计算的值和发送的不一致，则要加上一个错误遮盖程序。

3）自适应码书增益的计算

只要自适应码书的音调延迟确定了，则其增益 G_p 可以由下式计算，得：

$$G_p = \frac{\sum_{n=0}^{39} x(n)y(n)}{\sum_{n=0}^{39} y(n)y(n)}, \quad 0 \leqslant G_p \leqslant 1.2 \tag{7-44}$$

这里，$x(n)$ 是目标信号，$y(n)$ 是滤波后的自适应码书矢量（即 $W(z)/\hat{A}(z)$ 对 $\boldsymbol{v}(n)$ 的零状态响应），它由 $\boldsymbol{v}(n)$ 和 $\boldsymbol{h}(n)$ 的卷积得到。

6. 固定码书的结构和搜索

固定码书在代数码书结构的基础上，使用插入零的单脉冲替换设计。在这个码书中，每一个码矢量包含有四个非零脉冲，每个脉冲的幅度只能为 ±1，而且其位置是按照表 7-6 的规定固定的。

表 7-6　固定码书的结构

脉 冲	符　号	位　　置
i_0	S_0：±1	$m_0=5*i,\ i=0, 1, \cdots, 7$
i_1	S_1：±1	$m_1=5*i+1,\ i=0, 1, \cdots, 7$
i_2	S_2：±1	$m_2=5*i+2,\ i=0, 1, \cdots, 7$
i_3	S_3：±1	$m_3=5*i+3$ 或 $5*i+4,\ i=0, 1, \cdots, 7$

固定码书矢量 $\boldsymbol{c}(n)$ 由 40 维零矢量在 4 个位置放上 4 个单位脉冲并乘以对应的符号构成，即

$$\boldsymbol{c}(n) = S_0\delta(n-m_0) + S_1\delta(n-m_1) + S_2\delta(n-m_2) + S_3\delta(n-m_3) \quad n = 0, 1, \cdots, 39 \tag{7-45}$$

式中，$\delta(n)$ 为单位脉冲。对于小于 40 的延迟，码书矢量还需要进行修正。

脉冲 i_0、i_1、i_2 的位置每个用 3 比特编码，而脉冲 i_3 的位置用 4 比特编码，每个脉冲幅度（实际上是符号）用 1 比特编码，这 4 个脉冲总共用了 17 比特。如果符号为正，$s_i=1$；否则，$s_i=0$。码字的符号编码（4 比特）可从下式得到：

$$S = s_0 + 2s_1 + 4s_2 + 8s_3 \tag{7-46}$$

固定码书的码字可由下式得到：

$$C = \frac{m_0}{5} + 8\frac{m_1}{5} + 64\frac{m_2}{5} + 512\frac{2m_3}{5+x} \tag{7-47}$$

当 $m_3=5\times i+3$ 时，$x=0$；当 $m_3=5\times i+4$ 时，$x=1$。

7. 增益的量化

自适应码书增益音调增益和固定码书增益是用矢量量化的。用原始语音和重构语音之间的加权均方误差最小原则来搜索增益码书。

$$E = \boldsymbol{x}^{\mathrm{T}}\boldsymbol{x} + g_p^2\boldsymbol{y}^{\mathrm{T}}\boldsymbol{y} + g_c^2\boldsymbol{z}^{\mathrm{T}}\boldsymbol{z} - 2g_p\boldsymbol{x}^{\mathrm{T}}\boldsymbol{y} - 2g_c\boldsymbol{x}^{\mathrm{T}}\boldsymbol{z} + 2g_pg_c\boldsymbol{y}^{\mathrm{T}}\boldsymbol{z} \tag{7-48}$$

式中，$\boldsymbol{x}$ 是目标矢量，$\boldsymbol{y}$ 是自适应码书矢量，$\boldsymbol{z}$ 由固定码书矢量 $\boldsymbol{c}(n)$ 与 $\boldsymbol{h}(n)$ 的卷积得到。

自适应码书增益 g_p 和固定码书校正因子 r 采用两级共轭结构的码书进行矢量量化。第一级包含了 3 比特两维码书 $\boldsymbol{GA}$，而第二级包含了 4 比特两维码书 $\boldsymbol{GB}$。每个码书中的第一个元素表示量化的自适应码书增益 $\hat{g}_p$，而第二个元素表示量化的固定码书增益校正因子 $\hat{r}$。对于 $\boldsymbol{GA}$ 和 $\boldsymbol{GB}$，分别给出了码书指针 $\boldsymbol{Ga}$ 和 $\boldsymbol{Gb}$，那么量化后的自适应码书增益 $\hat{g}_p$ 和固定码书增益的预测增益 $\hat{g}_c$ 分别为

$$\hat{g}_p = \boldsymbol{GA}_1(\boldsymbol{Ga}) + \boldsymbol{GB}_1(\boldsymbol{Gb}) \tag{7-49}$$

$$\hat{g}_c = g_c' \hat{r} = g_c'(\boldsymbol{GA}_2(\boldsymbol{Ga}) + \boldsymbol{GB}_2(\boldsymbol{Gb})) \tag{7-50}$$

式中，$\boldsymbol{GA}_1$、$\boldsymbol{GB}_1$、$\boldsymbol{GA}_2$、$\boldsymbol{GB}_2$ 中的下标是维号。

通过应用预选过程，这种共轭结构简化了码本的搜索。根据式(7-50)得到的最佳基音增益 g_p 和固定码本增益 g_c 用来进行预选。码本 $\boldsymbol{GA}$ 包含 8 个矢量，其中第二个元素(对应 g_c)一般比第一个(对应 g_p)大，这种偏置允许使用 g_c 进行预处理。在预选时，挑选出 4 个最接近 g_c 的矢量。类似地，码本 $\boldsymbol{GB}$ 包含 16 个矢量，其中第一个元素的值大，预选出 8 个最接近 g_p 的矢量。这样每个码本只有一半的码矢候选，最后穷举搜索 4×8＝32 个两码本序号的组合，使式(7-50)的加权均方误差最小。

8. 编码参数的比特分配及传输

综上可知，编码器的参数及比特分配如表 7-7 所示。因为 G.729 将语音信号 10 ms 分帧，每帧编码比特数为 80，所以其编码码率为 8 kb/s。

表 7-7　G.729 发送参数及比特分配

参数	说　明	比特数
L_0	MA 预测器开关	1
L_1	LSP 量化器的第一级矢量	7
L_2	LSP 量化器的第二级低维矢量	8
L_3	LSP 量化器的第二级高维矢量	5
P_1	第一子帧的基音延时	8
P_0	P_1 的前 6 比特的奇偶校验	1
S_1	第一子帧固定码本脉冲符号	4
C_1	第一子帧的固定码本	13
GA_1	第一子帧增益码本(第一级)	3
GB_1	第一子帧增益码本(第二级)	4
P_2	第二子帧基音延时	5
S_2	第二子帧固定码本脉冲符号	4
C_2	第二子帧的固定码本	13
GA_2	第二子帧增益码本(第一级)	3
GB_2	第二子帧增益码本(第二级)	4
—	合　计	80

说明：每个参数的最高有效位(MSB)先发送，表中所列参数顺序即为发送顺序。

7.6　变速率语音编码

前面介绍的几种语音编码器，其输出码率速度都是恒定的。但在现实应用中，特别是语音信号的无线传输中，由于信道参数是时变的，能根据信道参数的变化调整语音编码器的速率就显得尤为重要。例如，在第三代移动通信中广泛采用的就是变速率语音编码，即语音编码器的输出速率不再是恒定的，能根据语音自身特点和信道特点自适应调整输出码率，使语音编码器更加实用。本节主要讨论变速率语音编码的一般原理和几种常见的变速率语音编码技术。

7.6.1　变速率语音编码的必要性和可能性

在前面介绍语音信号时域特点时已经说过，话音间隙使得全双工话路的典型效率为通话时间的 40%。这就是说，在语音通话期间，60%的时间是不需要编码传输的。因此，在全部通信时间都用同一个速率对语音信号进行固定速率编码，这对于信道资源是一个极大的浪费。如果能够在无话音时使得编码速率降低，而在讲话时使得编码速率提高，则平均编码速率就会大大降低，信道资源就可能得到更充分的利用。

变速率语音编码技术不但可以根据需要动态调整编码速率，降低平均速率，在编码语音质量和系统容量之间取得折中，而且非常适合分组交换(传统的电路交换并不适合提供变速率业务)。因此，在近年来第三代移动通信技术的推动下，变速率语音编码技术得到迅速发展和广泛应用，如高通码激励线性预测(QCELP)声码器、增强型变速率编码器(EVRC)、自适应多速率(AMR)语音编码器和可选模式(SMV)，等等。

目前，变速率语音编码理论和技术主要是在 CELPC 的基础上，引入了许多相关的新技术，主要包括：

(1) 用于在语音通信中检测是否有语音信号存在的语音激活检测(Voice Acitivity Detector，VAD)技术。

(2) 用于实现变速率的速度判决(Rate Decision Algorithm，RDA)技术。

(3) 用于克服语音帧丢失引起的负面效应的差错隐藏(Error Concealment Units，ECU)技术。

(4) 用于克服背景噪声不连续的舒适背景噪声(Comfort Noise Aspects，CNA)生成技术等。

变速率语音编码主要有以下三种速率控制方式。

(1) 信源控制方式。信源控制方式是根据语音信源的声道短时特性，按照某种形式动态分配比特数。在语音通信过程中，讲话人不说话时，信号帧只包含背景噪声，即使说话时，也会有些帧只发清音。这种情况下，只需要较低的编码速率；而对于激活语音部分则必须用较高的编码速率。

(2) 信道控制方式。信道控制方式是根据信道的质量改变各帧语音的编码速率。在比较恶劣的信道条件下，例如在深衰减情况下，信道编码中的冗余比特不足以纠正传输错误，因而需要降低语音编码速率，提高信道编码速率，以保证通话质量可懂；反之，在信道条件比较好的情况下，可提高语音编码速率，降低信道编码速率，以提高语音质量。

(3) 网络控制方式。网络控制方式用于克服蜂窝移动通信系统中的拥塞问题。因为通过改变每个用户可用的平均比特率，网络可以在容量和通话质量之间取得比较好的折中，保证网络在大多数情况下能提供良好的语音质量，而在通话高峰阶段又能够为大量用户提供可以接受的通话质量。

7.6.2 变速率语音编码关键技术

1. 话音激活检测 VAD 技术

VAD 技术是通过计算连续几帧的语音编码参数，来判断话音是否存在的。VAD 算法输出为“1”，表明当前帧为话音帧；输出为“0”，说明当前帧为非话音帧。

在 QCELP 和 EVRC 声码器中，VAD 算法是通过计算话音信号能量并根据背景噪声确定判决门限的，若信号能量超过判决门限，则说明当前帧为话音帧。

在 AMR 声码器中，VAD 算法是用部分语音编码参数和子带电平估计得到的能量信息，检测当前帧是话音帧还是非话音帧。

在 SMV 声码器中，VAD 算法则是利用话音帧能量、部分残差能量、线性预测增益、基音周期、语音谱测度、信噪比等多个参数检测当前帧是话音帧还是非话音帧。

2. 速率判决 RDA 技术

RDA 技术的目的是使编码器在非话音帧编码速率低一些，在话音帧时编码速率高一些，使得平均速率降下来。在 RDA 技术中，主要包括信源控制速率(SCR)技术和信道控制速率(CCR)技术。

SCR 的基本原理是根据话音激活 VAD 判决结果进行速率判决的，如果 VAD 判决结果为话音帧，则用较高的速率进行编码；反之，则用较低的速率进行编码。

CCR 的基本原理是在通话过程中根据估计的信道质量自适应切换编码速率，信道质量好时编码速率高，信道质量差时编码速率低，在保证语音质量的同时，最大限度发挥系统性能，提高系统容量。

QCELP 和 EVRC 只采用了 SCR 技术，AMR 和 SMV 同时采用了 SCR 和 CCR 技术。

3. 差错隐藏 ECU 技术

无线通信与移动通信的信道环境复杂，误码率比较高，语音帧在传输过程中可能由于误码而导致在接收时出现丢帧问题。为此，必须采用 ECU 技术，以便克服语音帧丢失所带来的负面效应。具体来说，就是当语音帧丢失时，为了使接收人感觉不到丢帧，应当通过某种信息告诉译码器，让译码器进行差错隐藏，并用预测的参数进行语音合成；若连续出现丢帧，则采用减弱声音的技术，使得接收者知道传输中断了。

4. 舒适背景噪声 CNA 生成技术

采用 SCR 方式时，背景噪声是与语音信号一起传输的，当没有语音信号时，背景噪声就不会被传输。这就导致接收端的背景噪声不连续，会使接收者感到不舒服。在强背景噪声的情况下，这种感觉更加严重，甚至会使语音难以理解。克服这个问题的有效方法就是采用 CAN 生成技术。

CAN 生成技术的基本原理是在发送端对背景噪声进行估计，并且将其特征参数通过静音描述(SID)帧传送到接收端，在静音描述帧中，相关的背景噪声参数被编码，接收端通过对静音描述帧进行译码，即可在无语音信号时在接收端产生舒适的背景噪声。

7.6.3　常见变速率语音编码器

1. QCELPC

QCELPC(Qualcomm Code Excited Linear Prediction Coding，高通码激励线性预测编码器)，于 1994 年由高通公司开发，用于提高 IS－95A CDMA 网络的语音编码器的性能。它的特点是：根据信号能量和背景噪声动态调整编码速率，在基本不影响语音质量的条件下，能够明显降低数据的平均速率。

QCELPC 有 QCELP8 和 QCELP13 两个版本，它们分别采用的编码速率为 8 kb/s 和 13 kb/s。QCELP8 对输入信号采用 8 kHz 采样、16 bit 线性量化，每 20 ms 分为一个语言帧，每帧包括 160 个样点，对这些样点采用以下四种速率中的任一种进行编码：全速率、$\frac{1}{2}$速率、$\frac{1}{4}$速率和$\frac{1}{8}$速率。QCELP8 将每一帧又分为 LPC 子帧、基音子帧和固定码书子帧，编码速率不同，每帧中各子帧的数目、包含的样点及参数编码所占比特数也不同。

2. EVRC

EVRC(Enhanced Variable Rate CODEC，增强型变速率语音编码器)是一个在 CDMA 网络中使用的声码器。它是在 1995 年提出的，以取代 QCELP 声码器。EVRC 输入信号是 8 kHz 采样、16 bit 量化的线性 PCM 语音，每 20 ms 一个语音帧，每帧包括 160 个样点，分为 3 个子帧，样点数分别为 53、53 和 54。EVRC 声码器用下列三种编码速率对这些样点进行编码：全速率(每帧 171 比特，8.55 kb/s)、1/2 速率(80 比特，4 kb/s)、1/8 速率(16 比特，0.8 kb/s)。在新的 EVRC－B 声码器中，还引入 1/4 速率。EVRC 语音帧采用全速率和 1/2 速率，背景噪声用 1/8 速率。

在译码端，译码器的输入是接收到的语音数据包和一个来自信道译码的包类型指示。差错隐藏模块利用包类型指示决定本帧的速率以及信道设备是否检测出差错帧。当差错帧标志为真时，则使用上一帧的 LSP 参数，否则从数据包提取。

3. AMR

与 QCELP 和 EVRC 编码器不同，AMR(Adaptive Multi-Rate)语音编码器采用基于信源和信道联合控制的变速率编码模式。在 AMR 编码器中，对速率的判决，不仅取决于当前语音帧的能量，还取决于当前的信道质量。这种信源信道联合编码技术，在保证语音质量的同时能最大限度地发挥了系统的性能，因此在 1998 年被 3GPP 组织接受为 GSM 和 UMTS 中的标准语音编码器。

AMR 编码中，语音编码模式的选择是由基站和移动台联合完成的。基站估计当前上行链路的信道质量，指示在当前环境中应采用的最佳语音编码模式，并通过空中接口将此命令发送给移动台；移动台估计下行链路的信道质量，将此质量信息传送给基站，基站然后发出“建议”下行语音编码模式指示。

AMR 的主要特点如下：

(1) 8 kHz 采样、13 比特量化，20 ms 一帧、每帧 160 个样点，频带范围 200～3400 Hz；

(2) 8 种速率模式，分别为 12.2、10.2、7.95、7.40、6.70、5.90、5.15 和 4.75 kb/s，

对应的每帧编码比特数为244、204、159、148、134、118、103和95比特，此外，它还用1.8 kb/s传输非语音帧(背景噪声)；

(3) 核心编码器为代数码激励线性预测的混合语音编码器，伴随采用非连续传输(DTX)、语音激活检测(VAD)、舒适噪声生成(CAN)等技术；

(4) 算法复杂度为5(假设G.711编码器算法复杂度为1，G.729为19)；

(5) 理想条件下的MOS分值为4.14(12.2 kb/s)，网络条件下的MOS分值为3.79(12.2 kb/s)。

4. SMV

SMV(Selectable Mode Vocoder)编码器是CDMA 2000系统的标准语音编码器，它采用信源和信道联合控制的变速率编码模式。SMV由四种速率的编码器组成：全速率、1/2速率、1/4速率和1/8速率；对应编码速率分别为8.5 kb/s、4.0 kb/s、2.0 kb/s、0.8 kb/s；共有六种可选工作模式(全速率和1/2速率分别有两种类型)；模式信息由基站提供，不同的工作模式在平均编码速率和语音质量之间的侧重点不同。另外，SMV的噪声抑制算法和语音激活检测算法也各有两种模式可供选择，差错隐藏算法和后处理算法也可以根据实际情况选择用或不用。

习题与思考题

7-1 语音信号在时域有哪些统计特性，如何在语音压缩编码中利用？

7-2 语音信号在频域有哪些统计特性，如何在语音压缩编码中利用？

7-3 语音信号的数字生成模型由哪些模块组成，各模块的作用又是什么？

7-4 为什么要对语音信号进行分帧处理？

7-5 语音信号的短时平均幅度如何计算，有什么作用？

7-6 语音信号的短时平均过零率的分布有什么特点？

7-7 三电平中心消波法主要作用是什么？

7-8 语音编码有哪些种类，各有什么特点和应用范围？

7-9 G.721 ADPCM编码器的自适应主要体现在哪几点？

7-10 子带编码的基本思想是什么？语音子带编码有什么优点？

7-11 LPC-10声码器存在哪些问题，LPC-10e相对LPC-10声码器做了哪些改进？

7-12 何谓语音编码的合成分析方法？

7-13 解释感觉加权滤波器在CELP编码器中的作用。

7-14 为什么G.728的算法是低延迟的？

7-15 G.729编码器的语音编码过程是怎样的？

7-16 CELPC存在哪些问题，其原因是什么？你认为应该怎样解决这些问题？

7-17 为什么要采用变速率语音编码？

第8章　音频编码技术

近年来，随着多媒体和网络通信技术的飞速发展，数字音频技术逐渐代替了模拟音频技术，成为多媒体技术领域内重要的研究方向。数字音频已经在数字影音系统、高清晰度电视(HDTV)、数字音频广播(DAB)、电话会议系统、无线通信、互联网多媒体业务等领域中得到了广泛的应用。然而，对于数字化后的音频信号，如果没有有效的压缩编解码方案，海量的数据将给存储和传输带来巨大的压力，这就促进了各种音频压缩编码算法的发展；同时，随着人们对多媒体业务个性化需求的不断提升，音频编码质量越来越显得重要，所以高保真、低速率音频压缩编码算法成为当今音频编码界的研究热点。

8.1　音频编码概述

音频信号数字化之后，所面临的第一个问题就是如何实现数字音频的有效存储和传输。因此，为了降低传输或存储的费用，对数字音频信号进行有效的编码极为重要。音频编码的主要目的是力求以尽可能少的数据比特表示原始信息，因此，音频编码也称为音频压缩编码。代表音频编码算法压缩效率的指标是编码速率，又称编码比特率。编码比特率实质上反映了处理后的信号的信息量，降低编码比特率必然会丢失一部分信息。幸运的是，统计分析表明，无论是语音信号还是音乐信号，都存在着多种冗余信息，主要包括时域冗余、频域冗余和感知冗余信息，去除这些冗余对音频信号主观质量影响不大，这为音频编码算法的发展提供了事实依据。现代音频编码算法大多根据音频信号的这种统计特性来降低比特率，并且形成两个方面的处理原则：一是用部分音频信号预测之后的部分信号或重建部分信号，或者利用一组适当的信号函数集来更有效的描述音频信号，从而去除音频信号的冗余信息；二是用“感知不相关”准则去除人耳不能感知的音频信息，从而去除感知冗余信息。

8.1.1　音频编码技术分类

音频编码算法一般可分为有损编码和无损编码两大类，而按照具体处理方案的不同可将音频压缩编码分为波形编码、参数编码，以及多种技术相互融合的混合编码等。对于各种不同的压缩编码方法，其算法复杂度、重构音频信号的质量、压缩比、编解码延迟等都有很大的不同，因此其应用场合也各不相同。

1. 波形编码技术

波形编码是指直接对音频信号时域或频域波形样值进行编码。它主要利用音频样值的幅度分布规律和相邻样值间的相关性进行压缩，目标是力图使重构后的音频信号的波形与原音频信号波形保持一致。由于这种编码系统保留了信号原始样值的细节变化，从而保留了信号的各种过渡特征。所以，波形编码适应性强，算法复杂度低，编解码延迟小，重构音频信号的质量一般较高，但压缩比不高。常见的波形编码方法主要有增量调制、自适应差分脉冲编码调制(Adaptive Differential Pulse Code Modulation，ADPCM)等。

2. 参数编码技术

与传统的音频编码方法相比，参数音频编码对音频信号源的模型和听觉模型进行了拓展。这种编码方法假设音频信号是由不同种类的信号成分叠加而成的，每一种信号成分都可以用一种相对简单的音源模型或一组数目较少的特征参数来表示，同时使用听觉模型，使解码端重建的输出信号尽量在听觉上与编码端的输入信号一致。

参数编码技术是在信源信号频率域或其他正交域提取特征参量并将其变换为数字代码进行传输，以及在接收端从数字代码中恢复特征参量，并由特征参量重建音频信号的一种编码方式。这种方式在提取音频特征参量时，往往会利用某种模型在幅度谱上逼近原音频，其特点是编码所需速率低，但音频质量不够好。目前，参数编码技术已用于宽带音频编码中，特别是频带复制技术(Spectral Band Replication，SBR)和参数立体声技术(Parametric Stereo，PS)已经成为 MPEG 的扩展标准，用于增强原有编解码器的质量。

3. 感知音频编码技术

感知音频编码(Perceptual Audio Coding，PAC)在编码形式上也属于波形编码，但其发展基于对音频信号统计特性和人类听觉感知特性的应用。它有效利用心理声学现象中的掩蔽效应，使用心理声学模型，去除人耳不能感知的音频成分，并且不用追求最小的量化噪声，只要使量化噪声不被人耳感知即可，所以感知音频编码算法既能提高音频数据压缩效率，又能保证对音频信号的编解码质量。现今质量较高的音频编码方案都基于感知音频编码算法，例如当今世界最流行的音频编解码器 MP3(MPEG-1 Audio Layer3)及 MPEG-2 高级音频编解码器(Advanced Audio Coding，AAC)，都采用了感知音频编码算法。

感知音频编码算法中广泛应用子带编码和变换编码技术，由于它们都是根据人耳对声音信号的感知模型(心理声学模型)，分析信号频谱，从而决定子带样值或频域样值的量化阶数和其他参数的选择，因此又可称为感知编码技术。

4. 混合编码技术

综上所述，波形感知音频编码算法可以获得较高的音频编码质量，但是压缩效率较低，并且由于心理声学模型理论的限制，很难进一步提高压缩比；而参数编码技术虽然可以获得较高的压缩效率，但是其提取的音源模型和特征参数由过于抽象，音频编码质量较低。如果将感知编码与参数编码结合起来，采用混合编码的方法，就可以在较低的编码比特率下获得较高的音质。

现今功能强大的音频编码算法 EAAC+(Enhanced aacPlus)和 MP3Pro 都是混合编码器。EAAC+是 AAC 与 SBR 和 PS 相结合产生的，MP3Pro 是 MP3 与 SBR 相结合产生的，在加入了参数编码技术 SBR 后，原编解码器都得到 30%左右的压缩比提高，并且 EAAC+在编码速率 48 kb/s 以上和 MP3Pro 在编码速率 64 kb/s 以上时，都能达到接近

CD 的“透明”音质。但是在编码速率 32 kb/s 以下时，编码质量有明显缺陷，需做进一步研究来提高质量。

8.1.2　几种常用的音频编码标准

本节主要简单介绍 3 种国际和商业中常用的数字音频编码标准的编码特点和编码原理，它们是 MP3、AC－3 和 AAC。

1. MPEG－1 音频编码标准

MPEG－1 音频编码是国际上第一个真正意义上的数字音频压缩编码标准。1989 年，活动图像专家组(Moving Pictures Expert Group，MPEG)在全世界征求数字音频的编解码方案，最后得到 14 种音频编解码草案。经过筛选，保留了自适应频谱感知熵编码(Adaptive Spectral Perceptual Entropy Coding，ASPEC)、自适应变换音频编码(Adaptive Transform Audio Codling，ATAC)、掩蔽型自适应通用子频带集成编码与复用(Masking Pattern Adaptive Universal Subband Integrated Coding And Multiplexing，MUSICAM)和 SB/ADPCM 这四种方案。经过一系列测试，结果表明 ASPEC 和 MUSICAM 音质优良，便以此确定了 MPEG－1 音频编码三层算法(LayerⅠ、Ⅱ、Ⅲ)，并在 1991 年 11 月收入 MPEG－1 草案，最终在 1993 年以国际标准 ISO/IEC 11172－3 的形式发布。

MPEG－1 的三层音频编码方案实质是三种互相关联的编码方案，而且三层编/解码算法按层次兼容，即高层兼容低层。三层编码算法中，每层都支持 32 kHz、44.1 kHz 和 48 kHz 三种采样速率；每层都可以支持下面四种模式：

(1) 立体声(Stereo)：左、右声道的声源是一个立体声对。两声道分别编码，形成一个比特流输出。

(2) 联合立体声(Joint-stereo)：利用立体声双声道的多余度进行左右声道联合编码，并形成一个比特流输出。

(3) 双声道(Dual-channel)：两个声道的音频内容互不相关(如两种语言)。两声道分别编码，形成一个比特流输出。

(4) 单声道(Single-channel)：只有一个声道有数据，对该声道数据单独编码形成一个比特流输出。

三层编码算法分别支持的压缩比和复杂度都有所不同：层 1 支持输出码率 32～448 kb/s，层 2 支持输出码率 32～384 kb/s，层 3 支持输出码率 32～320 kb/s。这三层编码算法随着层次的增加，其压缩比增大、算法时延加长、算法复杂度增高。也就是说，在相同音频感知质量的条件下层 3 的码率最低，层 1 的码率最高；或者说，在相同码率的条件下层 3 的音频感知质量最高，层 1 的音频感知质量最低；另外，层 3 的复杂度最高。

一个由荷兰 Leon Van de Kerkhof、德国 Gerhard Stoll、法国 Yves-Francois Dehery 和德国 Karlheinz Brandenburg 组成的工作小组吸收了 Musicam 和 ASPEC 的设计思想，并添加了他们自己的设计思想从而开发出了 MP3(MPEG－1 Layer 3)。MP3 能够在 128 kb/s 达到 MP2 (MPEG－1 LayeⅡ)192 kb/s 音质，是目前最为流行和普及的音频压缩格式。它采用了子带分解、分析滤波器组、变换域编码、熵编码、动态比特分配、非线性量化编码和心理声学分析等技术，实现了在双声道 128 kb/s 码率条件下的接近 CD 音质的音频编码。

MP3 编码流程如图 8－1 所示。原始 PCM 音频输入信号分为两路：一路信号送往 32

路多相滤波器组，将音频信号分成时域的 32 个等宽的子带信号，对每个子带的音频信号进行重叠 50%的 MDCT，得到每个子带的频域系数；另一路信号进行 1024 点的 FFT，然后对频域的系数进行心理声学模型分析。为了进行回声控制，MDCT 必须接收心理声学模型输出的窗类型来确定使用长窗(36 点)或短窗(12 点)进行 MDCT。经 MDCT 输出的频谱系数和经心理声学模型输出的心理声学参数送往比特分配模块确定出编码需要的比特，再将频谱系数采用比特分配模块计算出的比特数进行非线性量化，然后将量化完的系数采用 Huffman 编码进行熵编码。最后，编码后的频谱数据和编码中使用的各种信息组合成最终的音频输出流。

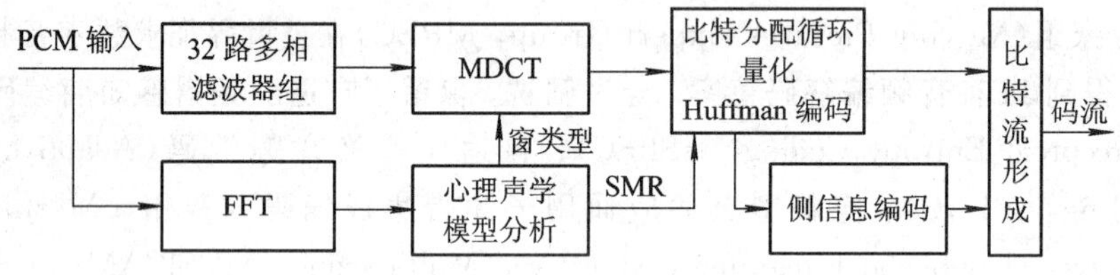

图 8-1 MP3 编码框图

2. Dolby 音频编码标准

从 20 世纪 80 年代开始，美国 Dolby(杜比)实验室一直进行感知音频编码算法及标准化工作的研究，代表性成果是由该实验提出的 AC-2 和 AC-3 等算法，其中 AC-3 算法应用得最广泛。AC-2 是一种独立声道编码算法，AC-3 是多声道复合编码算法，它已经被美国高清晰电视(HDTV)大联盟选定为音频编码算法，并在 1994 年 10 月成为美国高级电视系统委员会(ATSC)的音频编码标准。

AC-2 是一种变换编码算法，其特点是按临界频带划分子带，对子带的包络和样点进行压缩编码，编码器自适应地控制样点分块的长度。该算法每个声道的编码速率为 64～192 kb/s，支持双声道立体声编码。

AC-3 是 AC-2 的多声道扩展算法，支持 5.1 声道技术。在 5.1 声道技术中，5 代表着 5 个基本声道，独立连接至五个不同的一般喇叭(20～20 kHz)，分别是右前(RF)、中置(C)、左前(LF)、右后(RR)、左后(LR)；而 1 则代表 1 个低音声道，连接至重低音喇叭(20～120 Hz)。与此同时，杜比数字格式也支持单声道及立体声输出。

AC-3 编码流程如图 8-2 所示。输入音频信号一路经加 KBD(凯塞-贝塞尔)窗后自适应进行 MDCT，将输入信号从时域变换到频域，而另一路信号经暂态检测器检测出信号的变化特性，若在某个输入音频信号块中信号变化比较平缓，则在进行 MDCT 时使用长窗变换(512 点)；若输入信号块中信号变化比较剧烈，则使用多个短块的 MDCT(256 点)。对变换后的系数，AC-3 采用指数/尾数编码模式，即将 MDCT 输出的频域系数表示成尾数和指数的指数表示形式，其中尾数为规整化后的大于 0 小于 1 的数，指数为 0 到 24 之间的整数，为了用二进制数对尾数进行表示，尾数必须转换为定点形式。然后，MDCT 系数的指数和尾数送到指数编码器和尾数量化器中进行编码。在进行尾数的量化时，必须使用到比特分配模块计算出的量化比特数，为了计算该比特数，必须将 MDCT 后的频谱包络送到感知模型中，通过频谱包络计算出掩蔽阈值，然后再分配比特数。最后，经过编码后的尾数和指数信息，感知模型参数及某些比特信息参数组合成 AC-3 码流，完成 AC-3 编码过程。

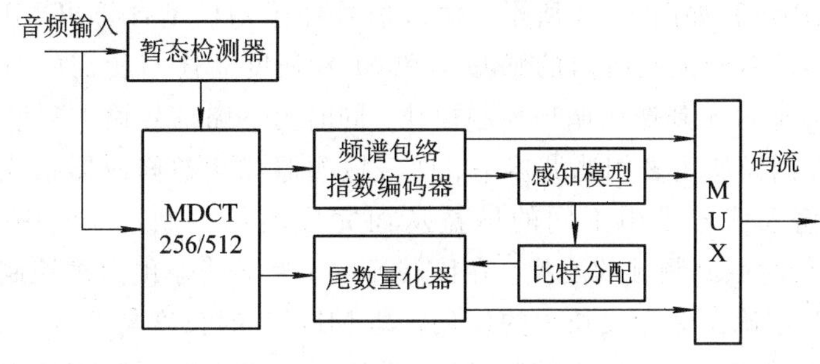

图 8-2　AC-3 编码框图

3. MPEG-2/4 高级音频编码

MPEG-1 音频的继续发展是 MPEG-2/4 音频。在 MPEG-2 音频标准的制定过程中，首先由于考虑到向下兼容 MPEG-1 音频，因此，制定的音频标准采用的关键技术与 MPEG-1 Audio Layer 3 类似，只是对输出码率和采样率等进行了扩展。但是由于存在向下兼容的限制，使得该标准在编码 640 kb/s 以下的 5 声道音频数据时感知效果不太好。因此，为获得更好的音频压缩音质和降低信号的编码比特率，MPEG 组织发展了向下不兼容的高级音频编码标准，这就是现在的 MPEG-2/4 AAC(Advanced Audio Coding)，国际标准号为 ISO/IEC 13818-7。

MPEG-2 AAC 由 Fraunhofer IIS、杜比实验室、AT&T、Sony 等公司于 1997 共同开发完成，目的是取代 MP3 格式。2000 年，MPEG-4 标准出现后，AAC 重新集成了新特性，加入了 SBR 技术和 PS 技术，为了区别于传统的 MPEG-2 AAC，又称为 MPEG-4 AAC。MPEG-4 标准采用了许多以前音频标准没使用的技术，如自适应窗类型选择、频谱系数预测、时域噪声成型、比特率/带宽缩放操作等。这些新技术的应用使得：

(1) 128 kb/s 的 AAC 立体声音频被专家认为不易察觉到与原来未压缩音频的区别；

(2) AAC 格式在 96 kb/s 码率的表现超过了 128 kb/s 的 MP3 格式；

(3) 同样是 128 kb/s，AAC 格式的音质明显好于 MP3；

(4) AAC 是目前唯一一个能够在所有的 EBU 试听测试项目的获得“优秀”的网络广播格式。

MPEG-2 AAC 的编码算法中采用了一系列的编码工具，根据计算机处理能力和可用存储量等系统资源和需获得的音频质量的限制，可以选择使用三个档次之一进行编码：主档次(Main Profile)、低复杂度档次(Low Complexity Profile)和可缩放采样率档次(Scaleable Sampling Rate Profile)。当系统处理能力充足但存储资源受限时采用主档次，当系统处理能力和存储资源都受限时采用低复杂度档次，当存储资源充足但系统处理能力受限时采用可缩放采样率档次。各个档次使用和不使用的编码工具和编码效果如下：

(1) 主档次：采用了除增益控制之外的所有编码工具。该档次可获得最佳的编码效果。

(2) 低复杂度档次：采用了除预测、增益控制之外的所有编码工具，同时时域噪声成型工具使用受限。该档次编码效果最差。

(3) 可缩放采样率档次：采用了增益控制工具，不采用预测和耦合声道工具，同时时域噪声成型工具使用受限。该档次根据编码带宽限制动态地决定编码效果，其编码效果处于前两个档次之间。

AAC 音频编码流程如图 8-3 所示。输入信号经感知模型计算出 MDCT 所需的窗类型，时域噪声成形(TNS)编码所需的感知熵和 M/S 强度立体声所需的若干信息，同时输出每个子带的信号掩蔽比到迭代循环控制模块；同时另一路信号输入到增益控制模块进行增益控制，增益控制模块由多相滤波器组、增益检测器和增益修改器组成，三者共同对不同比特率限制的输入信号采用不同的增益从而完成增益控制。该模块输出的信号送到 MDCT 模块中进行时域到频域的变换。在该转换中，为了消除预回声控制，必须根据感知模型中输出的窗类型确定短窗或长窗的使用，即 MDCT 的长度是 256 个样本点还是 2048 个样本点。MDCT 的输出感知熵去控制 TNS 模块对一帧内的频谱信号进行线性预测，再将帧内的预测残差进行编码；由于只有在频谱变换比较平稳时使用 TNS 编码预测较精确且预测残差较小，因此在确定对于哪些帧需要进行 TNS 编码时，必须使用到感知模型输出的感知熵，即通过感知熵来确定该帧数据是否变化比较平稳。经过 TNS 编码后的信号再经过 M/S 立体声和强度立体声模块去除掉多声道信号中左右声道的相关信息。此外，以上 TNS 编码模块去除的是帧内的冗余相关信息，为了去除帧间的冗余相关信息，可采用预测编码，预测编码即利用前两帧的频谱预测当前帧的频谱，然后求出帧间的预测残差，再对预测残差进行编码从而达到去除帧间冗余相关信息的目的。经过以上 TNS 编码，M/S 强度立体声编码和预测编码后，帧内及帧间的相关冗余信息已大大减少。接着，经过以上模块后的频谱信号再经过量化和无噪声编码模块得到编码后的频谱信号。在量化过程中，为利用人耳感知特性进行数据压缩，需要用到缩放因子信息，而缩放因子根据感知模块中得到的各个子带的信号掩蔽比并通过迭代循环控制模块经双循环迭代得到，经过量化后的信号再经过 Huffman 编码得到编码后的频谱数据。最后，编码后的频谱数据和编码中使用的信息组合成最终的 AAC 码流。

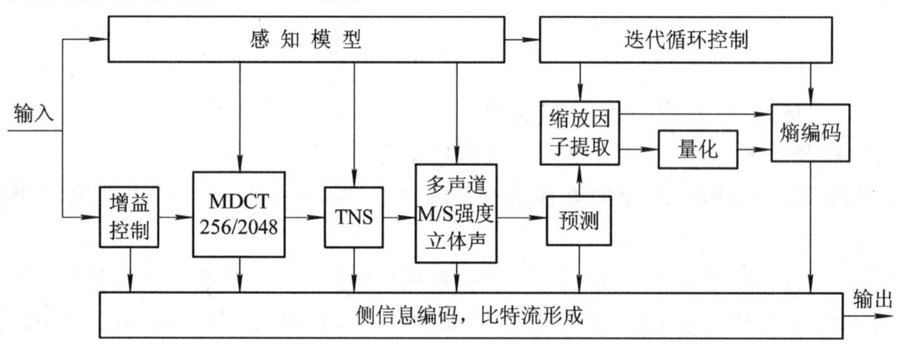

图 8-3　AAC 音频编码流程框图

8.1.3　音质比较

以下是 ITU-R BS.1116 对于双声道的立体声编码，其中包括 MPEG-1 层 2、MPEG-1 层 3、MPEG-2 AAC、Dolby AC-3 编码的主观音质测试。下表的测试结果显示了不同比特率和不同音频编码方法的平均等级差异分，此差异分绝对值越小越好(等于 0 代表与基准信号无差异，参见图 2-15)。表 8-1 显示 128 kb/s 的 AAC 码流和 192 kb/s 的 AC3 码流显示有最好的性能，即有最好的平均等级差异分。MPEG-2 AAC 是感知音频编码中唯一满足 ITU-R Rec BS.1115 定义的音质要求的编码，即可实现与 CD 相同的音质。

表 8-1　基于双声道的不同比特率的音频压缩标准音质比较

组数	编码方法	比特率/(kb/s)	平均等级差异分
1	AAC	128	−0.47
	AC-3	192	−0.52
2	AC-3	160	−1.04
	AAC	96	−1.15
	MPEG-1 Layer 2	192	−1.18
3	MPEG-1 Layer 3	128	−1.73
	MPEG-1 Layer 2	160	−1.75
4	AC-3	128	−2.11
	MPEG-1 Layer 2	128	−2.14

8.2　感知音频编码理论

由于目前音频领域并不存在高保真度的高精确度的数学模型，因此音频编码算法必须依赖通用的接收模型来提高编码效率。在音频应用中，因为人耳是最终的接收者，所以声音的感知受到人耳的掩蔽特性的影响。心理声学领域在人耳的感知能力和内耳的时间频率分析能力方面取得了长足的进步。当前大多数音频编码器就使用“不相关的信息不能被人耳感知”这一心理声学原则实现音频压缩。在进行音频信号的生理心理声学分析时，通过使用以下几个心理声学原则——绝对听觉阈值、关键子带、频域掩蔽、基于基膜的掩蔽扩散和时域掩蔽，将不相关的信号识别出来，然后与基本的信号量化理论一起构成了感知熵理论的基础[22]。本节介绍心理声学的基本理论和感知熵的基本概念。

8.2.1　绝对听觉阈值

首先介绍一下声压级(Sound Pressure Level，SPL)的定义。SPL 是一个对声音刺激强度大小进行度量的物理量，单位为 dB。用数学公式表示为

$$L_{\text{SPL}} = 20\lg\frac{p}{p_0}\ \text{dB} \tag{8-1}$$

式中，p 是声音压强，单位为 Pa；p_0 是参考声压，为 20 μPa。正常听觉的频率范围为 20 Hz～20 kHz，强度为 −5～130 dB，动态范围大约为 150 dB SPL。

绝对听觉阈值(Absolute Threshold of Hearing)表征了在一个无噪声环境中能被听者所感知的纯音音调的声压级别，用 dB SPL 表示。Fletcher 早在 1940 年就报导了不同频率的听觉阈值测试结果。

绝对听觉阈值与频率之间的非线性函数关系如下：

$$T_q(f) = 3.64\left(\frac{f}{1000}\right)^{-0.8} - 6.5\mathrm{e}^{-0.6(f/1000-3.3)^2} + 10^{-3}\left(\frac{f}{1000}\right)^4 \quad (\text{dB SPL}) \tag{8-2}$$

在音频信号压缩中，以上绝对听觉阈值可作为频域编码引起的失真的最大允许能量级别。正常人的绝对听觉阈值如图 8-4 所示，但必须指出两点：① 图 8-4 的绝对听觉阈值曲线是通过纯音刺激得到的，而在实际的感知编码中量化噪声的频谱比纯音的要复杂得多。② 由于算法设计者对音量控制没有什么先验知识，因此在编码时曲线的最低点(4 kHz 附近)等同于信号能量±1 比特。绝对听觉阈值曲线呈抛物线形状，即低频和高频处绝对阈值较大，而在中间频段绝对阈值较小。进行音频压缩时，当量化误差低于绝对听觉阈值时，量化引起的误差此时不能被人耳感知到，因而达到音频压缩的目的。

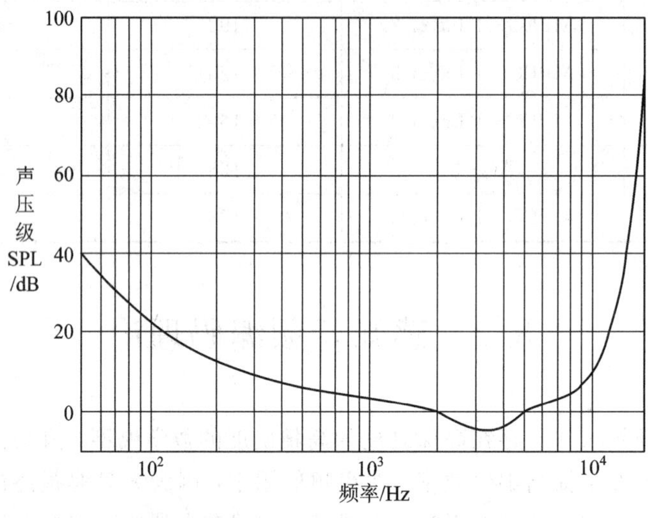

图 8-4 正常人绝对听觉阈值曲线

8.2.2 关键子带

利用绝对听觉阈值进行音频压缩只是感知编码的第一步。那么，如何在给定任意刺激条件下对复杂的量化噪声谱进行绝对阈值检测呢？事实上，刺激通常是时变的，因而阈值也应该是时变的。为正确确定动态变化的绝对阈值，我们必须分析人耳是如何进行频谱分析的。人耳在进行声音频谱分析时，在内耳的耳蜗实现频率到特定位置振动的转换。工作原理如下：一个声音刺激从鼓膜传到听小骨，听小骨在将振动传递到内耳的耳蜗，一旦耳蜗受到振动刺激，振动就会在耳蜗基膜传递并在耳蜗基膜的不同位置引起振动，这些振动转换为与基膜相连的神经感受器的神经信号，从而被大脑感知。在与特定频率对应的基膜位置由于振动的传递会引起最强烈的刺激，因此不同的神经感受器根据位置的不同分辨出不同的频率带宽。对于正弦波的声音激励，传输波形从耳蜗的输入窗口经耳蜗基膜传动到对应频率位置附近时，波形传输速度减慢从而使得波形幅度达到峰值，而该峰值所在区域对应的频率称为特征频率。由于内耳实现频率到位置的转换从信号处理的角度来看，在功能上内耳相当于一组重叠的带通滤波器，而带宽是非线性的，随着频率的增加带宽也相应增加。因此，把每一个带宽称之为一个关键子带(Critical Bands)。实验表明，对于关键子带内的一特定声压级别的噪声源，当该噪声源带宽在关键子带的带宽范围内时，无论噪声源带宽如何变化，人耳感受到的音量相等。人们用这个方法划分的人耳的理想的关键子带如表 8-2 所示。

表 8-2 人耳的理想的关键子带划分

子带号	中心频率/Hz	带宽/Hz	子带号	中心频率/Hz	带宽/Hz	子带号	中心频率/Hz	带宽/Hz
1	50	～100	10	1175	1080～1270	19	4800	4400～5300
2	150	100～200	11	1370	1270～1480	20	5800	5300～6400
3	250	200～300	12	1600	1480～1720	21	7000	6400～7700
4	350	300～400	13	1850	1720～2000	22	8500	7700～9500
5	450	400～510	14	2150	2000～2320	23	10500	9500～12 000
6	570	510～630	15	2500	2320～2700	24	13500	12 000～15 500
7	700	630～770	16	2900	2700～3150	25	19500	15 500～
8	840	770～920	17	3400	3150～3700			
9	1000	920～1080	18	4000	3700～4400			

从表 8-2 可以看出，关键子带的带宽在 500 Hz 以内为常数 100 Hz，超过 500 Hz 后带宽每次都增加中心频率的 20%。另外，关键子带的带宽也有如下的经验公式(f 为中心频率)：

$$BW_c(f) = 25 + 75\left[1 + 1.4\left(\frac{f}{1000}\right)^2\right]^{0.69} \quad (\mathrm{Hz}) \tag{8-3}$$

有时也把一个关键子带带宽称为 1 巴克(Bark)。巴克与频率的换算公式如下：

$$z(f) = 13\arctan(0.000\,76f) + 3.5\arctan\left(\frac{f}{7500}\right)^2 \quad (\mathrm{Bark}) \tag{8-4}$$

必须指出的是，虽然上式在音频感知编码模型里被大量使用，但是对关键子带带宽还有其他不同的表述方法，如匹配矩形带宽(Equivalent Rectangular Bandwidth，ERB)。

8.2.3 同时掩蔽

同时掩蔽指的是由于一个声音的存在而造成另外一个声音不能被人耳感知。当一个或多个激励同时发生时，此时人的听觉就会发生掩蔽效应。从频域的角度来看，掩蔽信号和被掩蔽信号之间的相对形状决定了相互间的掩蔽程度；从时域角度来看，激励之间的相位关系决定了掩蔽效果。对于该现象的简单解释是：当强噪声或音调出现时会在内耳的对应位置引起足够强的振动，从而使得内耳无法检测到该位置的弱信号。

1. 分类

虽然复杂的音频频谱包括各种掩蔽场景，但出于研究编码噪声的目的，可将掩蔽效应分为三类：噪声掩蔽音调(Noise Masking Tone，NMT)、音调掩蔽噪声(Tone Masking Noise，TMN)、噪声掩蔽噪声(Noise Masking Noise，NMN)。

1) NMT

在 NMT 掩蔽场景下，如图 8-5(a)所示，只要音调强度低于窄带噪声引起的听力阈值之下，窄带噪声(带宽为 1 巴克)就能掩蔽在同一个关键子带的音调。掩蔽阈值或最小的信号掩蔽率(Signal to Mask Ratio，SMR)发生在被掩蔽信号的频率接近掩蔽信号的中心频率处。图 8-5(a)中，关键子带噪音掩蔽者的中心频率在 410 Hz，强度为 80 dB SPL。它能掩蔽一个 410 Hz 的音调信号，SMR 值为 4 dB。当音调频率上升或下降时，掩蔽能力下降，也就是说 SMR 上升。

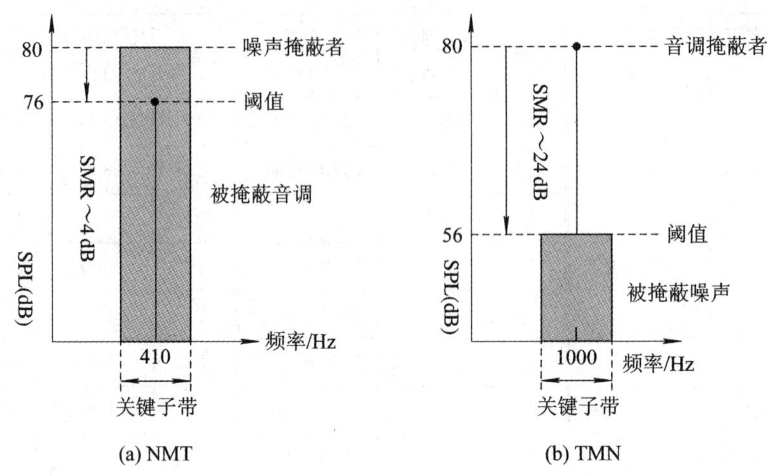

图 8 - 5　NMT 和 TMN 掩蔽效果图

2）TMN

在 TMN 掩蔽场景下，如图 8 - 5(b)所示，关键子带中心频率处的纯音调能掩蔽同一个子带内的任何形状的噪音，只要此噪音强度低于某个可预测的阈值。在图 8 - 5(b)中，纯音调频率为 1 kHz，强度为 80 dB SPL，它能掩蔽任何在同一子带下强度小于 56 dB SPL 的噪声。

3）NMN

NMN 场景下，一个窄带噪声掩蔽另一个窄带噪声，此时由于它们之间复杂的相位关系的影响，很难像 TMN 或 NMT 一样给出具体的特性。本质上，不同的相对相位导致不同的 SMR 值。

2. 特性

1）掩蔽的不对称性

图 8 - 5 给出的掩蔽效果图明显展示了 NMT 和 TMN 之间掩蔽效果的不对称性。在图 8 - 5 中，虽然两个掩蔽的强度相同，都为 80 dB SPL，但 SMR 值却相差 20 dB，噪声掩蔽信号效果好，而信号掩蔽噪声效果差。事实上，这三种掩蔽特性的知识对音频量化编码失真的处理都很有用。在每个时域分析间隔，编码器的感知模型应该在音频信号和编码失真之间识别出此时的频谱是类似噪音谱(noise-like)还是音调谱(tone-like)，然后感知模型应用合适的掩蔽模型。最后结合下述的掩蔽扩散特性构建全局的掩蔽阈值曲线。

2）掩蔽扩散特性

由于频率掩蔽并不局限于某一关键子带内，即某一关键子带的掩蔽信号除能掩蔽同一子带的信号外，它还能掩蔽其他关键子带内的信号，这些子带间的掩蔽效应称之为掩蔽扩展。在通用音频编码中，该扩展效应可以使用式(8 - 5)来表征，该函数有 +25 dB/Bark 和 −10 dB/Bark 的正负斜率，即

$$SF_{dB}(x) = 15.81 + 7.5(x + 0.474) - 17.5\sqrt{1 + (x + 0.474)^2}\ (\text{dB}) \tag{8-5}$$

其中，x 的单位为 Bark。在分析完关键子带和掩蔽扩散效应后，感知编码器的掩蔽阈值通过式(8 - 6)以 dB 给出：

$$\begin{cases} TH_N = E_T - 14.5 - B \\ TH_T = E_N - K \end{cases} \tag{8-6}$$

其中，TH_N 和 TH_T 为噪音和音调掩蔽阈值，E_N 和 E_T 为关键子带内噪音和音调掩蔽者的强度，B 为关键子带序号，通常 K 值的大小为 3～5 dB。式(8-6)只计算了单个掩蔽者的掩蔽阈值。在实际音频编码场景中，每个帧里包括两种类型的掩蔽。这些单个的掩蔽阈值还要联合起来构成全局的掩蔽阈值曲线。全局的掩蔽阈值指出了量化噪声刚可听见的门限。因此，全局的掩蔽阈值也称之为 JND(Just Noticeable Distortion)。在实际的感知编码中，首先将掩蔽分类，然后计算合适的掩蔽阈值，最后利用这些信息在频域将噪声谱成形于 JND 曲线下。

8.2.4　非同时掩蔽

图 8-6 给出了掩蔽信号在时域的掩蔽效果图。从图 8-6 中可以看出，除了产生同时掩蔽外，还造成时域的前掩蔽(被掩蔽信号在掩蔽信号前)和后掩蔽(被掩蔽信号在掩蔽信号后)。掩蔽信号持续的时间和它的强度决定了前后掩蔽的时间和大小。通常，前掩蔽持续约 5 ms，而后掩蔽持续 50～300 ms。后掩蔽比前掩蔽好理解。实验表明，后掩蔽可以通过掩蔽信号的频率、强度、持续时间进行准确的预测。虽然对前掩蔽进行了许多研究，但对它的机理还是不是很清楚。事实上，关于前掩蔽的最大时间，各种文献中的意见不一致。但前掩蔽与接受实验的主观对象有很大关系这一点大家是普遍接受的。

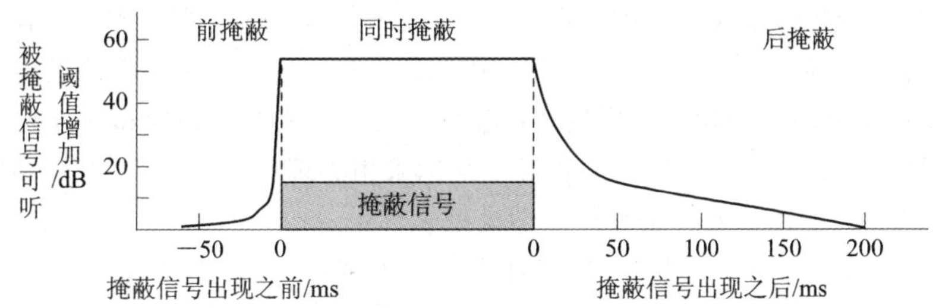

图 8-6　掩蔽效应在时域的典型掩蔽效果

8.2.5　感知熵

感知熵(Perceptual Entropy，PE)，即在某一音频信号中的感知相关信息的量度，其单位为比特/样点。目前研究表明，CD 质量的音频可以透明(听不出明显失真)压缩到 2.1 比特/样点。PE 的估计过程如下：首先，信号被加窗，然后转换到频域；然后根据掩蔽理论和感知特性得到掩蔽阈值；最后决定不产生可感知到的噪声量化频谱需要的比特数。

频域转换通过加汉明窗的 2048 点的快速傅里叶变换(FFT)实现。PE(单位为比特/样点，bit/sample)的具体计算公式如下：

$$\begin{cases} P(w) = \mathrm{Re}^2(w) + \mathrm{Im}^2(w) \\ B_i = \sum\limits_{w=bl_i}^{bh_i} P(w) \\ C_i = B_i * \mathrm{SF}_i \\ \mathrm{SFM} = \dfrac{\mu_g}{\mu_a} \\ \alpha = \min\left(-\dfrac{\mathrm{SFM}_{\mathrm{dB}}}{60},\ 1\right) \end{cases} \tag{8-7}$$

$$\mathrm{PE} = \sum_{i=1}^{25} \sum_{w=bl_i}^{bh_i} \mathrm{lb}\left(2\left|n\,\mathrm{int}\left(\frac{\mathrm{Re}(w)}{\sqrt{6T_i/k_i}}\right)\right|+1\right)+\mathrm{lb}\left(2\left|n\,\mathrm{int}\left(\frac{\mathrm{Im}(w)}{\sqrt{6T_i/k_i}}\right)\right|+1\right) \quad (8-8)$$

式中，w 是音频信号的频谱系数，i 是关键子带序号索引，bl_i 和 bh_i 是关键子带 i 内的频率的上下边界，$k_i = bh_i - bl_i$，T_i 是关键子带 i 内的听觉阈值，nint 为取整函数(朝最近整数)，μ_g 和 μ_a 分别对应子带 i 内频谱的几何平均和算术平均。以上公式中使用的其他未知量根据式(8－5)和式(8－6)来计算。

PE 计算自从 1988 年提出后到现在已经又有了进步。如采用 $\mathrm{SFM} = \mu_g/\mu_a$ 的音调估计无论是从时域还是从频域的角度都具有很大局限性，因而人们提出了许多其他的音调估计方法。目前人们提出的音调估计方法都考虑了频率成分在时间上的可预测性，如混沌测量方法(chaos-measure)。通常认为高度可预测的频谱部分对应的信号是音调，而完全不可预测的部分认为是噪声。

8.2.6 心理声学模型 2

心理声学模型是用数学模型表征人的听觉感知的统计特性。在音频压缩编码中，心理声学模型可以在主观听感劣化不多的条件下，大大降低数字音频信号编码码率。MPEG 组织在制定 MPEG 音频标准时，曾经标准化过两个心理声学模型，即心理声学模型 1 和心理声学模型 2，原则上两个声学模型可以用在 MPEG 的任何一层。两个声学模型基本原理一致，但模型 2 在主要环节的处理上更复杂，这使得它的计算结果更精确、计算复杂度也更高。实际应用中，MPEG－1 音频层 1 和层 2 编码采用心理声学模型 1，层 3(MP3)编码采用心理声学模型 2，下面简要介绍心理声学模型 2。

心理声学模型 2 的基本原理如下：它计算每个关键子带的掩蔽阈值，由于掩蔽效应在频域内进行，所以必须对输入的音频信号进行加窗傅里叶变换，从而实现从时域到频域的转换。因为有调和无调的掩蔽效应不一样，因而必须在输入的音频信号中分出有调部分和无调部分。心理声学模型 2 并不直接将某一频谱区划分为有调和无调，而是先将频谱数据根据关键子带划分为若干关键子带分区，然后在每个关键子带分区估算有调和无调成分的比值。具体算法是先将频域系数转换成极坐标的形式，再根据前两帧的频域系数的极坐标形式预测出当前音频帧的频域系数的极坐标值，并分别将预测幅度和相位与实际幅度和相位在极坐标里进行非预测量度计算。同时，为计算每个子带的掩蔽阈值，必须在每个关键子带先计算出子带总能量和不可预测量，然后将不可预测量归一化后将其作为计算每个关键子带信噪比的依据。具体算法是首先根据频率系数的幅值计算出分区总能量，根据分区各频率处的不可预测量计算出分区不可预测量，然后将分区总能量和不可预测量与扩展函数进行卷积运算计算出扩展分区能量和扩展分区不可预测量；经过归一化操作后根据 NMT 和 TMN 计算出每个分区的信噪比。再根据信噪比计算出每个分区的掩蔽阈值，并与静音的绝对阈值进行对比，取较大的值作为该关键子带区的掩蔽阈值。最后将关键子带分区的阈值扩展到整个频谱内，并在缩放因子带的范围内计算每个子带的信噪比。同时，为确定对该音频帧是采用长块还是短块进行编码，还必须根据分区能量和分区掩蔽阈值计算出对该音频块的感知熵信息，并根据感知熵的大小确定是采用长块还是短块进行编码。具体的心理声学模型 2 算法如下：

① 对输入音频信号进行加窗傅里叶变换。首先用输入的信号重构若干相继样点，在对这些样点进行加窗操作，实际应用中一般采用汉明窗。然后对加窗后的信号进行1024点的标准前向傅里叶变换，最后将变换后的数据表示成极坐标的形式以便更精确地进行非预测量度的计算。

汉明窗窗函数为

$$w(n) = 0.5 - 0.5\cos\frac{2\pi(i-0.5)}{1024} \tag{8-9}$$

② 计算预测幅度和相位。设 r 和 f 是上一步骤得到的每个块处的幅度和相位，采用如下公式计算预测值：

$$\begin{cases} \bar{r}_w = 2r_w(t-1) - r_w(t-2) \\ \bar{f}_w = 2f_w(t-1) - f_w(t-2) \end{cases} \tag{8-10}$$

其中，t 表示当前块号，$t-1$ 表示前一个块的数据，$t-2$ 表示前两个块的数据。

③ 计算非预测量度 C_w 值。计算公式如下：

$$C_w = \frac{\sqrt{(r_w \cos f_w - \bar{r}_w \cos\bar{f}_w)^2 + (r_w \sin f_w - \bar{r}_w \sin\bar{f}_w)^2}}{r_w + |\bar{r}_w|} \tag{8-11}$$

④ 在每个分区中计算出不可预测量和分区频率总能量。计算公式如下：

$$\begin{cases} e(b) = \sum\limits_{w\_lo}^{w\_hi} r_w^2 \\ c(b) = \sum\limits_{w\_lo}^{w\_hi} r_w^2 \times c_w \end{cases} \tag{8-12}$$

⑤ 各分区能量和不可预测量与扩展函数进行卷积运算并归一化，公式如下：

$$ecb(b) = \sum_{bb\_lo}^{bb\_hi} e(bb) * sprdngf[bval(bb), bval(b)] \tag{8-13}$$

$$ct(b) = \sum_{bb\_lo}^{bb\_hi} c(bb) * sprdngf[bval(bb), bval(b)] \tag{8-14}$$

$$cb(b) = ct(b)/ecb(b), \quad en(b) = ecb(b) * rnorm(b) \tag{8-15}$$

⑥ 将不可预测量转换为声调索引并计算出每个分区的信噪比，公式如下：

$$tb(b) = -0.299 - 0.43\ln[cb(b)] \tag{8-16}$$

$$\mathrm{SNR}(b) = tb(b) * \mathrm{TMN}(b) + [1 - tb(b)]\%\mathrm{NMT}(b) \tag{8-17}$$

⑦ 计算每个分区的能量阈值，即

$$nb(b) = en(b) \times 10^{-\mathrm{SNR}(b)/10} \tag{8-18}$$

⑧ 前回声控制和静音阈值，即

$$nb(b) = \min\{\max[qsthr(b), nb(b)], \max[qsthr(b), nb\_l(b) * rpelev]\} \tag{8-19}$$

⑨ 计算感知熵 PE 并根据其大小使用长块或者短块

$$\mathrm{PE} = -\sum_{b\_lo}^{b\_hi} (w\_hi - w\_lo) \times \lg\frac{nb(b)}{(eb(b)+1)} \tag{8-20}$$

⑩ 计算每个缩放因子带的信噪比。

最后根据每个缩放因子带的信噪比值确定对每个缩放因子带的频谱数据需要分配多少比特用于编码，从而完成整个心理声学模型的分析。

8.3 SBR 频带复制技术

由于人耳对低频信号比较敏感，所能容忍的量化误差较小；而对高频信号则不那么敏感，所能容忍的误差较大。因此，目前的数字音频编码技术，在低速率编码时，被迫舍弃高频信号的编码质量，尤其是感知音频编码算法，为了避免量化误差突破掩蔽阈值，将比特集中分配给人耳较为敏感的低频部分，大量损失高频部分，使音质变的沉闷、不明亮。

为解决这个问题，Coding Technologies(CT)公司在 1997 年提出 SBR(Spectral Band Replication)技术。SBR 是一种高频重建技术，可以有效重建高频频谱，解决了低码率时的高频损失问题，在保证同等编码效率的条件下大幅提升可感知的音频质量。

MPEG 组织在 2003 年把 SBR 标准化为音频扩展技术 1(Audio Extension 1)，成为国际标准。SBR 采用波形和参数相结合的编码方法，其理论基础是音频信号低频和高频成分之间具有很大的相关性，音频信号的高频部分可以有效地用低频部分重建。SBR 通过分析高频和低频成分之间的相关性与差异性，提取反映关联和差异的参数或函数集，然后利用低频信号实现高频重建功能。

SBR 算法实质上是音频编码的增强技术，必须与核心编码技术相结合。SBR 编解码器与核心编码解码器的结合框图如图 8-7 所示。一般核心编码器的采样频率是 SBR 编码器采样频率的一半，这样可以增强核心编码器的频率解析度，并且可以增进听觉掩蔽作用的利用。

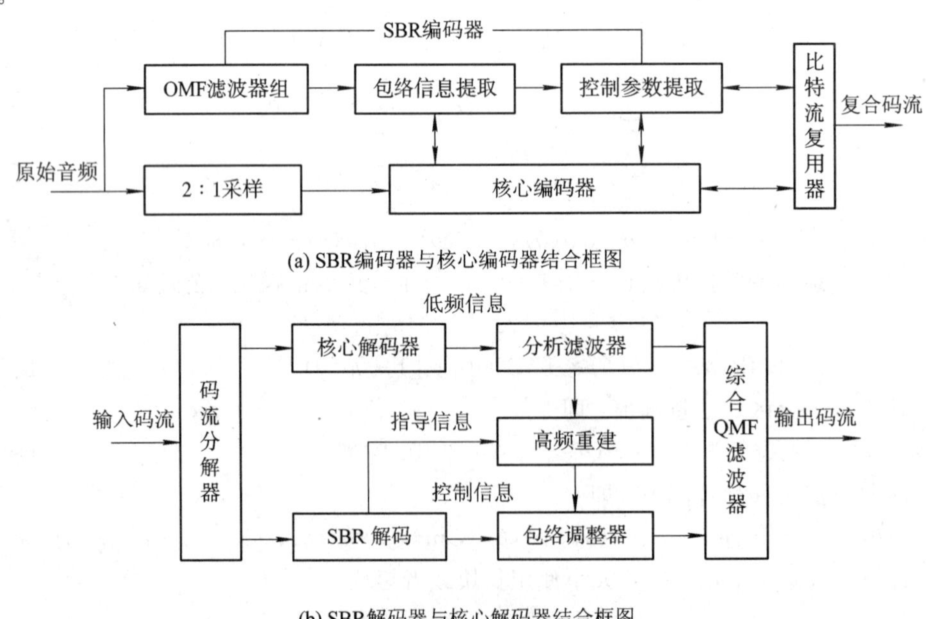

(a) SBR编码器与核心编码器结合框图

(b) SBR解码器与核心解码器结合框图

图 8-7 SBR 编解码器系统框图

SBR 解码器与核心编解码器结合后，在结构上，SBR 编解码器与核心编解码器是并行的处理单元；在功能上，SBR 编码器相当于核心编码器的预处理过程，SBR 解码器相当于核心解码器的后处理过程。在编码端，核心编码器对输入音频信号的低频部分进行编码，

SBR 编码器负责分析、提取高频重建所需的参数信息，并将参数码流添加到核心编码器码流中。解码端接收到码流后，先将码流分解，并分别传送到核心解码器和 SBR 解码器，核心解码器输出解码的低频信号，SBR 先利用核心解码器输出的低频信号复制出高频成分，然后根据提取的高频重建参数对包络进行调整。SBR 高频重建过程如图 8－8 所示。

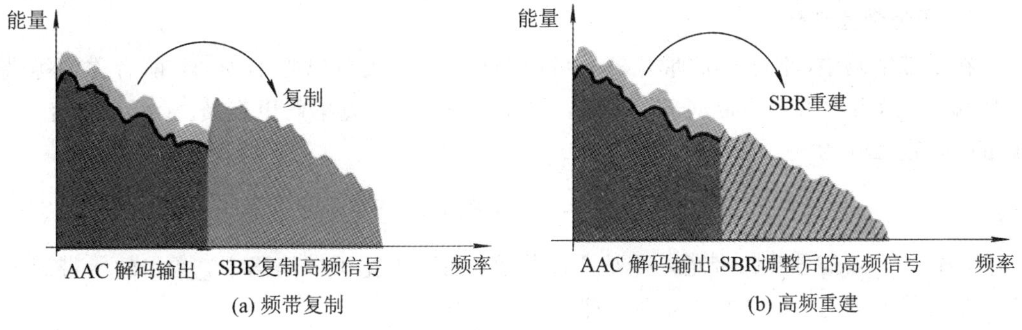

图 8－8　SBR 高频重建过程

8.4　子带编码与滤波器组

8.4.1　子带编码技术

子带编码理论最早是由 Crochiere 等人于 1976 年提出的，此后在中速率语音编码中得到广泛应用。1985 年，Onel 将子带编码推广到图像编码。现在子带编码在语音、音频、图像编码中都有应用，特别是已经成为音频编码的主体技术框架，子带编码的基本原理如下。

1. 子带编码的基本原理

子带编码的工作原理如图 8－9 所示。首先用一组带通滤波器将输入信号分成若干子频带（简称子带）信号，然后将这些子带信号通过频率搬移变成基带信号，再对它们分别进行采样、量化和编码，最后再将各子带的编码数据复接成一路数据传输到接收端。

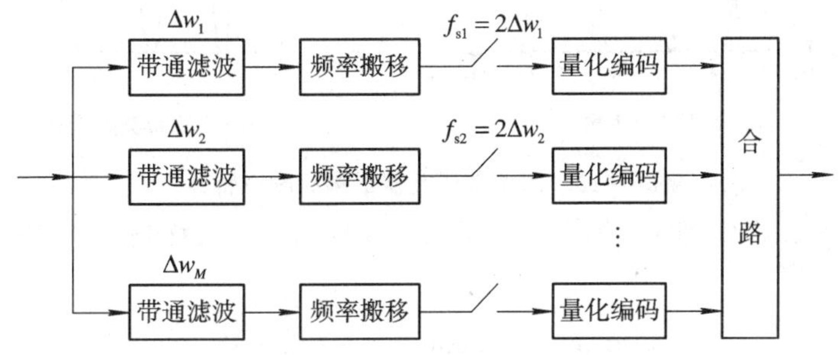

图 8－9　子带编码框图

每个子带采样频率 f_{sk} 应满足采样定理的要求，为使数据率最小，一般取 $f_{sk}=2\Delta w_k$，其中 Δw_k 为第 k 个子带的信号带宽。每个子带信号量化时，应根据感知模型分析的结果决定子带样值或子带频域样值的量化阶数和选择其他参数，即动态比特分配。动态比特分配的原则就是使各子带的量化噪声尽量处于对应子带的掩蔽阈值以下。量化后的样值和编码参数都要进行编码，编码方法一般采用第四章介绍的熵编码方法。在这个过程中，关键是要利用有用的声音信号将噪声掩蔽掉，使得人耳无法察觉；同时由于子带分析/综合的运用，各频带内的噪声将被限制在频带内，不会对其他频带的信号产生影响。其结果是在一定的码率条件下，可以达到“完全透明”的声音质量。

2. 子带带宽选择

在子带编码中，各子带的带宽 Δw_k可以是相等的，也可以是不等的，前者称为等带宽子带编码，后者称为不等带宽子带编码，硬件实现上等带宽编码更容易。在等带宽条件下，子带的带宽 Δw_k为

$$\Delta w_k = \frac{W}{M}, \quad k = 1, 2, \cdots, M \tag{8-21}$$

其中，W 是输入信号总的带宽，M 是子带总数。在不等宽子带编码中，常用的子带划分方法是令子带带宽随 k 的增加而增加，即

$$\Delta w_{k+1} > \Delta w_k, \quad k = 1, 2, \cdots, M \tag{8-22}$$

也就是说，低频子带的带宽窄，高频子带的带宽宽。这样做的理论依据在于研究表明，声音信号的能量主要集中在低频段，低频段的子带划分得细一些，量化精度高一些，可使整个重建音频信号的质量高一些。但是，在等带宽划分子带时，对重要子带分配多的比特数、不重要子带分配少的比特数，也能获得较好的重建音频质量。

子带划分是由滤波器组实现的，具体实现时滤波器组有两种情况。一种情况如图8-10(a)所示，各子带滤波器之间有重叠的区域。在这种情况下，若用理想带通滤波器的2倍 Nyquist 频率采样，则会产生频谱混叠；若按实际子带带宽的 2 倍采样，则会增加总的编码速率。第二种情况如图 8-10(b)所示，各子带之间有一定的间隔。在这种情况下，实际编码语音带宽小于原始语音带宽，虽可以降低总的编码速率，但重建音频信号会产生混响的主观感觉。另外，这两种情况都要求滤波器组的滚降特性比较陡，尽量逼近理想带通特性，其代价是必须增加滤波器的阶数，实现变得复杂。

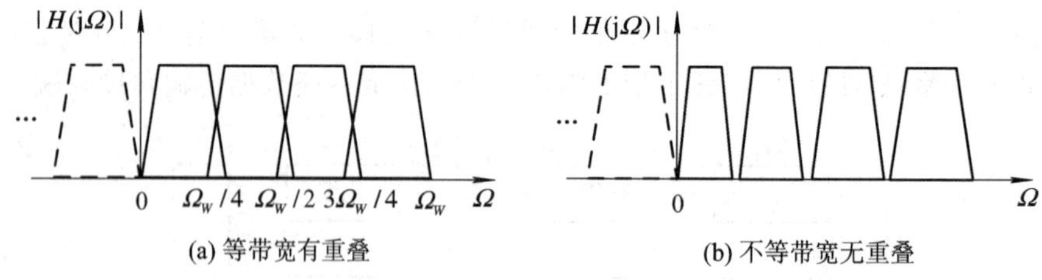

图 8-10 四子带滤波器组幅频响应特性

根据带通信号采样定理，对第 k 个子带信号采样的最小采样频率 f_{sk}满足：

$$\min(f_{sk}) = 2\Delta w_k \frac{1 + \dfrac{f_{k-1}}{\Delta w_k}}{1 + \operatorname{int}\left[\dfrac{f_{k-1}}{\Delta w_k}\right]} \tag{8-23}$$

式中，f_{k-1}为第 k 个子带的最低频率，Δw_k为第 k 个子带的带宽，int[·]为取整函数。根据上式，要想使子带编码的编码速率达到最小，显然需要 f_{k-1}是 Δw_k的整数倍。即该子带的下截止频率正好是子带带宽的整数倍时，取 $f_{sk} = 2\Delta w_k$ 直接对子带信号采样，省去图 8-11 中的频率搬移模块，不容易发生频谱混叠现象，在接收端也可以直接从采样后的信

号中用带通滤波器恢复原始带通信号。

3. 数字信号的子带编码

以上讨论的是模拟信号的子带编码基本原理。在实际应用中，输入一般都是已经用 $f_s=2W$ 采样后的数字信号，W 为整个信号带宽，此时子带编码靠数字抽取和内插实现，如图 8-11 所示。图 8-11(a)是第 k 个子带的工作原理框图，而图 8-11(b)和(c)对应于 $k=2$、$M=4$ 的一个特例，说明其频谱经抽取后的变化过程。

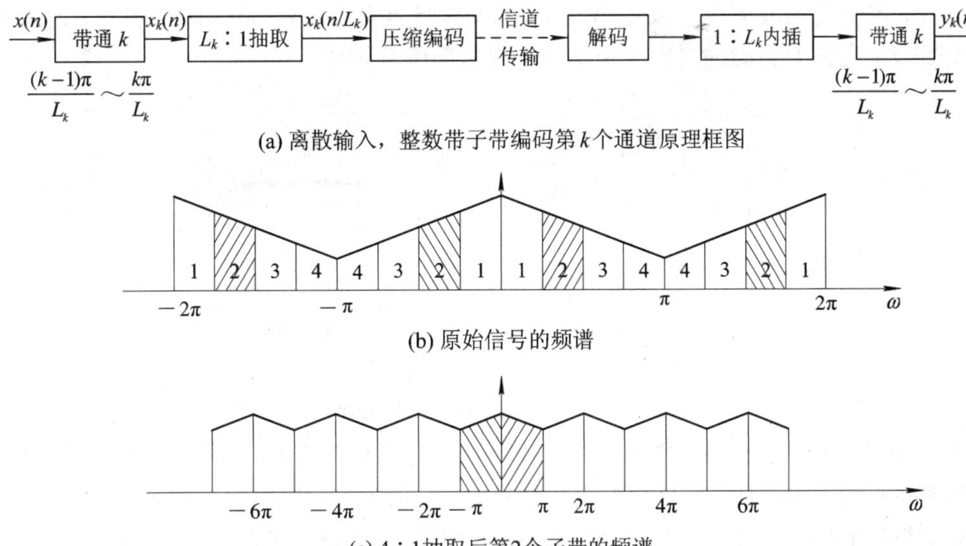

(a) 离散输入，整数带子带编码第 k 个通道原理框图

(b) 原始信号的频谱

(c) 4：1抽取后第2个子带的频谱

图 8-11　数字信号的整数子带编码工作原理

4. 宽带音频信号子带编码的优点

将子带编码用于宽带音频编码，具有语音编码中使用子带编码相同的优点，具体如下：

(1) 由于音频频谱的非平坦性，如果对不同子带合理地分配比特数，就有可能分别控制各子带的量化电平数目以及相应的重建误差方差，使码率更精确地与各子带的信源统计特性相匹配。

(2) 调整不同子带的量化比特数即可将噪声谱按人耳的主观噪声感知特性来形成。

(3) 各子带的量化噪声都束缚在本子带内，这样就能避免能量较小频带内的输入信号被其他频段的量化噪声所遮盖。

8.4.2　时频分析滤波器组设计原则

时频分析是现代音频编码器的一个重要组成部分。时频分析的重要工具就是滤波器组，通常这个滤波器组由许多带通滤波器构成，所有带通滤波器的带宽和等于音频信号的频谱带宽。这些滤波器组将原始音频信号分成子带信号，然后根据心理声学模型的掩蔽原则确定每个子带内的掩蔽阈值。也就是说，这些滤波器组使得心理声学分析和量化噪声成形变得实际可操作。另外，通过将声音信号分成连续的频带信号，滤波器组也能起到减少信号冗余的作用。

滤波器组对感知音频编码的质量有至关重要的作用。高效、透明的音频信号压缩必然有一个性能非常优越的滤波器组。音频信号压缩的质量直接与滤波器组的频谱特性和信号的频谱特性匹配程度有关。

在设计滤波器组时，第一个问题就是在时域分辨率和频域分辨率取得平衡(通常这两者是矛盾的)。没有唯一的分辨率平衡对所有信号是最优的，这种困境如图 8-12 所示。图 8-12 给出了短板和短笛的时域频域掩蔽阈值分布图。在图 8-12 中，黑的部分代表高的掩蔽阈值。为取得最大编码效率，有许多谐波的短笛信号要求精确的频率分辨率和低的时间分辨率，因为掩蔽阈值在时域是均匀分布，而频域具有本地性(localized)特点；而短板信号正好相反，它需要精确的时间分辨率和粗糙的频率分辨率。

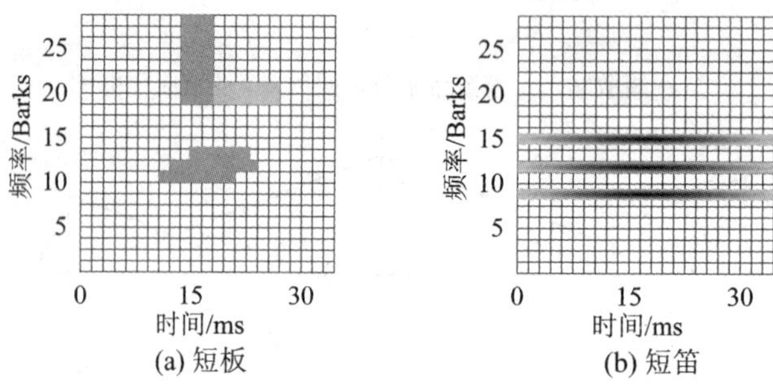

(a) 短板　　(b) 短笛

图 8-12　时域频域掩蔽阈值分布图

不幸的是，大多数音频源既包括有调成分，又包括无调成分；另外，既有稳定的状态，又有短暂的间隔。一句话，信号模型为非平稳的，一般为一段时间很稳定，然后忽然变化。因此，理想的编码器要能自适应地决定最优的时间频率分解，理想的滤波器组在时域和频域有时变的分辨率。这个事实导致了算法设计者应用混合滤波器组结构，根据信号的属性决定时频分辨率。滤波器组设计时模仿人的听觉属性，如将滤波器组设计成不等宽的关键子带带宽滤波器。这些滤波器经过实验证明对一些高度瞬时信号(如短板信号)特别有效。相反，这些滤波器组对类似短笛的信号就不那么有效了。总之，如下的一些问题在设计音频编码滤波器时必须考虑：

(1) 自适应的时频调整；

(2) 低分辨率的关键子带模式，如 32 个子带；

(3) 高分辨率的模式，如高达 4096 个子带；

(4) 高效的分辨率模式切换；

(5) 最小的块效应；

(6) 好的通道隔离效果；

(7) 强的截止带衰减；

(8) 完美的重建能力；

(9) 关键点采样；

(10) 可得到的快速算法。

8.4.3　音频编码中常见的滤波器组和窗函数

1. 伪正交镜像滤波器组

伪正交镜像滤波器组(Pseudo-Quadrature Mirror Filtering，PQMF)有如下特点：

(1) 简单的 FIR 原型滤波器；

(2) 线性相位，恒定组延迟；

(3) 快速算法；

(4) 低复杂性；

(5) 关键点采样。

PQMF 滤波器组的分析滤波器和综合滤波器脉冲响应满足镜像条件，即满足($h_k(n)$、$g_k(n)$分别为分析滤波器和综合滤波器的脉冲响应)：

$$g_k(n) = h_k(L-1-n) \tag{8-24}$$

$$h_k(n) = 2w(n)\cos\left[\frac{\pi}{M}(k+0.5)\left(n-\frac{L-1}{2}\right)+\theta_k\right] \tag{8-25}$$

$$g_k(n) = 2w(n)\cos\left[\frac{\pi}{M}(k+0.5)\left(n-\frac{L-1}{2}\right)-\theta_k\right] \tag{8-26}$$

其中，$\theta_k=(-1)^k\ \dfrac{\pi}{4}$，$w(n)$为实系数的 L 点窗函数。

图 8-13 给出了一个 2 子带的等带宽 PQMF 滤波器的频率特性，可以看到，高通滤波器和低通滤波器的频率特性在归一化频率轴上的 $\pi/2$ 处(相当于采样频率的$\dfrac{1}{4}$处)互为镜像。以上表达式确定下来后，滤波器设计的重点就是窗函数的设计了。

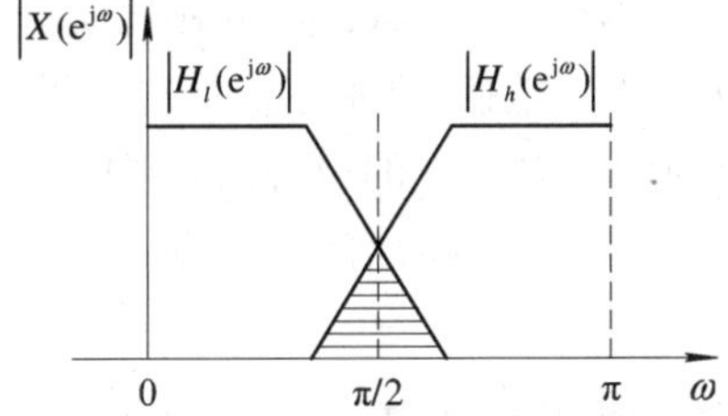

图 8-13　2 子带的等带宽 PQMF 滤波器的幅频响应

PQMF 为非可完美重建滤波器组，但它在音频编码中扮演了非常重要的角色。MPEG-1 Layer 1 和 Layer 2 以及 MPEG-2 BC/LSF 都使用了等宽的 32 子带的 PQMF 滤波器组作频谱分解。原型滤波器 $w(n)$包含 512 个采样点，输出波纹小于 0.07 dB。

2. 余弦调制的可完美重建的 M 通道滤波器组

虽然 PQMF 滤波器组已成功应用于感知音频编码，但因为其非完美的重建能力，所以在系统设计中必须弥补由此带来的编码失真。弥补策略非常简单，如增加原型滤波器的长度。通过研究发现，当原型滤波器 $w(n)$和综合滤波器 $g_k(n)$加以适当的约束，实现可重建的余弦滤波器组是可能的，如利用时域参数开发了时域混叠去除(Time-Domain Aliasing Cancellation，TDAC)的滤波器组、利用调制重叠变换技术(Modulated Lapped Transform，MLT)实现了完美重建滤波器组。目前，工程上一致认为修正余弦变换(Modified Discrete Cosine Transform，MDCT)是最好的完美重建滤波器组。这些滤波器组都有一个共同特点，即满足 $L=2M$。由此，MDCT 滤波器组的分析综合滤波器的脉冲响应为

$$h_k(n) = w(n)\sqrt{\frac{2}{M}}\cos\left[\frac{(2n+M+1)(2k+1)\pi}{4M}\right] \tag{8-27}$$

$$g_k(n) = h_k(2M-1-n) \tag{8-28}$$

MDCT 正反变换的计算公式在第 6 章变换编码中已经给出，最后还剩下一个问题——原型 FIR 滤波器 $w(n)$的系数确定。对于 MDCT 变换，一个满足如下约束条件的窗函数也可以实现完全重建：

$$w(n) = w(2M-1-n), \quad w^2(n) + w^2(n+M) = 1 \tag{8-29}$$

必须指出的是，以上给出的窗函数的约束条件只是实现完美重建 MDCT 的充分条件。例如，在音频编码中还用到的正交或双正交的窗函数。

3. 窗函数

由 Malvar 提出的面向 MDCT 应用的正弦窗函数[19]如下：

$$w(n) = \sin\left[(n+0.5)\frac{\pi}{2M}\right], \quad 0 \leqslant n \leqslant M-1 \tag{8-30}$$

此窗函数在音频编码中应用的非常普遍，如在 MPEG-1 Layer 3 的混合滤波器组、MPEG-2 AAC 和 MPEG-4 T-F 滤波器组中等。这个窗函数的主要特点在于：直流分量集中在一个系数上；滤波器通道有 24 dB 的旁瓣衰减；就编码效率而言，它是渐进最优滤波器。Ferreira 曾提出一个更为复杂的参数窗函数[20]。这个窗函数能平衡在时域粗量化造成的噪声和频域的截止带的泄漏之间。

提高截止带的衰减对感知编码增益是有好处的，特别是对有丰富谐波的音频信号。这就使杜比 AC-2/AC-3、MPEG-2 AAC/MPEG-4 T-F 算法设计者使用定制窗而不使用标准正弦窗。恺撒-贝赛尔窗(Kaiser-Bessel)是由杜比实验室开发的替换正弦窗的窗函数。以牺牲过渡带的灵敏性为代价，恺撒-贝赛尔窗取得了更好的阻带衰减效应。因此，对于某一个在特定 MDCT 子带的中心频率处的纯音调，恺撒-贝赛尔窗能将更多的能量集中在一个转换系数上，从而对于有丰富音调的信号，恺撒-贝赛尔窗能减少转换后的系数，节约编码需要的比特数。

时变窗是音频编码窗函数研究中的另一个重点。前面已经说过，对于一个信号，最好是能根据信号内容决定窗函数的选择。这也就说，窗函数是随传输内容时变的。在实践上，MPEG 音频编码器是通过改变窗函数的长度来实现时变特性的。当一个信号变化较少且具有稳态特性时，可通过使用长窗来取得最大的编码效率和良好的通道隔离；当一个信号变化较快或较大时，可通过使用短窗来取得更好的时间分辨特性、较好的前回声控制(Preecho)和较小的时域块噪声。当需要窗切换时，为实现完美的重建，通常要使用经过精心设计的过渡窗函数。当然，也有不通过窗模式切换的方式实现时变窗的技术。MPEG-1 和杜比 AC-3 都使用了窗切换的方式实现时变窗，MPEG-1 Layer3 是使用过渡窗实现窗切换，而 AC-3 未使用过渡窗。

8.4.4 前回声失真和前回声控制

前回声失真是一个很重要的噪声，它是由于变换编码器使用感知编码规则引起的。当一个很陡峭的信号出现在一个块结束点附近时，编码后会出现前回声。这种情况在敲击乐器的编码中最容易出现，如图 8-14 所示。对于基于块的算法，在时域编码和量化时，由于掩蔽阈值和块平均频谱估计的需要，在反变换时量化噪声将会平均分布在整个谱线上，如图 8-14(b)所示。这样，在解码器端就会造成未掩蔽的噪声出现。虽然前掩蔽效应可能掩蔽前回声，但是这需要转换块足够小，和典型前掩蔽持续时间持平(例如 2～5ms)。敲击声音不是唯一的可能引起前回声的信号。周期的音调信号包含有脉冲爆破声时也会引起前回声。在音频编码中如何减少前回声的影响是音频编码的一个重要研究课题。

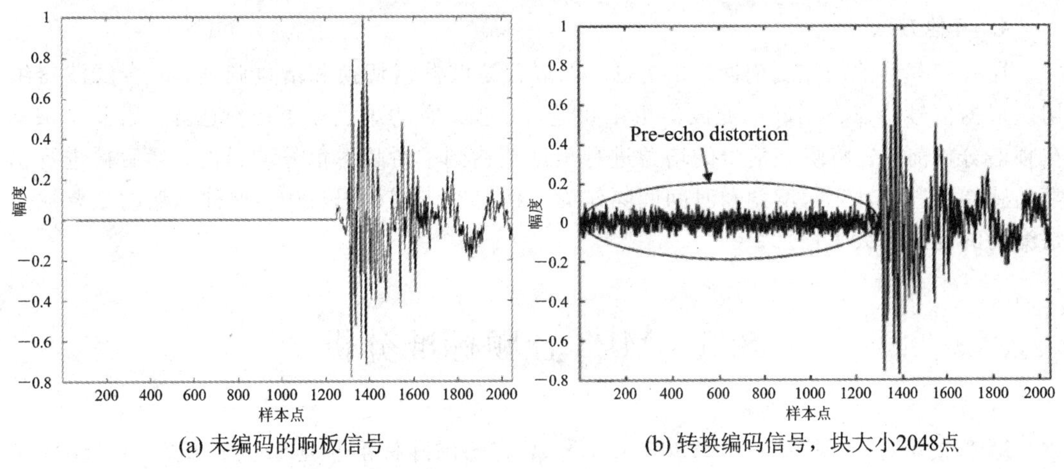

(a) 未编码的响板信号　　(b) 转换编码信号，块大小2048点

图 8-14　前回声实例

1. 比特池技术

一些编码器采用这项技术来满足瞬时的、大的比特数的需要。尽管大多数算法都是恒定比特率的，但实际上每帧的掩蔽阈值、瞬时的比特率都是时变的。因此，实际编码时，需要用比特池技术平滑几帧的数据速率。在实际帧编码速率非常高时，需要往比特池中存储过剩的比特数；在实际帧编码速率较低时，则从比特池中取比特，从而造成平均的固定输出比特率。但是，处理某些信号，如周期音调信号，则需要很大的比特池。在 MPEG-1 Layer3 中就使用了比特池技术。

2. 窗切换

Elder 首先引入了窗切换的方法来减小前回声的影响。后来，这个方法普遍应用于基于 MDCT 的变换算法中。窗切换方法通过改变窗长度来改变分析块的长度从而消除或减小前回声的影响。具体方法是：当检测到稳态信号时用长窗，从而时域的分析块变长，如典型 25 ms；当检测到瞬态信号时用短窗，从而时域的分析块变短，如典型 4 ms 等。有两个原因促进了这个方法的应用：一是对瞬态信号用短窗能减少时域的噪声扩散；二是对尽量少的短窗用高的比特流压缩来减小前回声效应也是很合适的。虽然窗切换的方法很成功，但还是存在很大的缺点。如前面在基于 MDCT 的变换中，通常需要过渡窗才能实现窗切换，但这会造成编码效率的下降，另外一个问题就是会造成编码延迟大，或者对于周期音调信号过多的使用短窗。

3. 时域噪声成形

时域噪声成形(Temporal Noise Shaping，TNS)技术也被用来解决前回声问题。TNS 技术是一个频域采用的技术。噪声成形的作用是把量化噪声转移到频谱数据幅度较大的部分，然后利用听觉的掩蔽特性使得噪声的感觉下降。在噪声成形中，一般要用到频域预测滤波方法。具体的做法是：对一帧内的频谱信号变换较平缓之处，采用一帧内的前几个频谱数据预测出当前位置的频谱数据，并与当前位置的频谱数据进行比较得到预测残差；然后对预测残差进行量化编码，并使其噪声成形于本帧内频谱幅度较大之处。在编码时是否采用 TNS 技术取决于本帧的感知熵。当感知熵大于预定值时就使用 TNS 技术。TNS 技术在 MPEG - 2 NBC 音频编码中得到了很好的应用。

4. 其他方法

还有许多其他的控制前回声的方法，如混合滤波器组切换和增益调整。混合滤波器组切换根据信号特点在不同的滤波器组之间进行切换，它的难点在于切换选择。增益调整是在频谱分析前，先将瞬态信号的增益进行预调整达到平滑瞬态信号的目的，然后再进行正常的感知编码。时变的增益和时间间隔作为边信息写入编码码流中。这种方法的主要缺点是编码的复杂性大大增加。

8.5 MP3 音频标准分析

MP3 的全称是 MPEG - 1 Audio Layer 3，它的国际标准号是 ISO 11172 - 3。MP3 是当今较流行的一种数字音频有损压缩格式，其压缩比例一般在 10～12，对于大多数用户来说，重建的音频与最初的不压缩音频相比没有明显的下降，因此得到广泛应用。本节将对其编解码过程进行简要分析。

8.5.1 MP3 音频压缩码流的组成

1. 码流总体结构

MP3 音频压缩码流有实际音频帧和逻辑音频帧的区分。实际音频帧指的是原始的 1152 个音频采样点压缩后形成的码流，逻辑音频帧是为了传输而设计的，它们的关系可参见 8.5.2 节。不做特别声明，下文所指的帧都是逻辑帧。MP3 音频压缩码流是由逻辑帧一帧一帧组成的，逻辑帧是组成 MP3 压缩码流的基本单位，如图 8 - 15 所示。

第 *N* 帧	第 *N*+1 帧	第 *N*+2 帧	第 *N*+3 帧

图 8 - 15　MP3 压缩码流的组成(每个逻辑帧固定长度)

帧也有自己的结构，每帧码流由四部分组成：头信息、CRC 校验信息、边信息、主数据，如图 8 - 16 所示。不过并不是每一帧都存在 CRC 效验信息，是否存在 CRC 信息由帧头信息中的相关标志位指定。事实上，典型的音频帧里面经常不包括 CRC 校验信息。

头信息	CRC 校验信息	边信息	主数据

图 8 - 16　MP3 压缩码流的帧组成

每一帧的主数据分为两个颗粒(Granule)，每个颗粒分为两个声道。具体的顺序为：首先是第一个颗粒的第一个声道的信息，然后是第一个颗粒的第二个声道的信息；接着是第二个颗粒的第一个声道的信息，然后是第二个颗粒的第二个声道的信息。如果是单声道模式的话，首先是第一个颗粒的第一个声道的信息，然后是第二个颗粒的第一个声道的信息。每个声道信息解码后包含 576 根谱线，经过处理后，也就是时域中的 576 个 PCM 样点。每个声道信息块的内部分为两个部分，第一部分是量化因子信息，第二部分是 Huffman 码字信息。这样一个完整的典型音频帧的组成结构如图 8 - 17 所示。

<table>
<tr><td rowspan="4">头信息</td><td rowspan="4">帧边信息</td><td colspan="9">主数据</td></tr>
<tr><td colspan="4">颗粒1</td><td colspan="4">颗粒2</td><td rowspan="3">辅助数据</td></tr>
<tr><td colspan="2">左声道</td><td colspan="2">右声道</td><td colspan="2">左声道</td><td colspan="2">右声道</td></tr>
<tr><td>比例因子</td><td>Huffman编码数据</td><td>比例因子</td><td>Huffman编码数据</td><td>比例因子</td><td>Huffman编码数据</td><td>比例因子</td><td>Huffman编码数据</td></tr>
</table>

图 8 - 17　MP3 压缩码流的音频帧的结构

2. 帧头信息说明

帧头信息共有 32 个比特。具体说明如下：

(1) 前 12 个比特为同步字(Sync Word)，必须全为 1，即 12′b1111_1111_1111。同步字标志着一帧的开始。当开始解码一个 MP3 文件时，必须得到第一帧的位置，采用通过搜索同步字的方法得到。同步字表达成十六进制方式时为 0xfff。同步字在整个 MP3 文件中必须是字节对齐(Byte Aligned)。

(2) 同步字之后的第一个比特是 ID 标志，必须为 1。

(3) 接下来的 2 个比特是 Layer 标志，其中 11 表示这是一个 MPEG - 1 的第一层的音频文件，10 表示是第二层的音频文件，01 表示是第三层的音频文件，00 是保留字。

(4) 接下来的 1 个比特是 protection_bit 标志，为 0 时表示存在 CRC 校验信息，为 1 时表示不存在 CRC 校验信息。

(5) 接下来的 4 个比特为 bitrate_index 标志，表示这一帧的码率。具体含义如下：0000 为 free；0001 为 32 kb/s；0010 为 40 kb/s；0011 为 48 kb/s；0100 为 56 kb/s；0101 为 64 kb/s；0110 为 80 kb/s；0111 为 96 kb/s；1100 为 224 kb/s；1101 为 256 kb/s；1110 为 320 kb/s；1111 为保留字。

(6) 接下来的 2 个比特为 sampling_frequency 标志，表示采样频率，其具体含义如下：00 表示为 44.1 kHz；01 为 48 kHz；10 为 32 kHz；11 为保留字。

(7) 接下来的 1 个比特是 padding_bit 标志，在计算一帧的大小的时候会用到它。

(8) 接下来的 1 个比特是 private_bit 标志。

(9) 接下来的 2 个比特是 mode 标志，表示单双声道及立体声。具体含义如下：00 为 stereo；01 为 joint stereo；10 为 dual_channel；11 为 single_channel。

(10) 接下来的 2 个比特是 mode_extension 标志，当 mode 标志说明为立体声方式时，mode_extension 标志说明哪一种 joint_stereo 方式被采用。具体含义如表 8 - 3 所示。

表 8 - 3　Mode_extension 编码

Mode_extension	Ms_stereo	Intensity_stereo
00	Off	Off
01	Off	On
10	On	Off
11	On	On

(11) 接下来的 1 个比特是 copyright 标志，0 表示无版权，1 表示有版权。

(12) 接下来的 1 个比特是 original_copy 标志，0 表示复制品，1 表示原版。

(13) 最后 2 个比特是 emphasis 标志，具体含义为：00 表示无加重；01 表示 50/15 ms；10 表示保留字；11 表示 CCITT J.17。

3. CRC 校验信息

当帧头信息的 proctection_bit 为 0 时，说明存在 CRC 校验信息，CRC 校验信息为两个字节，即 16 个比特。通常我们可以略过 CRC 校验信息而不去处理。当帧头信息的 protection_bit 为 1 时，说明不存在 CRC 校验信息，那么帧头信息之后就是边信息。

4. 边信息说明

当帧头信息的 mode 标志说明为单声道时，边信息为 17 个字节；否则为 32 个字节。

边信息一开始的 9 个比特是所谓的 main_data_begin 标志。当 main_data_begin 不为 0 时，说明本帧的主数据部分并不是一个完整的主数据，必须要用到前边帧的主数据，即必须将前边帧主数据最后的 main_data_begin 个字节的数据和本帧的主数据合起来，才算是一个完整的主数据部分。当然，如果下一帧的 main_data_begin 不为 0 的话，也说明本帧的主数据部分最后的 main_data_begin(下一帧的 main_data_begin 数据)个字节归下一帧的主数据所有。当然，一个 MP3 文件的第一帧的 main_data_begin 的值是一定为 0 的。

接着是 private_bits 标志。当单声道时它为 5 个比特，其他情况下为 3 个比特。

然后是两个声道的 scfsi 信息(scale factor select information，量化因子的选择信息)。如果是单声道模式的话，接下来的只是一个声道的 scfsi 信息。每一个声道的量化因子带分为 4 个部分(每个部分包含几个量化因子带)，其中每个部分的 scfsi 信息由一个比特组成。当某个部分的 scfsi 标志为 1 时，说明第二个颗粒中，这个声道的这个部分的量化因子信息和第一个颗粒中这个声道的这个部分的量化因子相同。也就是说，MP3 文件中不再包含第二个颗粒中这个声道的这个部分的量化因子信息。当某个部分的 scfsi 标志为 0 时，说明第二个颗粒中这个声道的这个部分的量化因子信息需要从文件中获得，和第一个颗粒的相应数据并不相同。当这个声道信息的 block_type 为 2 时，它的四个 scfsi 标志都为 0。如果是双声道的话，这个部分共有 8 个比特；单声道时为 4 个比特。

边信息剩下的部分可以分成 4 个数据块，分别是第一个颗粒的第一个声道的信息，第一个颗粒的第二个声道的信息，第二个颗粒的第一个声道的信息，第二个颗粒的第二个声道的信息。在边信息中的每个声道数据块内，具体结构如下：

(1) 首先是 12 个比特的 part2_3_length 信息，表示在主数据部分本声道信息共有多少个比特(包括量化因子部分和 Huffman 码字部分的总共的大小)。

(2) 接着是 9 个比特的 big_values 信息。每个声道信息解码后的 576 个谱线分为三个部分，第一个部分就是大数部分，这一部分的信息表示低频的谱线，因为人的听觉对低频比较敏感，所以这一部分采用较多的比特数来量化。第二部分为 01 部分，这一部分量化后的数值只有 0、1、−1 三种可能。第三部分为 r0 部分，这一部分处于高频，Huffman 解码后的数据全部为 0。需要说明的是，主数据中的 Huffman 码字部分只包含大数部分和 01 部分的数据，r0 部分的数据自然没有必要出现了。(注意，大数部分内部又分为三个区域，每个区域采用不同的 Huffman 表解码。)其中大数部分具有 big_values×2 根谱线；01 部分谱线的个数在 Huffman 解码的时候可由 part2_3_length 和 big_values 的值计算出。

(3) 接下来是 8 个比特的 global_gain 信息，这一信息在反量化的时候会用到。

(4) 接下来是 4 个比特的 scalefac_compress 信息，scalefac_compress 信息在读取本声道的量化因子信息时，会用来计算每个量化因子为多少个比特。

(5) 接下来是 1 个比特的 win_switch_flag 信息。当 win_switch_flag 为 0 时，说明本声道的 Huffman 码字部分全部为长块。当 win_switch_flag 为 1 时，说明有两种可能：一种是两个长块加短块，另一种可能全部是短块。

后边的结构随着 win_switch_flag 的不同而有区别。

(1) 当 win_switch_flag 为 1 时，结构如下：

首先是 2 个比特的 block_type 信息。具体含义为：0 表示保留字；1 表示开始块；2 表示 3 个短窗类型的块；3 表示结束块。

然后是 1 个比特的 mixed_block_type 信息。它的含义我们稍后说明。

接下来的 5 个比特是 table_select[0]的信息，它表示大数部分的第一个区域应该选择哪一个 Huffman 码表进行解码。

然后的 5 个比特是 table_select[1]信息，它表示大数部分的第二个区域应该选择哪一个 Huffman 码表进行解码。

注意，win_switch_flag 为 1 时，大数部分只有两个区域，没有第三个区域。所以没有 table_select[2]的信息。

接下来是 3 个 subblock_gain 信息，每个 subblock_gain 信息为 3 个比特。在处理短块中三个短窗的反量化时使用。排列顺序为 subblock_gain[0]、subblock_gain[1]、subblock_gain[2]。

当 block_type 为 2 且 mixed_block_type 为 0 时，大数部分的第一个区域有 8 根谱线，否则第一个部分有 7 根谱线(region0_count)。

不过第一部分和第二部分共有 20 根谱线。所以，得到了第一个区域谱线的个数后，可以计算出第二部分谱线的个数(region1_count)。

(2) 当 win_switch_flag 为 0 时，结构如下：

首先，本声道的 block_type 为 0，这是由标准所规定的。

之后，是大数部分的 3 个 table_select 信息，每个占用 5 个比特。排列顺序为 table_select[0]，table_select[1]，table_select[2]。

接下来的 4 个比特表示大数部分第一个区域的谱线个数(region0_count)。

然后的 3 个比特表示大数部分第二个区域的谱线个数(region1_count)。

至于第 3 个区域的谱线个数，可以通过前两个区域谱线的个数和 big_values 的值计算出来。

(3) 后边的结构与 win_switch_flag 无关。

首先是 1 个比特的 preflag 信息。在进行重新量化的时候，需要用到这个信息。

然后是 1 个比特的 scalefac_scale 信息。在进行重新量化的时候，需要用到这个信息。

下来是一个比特的 count1table_select 信息。用以表示 01 部分选择哪个 Huffman 码表进行解码。(只有两个码表可以选择。)

(4) 对 win_switch_flag、block_bype 及 mixed_block_type 的说明。

当 win_switch_flag 为 0 时，说明本声道的 Huffman 码字部分全为长块。(解码之后的谱线也为长块。)

当 win_switch_flag 为 1 时，若 block_type 不为 2，仍然全部为长块。

当 win_switch_flag 为 1 时，若 block_type 为 2，根据 mixed_block_type 的取值不同则有两种情况。当 mixed_block_type 为 1 时，说明前 36 根谱线为 2 个长块，后边全为短块；当 mixed_block_type 为 0 时，说明全部为短块。

最后需要说明的是，单声道模式下，我们在边信息中要读取两个这样的声道信息数据块；否则需要读取 4 个这样的声道信息数据块。

5. 主数据部分的大致结构说明

每一帧的主数据部分存放着两个颗粒的信息，单声道时，每个颗粒存放一个声道的数据。图 8－18 为主数据部分的大致结构，图中为双声道时的情形。

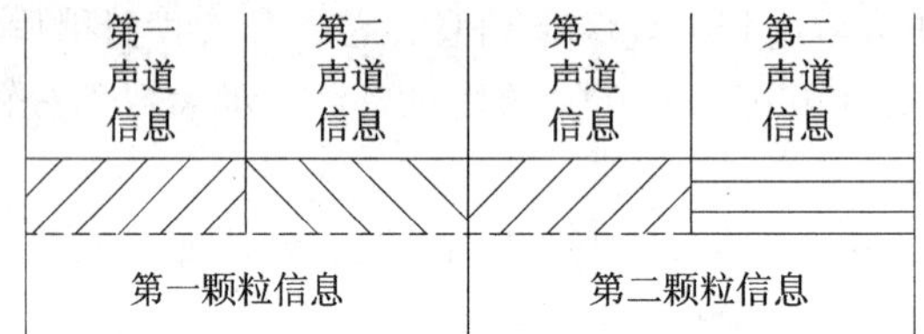

图 8－18　主数据结构

每个声道信息包括量化因子信息和 Huffman 码字信息。

在处理每个声道的时候，我们首先要取得它的量化因子信息。对于每个声道而言，在边信息中存有它的一个 scalefac_compress 信息。使用 scalefac_compress 的值查表，可以得到 slen1 和 slen2 两个信息，如表 8－4 所示。

表 8－4　量化因子的长度

scalefac_compress	slen1	slen2	scalefac_compress	slen1	slen2
0	0	0	8	2	1
1	0	1	9	2	2
2	0	2	10	2	3
3	0	3	11	3	1
4	3	0	12	3	2
5	1	1	13	3	3
6	1	2	14	4	2
7	1	3	15	4	3

slen1 和 slen2 具体含义的说明如下：

当本声道为两个长块加短块时，slen1 为第 0 个量化因子带到第 7 个量化因子带的量化因子长度，表示每个量化因子为多少个比特。注意，这 8 个量化因子带都是指长块的量化因子带。它同时也是短块量化因子带中，第 3 个到第 5 个量化因子带中量化因子的长度。slen2 为第 6 个到第 11 个短块量化因子带中量化因子的长度。

需要说明的是，如果前面 8 个长块的量化因子带覆盖了 n 条谱线的话，第三个短块的量化因子带正好是从第 n+1 根谱线开始的。(576 根谱线按照顺序属于不同的量化因子带。)

当本声道为全短块时，slen1 为第 0 个到第 5 个短块量化因子带中量化因子的长度，slen2 为第 6 个到第 11 个短块量化因子带中量化因子的长度。

当本声道为全长块时，slen1 为第 0 个到第 10 个长块量化因子带中量化因子的长度，slen2 为第 11 到第 20 个长块量化因子带中量化因子的长度。

知道了每个量化因子所占的比特数后，我们从声道信息块的量化因子信息块部分开始读取量化因子信息。

如果是两个长块加短块的情况，我们按照比例因子的长度，先读取前边 8 个长块量化因子信息，再读取后边的 3＋6 个短块量化因子的信息。注意，每个短块是有三个量化因子的。

如果是全短块的话，我们需要读取 12×3 个短块量化因子。

如果是全长块，需要读取 21 个长块量化因子。每个长块只有一个量化因子。

量化因子处理完之后，就是 Huffman 码字部分。

在读取量化因子信息的时候，我们需要记录量化因子信息的第一个比特的位置；在进入 Huffman 码字部分后，我们也要记录 Huffman 码字第一个比特的位置。这样，结合了边信息中的 part2_3_length 的值，我们可以计算出 Huffman 码字部分的最后一个比特的位置；也就是说，计算出 Huffman 码字部分究竟有多少个比特。

8.5.2　MP3 音频压缩码流的比特池技术

为了最大可能地压缩音频信号，同时又保证接近 CD 质量的音质和满足恒定比特流的要求，MP3 在编码时采用了一种称为“比特池”的技术。简单地说，“比特池”技术就是在进行编码时，如果当前音频帧适合压缩，那么就可以用更少的比特编码；反之，就需要用更多比特进行编码。但是，这样带来的一个问题就是每个音频帧实际需要的编码比特数是不一样的。实际的 MP3 压缩码流是以逻辑帧(通过同步字区分)为单位的，每个逻辑帧的大小一样(最多差一个字节)，这样就需要编码复杂的音频帧时从“比特池”取出额外比特，编码简单的音频帧还给“比特池”比特。这种复杂的比特池技术造成由同步字划分的音频逻辑帧包含的主数据不一定就是本帧音频实际的编码数据。本帧音频实际的编码数据一般在前面帧(最多两帧)或者本帧中，但绝对不会出现在后面的音频帧的主数据中。比特池技术如图 8－19 所示。

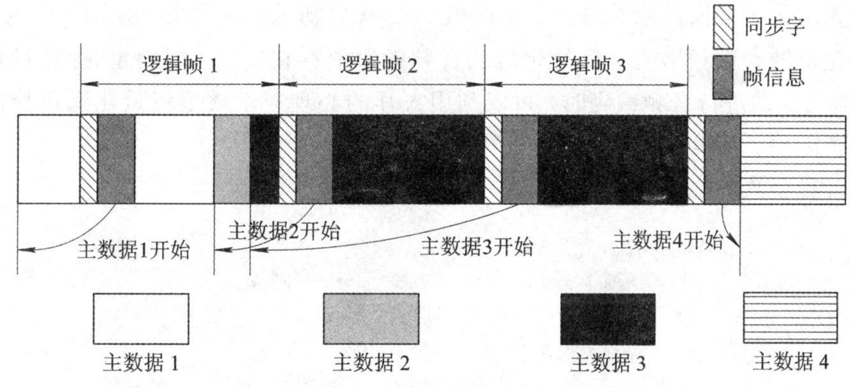

图 8－19　MP3 码流中的比特池技术

8.5.3 MP3 音频压缩码流解码流程

根据 ISO 11172 - 3 音频标准，MP3 解码流程如图 8 - 20 所示。其中关键的耗时解码模块分别是 Huffman 解码、反量化、IMDCT、子带综合。

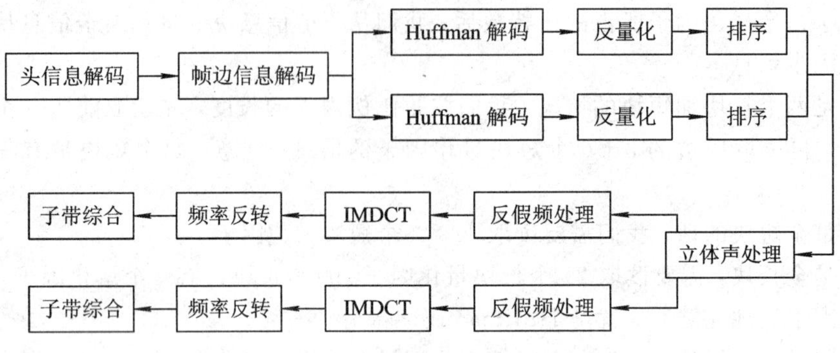

图 8 - 20 MP3 解码程序流程框图

1. Huffman 解码

Hufman 解码是 Huffman 编码的逆过程，Huffman 编码属于无损压缩编码，这也就是说，Huffman 解码以后得到的数据应该和 Huffman 编码之前的数据完全一致。Huffman 解码一般通过查表完成，不同的查表方法需要的码表大小和完成周期数不一样。每个音频颗粒在 Huffman 解码之后得到的数据 is_i 如图 8 - 21 所示，Big_values 是大值区，一个 Huffman 码字对应 2 个 is_i；Count1 是 1 值区(这个区内的 is_i 的值不大于 1)，一个 Huffman 码字对应 4 个 is_i；rzero 是 0 值区(这个区内的 is_i 值都为 0)，不需要 Huffman 码字。

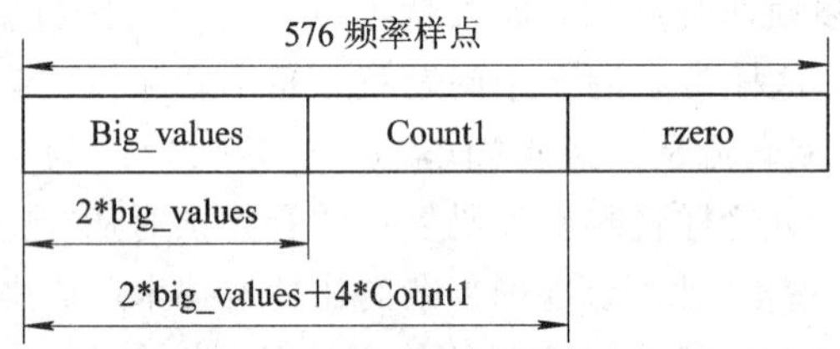

图 8 - 21 Huffman 解码完成后 is_i 的值的分布情况

2. 反量化

反量化的作用是恢复原始的音频频谱值 xr_i。我们知道，量化是有损的，这就是说，在编码端量化前的音频频谱值与反量化后的音频频谱值存在差异，因而量化/反量化属于有损压缩。通常，在进行音频编码时，可以利用人耳的心理声学模型将量化噪声控制在人耳听不出的范围内。反量化需要用到以下两个公式：

长块计算公式：

$$xr_i = \text{sign}(is_i) * |is_i|^{\frac{4}{3}} * 2^{\frac{1}{4}(\text{global\_gain}[gr]-210)} * 2^{-(\text{scalefac\_multiplier} * (\text{scalefac\_1}[sfb][ch][gr]+\text{preflag}[gr] * \text{pretab}[sfb]))} \tag{8-31}$$

短块计算公式：

$$xr_i = \text{sign}(is_i) * |is_i|^{\frac{4}{3}} * 2^{\frac{1}{4}(\text{global\_gain}[gr]-210-8 * \text{subblock\_gain}[window][gr])} * 2^{-(\text{scalefac\_multiplier} * \text{scalefac\_s}[gr][ch][sfb][window])} \tag{8-32}$$

可以看到，反量化涉及到幂的计算，如 is_i 和 2 的幂计算。is_i 的范围为 0～8207($2^{13}+15=8207$，标准在给出这个数时有误)。在嵌入式处理器里，一般都不支持幂计算，因而通用的做法是查表。

3. IMDCT

IMDCT 是 MDCT 的逆变换，它的作用是完成音频样点由频域到时域的变换。IMDCT 变换的公式为

$$x_i = \sum_{k=0}^{n/2-1} X_k \cos\left[\frac{\pi}{2n}\left(2i+1+\frac{n}{2}\right)(2k+1)\right] \qquad i=0, \cdots, n-1 \qquad (8-33)$$

式中，X_k 为频域音频频谱值输入，x_i 为时域音频样点输出。对长块变换，n 取 36；对短块变换，n 取 12。由式(8-33)也可以看出，对长块变换，18 点输入，36 点输出；对短块变换，6 点输入，12 点输出，但是一次是连续的 3 个短块，因此实际的输入样点也是 18 点。在式(8-33)计算完成后进行加窗变换，变换完成后，无论是长块还是短块，最后都是 36 点输出。IMDCT 模块最后一步是将这 36 个点分为前后各 18 个点，前面 18 个点与上一个音频帧得到的后 18 个点相加得到的新的 18 点数据输出给后面的解码模块，后 18 个点保存起来供下一帧的 IMDCT 重叠相加，这个过程如图 8-22 所示。

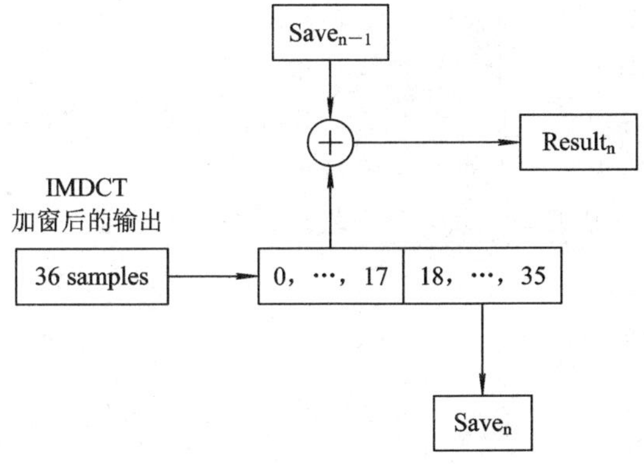

图 8-22　IMDCT 输出重叠相加

4. 子带综合

子带综合的全称是多相位综合滤波器组，它完成最后的时域的多个音频子带的数据合成，得到最后的音频 PCM 样点的输出，整个计算过程可以分为四步：

① 利用新输入的 32 个子带样点计算 $\boldsymbol{V}$ 矢量的低 64 个元素($\boldsymbol{V}$ 矢量一共 1024 个元素)：

$$\boldsymbol{V}(m) = \boldsymbol{V}(m-64) \qquad m=64, \cdots, 1023 \qquad (8-34)$$

$$\boldsymbol{V}(m) = \sum_{i=0}^{31} S_i \cos\left[\frac{\pi}{64}(2i+1)(m+16)\right] \qquad m=0, 1, \cdots, 63 \qquad (8-35)$$

② 利用新得到的 $\boldsymbol{V}$ 矢量计算新的 $\boldsymbol{U}$ 矢量($\boldsymbol{U}$ 矢量一共 512 个元素)：

```
for (i=0; i<8; i++)
  for (j=0; j<32; j++) {
    U(j+64i)=V(j+128i);
    U(j+64i+32)=V(j+128i+96); }
```

③ 对 $\boldsymbol{U}$ 矢量进行加窗变换得到 $\boldsymbol{W}$ 矢量(一共 512 个窗系数，由 MPEG-1 part3 的 layer3 标准指定)：

$$\boldsymbol{W}(m) = \boldsymbol{U}(m) * \boldsymbol{D}(m) \qquad m = 0, 1, \cdots, 511 \tag{8-36}$$

④ 根据 $\boldsymbol{W}$ 矢量计算最后得到的 32 个音频 PCM 数据点：

$$X_j = \sum_{i=0}^{15} \boldsymbol{W}(j + 32i) \qquad j = 0, 1, \cdots, 31 \tag{8-37}$$

习题与思考题

8-1 常见的音频编码技术有哪些，各有什么特点？

8-2 常见的音频国际标准有哪些，各有什么特点？

8-3 感知音频编码理论包含哪几个关键概念，各自的物理意义是什么？

8-4 何谓 SBR 技术？主要应用于哪方面？

8-5 子带编码理论是什么？

8-6 音频编码时，设计滤波器要考虑哪些因素，为什么？

8-7 时域噪声成形技术有什么作用？

8-8 MP3 压缩码流的音频帧的结构是怎样？

8-9 如何理解 MP3 编码中的比特池技术？

8-10 结合身边的例子，谈谈音频压缩编码在现实生活中的应用。

8-11 常见的音频编码是无损压缩编码吗？为什么？

8-12 MP3 解码包括哪些模块，每个模块的作用是什么？

第 9 章　图像视频编码技术

顾名思义，图像视频压缩编码就是在保证图像和视频质量的前提下，用尽可能少的比特数来表示数字图像和视频中所包含的信息。从信息论的角度来讲，图像视频压缩编码又称为“信源编码”。图像和视频信息之所以能够压缩，在于原始图像和视频中存在着大量的信息冗余，如时间冗余、空间冗余、信息熵冗余、谱间冗余、几何结构冗余、视觉冗余和知识冗余，等等。图像和视频压缩编码技术就是要在存储容量或信道容量有限的条件下，解决由于图像和视频数据量庞大而带来的存储和传输困难等问题。本章主要介绍视觉生理与心理学、图像视频压缩基本原理及最新的 H.264 视频压缩标准。

9.1　视觉生理与心理学

在图像与视频处理和应用中，绝大多数情况下，图像和视频处理系统的接收终端都是人眼。因此，理解和掌握人眼能看到什么和怎么看到的，对于从事图像处理、图像编码、机器视觉、图像和视频压缩通信等领域工作的研究人员无疑是非常有意义的，也是非常必要的。

人类视觉系统(Human Visual System，HVS)研究有助于理解和掌握人眼能看到什么和怎么看到的。例如，通过研究人类视觉系统发现，对于同样大小的失真 D，在某些情况下，人眼对失真比较敏感；在某些情况下，人眼对失真不太敏感。因此，对人眼敏感的失真，可以通过增加编码比特数来减小失真；相反，对人眼不敏感的失真，就可以减少编码比特数，从而提高编码效率。

9.1.1　失真可察觉门限

对于高质量图像视频编码，编码前后的图像在主观感觉上应该没有差别，这意味着编码引入的失真应当接近视觉的可察觉门限。失真的可察觉门限定义为刚好可以被发现的失真值，低于它就不被察觉，高于它则可以被察觉。可察觉门限是一个统计量，一般将其定义为有 50%的概率能够察觉出来的失真的幅度。对于图像的像素域编码，总是希望知道在图像中每一个像素上可以容忍的失真的大小。对人类视觉系统的研究发现，编码图像时所要求的精度取决于该像素及其邻域在编码过程中失真的可察觉程度。通常，如果该像素的失真可察觉门限值高，意味着编码可以允许较大的失真，于是编码器可以使用更少的比特编码图像信号以降低码率；相反，如果该像素的失真可察觉门限值低，则编码器应该尽量避免失真产生，于是可以通过增加编码比特数来减小失真。

影响失真可察觉门限主要有三方面的因素：

(1) 像素所处背景的总体亮度；

(2) 像素的时空邻域内亮度变化的掩盖效应；

(3) 时空邻域内其他像素失真的综合影响。

1. 总体亮度影响

人类视觉系统对于亮度变化的反应是非线性的。设有一亮度为 $I+\Delta I$ 的光斑，其周围的背景亮度为 I，如图 9-1(a)所示。实验表明，眼睛刚可分辨的亮度差 ΔI 是 I 的函数。在一个相当宽的亮度范围内，比值 $\Delta I/I$ 近似为一常数，约等于 0.02。这一现象称为韦伯-费克纳(Weber-Fechner)定律，比值 $\Delta I/I$ 称为韦伯比，物理意义为对比灵敏度。但当亮度很高或很低时，上述关系并不成立，比值 $\Delta I/I$ 明显升高，$\Delta I/I$ 与 I 的示意关系图如图 9-1(b)所示。

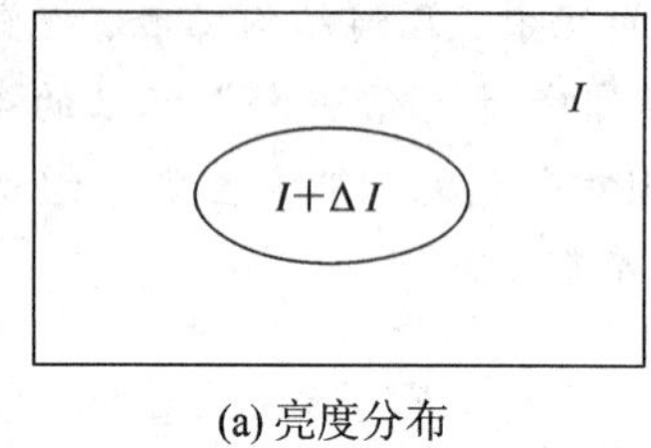

(a) 亮度分布

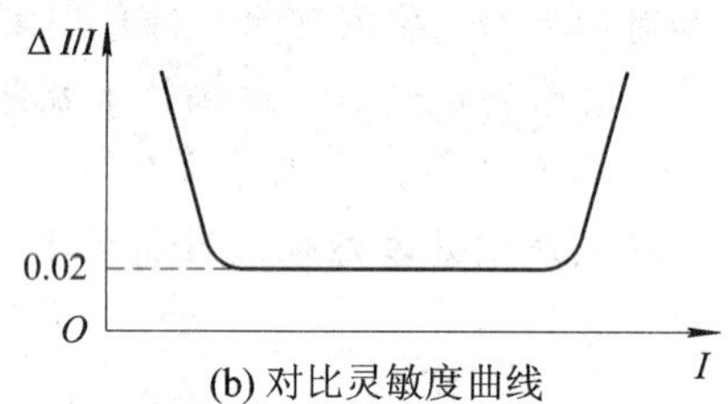

(b) 对比灵敏度曲线

图 9-1 对比灵敏度

进一步研究发现，发生在一个单像素上的失真的可察觉门限并不是像韦伯比表示的那样是一个单变量的函数，它不仅与邻近的背景亮度强相关，还与周围环境的亮度弱相关。此外，主观上对亮度的时间响应的变化也使问题进一步复杂。并且当亮度信号转换成电信号并在显像管上显示时，显像管的非线性特性(γ 效应)可以部分抵消韦伯效应。另外，可察觉门限还依赖于观看条件，特别是落在屏幕上的周围杂散光的影响。在图像中非常暗或非常亮的区域内，亮度失真的可察觉门限值较高，而对其最敏感的区域是画面中中等亮度到偏暗的区域。

2. 视觉掩盖效应

大多数图像包含着复杂的、不均匀的亮度背景。因此，需要了解当被观察的图像处在大的可见空间和随时间变化的亮度背景中时，感知情况是如何变化的。观察表明：在空间或时间的不均匀背景及存在大的亮度变化的情况下，在亮度跳变的两侧，亮度变化的可察觉门限会提高。这就是非均匀背景引起的对于测试激励的掩盖效应。所谓空间掩盖效应，即在背景亮度中，当测试图像的两边存在较大的亮度变化时，其可察觉失真会减少。

这种效应对于图像 DPCM 编码很重要，因为 DPCM 编码就是对信号的差值直接量化，可察觉失真门限对量化器的量化特性的设计非常重要。图 9-2 显示当背景存在一个垂直边缘，边缘两边的亮度分布都是均匀的，但一边的亮度是另一边的 30 倍时，边缘两侧亮度变化可察觉门限随离开边缘的距离变化的情况。实验的对象是一根宽 $1'$、长 $30'$ 的垂直线。将其作为亮度激励置于上述背景中并沿垂直于边缘的方向平移，测量该亮度激励的可察觉门限，即该线刚刚可见时，线的亮度与背景亮度之差。测量发现，在边缘的亮、暗两侧情况相似；邻近边缘处的可察觉门限比远离边缘处增加 3～4 倍。但是要注意，这种效应是局部的，其典型的扩展范围仅相当约 $5'$视角(对于广播电视，当视距为 8 倍像高时，近似为 4 个像素）。可以说，这种现象是边缘“掩盖”了人眼对其邻近处信号的感觉，使人眼对这一局部信号的感觉不如没有这个边缘时灵敏、精确。

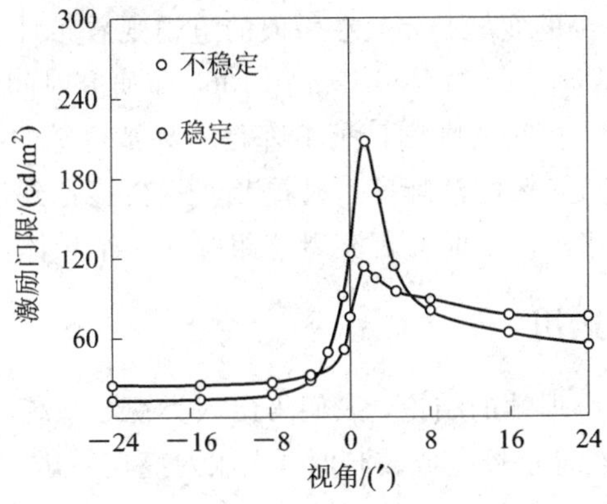

图 9－2　亮度变化的可察觉门限与到边缘距离间的关系

3. 综合影响

如果能够了解低于可察觉门限的多个激励在视觉系统中的响应是如何综合起来的，就可以预见任何形状激励的可察觉性。在做这种分析时，因为是在小信号条件下，所以一般把视觉系统近似作为一个线性系统处理。这种研究在进行内插编码时特别有用，因为此时需要知道多个相邻像素的编码误差造成的总失真在什么情况下会被察觉。

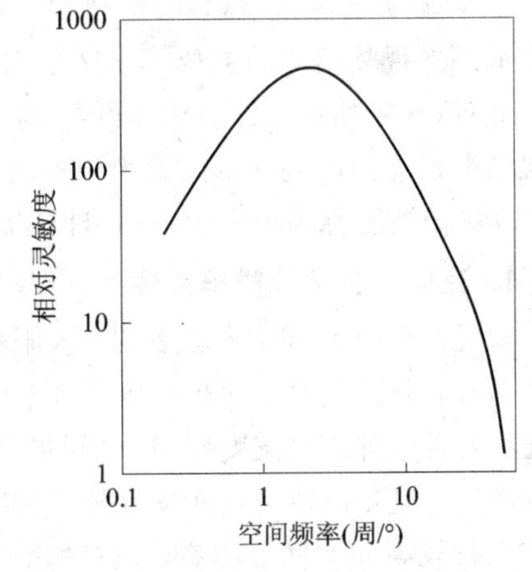

图 9－3　亮度为 500 cd/m² 时正弦光栅的对比灵敏度

事实上，在视觉系统的线性假定下，任意形状的测试激励的可见度阈值，在线性系统的转移函数或脉冲响应已知时是可计算的。如果测试激励在空间上是正弦变化，而没有时间变化，则可见度阈值可画成空间频率的函数，如图 9－3 所示。这种函数叫对比度灵敏度函数，其最大值的空间频率约为 3～4.5 周/°。

9.1.2　运动察觉和时间掩盖

当引入时间上变化的激励时，时间上的掩盖效应和感觉对帧间编码来说是非常重要的。然而，时间掩盖是很复杂的，至少有两个因素：① 电视摄像机把物体的图像综合在靶面上，因而产生了运动模糊和清晰度下降；② 对于运动物体的感觉十分依赖于人眼能否跟踪住该物体。有不少文献叙述了有关时间变化激励的许多因素，然而其在编码中的应用却仍处于初始阶段；同时，若干应用研究已尝试估计由于景像中运动引起的感觉清晰度的下降。若景像中物体运动是剧烈的，则在景像变化后所感觉到的空间清晰度立即显著下降。

实验指出，物体运动造成的主观（感觉）分辨力下降与人眼能否跟踪住物体的运动有关。Miyahara 曾于 1975 年测量过人对于图像的时间和空间分辨率要求，发现如果图像中的运动物体能被人眼跟踪，则二者的结果类似。然而，对于不易被人眼跟踪的运动物体，其分辨率的损失就不太容易被察觉。显示在屏幕上的大多数运动是不易被人眼跟踪的，如人物的头、肩运动就难于精确预测。另外，观看者也不会分散太多注意力去跟踪他看到的那么多运动物体。Miyahara 的实验显示，在一般的电视观看条件下，平稳运动的角速度达到 24′/s 时开始能被察觉。Seyler 与 Budrikis 在 1965 年研究时间掩盖效应时发现，如果是紧跟在一个场景变换之后，空间清晰度显著下降是不易被察觉的，只要在其后慢慢增加即可。如果在 0.75 s 内恢复 100%的清晰度，观看者就不会感觉到清晰度的下降。对于掩盖问题，还没有定量的数据指出什么时候观察者能跟踪住一个物体，以及如何精确地跟踪。

9.1.3 视觉心理理论运用

根据上面视觉生理和心理学的结论，人们得出人类视觉系统 HVS 具有以下特性。

(1) 亮度掩蔽特性：在背景较亮或较暗时，人眼对亮度不敏感。

(2) 空间掩蔽特性：随着空间变化频率的提高，人眼对细节分辨能力下降。

(3) 时间掩蔽特性：随着时间变化频率的提高，人眼对细节分辨能力下降。

如果能充分利用 HVS 的生理和心理特性，适当降低某些参数的分辨率，就可以进一步降低图像视频信号的数码率。这是因为图像视频信号在大多数情况下最终是给人观看的，而 HVS 在某些条件下往往可容忍一些失真，有些失真人眼又根本分辨不出来，因此超过视觉分辨能力的高保真度要求根本就没有必要。由于这类压缩方法是从 HVS 特性出发的，故它们被统称为视觉生理/心理压缩编码，常用的方法有以下几种。

1. 空间—灰度分辨率交换

视觉生理—心理学实验表明，人眼仅在观察大面积图像块时，才能分辨出全部 256 级灰度等级；而当观察小面积区域或细节时，只能分辨出不多的灰度等级。在急剧的黑白跳变处，人眼分辨不出灰度差别(空间掩蔽特性)。因此，对于图像的平坦区域，可以降低空间分辨率，但要保持每一样本有较多的灰度等级；反之，对于图像中的边缘和细节处，则应该保持较高的空间分辨率，但对每一样本可以采用更少的量化比特数。这就是图像子带编码或某些利用视觉掩蔽效应的自适应量化器的设计依据。

2. 空间—时间分辨率交换

对于 PAL 制电视图像，每幅画面大约有 40 万个有效像素。但是对于运动图像而言，人眼根本不可能分辨出这么多像素；这时可以减少一些像素(时间掩蔽特性)，但要保证足够的画面变换速度，即较高的帧频。这也就是说，在图像快速运动情况下，空间分辨率可以适当低一些，但时间分辨率一定要保证(时间分辨率低会出现图像跳动和模糊感)。在图像慢速运动甚至静止不动时，若要保证每幅图像的空间分辨率，则可以适当降低一些时间分辨率。这就是图像视频编码的空间—时间分辨率交换。

3. 时间—灰度分辨率交换

视觉生理—心理学实验表明，时间—灰度分辨率关系存在类似于空间—灰度分辨率的关系。对于快速运动的图像(通常所说的人眼需要的最高时间分辨率为 25 Hz)，人眼可分辨的像素的灰度等级降低，因此可以用更少的量化级数进行量化，但一定要保证图像的时间分辨率。反之，对于慢速图像或者静止图像，灰度等级要求更高，即需要更多的量化比特数进行更加细致的量化，但时间分辨率可以适当降低一些。

4. 利用视觉特性降低色度信号的编码码率

1947 年，Hartridge 就通过实验指出，人眼在图像细节处分辨不出色彩差别，即人眼对色度信号不如亮度信号敏感，对色度信号的空间分辨率就可以适当降低一些。实际应用中，一般色度信号的空间分辨率为亮度信号的 1/2 或者 1/4。

9.2　视频压缩编码技术

9.2.1　视频压缩编码概述

视频编码算法在总体上可以分为基于波形的编码和基于内容的编码。它们采用的视频序列的信源模型不同，描述视频序列的参数就不同，因此使用的方法和关键技术也不同。如果采用像素统计独立的信源模型，那么这种信源模型的参数就是每个像素的亮度和色度。如果把一个场景描述成几个物体的模型，那么其参数就是各个物体的形状、纹理和运动。

基于波形的编码总是尽可能准确地描述各个像素的信息，而不考虑像素的整体——物体的信息。为了提高编码效率，就要利用相邻像素的统计相关性和相邻像素运动一致性特点。因此基于波形的图像编码的基本模型是二维的、刚性的、平动的、具有高相关性的像素块，相应的编码方法有基于块的变换编码、运动补偿预测编码等，其方法一般具有普适性，即适合于各种类型的图像，但编码效率相对基于内容的图像编码差一点。

基于内容的图像编码更加关注图像内容特点和视觉心理感受。基于内容的编码将重点放在各种信源模型的表示上，以求在此上得以突破。典型的基于内容的图像编码有：知识基编码、物体基编码、3D 模型基编码等。基于内容的图像编码方法种类繁多，一般不具有普适性，但每种方法针对特定信源模型的编码效率一般都很高。

表 9-1 列出了常见的图像编码的信源模型、编码参数和编码技术。序号 1～3 即为常见的基于波形的编码，也是现在视频编码的主流技术；序号 4～7 即为常见的基于内容的编码。从序号 1～7 各编码方法所利用的图像内容的先验知识不断增加，与之对应的是适用的图像范围不断缩小，但编码效率不断提高。

表 9-1　图像编码的信源模型、编码参数和编码技术

序号	信源模型	编码参数	编码技术
1	像素	像素的纹理	PCM
2	像素的统计相关性	像素的纹理或像素块	预测编码、变换编码
3	平动的块	块的纹理和运动矢量	运动补偿、DPCM/DCT 混合编码
4	运动结构	映射参数或形状和运动	分形编码、围线/纹理编码
5	运动的未知物体	每个物体的形状、运动和纹理	物体基分析－综合编码
6	运动的已知物体	已知物体的形状、运动和纹理	知识/模型基编码
7	脸部表情	活动单元	语义基编码

1. 基于波形的编码

利用像素的空间相关性和帧间的时间相关性，采用预测编码和变换编码技术可大大减少视频信号的相关性，从而显著降低视频序列的码率，实现压缩编码的目标。基于波形的编码采用了把预测编码和变换编码结合起来的基于块的混合编码方法，其基本编码框架如图 9-4 所示。视频编码标准 H.261、H.263、MPEG-1、MPEG-2、MPEG-4 和 AVC/H.264 都属于基于波形的编码，本章 9.3 节和 9.4 节将重点介绍 AVC/H.264 视频编码的标准。

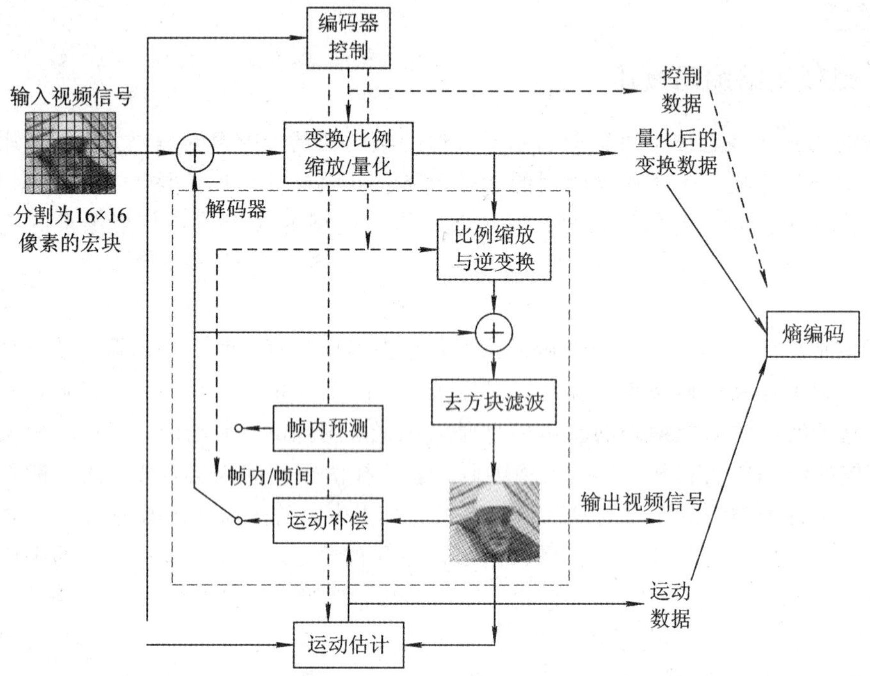

图 9-4 基于预测编码和变换编码的混合视频编码框架

为了降低编码的复杂性，使视频编码操作易于执行。当采用混合编码方法时，首先把一幅图像分成固定大小的块，例如 8×8 块、16×16 块，等等，然后对块进行压缩编码处理。预测编码实际上是基于图像像素数据的空间和时间相关性，用相邻像素或相邻图像块来预测当前要编码的像素或者图像块的值，然后再对预测误差进行传输或存储，或者经过 DCT、量化和熵编码后再传输或存储。

基于块的混合编码易于操作，但由于采用了固定大小的块来近似场景中物体的形状，当包含边界的块属于不同物体时，这些物体可能具有不同的运动方式，不能用同一运动矢量表示该边界块的运动状态。因此，这种边界块必然会产生高的预测误差和失真，严重影响压缩编码信号的质量。另外，基于块的变换编码方法固有的方块效应也会造成视频主观和客观质量的下降。

2. 基于内容的编码

基于内容的编码首先把视频帧分成对应于不同物体的区域，然后分别对其进行编码，即对不同物体的形状、运动和纹理进行编码。在最简单情况下，利用二维轮廓描述物体的形状，利用运动矢量描述其运动状态，而纹理则用颜色的波形进行描述。

当视频序列中的物体种类已知时，可采用基于知识或基于模型的编码。这种编码使用特别设计的线框来描述已识别出的物体类型。因为预定义线框可以与物体的形状相适应，因此可以提高编码效率。基于知识的编码使用了较多的有关信源模型的先验知识，适用的范围相对较窄，通常的编码对象是低比特率视频通信中的头肩序列图像。该方法广泛应用于可视电话、视频消息、会议电视中。

当物体的可能类型和行为已知时，可采用语义基编码。语义基编码是基于对象编码的最高级形式，充分利用编码对象的先验知识，编码图像的内容是确定的，如某人的头部和肩部的图像。编码器和解码器中都有一个相同的与该对象相对应的三维模型。目前语义基编码中研究最多的是可视电话图像编码。语义基编码采用比知识基编码更高级的形式来表示图像信号和视频序列信号，如用“微笑”、“喜悦”、“愤怒”等语义来描述图像和视频序列中要编码对象的行为，这里所指的对象行为包括动作和表情等方面的内容。该方法能够达到非常高的编码效率。

图 9-5 是物体基分析一综合编码的框图[16]，用它可简要说明基于内容的图像编码的一般方法。物体基分析一综合编码的输入为图像序列，通过对图像的分析从每一帧图像中分离出运动的物体，并估计出每一物体的三个参数集，分别描述物体的运动、形状和纹理。运动参数 A_i 决定了物体 i 在图像平面中的运动；形状参数 M_i 描述物体 i 在图像平面中的位置及其边界；纹理参数 S_i 描述物体 i 表面的色度和亮度。对计算得到的参数集进行参数编码，编码后的参数传输到接收端，同时进行参数解码和参数存储。编解码端使用相同的信源模型，当得到相同的参数信息后，可以在编解码端同样地通过图像综合重建被传输的图像。重建的图像在解码端可以作为恢复图像显示，在编码端则被用来对下一帧图像进行图像分析。另外，存储下来的参数可以作为参考值对下一帧图像的参数进行预测编码。

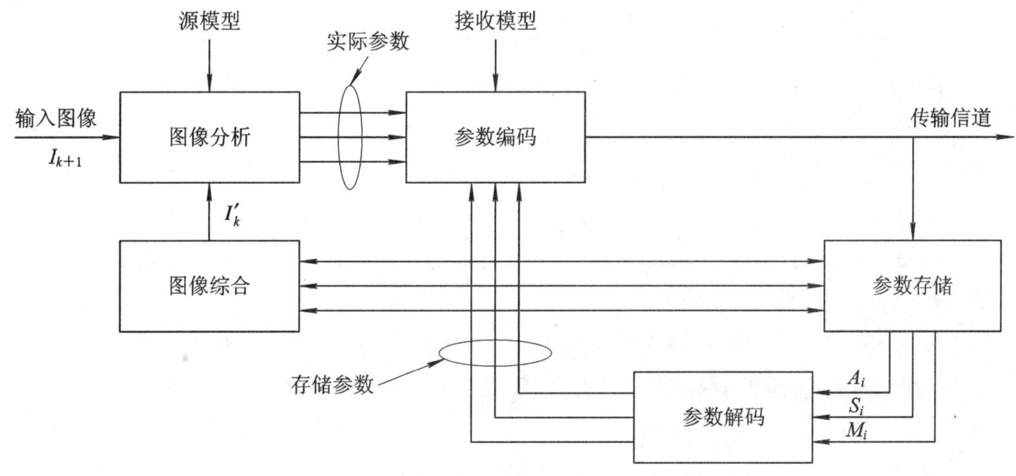

图 9-5　物体基分析一综合编码框图

9.2.2　视频标准化组织

1. ISO MPEG

运动图像专家组(MPEG)是国际标准化组织(ISO)和国际电工委员会(IEC)的一个工作组。它是第一联合技术委员会第 29 子委员会的第 11 个工作组，因此它的官方名称是

ISO/IEC JTC1/SC29/WG11。MPEG 致力于为音频、图像和视频等媒体信号的压缩、处理和播放制定国际标准，其制定的标准称为 MPEG－X 系列，如 MP3 就是由 MPEG 组织制定完成的。

MPEG 组织分成许多专题子小组，如表 9－2 所示，每个小组负责解决与标准化有关的一个特定问题。MPEG 组织中的专家从世界范围内的公司、研究组织和机构中来挑选。MPEG 的成员和例会参与者仅限于国家标准体。想要参加 MPEG 的公司和协会必须参加国家标准体。加入标准体、参加国家会议和 MPEG 的国际大会是昂贵和耗时的，但好处是可以访问 MPEG 的私有文档(包括标准正式发布前的草案，这意味着在潜在的市场上的领先机会)和制定标准的机会。

表 9－2　MPEG 子小组和职责

子小组	职　责
需求	提出工业界的需要和新标准的要求
系统	音频、视频和相关信息的组合机制，合成信息的传输机制
视频	图像与视频编码
音频	语音与音频编码
合成、自然、混合编码	合成音/视频和自然音/视频的混合编码
集成	符合性测试和参考软件制定
测试	主观品质评价的方法
实现	实验框架、可行性研究、实现的准则
外联	与其他相关小组和实体的联系

2. ITU－T VCEG

视频编码专家组(Video Coding Expert Group，VCEG)是国际电信联盟(ITU－T)标准化部门的一个工作组。ITU－T 开发电信标准(或称建议)的组织由 16 个子小组组成。第 16 子小组致力于多媒体服务、系统和终端，形成 H.264 标准的多媒体编码项目被描述为问题 6，因此 VCEG 的官方全称是 ITU－T SG16 Q.6。VCEG 是近年来被采纳的名称，以前称为低比特率专家组(LBCEG)。

VCEG 开发了一系列在计算机网络和电信网络上的视频通信相关标准。从最早的 H.261 可视电话标准到更加有效的 H.263 及 H.263 的扩展 H.263＋和 H.263＋＋，接下来的是 H.26L，现在称之为 H.264。

VCEG 的成员资格向任何有兴趣者开放(需要主席批准)。与 MPEG 相比，VCEG 的输入/输出文档是公开的。VCEG 早期文档(从 1992 年到 1996 年)可从参考文献[24]给出的网站上获得，2002 年 5 月以后的文档可在参考文献[25]给出的网站上获得。

3. JVT

联合视频小组(JVT)包括 ISO/IEC JTC1/SC29/WG11(MPEG)和 ITU－T SG16 Q.6(VCEG)两个小组的成员。JVT 的产生是 MPEG 对先进视频编码工具的需求的结果。MPEG－4 视频(第二部分)的核心编码机制基于相当老的技术(H.263 建议，发布于 1995

年)，因此希望在标准中采用更加先进的视频编码技术。在 2001 年 6 月评估了几种有竞争力的技术后，H.26L 的测试编解码器被认为是符合 MPEG 要求的最佳选择，MPEG 和 VCEG 的成员同意成立联合视频小组管理 H.26L 的最后阶段开发。JVT 的主要目标是推动 H.264 /MPEG－4 第十部分的发布。如今这个标准已经完成，现在它的注意力转为对 H.264 进行扩展和发展更加先进的视频编码技术。

9.2.3　视频编解码标准发展

1984 年 CCITT(ITU－T 的前身)第 15 研究组发布了数字基群电视会议编码标准 H.120 建议。1988 年 CCITT 通过了“p×64 kb/s(p=1，2，3，4，5，…，30)”视频编码标准 H.261 建议，被称为视频压缩编码的一个里程碑。从此，ITU－T、ISO 等公布的基于波形的一系列视频编码标准的编码方法都是基于 H.261 中的混合编码方法的。

1986 年，ISO 和 CCITT 成立了联合图像专家组(Joint Photographic Experts Group，JPEG)，研究静止图像压缩算法国际标准，1992 年 7 月通过了 JPEG 标准。

1988 年，ISO/IEC 信息技术联合委员会成立了活动图像专家组 MPEG。1991 年公布了 MPEG－1 视频编码标准，码率为 1.5 Mb/s，主要应用于家用 VCD 的视频压缩。

1994 年 11 月，MPEG 组织公布了 MPEG－2 标准，用于数字视频广播(Digital Video Broadcast，DVB)、家用 DVD(Digital Video Discard)的视频压缩及高清晰度电视(High Digital Television，HDTV)。码率从 4 Mb/s、15 Mb/s 直至 100 Mb/s，分别用于不同档次和不同级别的视频压缩。

1995 年，ITU－T 推出了 H.263 标准，用于低于 64 kb/s 的低码率视频传输，如 PSTN(Public Switched Telephone Network)信道中的可视会议、多媒体通信等。1998 年和 2000 年又分别公布了 H.263＋、H.263＋＋等标准。

1999 年 12 月，ISO/IEC 通过了视频对象的编码标准 MPEG－4，它除了定义视频压缩编码标准以外，还强调了多媒体通信的交互性和灵活性。

2003 年 3 月，ITU－T 和 ISO/IEC 正式公布了 H.264/AVC 视频编码标准，这不仅显著提高了压缩比，还具有良好的网络亲和性，加强了对 IP 网、移动网的误码和丢包的处理。

综上所述，MPEG 和 VCEG 这两大组织制定的视频压缩编码标准及时间大致如图 9－6 所示。

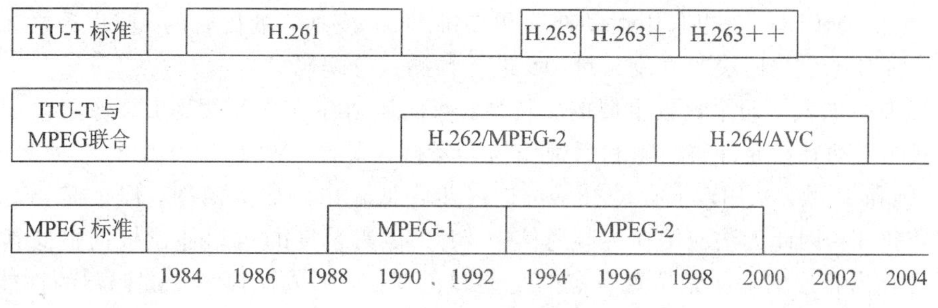

图 9－6　ITU－T 与 ISO/IEC MPEG 视频压缩标准的发展历程

1. H.261 标准

H.261 又称为 p×64 kb/s(p 的取值范围是 1～30 的整数)，主要应用于会议电视和可视电话。用于可视电话时，p=2；用于会议电视时，建议 p≥6。它采用了一种公共格式(Common Intermediate Format，CIF)，从而解决了由于不同国家彩电制式不同造成的无法互通的问题。H.261 采用基于块匹配的运动补偿方法，只支持整像素精度的运动补偿和单向的单帧参考，即参考帧只能使用前一帧图像。

在编码过程中，H.261 采用了帧间预测和帧内变换(DCT)相结合的混合编码架构。编码器的三个主要过程是：预测、变换、量化。H.261 编、解码器框图如图 9-7 所示。

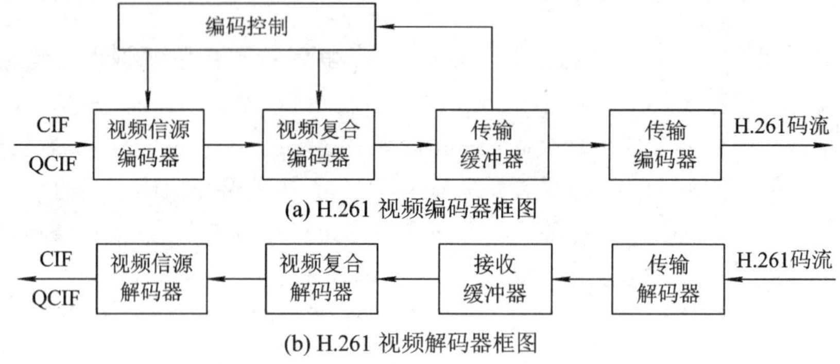

图 9-7　H.261 编、解码器框架

2. H.263 标准

H.263 是为低码率视频压缩提供的新标准，目的是支持码率小于 64 kb/s 的应用，目标网络是 PSTN、ISDN 和无线网络。同 H.261 相比，H.263 采用了半像素精度的运动矢量搜索，增加了非限制运动矢量，提出了基于语法的算术编码、先进预测模式和 PB 帧编码等多个高级选项，从而达到了进一步降低码率和提高编码质量的目的。H.263 建议不仅着眼于利用公共开关电话网络 PSTN 传输，而且兼顾移动通信等无线业务。

H.263 的发展经历了三个阶段：H.263、H.263+和 H.263++。其中，H.263+和 H.263++扩充了 H.263 的编码可选项以及一些附加特性，提高了编码效率和错误掩盖能力，适用范围更大，同时支持 SQCIF 等多种图像格式。

3. MPEG-1 标准

MPEG-1 标准可用于视频传输和视频存储，编码前必须将图像转换成逐行扫描图像。由于大多数多媒体内容是在 CD-ROM 上发布的，因此将 1.5 Mb/s 作为 CD-ROM 播放器的访问速度，视频格式定为 SIF。最终的标准可支持更高的速率和更大的图像尺寸。同 H.261 类似，MPEG-1 也采用运动补偿和二维 DCT 变换，量化后的 DCT 系数进行变长编码，同时对每个数据块的直流分量 DC 进行预测差分编码。

该标准中加入了两个比较重要的新特性：双向运动补偿技术以及 1/2 像素精度的运动补偿。双向运动补偿允许将前帧和后帧作为参考帧，因此，MPEG-1 中有三种类型的帧：I 帧、P 帧和 B 帧。采用双向运动补偿可进一步降低输出码流的码率，但是需要对序列图像进行重排序，因此无法应用在视频通信中。1/2 像素精度的运动补偿根据整像素的值经过内插计算出相应的亚像素位置各点的亮度和色度值，一方面提高了编码器的性能，另一方面也增加了编码器的计算复杂度。

4. MPEG-2 标准

MPEG-2 标准主要针对数字视频广播 DVB、高清晰度电视 HDTV 和数字光盘 DVD

等 4～9 Mb/s 运动图像。MPEG－2 按照不同的压缩比分成 5 个档次，并按视频清晰度分成 4 个级别，共 20 种组合，可以满足不同图像分辨率及相应的存储成本和处理速度的需要。

MPEG－2 既可用于逐行扫描图像，也可用于隔行扫描图像。对逐行扫描图像，可按行分割成块，基于块进行 DCT 变换；对隔行扫描图像，一帧由两场组成，因此就出现了基于帧的分割和基于场的分割两种宏块结构。同时，为了适应信道的变化和扩大应用范围，MPEG－2 采用三种分级编码：空间域分级、时间域分级和信噪比分级。

MPEG－2 从编码到传输的体系十分完善，应用领域十分广阔，涵盖了卫星广播服务、有线电视与广播、数字地面电视、电子影院、家庭影院、互动媒体、远程视频监控等方面。

5. MPEG－4 标准

MPEG－4 是 1999 年初正式成为国际标准的。该标准更加注重多媒体系统的交互性和灵活性，主要应用于可视电话、视频会议等。MPEG－4 标准的编码基于对象，便于操作和控制。在比特率控制时，即使在低带宽条件下，MPEG－4 也可利用码率分配方法，对用户感兴趣的对象多分配比特率，对其他则少分配比特率，保证主观质量。MPEG－4 的对象操作使用户可在终端直接将不同的对象进行拼接，得到用户合成图像。MPEG－4 标准将众多的多媒体应用集成于一个完整的框架内，目的是为多媒体通信及应用环境提供标准的算法及工具，从而建立起一种能被多媒体传输、存储、检索等应用领域普遍采用的统一数据格式。

MPEG－4 具有很好的扩展性，可进行时域和空域的扩展。MPEG－4 提供自然的和合成的音频、视频以及图形的基于对象的编码工具。MPEG－4 为了支持高压缩率、基于内容交互和基于内容分级扩展，以基于内容的方式表示视频数据，引入了 AVO(Audio/Video Object)的概念实现基于内容的表示方法。MPEG－4 通过用运动、纹理和形状参数对物体独立地编码，使与视频对象进行基于内容的交互成为可能。一个场景由几个视频对象(VO)组成。一个 VO 可由几个视频对象层(VOL)组成。VOL 表示可分级比特流的不同层或 VO 的不同部分。VOL 的一个时间瞬间称为一个视频对象平面(VOP)。所使用的 I、P 和 B 模式类似于 MPEG－2 的编码模式。

MPEG－4 采用的编码方法既有基于块的混合编码，又有基于内容的编码方法。图 9－8 为 MPEG－4 对视频序列进行编码的一个实际例子。左上角的图是背景全景图。右上角的图是一个没有背景的子图像，可以把网球运动员当作是一个视频对象(VO)，经常把这种可以独立移动的小图像称为子图像。下面的图是接收端合成的全景图。在编码之前这个子图像全景图从背景全背景图序列中抽出来，然后分别对它们进行编码、传送和解码，最后再合成。

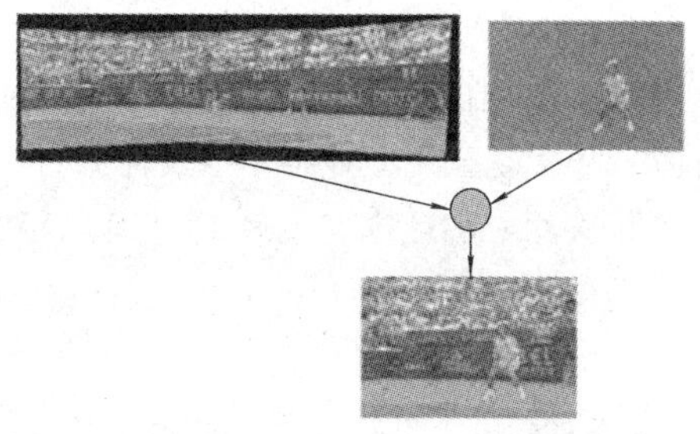

图 9－8 MPEG－4 电视序列编码举例

6. H.264/AVC 标准

H.264/AVC 是 ITU－T 和 ISO/IEC 共同成立的联合视频组(Joint Video Team, JVT)共同制定的新标准，其目的是与已存在的视频编码标准相比能够成倍地提高编码效率并可应用到更广阔的领域。应该说，H.264/AVC 的颁布是视频压缩编码科技发展中的一件大事，它的优异压缩性能也将在数字电视广播、视频实时通信、网络视频流媒体传递以及多媒体短信等各个方面发挥重要的作用。MPEG－4 视频和 H.264 的发展历程如表 9－3 所示。

表 9－3 MPEG－4 视频和 H.264 的发展历程

年份	标志
1993 年	MPEG－4 项目启动，H.263 的早期结果产生
1995 年	MPEG－4 征集高效视频编码和基于内容编码的提案。H.263 被选为核心视频编码工具
1998 年	征集 H.26L 的提案
1999 年	MPEG－4 视频标准发布。定义了 H.26L 的初始测试模型(TM1)
2000 年	MPEG 征集先进视频编码工具提案
2001 年	MPEG－4 视频标准第 2 版发布。H.26L 被采纳为 MPEG－4 第 10 部分，产生 JVT 机构
2002 年	MPEG－4 视频标准第 2 版的修订 1 和 2 发布，H.264 的技术内容完成
2003 年	H.264/MPEG－4 第 10 部分(先进视频编码)发布

H.264/AVC 重点解决压缩的高效率和传输的高可靠性，它的应用十分广泛，主要支持三个档次的应用。其中，基本档次主要用于"视频会话"，比如会议电视、可视电话、远程教育等；扩展档次主要用于网络的视频流，比如视频点播；主要档次主要应用于消费电子应用，比如数字电视广播、数字视频存储等。

7. AVS 标准

AVS 标准在国家标准计划中的正式名称为"信息技术先进音视频编码"，它是我国第一个具有自主知识产权、达到国际先进水平的数字音视频编解码标准，是高清晰度数字电视、高清晰度激光视盘机、网络电视、视频通信等重大音视频应用所共同采用的基础性标准。

AVS 标准中涉及视频编码的主要有两个部分。AVS 标准的第 2 部分"视频"(AVS－P2)已于 2006 年 2 月正式公布，主要针对高清晰度数字电视广播和高密度存储媒体应用。该部分规定了多种比特率、分辨率和质量的视频压缩方法，适用于数字电视广播、交互式存储媒体、直播卫星视频业务、多媒体邮件、分组网络的多媒体业务、实时通信业务、远程视频监控等应用，并且规定了解码过程。AVS 的第 7 部分"移动视频"(AVS－P7)，主要针对低码率、低复杂度、较低图像分辨率的移动媒体应用。

在 AVS－P2 中只定义了一种档次(基准档次)和四种级别：4.0(720×576)、4.2(720×576，可 4∶2∶2 采样)、6.0(1920×1152)和 6.2(1920×1152，可 4∶2∶2 采样)，该档次能够满足多数应用对视频编码的常规要求。在 GB/T 20090.2 修订版中，将增加一个加强档次，它是在基准档次的基础上，从 AVS 新工具集中选择了高级熵编码和自适应加权量化两项技术而形成的，能够更好地满足存储、下载等实际应用对电影等高清晰度节目编码的需要。

相比于 MPEG－2 标准，AVS 的视频编码效率提高了 2～3 倍，并且实现方案简洁。AVS 的算法与 H.264/AVC 的类似，但是做了许多简化和修订，目的是为了规避国外的各种高收费专利，降低编解码器等硬件的生产成本，从而促进国内相关产业和应用的快速发展。

9.3 H.264视频压缩标准概述

H.264/AVC是一种新型的基于像素块的高压缩比视频压缩算法，与MPEG-4第2部分的基于对象的视频编码相比，它更加简单易行；与MPEG-4第2部分的基于矩形视频对象的视频编码和H.263/H.263+/H.263++等视频编码相比，它的选项更少且易于实现；与MPEG-1/2的视频编码相比，它的压缩比更高，而且适合网络环境。总之，H.264/AVC返璞归真，抛弃了太超前的基于对象的编码，也不像H.263++那样有众多的选项，而是回归传统的预测编码加变换编码的混合编码方法，通过采用大量新型算法和技术，大大提高了压缩比（在同样视频质量的条件下，比MPEG-4和H.263的高1～2倍，比MPEG-1/2和H.261/262的高2～4倍）。

与以前的视频编/解码标准类似，H.264标准只是给出了构成编码比特流（符合解码标准的比特流的二进制码）的语法、语法元素的语义和语义元素的解码过程。这也就是说，H.264标准只是限定了编码比特流必须满足的格式，而对怎样得到这些编码比特流未做要求，这给H.264的编码留下许多创新的空间。

另外，标准还定义了H.264参考解码器和标准的级别，这些级别对编码器加以了实际的限制。这些限制包括诸如最大编码比特率和最大图像尺寸等，它的重要性在于限定了解码器大致所需要的存储和处理能力，从而确保任何编码器产生的符合H.264的比特流能够被符合H.264的解码器所处理。

通过阅读标准，着手H.264解码器的设计是可行的，因为标准给出了详细的解码过程和参考代码。但如果想要设计H.264编码器，则还需要补充很多知识。

9.3.1 编/解码器框图

H.264/AVC视频编/解码系统由视频编码层（Video Coding Layer，VCL）和网络提取层（Network Abstraction Layer，NAL）两部分组成，如图9-9所示。VCL中包括VCL编码器与VCL解码器，主要功能是视频数据压缩编码和解码，它包括运动补偿、变换编码、熵编码等核心模块。NAL则用于为VCL提供一个与网络无关的统一接口，它负责对视频数据进行封装打包后使其在网络中传送。NAL采用统一的数据格式，包括单个字节的包头信息、多个字节的视频数据与组帧、逻辑信道信令、定时信息、序列结束信号等。通过NAL，H.264可以支持大部分基于包的网络。

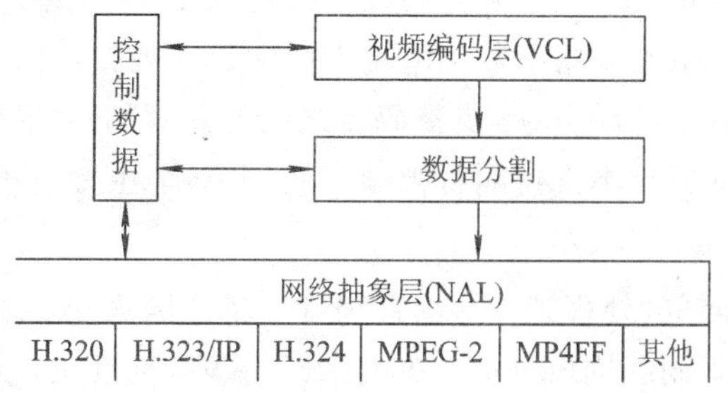

图9-9 H.264/AVC可伸缩性扩展的基本编码结构

H.264/AVC 编码是基于像素块的，其中的 DCT 变换和量化基于 4×4 分块，但是帧间预测和运动补偿都是基于 16×16 的宏块及其(亚)分割的，而且帧内和残差编码中的方块滤波也是基于宏块的。

H.264/AVC 编/解码器的功能模块如图 9-10 所示。与传统的 MPEG-1/2/4 编/解码器相比，它们除了帧内预测、去方块滤波和 NAL 外，其他并无本质区别，主要的不同在于各个功能块的细节。如其中的变换编码和量化过程，与传统的视频编码相比，就有很大的不同。

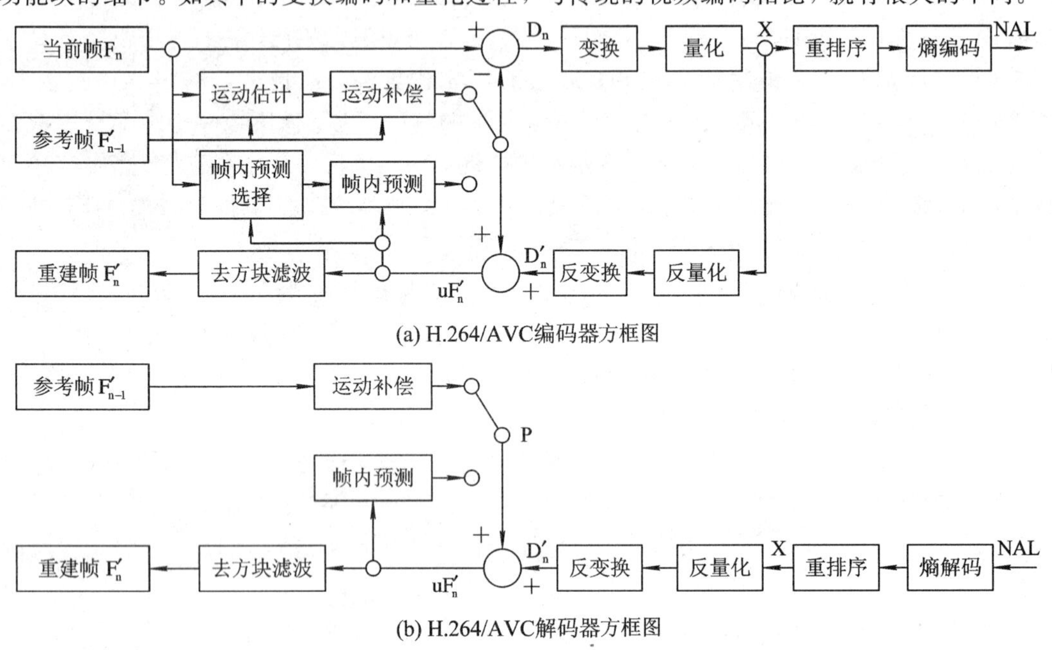

图 9-10 H.264/AVC 编/解码器的功能模块

9.3.2 档次与级别、宏块和片

在 H.264/AVC 中，定义了编码的三种档次、四种宏块和五种片。

1. 档次

H.264/AVC 标准规定了三种档次(profile)，如图 9-11 所示。每种档次支持一组特定的编码功能和应用：

(1) 基本档次(baseline profile)：利用 I 片和 P 片进行的帧内和帧间编码，使用 CAVLC 熵编码，主要应用于可视电话、视频会议和无线通信。

(2) 主档次(main profile)：支持隔行视频，利用 I、P 和 B 片进行的帧内和帧间编码，可使用 CABAC 熵编码，主要应用于数字电视广播和数字视频存储。

(3) 扩展档次(extended profile)：支持码流之间的有效切换(SP 和 SI 片)，采用数据分割来改进错误恢复机制，但是不支持隔行视频和 CABAC，主要应用于流媒体领域。

2. 级别

对每种档次设置不同的(处理速率、图像尺寸、缓冲区大小、编码比特率等)参数，则得到对应编码器性能的不同级别(level)。在 H.264/AVC 标准中，共定义了 15 个级别，它们的各种限制见表 9-4。

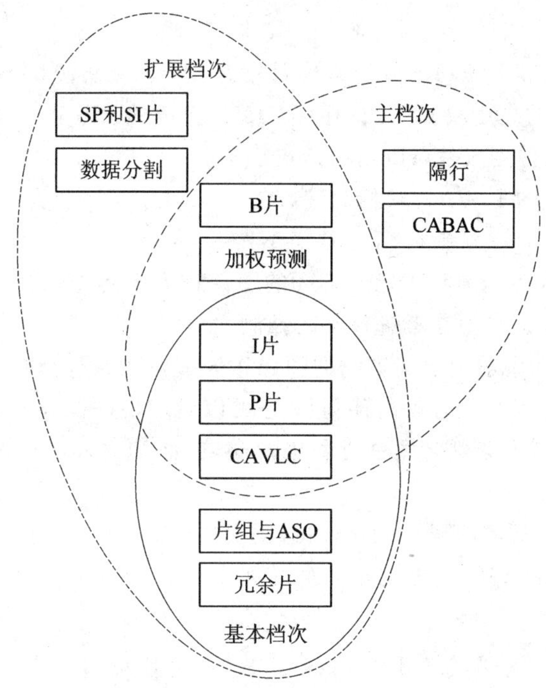

图 9-11　H.264/AVC 的三种档次

表 9-4　级别限制

级数	最大宏块处理速率(宏块/秒)	最大帧大小(宏块[宽×高])	最大解码缓冲区/KB	最大视频比特率/(Kb/s)	最大 CPB 大小/Kb	垂直运动矢量分量范围(亮度帧样点)	最小压缩比	每两个连续宏块的运动矢量最大数目
1	1485	99[176×144]	148.5	64	175	[−64，+63.75]	2	—
1.1	3000	396[352×288]	337.5	192	500	[−128，+127.75]	2	—
1.2	6000	396[352×288]	891.0	384	1000	[−128，+127.75]	2	—
1.3	11 880	396[352×288]	891.0	768	2000	[−128，+127.75]	2	—
2	11 880	396[352×288]	891.0	2000	2000	[−128，+127.75]	2	—
2.1	19 800	792[352×576]	1782.0	4000	4000	[−256，+255.75]	2	—
2.2	20 250	1620[720×576]	3037.5	4000	4000	[−256，+255.75]	2	—
3	40 500	1620[720×576]	3037.5	10 000	10 000	[−256，+255.75]	2	32
3.1	108 000	3600[1280×720]	6750.0	14 000	14 000	[−512，+511.75]	4	16
3.2	216 000	5120[1280×1024]	7680.0	20 000	20 000	[−512，+511.75]	4	16
4	245 760	8192[2048×1024]	12 288.0	20 000	25 000	[−512，+511.75]	4	16
4.1	245 760	8192[2048×1024]	12 288.0	50 000	62 500	[−512，+511.75]	2	16
4.2	491 520	8192[2048×1024]	12 288.0	50 000	62 500	[−512，+511.75]	2	16
5	589 824	22 080[3680×1536]	41 310.0	135 000	135 000	[−512，+511.75]	2	16
5.1	983 040	36 864[4096×2304]	69 120.0	240 000	240 000	[−512，+511.75]	2	16

注：CPB＝Coded Picture Buffer(编码图像缓冲区)

3. 宏块

H.264/AVC中的一个编码图像通常被划分为若干个宏块(MacroBlock, MB)，一个宏块由一个16×16像素的亮度块和附加的两个8×8像素的(Cb和Cr)色差块所组成。在每个图像中，若干宏块被排列成片(slice)的形式。

与MPEG-1/2中的I、P、B帧相对应，在H.264/AVC中也有三种采用不同类型编码的宏块，另外还增加了一种新的SI宏块类型：

(1) I宏块 —— 利用当前片中已经解码的图像作为参考图像进行帧内预测编码(不能取其他片中的已解码像素作为参考进行帧内预测)。

(2) P宏块 —— 利用前面已经解码的图像作为参考图像进行帧内预测编码(可取其他片中的已解码像素作为参考进行帧内预测)，还可以对宏块进行分割与亚分割。

(3) B宏块 —— 似P宏块，但是可利用双向(前面和后面的已经解码的)参考图像进行帧内预测编码。

(4) SI宏块 —— 一种特殊类型的帧内编码宏块，似I宏块，也只使用同一片内的已编码样本来进行预测，用于编码流之间的快速切换。

4. 片和片组

一个视频图像可以编码成若干个片(slice)，每个片可包含若干个宏块(MB)，如图9-12所示。一个片中至少包含一个宏块，最多可包含整幅图像中的所有宏块。设置片的目的是为了限制误码的扩散和传播，编码时需保持片间的相互独立性。

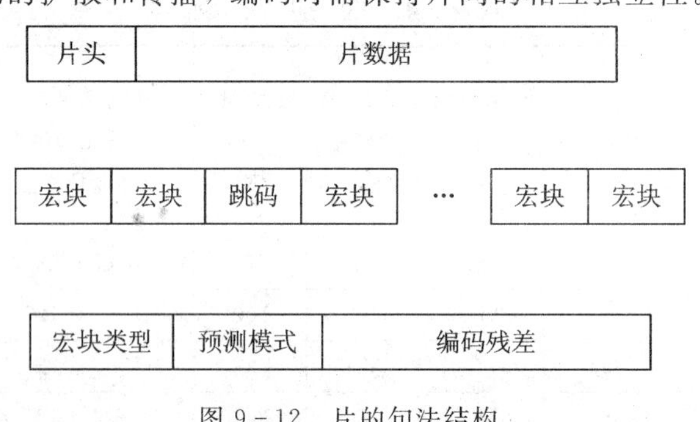

图9-12 片的句法结构

H.264/AVC中共有五种如下编码片类型：

(1) I片 —— 只包含I宏块(在相同的片内由以前编码的数据来预测每个块和宏块)，可用于所有档次。

(2) P片 —— 可包含P宏块(由列表list0的参考图像来预测每个宏块或宏块分割)和/或I宏块，也可用于所有档次。

(3) B片 —— 可包含B宏块(由列表list0或list1的参考图像来预测每个宏块或宏块分割)和/或I宏块，可用于主档次和扩展档次。

(4) SP片 —— 使编码流之间容易切换，包含P和/或I宏块，只能用于扩展档次。

(5) SI片 —— 使编码流之间容易切换，包含I宏块和/或SI宏块，只能用于扩展档次。

9.3.3 技术特点

H.264/AVC标准的编码思想与传统的MPEG-1/2等视频编码一致——基于像素块

的混合编码方法，但是它同时运用了众多的新技术，使得其编码性能远远优于其他标准。

1. H.264/AVC 保留的传统编码技术

H.264/AVC 保留的传统编码技术如下：

(1) 将图像分成 16×16 像素的宏块来处理。

(2) 利用帧间预测与运动补偿来消除时域相关性。

(3) 对运动估值后的残差块进行变换、量化、扫描和熵编码，以消除空间和频域冗余。

(4) 4∶2∶0 亮度色差子采样、运动矢量、划分变换块的大小、分级量化和 I/P/B 帧等其他技术。

2. H.264/AVC 采用的新型编码技术

H.264/AVC 所采用的新型编码技术如下：

(1) 宏块分割与亚分割。16×16 像素的宏块可分割成 16×8、8×16、8×8 的块，8×8 像素块还可进一步亚分割成 8×4、4×8 和 4×4 的块。

(2) 帧内预测。不仅采用传统的帧间预测，还新增了帧内预测，以消除 I 帧编码中的空间冗余。利用当前像素块左边和上边的像素来对块内像素值进行预测，只对残差进行编码。

(3) 多参考帧和小运动分块。在帧间预测中，可将宏块分割与亚分割成(1)中所列的各种小运动分块，利用已经解码的多个(最多 2×16＝32)参考帧来进行预测编码，运动补偿的残差值会更小。

(4) 4×4 整数 DCT。对运动补偿和帧内预测的残差块进行 4×4 的分块，再对 4×4 的残差块进行整数 DCT。与传统的 8×8 块的浮点数 DCT 相比，4×4 的整数 DCT 减小了分块效应和振铃效应(ringing effect)，计算快(只需整数加法与移位运算)、效果好(反变换不会出现失配等问题)、结合量化过程、保证运算精度和范围。

(5) Hadamard 变换。在量化之前，还对 DC 系数矩阵先进行 Hadamard(哈达玛)变换，可消除相邻变换块的 DC 系数之间的相关性，以提高压缩比。

(6) 无扩展分级量化。对变换系数采用无扩展的分级量化量来进行标量量化，量化的步长由量化参数决定。而且还将量化与变换中的比例伸缩部分(尺度矩阵乘法)融合在一起，有效地减少了编码的计算量。

(7) 场扫描顺序。除了传统的 Z 字型帧扫描顺序外，还增加了图 9－13 所示的场扫描方式，用于场编码模式。

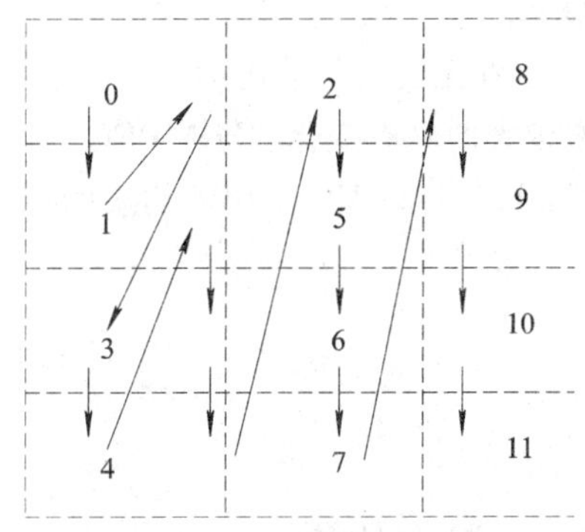

图 9－13　新的场扫描方式

(8) 抗块效应滤波器。为了消除分块编码中，由于块边界像素值的量化误差而形成的图像主观质量的“块效应”，引入了基于内容的抗块效应滤波器。当 4×4 块边界上两边的图像差较小时，使用滤波器“平滑”掉差别；若边界上的图像特征明显，则不使用滤波器。这样既可减弱块效应的影响，又能避免滤掉图像的内容。

(9) 新型熵编码。采用了 CAVLC(Context-based Adaptive Variable Length Coding,

基于上下文的自适应变长编码)和 CABAC(Context-based Adaptive Binary Arithmetic Coding,基于上下文的自适应二进制算术编码)等新的熵编码方法,可以克服 Huffman 和算术编码等传统 VLC(Variable Length Code,变长编码)的概率分布不符合实际情况、概率分布是静止的、忽略了符号的相关性、没有利用条件概率、码字必须为整数比特等缺点,提高压缩比。

(10) 新图片类型。新增加了支持码流切换的可转换片(slice,条带)类型 SP(Switching Predicted,转换预测)和 SI(Switching Intra,转换帧内),使得解码器可以在有类似内容但是码率不同的码流之间快速切换,并同时支持随机访问和快速回放模式。SP 片采用了帧间预测方法,并通过改变量化值的大小来实现在不同码率的图像流之间的转换;SI 片则是 SP 片的一种近似,用于出现传输错误而无法采用帧间预测方法的情形。

(11) 场模式编码。可将一帧图像拆成两场图像,对其中一场采用帧内编码,对另一场则利用前一场的信息进行运动补偿编码,可提高压缩比。

(12) 分层算法结构。编码算法总体上分为两层:视频编码层(VCL)负责对视频内容的有效描述;网络抽象层(NAL)负责在不同网络上对视频数据进行打包传输。在 VCL 和 NAL 之间定义了一个基于分组方式的接口,参见图 10-4。VCL 的设计目标是提高编码效率,而 NAL 的则是解决视频 QoS(服务质量)与网络 QoS 的匹配。

(13) 面向 IP 和无线环境。为了提高压缩视频流在 IP 网络和移动通信等误码和丢包的多发环境中传输的稳健性,而且适应不同传输速率的需要,H.264/AVC 标准中包含了消除传输差错、改变视频流码率的方法和工具:

① 为了抵御传输差错,对视频流中的时间同步可以通过采用帧内图像刷新来完成,对空间同步可由片结构编码来支持;

② 为了便于误码后的再同步,在一幅图像的视频数据中还提供了一定数量的重同步点;

③ 在帧内宏块刷新和多参考宏块中,允许编码器在选择宏块模式时,不仅考虑编码效率,还可以适应不同传输信道的特性;

④ 除了利用量化步长的改变来适应信道码率,还常利用数据分割方法来应对信道码率的变化。这里的数据分割是指在编码器中生成具有不同优先级的视频数据以支持网络中的 QoS;

⑤ 在无线通信应用中,可通过改变一帧的量化精度或空间/时间分辨率,来支持无线信道较大的码率变化。与 MPEG-4 中采用的(效率较低的)精细可伸缩性(FGS)编码方法不同,H.264/AVC 采用流切换的 SP 帧来代替分级编码。

9.4 H.264 视频压缩标准关键模块

9.4.1 帧内预测

帧内预测可充分利用相邻像素间的相关性,只对实际值与预测值的差值(残差)进行编码,能减少表达帧内编码像素信息所需的比特数。

在 MPEG－1/2 的视频编码中没有帧内预测，在 MPEG－4 和 H. 263＋中的视频编码在变换域中引入了帧内预测，而 H. 264/AVC 则将帧内预测引入到空间域中。

在 H. 264/AVC 中，对帧内编码，利用参考块的左方或上方的已编码块的邻近像素来预测；对帧间编码，为了避免因参考块的运动补偿引起的误码扩散，通常选取帧内编码的邻近块来进行预测。

在 H. 264/AVC 中，对带有大量细节图像的亮度，采用 4×4 像素块的帧内预测；对平坦区域图像的亮度块，采用 16×16 像素宏块的帧内预测；对色度块则采用 8×8 像素宏块的帧内预测。

1. 4×4 亮度块

对 4×4 亮度块的帧内预测，利用当前像素块左边和上边的已编码重建的像素 $A \sim M$ 对当前块中的待预测像素 $a \sim p$ 进行预测，参见图 9－14。共有 9 种预测模式，其中除了第 2 种 DC(直流)模式是采用左边和上边像素的平均值外，其余模式都是按一定方向进行预测的，参见图 9－15 和图 9－16。预测时，对 9 种模式都进行计算，选取残差 SAE 最小的模式。

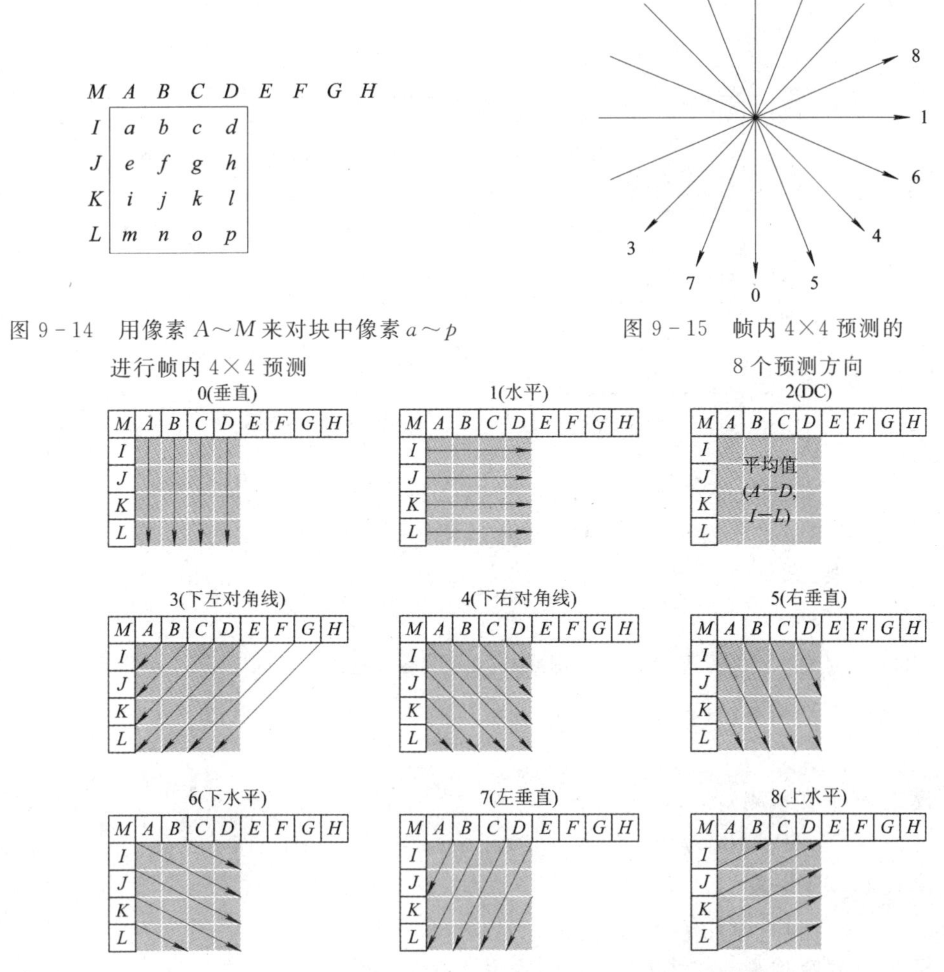

图 9－14　用像素 $A \sim M$ 来对块中像素 $a \sim p$ 进行帧内 4×4 预测

图 9－15　帧内 4×4 预测的 8 个预测方向

图 9－16　9 种帧内 4×4 预测模式

这里的 SAE(Sum of Absolute Errors，绝对误差和)定义为

$$\text{SAE} = \sum_{x=1, y=1}^{B_x, B_y} | s(x, y) - p(x, y) | \tag{9-1}$$

其中 B_x，B_y=16，8，4。

具体的预测方法如下(其中 round()为舍入取整函数)：

(1) 模式 0(垂直预测)中的 $a=e=i=m=A$，$b=f=j=n=B$，$c=g=k=o=C$，$d=h=l=p=D$；

(2) 模式 1(水平预测)，与垂直预测类似；

(3) 模式 2(DC 预测)中的 $a \sim p=\text{round}\ ([A+B+C+D+I+J+K+L]/8)$；

(4) 模式 3(下左对角线预测)中的 $a=\text{round}\ ([A+2B+C]/4)$，$b=e=\text{round}\ ([B+2C+D]/4)$，$c=f=i=\text{round}\ ([C+2D+E]/4)$，$d=g=j=m=\text{round}\ ([D+2E+F]/4)$，$h=k=n=\text{round}\ ([E+2F+G]/4)$，$l=o=\text{round}\ ([F+2G+H]/4)$，$p=\text{round}\ ([G+3H]/4)$；

其余模式的预测与模式 3 类似，只是具体计算式稍有差别，这里就不再一一介绍了。

2. 16×16 亮度宏块

对 16×16 亮度宏块，可以进行整体预测，有 4 种预测模式，参见图 9-17。

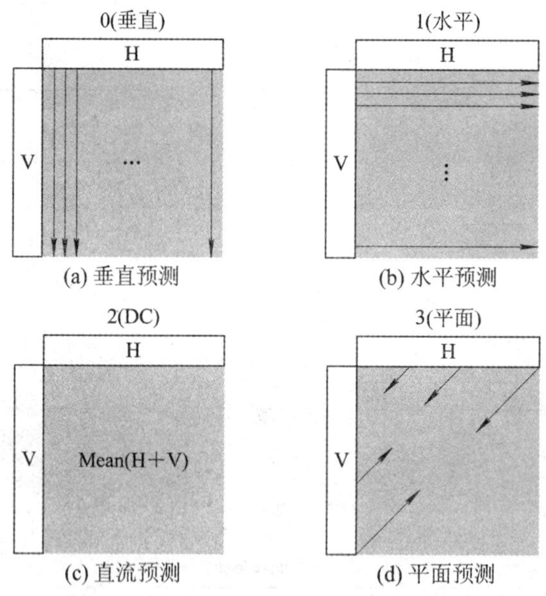

图 9-17 4 种帧内 16×16 预测模式

具体预测计算式如下(其中 $P(i, -1)$ 和 $P(-1, j)$ 分别表示宏块上边和左边的相邻像素)：

(1) 模式 0(垂直预测)：

$$\text{Pred}(i, j) = P(i, -1), \quad i, j = 0, 1, \cdots, 15 \tag{9-2}$$

(2) 模式 1(水平预测)：

$$\text{Pred}(i, j) = P(-1, j), \quad i, j = 0, 1, \cdots, 15 \tag{9-3}$$

(3) 模式 2(直流预测)：(其中 round()为舍入取整函数)

$$\text{Pred}(i, j) = \text{round}\left(\frac{1}{32}\left[\sum_{i=0}^{15} P(i-1) + \sum_{j=0}^{15} P(-1, j)\right]\right), \quad i, j = 0, 1, \cdots, 15 \tag{9-4}$$

(4) 模式 3(平面预测)(其中 clip(x)为裁减函数，作用是将 x 限制在 0～255 之内)：

$$\text{Pred}(i, j) = \text{clip}\left[\text{round}\left(\frac{1}{32}[a + b(i-7) + c(j-7)]\right)\right], \quad i, j = 0, 1, \cdots, 15 \tag{9-5}$$

其中，

$$\begin{cases} a = 16[p(-1, 15) + P(15, -1)] \\ b(i) = \text{round}\left[\dfrac{5}{64}\sum_{i=1}^{8}[i \cdot P(7+i, -1) - P(7-i, -1)]\right] \\ c(j) = \text{round}\left[\dfrac{5}{64}\sum_{j=1}^{8}[j \cdot P(-1, 7+j) - P(-1, 7-j)]\right] \end{cases} \tag{9-6}$$

3. 8×8 色度宏块

因为色度在图像中是相对平坦的，所以只对 8×8 像素的色度宏块进行帧内预测，采用的预测模式也有 4 种，与 16×16 亮度宏块的一致。具体预测计算式如下(其中 $P(i, -1)$和 $P(-1, j)$分别表示宏块上边和左边的相邻像素)：

(1) 模式 0(垂直预测)：

$$\text{Pred}(i, j) = P(i, -1), \quad i, j = 0, 1, \cdots, 7 \tag{9-7}$$

(2) 模式 1(水平预测)：

$$\text{Pred}(i, j) = P(-1, j), \quad i, j = 0, 1, \cdots, 7 \tag{9-8}$$

(3) 模式 2(直流预测)：(其中 round()为舍入取整函数)

$$\text{Pred}(i, j) = \text{round}\left(\frac{1}{8}\left[\sum_{i=0}^{3} P(i, -1) + \sum_{j=0}^{3} P(-1, j)\right]\right), \quad i, j = 0, \cdots, 3 \tag{9-9}$$

$$\text{Pred}(i, j) = \text{round}\left(\frac{1}{4}\sum_{i=4}^{7} P(i, -1)\right) \quad \text{或}$$

$$\text{Pred}(i, j) = \text{round}\left(\frac{1}{4}\sum_{j=0}^{3} P(-1, j)\right)$$

$$i = 4, \cdots, 7, \; j = 0, \cdots, 3 \tag{9-10}$$

$$\text{Pred}(i, j) = \text{round}\left(\frac{1}{4}\sum_{i=0}^{3} P(i, -1)\right) \quad \text{或} \quad \text{Pred}(i, j) = \text{round}\left(\frac{1}{4}\sum_{j=4}^{7} P(-1, j)\right)$$

$$i = 0, \cdots, 3, \; j = 4, \cdots, 7 \tag{9-11}$$

$$\text{Pred}(i, j) = \text{round}\left(\frac{1}{8}\left[\sum_{i-4}^{7} P(i, -1) + \sum_{j=4}^{7} P(-1, j)\right]\right), \quad i, j = 4, \cdots, 7 \tag{9-12}$$

(4) 模式 3(平面预测)：

$$\text{Pred}(i, j) = \text{clip}\left\{\text{round}\left(\frac{1}{32}[a + b(i-3) + c(j-3)]\right)\right\}, \quad i, j = 0, 1, \cdots, 7 \tag{9-13}$$

其中，

$$\begin{cases} a = 16[p(-1,\ 7) + P(7,\ -1)] \\ b(i) = \text{round}\left(\dfrac{17}{64}\sum_{i=0}^{3}[(i+1)\cdot P(4+i,\ -1) - P(2-i,\ -1)]\right) \\ c(j) = \text{round}\left(\dfrac{17}{64}\sum_{j=0}^{3}[(j+1)\cdot P(-1,\ 4+j) - P(-1,\ 2-j)]\right) \end{cases} \tag{9-14}$$

9.4.2 帧间预测与运动补偿

H.264/AVC 的帧间预测和运动补偿与传统的 MPEG 编码类似，最大的区别是：增加了图像帧的类型，使用多帧预测，支持多种块结构的预测，且精确到 1/4 亮度像素。

1. 图像帧新类型

除了具有传统的 I、P 和 B 图片(slice)类型外，H.264/AVC 还增加了支持码流切换的可转换图片类型 SP(Switching Predicted，转换预测)和 SI(Switching Intra，转换帧内)，使得解码器可以在有类似内容但是码率不同的码流之间快速切换，并同时支持随机访问和快速回放模式。

SP 片的主要目的是用于不同码流的切换，此外也可用于码流的随机访问、快进快退和错误恢复。这里所说的不同码流是指在不同比特率限制下对同一信源进行编码所产生的码流。

设切换前传输码流中的最后一帧为 A1，切换后的目标码流第一帧为 B2(假设是 P 帧)，因为 B2 的参考帧不存在，所以直接切换显然会导致很大的失真，而且这种失真会向后传递。一种简单的解决方法就是传输帧内编码的 B2，但是一般 I 帧的数据量很大，这种方法会造成传输码率的陡然增加。

根据前面的假设，由于是对同一信源进行编码，尽管比特率不同，但切换前后的两帧必然有相当大的相关性，因此编码器可以将 A1 作为 B2 的参考帧，对 B2 进行帧间预测，预测误差就是 SP 片，然后通过传递 SP 片完成码流的切换。与常规 P 帧不同的是，生成 SP 片所进行的预测是在 A1 和 B2 的变换域中进行的。SP 片要求切换后 B2 的图像应和直接传送目标码流时一样。显然，如果切换的目标是毫不相关的另一码流，SP 片就不适用了。视频流切换如图 9-18 和图 9-19 所示。

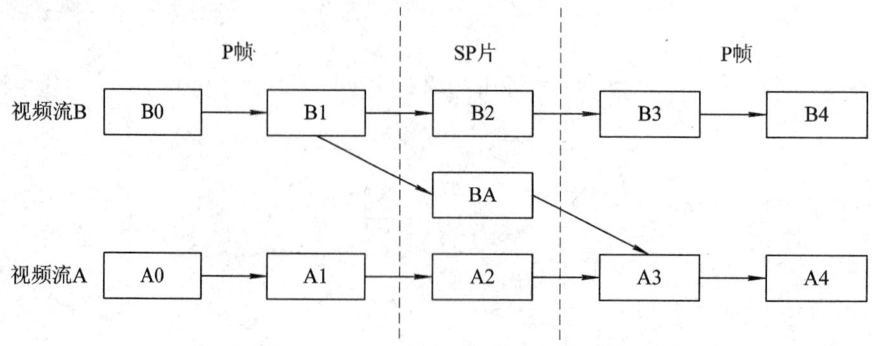

图 9-18 用 SP 片切换视频流

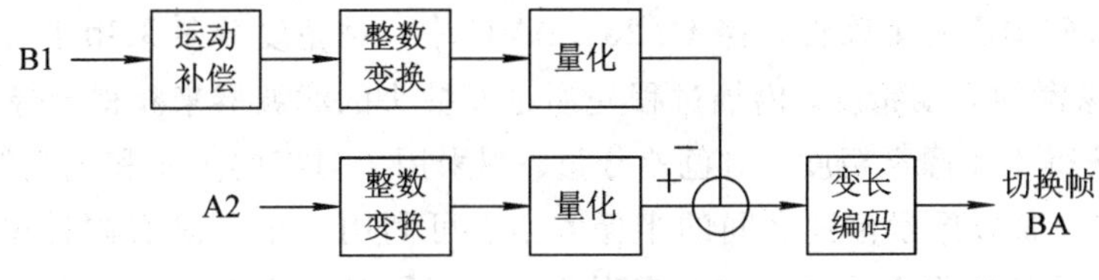

图 9-19 切换帧的获取

SP 片采用了帧间预测方法，并通过改变量化值的大小来实现在不同码率的图像流之间的转换；SI 片则是 SP 片的一种近似，不过 SI 片只使用同一片内的已编码样本来进行预测，用于出现传输错误而无法采用帧间预测方法的情形。

2. 多帧预测

在传统的 MPEG 视频编码中，P 帧只使用前面某一帧、而 B 帧也只使用前后各一帧来预测。在 H.264/AVC 中，则可利用多帧(最多前向和后向各 16 帧，共 2×16 = 32 帧)来进行帧间预测和运动补偿。多帧预测可以对周期性运动、平移封闭运动，以及在两个场景间不断切换的视频流有非常好的预测效果。

通过引入多参考帧图像，AVC 不仅能提高编码效率，还可以实现更好的码流误码恢复，不过这需要增加额外的时延和存储空间。实验证明，一般采用 2～5 帧作为参考帧，能得到较好的效果。例如，采用 5 帧预测，可比单帧预测节省 5%～10%的编码比特率。

3. 宏块划分

在 MPEG-1/2 中，帧间预测和运动补偿都是针对整个 16×16 宏块进行的；在 MPEG-4 的矩形区域编码中，允许对一个宏块中的 4 个 4×4 块分别进行预测和补偿；而 H.264/AVC 则采用了 7 种不同大小和形状的宏块分割与亚分割方法，可以减小残差和提高预测精度。

在 H.264/AVC 中，一个 16×16 像素的亮度宏块，可以按照 16×16、16×8、8×16 和 8×8 进行分割，对 8×8 的分割块还可以按照 8×8、8×4、4×8 和 4×4 进行进一步的亚分割，参见图 9-20。利用各种大小的块进行运动补偿的方法，称为树状结构的运动补偿，每个分块都有自己独立的运动矢量。

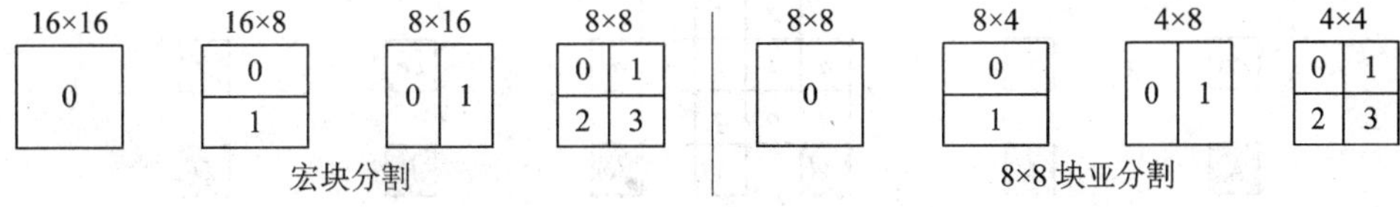

图 9-20 宏块的分割与亚分割

选用较大的块，可以减少表示运动矢量和区域选取的数据量，但是会增加运动补偿后的残差；选用较小的块，可以减小残差和提高预测精度，但却会增加表示运动矢量和区域选取的数据量。较大的块适用于帧间的同质区域，而较小的块则适用于帧间的细节部分。

因为在 H.264/AVC 中使用 4∶2∶0 采样，所以色差宏块为 8×8 像素，是亮度宏块大小的一半。对 8×8 色差宏块，也采用与 16×16 亮度宏块类似的方法进行分割与亚分割，只不过所有对应分割块的大小都需要除以 2。

4. 1/2、1/4 和 1/8 像素精度

为了提高帧间预测的准确性，在 H.264/AVC 中，对亮度分量采用了(通过内插而得的)1/2 和 1/4 像素的运动精度，内插过程先通过 6 抽头的滤波器来获得半像素精度，再用线性滤波器来获得 1/4 像素精度。对色差分量，则采用了对应的 1/4 和 1/8 像素精度。

对亮度分量，整数像素位置之间的半像素点，可利用一个 6 阶有限冲击响应滤波器，对 6 个相邻整数位置的像素值进行内插来得到，它们所对应的权重向量为(1/32，−5/32，5/8，5/8，−5/32，1/32)。

例如，图 9-21 中的半像素点 b 处的像素值，是由与其相邻的 6 个水平整数像素 E、F、G、H、I 和 J 的内插得到的：

$$b = \mathrm{round}\left(\frac{1}{32}[E - 5F + 20G + 20H - 5I + J]\right) \tag{9-15}$$

类似地，半像素点 h 处的像素值，是由与其相邻的 6 个垂直整数像素 A、C、G、M、R 和 T 的内插得到的：

$$h = \mathrm{round}\left(\frac{1}{32}[A - 5C + 20G + 20M - 5R + T]\right) \tag{9-16}$$

在所有的与整数像素在一条(水平或垂直)直线上的半像素都被计算出来后，就可以用同样的方法来计算位于四个整数像素中央的半像素点的值。例如，图 9-21 中的 j 点的值既可以通过 aa、bb、b、s、gg 和 hh 的垂直内插而获得，也可以通过 cc、dd、h、m、ee 和 ff 的水平内插而获得。这两个内插结果是一样的，但是其中的 b、s 和 h、m 都必须使用未经舍入的值。

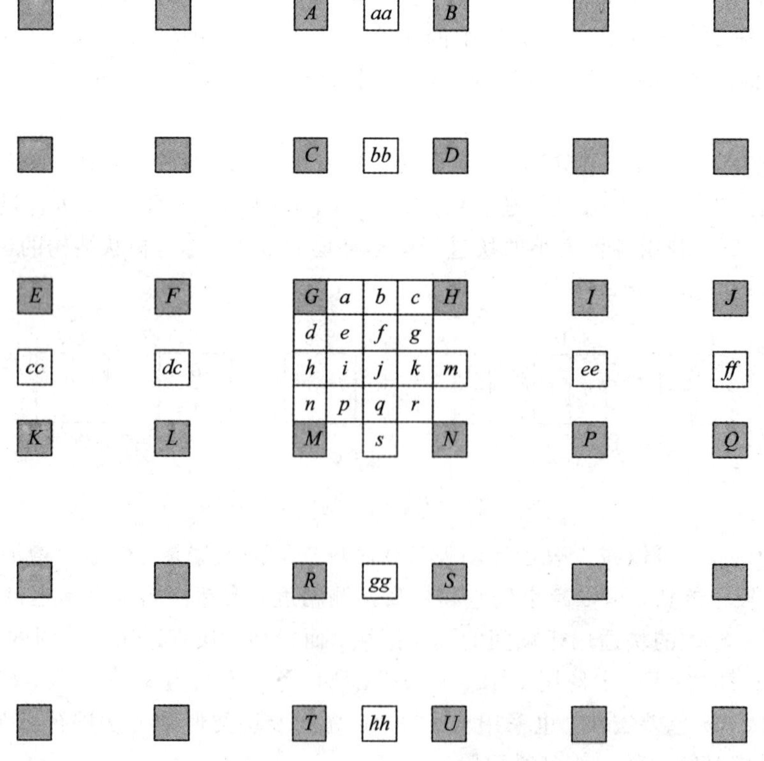

图 9-21　亮度分量的 1/2 和 1/4 像素精度的内插

1/4 像素点处的值由相邻的两个整数(或 1/2)和 1/2 像素的线性内插得到，如图 9-21 中的 $a=\text{round}\left(\frac{1}{2}[G+b]\right)$、$d=\text{round}\left(\frac{1}{2}[G+h]\right)$、$e=\text{round}\left(\frac{1}{2}[b+h]\right)$，等等。

对色差分量，与亮度的 1/2 像素精度所对应的是 1/4 像素精度，可直接使用对应亮度块的 1/4 像素运动矢量。与亮度的 1/4 像素精度所对应的，是色差的 1/8 像素精度。对 1/8 像素 a 的值，可采用四周的整数位置像素 A、B、C 和 D 的加权平均来计算(参见图 9-22)：

$$a=\text{round}\left(\frac{1}{64}[(8-d_x)\cdot(8-d_y)\cdot A+d_x(8-d_y)\cdot B+(8-d_x)\cdot d_y\cdot C+d_x\cdot d_y\cdot D]\right)$$

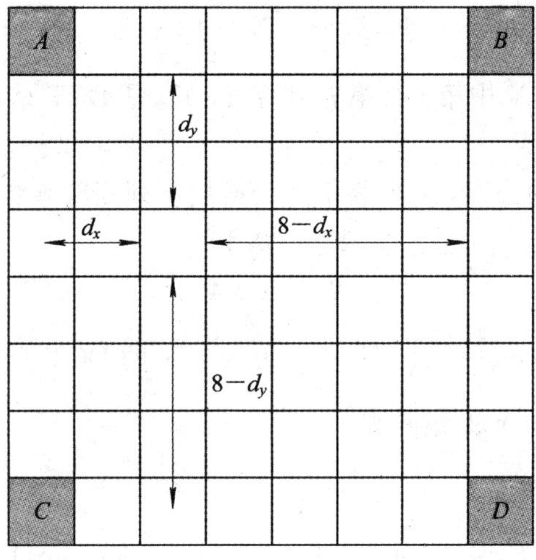

图 9-22　色差分量的 1/8 像素内插

例如，对图 9-22 中的 a，有 $d_x=2$、$d_y=3$，所以，

$$\begin{aligned}a&=\text{round}\left(\frac{1}{64}[6\times5\cdot A+2\times5\cdot B+6\times3\cdot C+2\times3\cdot D]\right)\\&=\text{round}\left(\frac{1}{64}[30A+10B+18C+6D]\right)\end{aligned}$$

9.4.3　整数变换

H.264/AVC 中对图像或残差也采用基于 DCT 的编码，但与普通 MPEG 编码中的 DCT 方法有若干不同：

(1) 分块大小不再是 8×8，而是 4×4；

(2) 采用的不是浮点数 DCT，而是整数 DCT。

进行整数 DCT 的好处有：

(1) 所有操作都使用整数算法；

(2) 不丢失解码精度；

(3) 可实现编解码端的零匹配；

(4) 变换的核心部分可仅用加法和移位操作来实现；

(5) 变换中的部分尺度乘法运算可与量化器结合，减少了乘法次数；

(6) 反量化和反变换一般可用 16 位乘法实现。

二维 DCT 的公式为

$$\begin{cases} \text{FDCT}: Y_{mn} = C_m C_n \sum_{i=0}^{N-1} \sum_{j=0}^{N-1} X_{ij} \cos \frac{(2i+1)m\pi}{2N} \cos \frac{(2j+1)n\pi}{2N} \\ \text{IDCT}: X_{ij} = \sum_{m=0}^{N-1} \sum_{n=0}^{N-1} C_m C_n Y_{mn} \cos \frac{(2i+1)m\pi}{2N} \cos \frac{(2j+1)n\pi}{2N} \\ C_k = \begin{cases} \sqrt{\frac{1}{N}}, & k=0 \\ \sqrt{\frac{2}{N}}, & k=1, 2, \cdots, N-1 \end{cases} \end{cases} \tag{9-17}$$

其中，X_{ij} 是图像或残差块 X 中第 i 行第 j 列的值，Y_{mn} 是 DCT 结果矩阵 $\boldsymbol{Y}$ 中第 i 行第 j 列的频率系数。

为了获得整数 DCT 的公式，我们将上述变换用下列矩阵乘法表示：

$$\boldsymbol{Y} = \boldsymbol{A}\boldsymbol{X}\boldsymbol{A}^{\mathrm{T}}$$

$$\boldsymbol{X} = \boldsymbol{A}^{\mathrm{T}}\boldsymbol{Y}\boldsymbol{A}$$

其中，$\boldsymbol{A}=(A_{ij})_{N\times N}=\left(C_i \cos \frac{i(2j+1)\pi}{2N}\right)_{N\times N}$ 为 $N\times N$ 的 DCT 变换矩阵。

对 4×4 的块，对应的 DCT 矩阵为

$$\boldsymbol{A}=\begin{bmatrix} \frac{1}{2} & \frac{1}{2} & \frac{1}{2} & \frac{1}{2} \\ \frac{1}{\sqrt{2}}\cos\frac{\pi}{8} & \frac{1}{\sqrt{2}}\cos\frac{3\pi}{8} & -\frac{1}{\sqrt{2}}\cos\frac{3\pi}{8} & -\frac{1}{\sqrt{2}}\cos\frac{\pi}{8} \\ \frac{1}{2} & \frac{1}{2} & \frac{1}{2} & \frac{1}{2} \\ \frac{1}{\sqrt{2}}\cos\frac{3\pi}{8} & -\frac{1}{\sqrt{2}}\cos\frac{\pi}{8} & \frac{1}{\sqrt{2}}\cos\frac{\pi}{8} & -\frac{1}{\sqrt{2}}\cos\frac{3\pi}{8} \end{bmatrix} \tag{9-18}$$

$$=\begin{bmatrix} a & a & a & a \\ b & c & -c & -b \\ a & -a & -a & a \\ c & -b & b & -c \end{bmatrix}$$

$$=\begin{bmatrix} a & 0 & 0 & 0 \\ 0 & b & 0 & 0 \\ 0 & 0 & a & 0 \\ 0 & 0 & 0 & b \end{bmatrix} \begin{bmatrix} 1 & 1 & 1 & 1 \\ 1 & d & -d & -1 \\ 1 & -1 & -1 & 1 \\ d & -1 & 1 & -d \end{bmatrix} \tag{9-19}$$

其中，$a=\frac{1}{2}$，$b=\frac{1}{\sqrt{2}}\cos\frac{\pi}{8}$，$c=\frac{1}{\sqrt{2}}\cos\frac{3\pi}{8}$，$d=\frac{c}{b}$。

令

$$\boldsymbol{B}=\begin{bmatrix} a & 0 & 0 & 0 \\ 0 & b & 0 & 0 \\ 0 & 0 & a & 0 \\ 0 & 0 & 0 & b \end{bmatrix}$$

$$C=\begin{bmatrix}1 & 1 & 1 & 1\\ 1 & d & -d & -1\\ 1 & -1 & -1 & 1\\ d & -1 & 1 & -d\end{bmatrix}$$

则

$$A=BC$$

代入矩阵变换式，得(注意 $B^{\mathrm{T}}=B$)：

$$\begin{aligned}Y&=AXA^{\mathrm{T}}=(BC)X(BC)^{\mathrm{T}}=B(CXC^{\mathrm{T}})B^{\mathrm{T}}\\&=B(CXC^{\mathrm{T}})B\end{aligned}\tag{9-20}$$

两边同时左右乘 $B^{-1}=\begin{bmatrix}a^{-1} & 0 & 0 & 0\\ 0 & b^{-1} & 0 & 0\\ 0 & 0 & a^{-1} & 0\\ 0 & 0 & 0 & b^{-1}\end{bmatrix}$，得

$$B^{-1}YB^{-1}=CXC^{\mathrm{T}}$$

其中，

$$\begin{aligned}B^{-1}YB^{-1}&=\begin{bmatrix}a^{-2}Y_{11} & (ab)^{-1}Y_{12} & a^{-2}Y_{13} & (ab)^{-1}Y_{14}\\ (ab)^{-1}Y_{21} & b^{-2}Y_{22} & (ab)^{-1}Y_{23} & b^{-2}Y_{24}\\ a^{-2}Y_{31} & (ab)^{-1}Y_{32} & a^{-2}Y_{33} & (ab)^{-1}Y_{34}\\ (ab)^{-1}Y_{41} & b^{-2}Y_{42} & (ab)^{-1}Y_{43} & b^{-2}Y_{44}\end{bmatrix}\\&=Y\otimes\begin{bmatrix}a^{-2} & (ab)^{-1} & a^{-2} & (ab)^{-1}\\ (ab)^{-1} & b^{-2} & (ab)^{-1} & b^{-2}\\ a^{-2} & (ab)^{-1} & a^{-2} & (ab)^{-1}\\ (ab)^{-1} & b^{-2} & (ab)^{-1} & b^{-2}\end{bmatrix}\\&=Y\otimes E_i\end{aligned}\tag{9-21}$$

式中

$$E_i=\begin{bmatrix}a^{-2} & (ab)^{-1} & a^{-2} & (ab)^{-1}\\ (ab)^{-1} & b^{-2} & (ab)^{-1} & b^{-2}\\ a^{-2} & (ab)^{-1} & a^{-2} & (ab)^{-1}\\ (ab)^{-1} & b^{-2} & (ab)^{-1} & b^{-2}\end{bmatrix}$$

运算符号⊗表示两个矩阵每个对应位置上的元素相乘，也称为矩阵的尺度乘法(scaling multiplication)。

在 $Y\otimes E_i=B^{-1}YB^{-1}=CXC^{\mathrm{T}}$ 两边同时右⊗乘以 $E=\begin{bmatrix}a^2 & ab & a^2 & ab\\ ab & b^2 & ab & b^2\\ a^2 & ab & a^2 & ab\\ ab & b^2 & ab & b^2\end{bmatrix}$，得

$$\begin{aligned}\boldsymbol{Y}&=(\boldsymbol{C}\boldsymbol{X}\boldsymbol{C}^{\mathrm{T}})\otimes\boldsymbol{E}\\&=\left(\begin{bmatrix}1&1&1&1\\1&d&-d&-1\\1&-1&-1&1\\d&-1&1&-d\end{bmatrix}\boldsymbol{X}\begin{bmatrix}1&1&1&d\\1&d&-1&-1\\1&-d&-1&1\\1&-1&1&-d\end{bmatrix}\right)\\&\quad\otimes\begin{bmatrix}a^2&ab&a^2&ab\\ab&b^2&ab&b^2\\a^2&ab&a^2&ab\\ab&b^2&ab&b^2\end{bmatrix}\end{aligned}\qquad(9-22)$$

为了使变换矩阵 $\boldsymbol{C}$ 整数化，可将 $d=\dfrac{c}{b}=\dfrac{\cos\dfrac{3\pi}{8}}{\cos\dfrac{\pi}{8}}=\sqrt{2}-1\approx0.4142$ 简化为 $d=0.5=\dfrac{1}{2}$。

代入式(9-23)，得

$$\boldsymbol{Y}=(\boldsymbol{C}_i\boldsymbol{X}\boldsymbol{C}_i^{\mathrm{T}})\otimes\boldsymbol{E}$$

其中，

$$\boldsymbol{C}_i=\begin{bmatrix}1&1&1&1\\1&\dfrac{1}{2}&-\dfrac{1}{2}&-1\\1&-1&-1&1\\\dfrac{1}{2}&-1&1&-\dfrac{1}{2}\end{bmatrix}$$

为了保持变换矩阵 $\boldsymbol{A}$ 的标准正交性($\boldsymbol{A}\boldsymbol{A}^{\mathrm{T}}=\boldsymbol{I}$)，必须同步修改 b 值。原来

$$b=\frac{1}{\sqrt{2}}\cos\frac{\pi}{8}=\frac{1}{\sqrt{2}}\sqrt{\frac{1+\cos\dfrac{\pi}{4}}{2}}=\frac{1}{2}\sqrt{1+\frac{1}{\sqrt{2}}}\approx0.6533$$

现在 $\boldsymbol{A}$ 的第二行的各元素平方和为 1，即

$$1=b^2+c^2+(-c)^2+(-b)^2=2b^2(1+d^2)$$

可得

$$b=\sqrt{\frac{1}{2(1+d^2)}}=\sqrt{\frac{2}{5}}\approx0.6324$$

为了去掉矩阵 $\boldsymbol{C}$ 中第 2 与第 4 行和 $\boldsymbol{C}^{\mathrm{T}}$ 中第 2 与 4 列中元素 $d=1/2$ 的分母 2，可以将对应行列中的分母 2 提出到矩阵 $\boldsymbol{E}$ 中，得 $\boldsymbol{Y}=(\boldsymbol{C}_f\boldsymbol{X}\boldsymbol{C}_f^{\mathrm{T}})\otimes\boldsymbol{E}_f$，其中

$$\boldsymbol{C}_f=\begin{bmatrix}1&1&1&1\\2&1&-1&-2\\1&-1&-1&1\\1&-2&2&-1\end{bmatrix},\quad\boldsymbol{E}_f=\begin{bmatrix}a^2&\dfrac{ab}{2}&a^2&\dfrac{ab}{2}\\\dfrac{ab}{2}&\dfrac{b^2}{4}&\dfrac{ab}{2}&\dfrac{b^2}{4}\\a^2&\dfrac{ab}{2}&a^2&\dfrac{ab}{2}\\\dfrac{ab}{2}&\dfrac{b^2}{4}&\dfrac{ab}{2}&\dfrac{b^2}{4}\end{bmatrix}\qquad(9-23)$$

$\boldsymbol{E}_f$ 里面的 $a=\frac{1}{2}$，$b=\sqrt{\frac{2}{5}}$。

这是 4×4 DCT 的一种近似。实际编码过程中，通常将尺度乘法"$\otimes \boldsymbol{E}_f$"融合到后面的量化过程中，所以实际的变换为整数型 DCT($\boldsymbol{Y}=\boldsymbol{W}\otimes \boldsymbol{E}_f$)为

$$\boldsymbol{W} = \boldsymbol{C}_f \boldsymbol{X} \boldsymbol{C}_f^{\mathrm{T}} \tag{9-24}$$

该整数 DCT 时只需用到整数的加减运算(乘 2 可以用加法实现)，而且只要输入 $|\boldsymbol{X}_{ij}| \leqslant 255$，则运算结果就肯定不会超过 16 位整数。

对应的反变换为

$$\boldsymbol{X} = \boldsymbol{A}^{\mathrm{T}} \boldsymbol{Y} \boldsymbol{A} = (\boldsymbol{B}\boldsymbol{C})^{\mathrm{T}} \boldsymbol{Y} (\boldsymbol{B}\boldsymbol{C}) = \boldsymbol{C}^{\mathrm{T}} (\boldsymbol{B}^{\mathrm{T}} \boldsymbol{Y} \boldsymbol{B}) \boldsymbol{C} \tag{9-25}$$

因为 $\boldsymbol{B}^{\mathrm{T}}=\boldsymbol{B}$，所以类似于 $\boldsymbol{B}^{-1}\boldsymbol{Y}\boldsymbol{B}^{-1}=\boldsymbol{Y}\otimes \boldsymbol{E}_i$，可得 $\boldsymbol{B}\boldsymbol{Y}\boldsymbol{B}=\boldsymbol{Y}\otimes \boldsymbol{E}$，代入上式得

$$\boldsymbol{X} = \boldsymbol{C}^{\mathrm{T}} (\boldsymbol{Y} \otimes \boldsymbol{E}) \boldsymbol{C} \tag{9-26}$$

令 $d=\frac{1}{2}$ 及 $b=\sqrt{\frac{2}{5}}$，可得

$$\boldsymbol{X} = \boldsymbol{C}_i^{\mathrm{T}} (\boldsymbol{Y} \otimes \boldsymbol{E}) \boldsymbol{C} \tag{9-27}$$

其中，$\boldsymbol{C}_i^{\mathrm{T}}$ 和 $\boldsymbol{C}_i$ 中的除 2 运算，可以用右移 1 位的操作来实现。

9.4.4　量化

AVC 也使用传统的标量量化(Scaling Quantization)方法，但是为了避免除法和/或浮点运算，采用了与整数 DCT 结合紧密的分级量化方法。

在 AVC 中，量化被分成 4×4 变换系数量化、4×4 亮度直流(DC)系数量化和 2×2 色差 DC 系数量化等三种，其中 4×4 变换系数的量化是基础。另外，在对 DC 系数量化之前，还需要先进行 Hadamard 变换。

1. 变换系数量化

在 AVC 中，对变换系数采用无扩展的分级量化量来进行标量量化，其基本公式为

$$Z = \mathrm{round}\left(\frac{Y}{Q_{\mathrm{step}}}\right) \tag{9-28}$$

其中，Z 为 Y 的量化值，Y 为输入系数值，Q_{step} 为量化步长，round()为舍入取整函数。量化步长 Q_{step} 的取值与量化参数 QP 有关，QP 每增加 6，Q_{step} 就增加一倍。共有 52 种量化步长，对应的 QP 取值为 0～51，参见表 9-5。

表 9-5　量化步长表

QP	0	1	2	3	4	5	6	7	8	9
Q_{step}	0.625	0.6875	0.8125	0.875	1	1.125	1.25	1.375	1.625	1.75
QP	10	11	12	—	16	—	18	—	24	—
Q_{step}	2	2.25	2.5	—	4	—	5	—	10	—
QP	30	—	36	—	42	—	48	—	50	51
Q_{step}	20	—	40	—	80	—	160	—	208	224

实际的计算公式为(包含尺度乘法"$\otimes \boldsymbol{E}_f$")

$$Z_{ij} = \text{round}\left(W_{ij}\frac{PF}{Q_{\text{step}}}\right) \tag{9-29}$$

其中，W_{ij}是矩阵$\boldsymbol{W}$中的元素($i \geqslant 0$, $j < 4$)，预引尺度因子PF(Prescaling Factor)是矩阵$\boldsymbol{E}_f$中的元素，其取值为

$$\text{PF} = \begin{cases} a^2, & (i, j) = (0, 0), (0, 2), (2, 0), (2, 2) \\ \dfrac{b^2}{4}, & (i, j) = (1, 1), (1, 3), (3, 1), (3, 3) \\ \dfrac{ab}{2}, & (i, j) = \text{其他} \end{cases}$$

利用量化步长Q_{step}随量化参数QP每增加6而增加一倍的特性，可进一步简化计算。设

$$\text{qbits} = 15 + \text{floor}\frac{QP}{6}$$

其中，floor()为下取整函数。令乘法因子

$$\text{MF} = \frac{\text{PF}}{Q_{\text{step}}}2^{\text{qbits}}$$

表9-6为取整后的MF取值表。

表9-6 乘法因子MF值

量化参数	样点位置		
QP	(0, 0) (0, 2) (2, 0) (2, 2)	(1, 1) (1, 3) (3, 1) (3, 3)	其他
0	13107	5243	8066
1	11916	4660	7490
2	10082	4194	6554
3	9362	3647	5825
4	8192	3355	5243
≥5	7282	2893	4559

由上述可知，量化式变成

$$Z_{ij} = \text{round}\left(W_{ij}\frac{\text{MF}}{2^{\text{qbits}}}\right) \tag{9-30}$$

量化的具体计算过程式为

$$\begin{cases} |Z_{ij}| = (|W_{ij}| \cdot \text{MF} + f) \gg \text{qbits} \\ \text{sign}(Z_{ij}) = \text{sign}(W_{ij}) \end{cases} \tag{9-31}$$

其中，≫为右移位运算，sign()为符号函数，f为偏移量。偏移量f的作用是改善重构图像的视觉效果，其取值一般为$2^{\text{qbits}}/3$(帧内块)和$2^{\text{qbits}}/6$(帧间块)。

反量化的基本操作是

$$Y'_{ij} = Z_{ij} Q_{\text{step}} \tag{9-32}$$

结合尺度参数 PF，并引入避免舍入误差的常数尺度因子 64(在反变换输出时再将其除去)，则上式变成

$$W'_{ij} = Z_{ij} Q_{\text{step}} \cdot \text{PF} \cdot 64 \tag{9-33}$$

对 $0 \leqslant QP \leqslant 5$ 定义尺度因子 $V = Q_{\text{step}} \cdot \text{PF} \cdot 64$，则

$$W'_{ij} = Z_{ij} V_{ij} \cdot 2^{\text{floor}(QP/6)} \tag{9-34}$$

其中，尺度因子 V 的取值见表 9－7。

表 9－7　尺度因子 V

量化参数	样点位置		
QP	(0，0) (0，2) (2，0) (2，2)	(1，1) (1，3) (3，1) (3，3)	其他
0	10	16	13
1	11	18	14
2	13	20	16
3	14	23	18
4	16	25	20
≥5	18	29	23

2. DC 系数的 Hadamard 变换和量化

对图像宏块是色度块或帧内 16×16 预测模式的亮度块，可以将其 4×4 整数 DCT 系数矩阵 $\boldsymbol{W}$ 中的直流(DC)系数 $\boldsymbol{W}_{00}$，按其在原宏块中的排列顺序组成 DC 系数矩阵 $\boldsymbol{W}_{\text{D}}$。16×16 的亮度宏块中，有 4×4 个 4×4 变换块，所以对应的 $\boldsymbol{W}_{\text{D}}$ 为 4×4 矩阵。因为 AVC 采用 4∶2∶0 的子采样，故 16×16 的图像宏块中，有 2×2 个 4×4 的 Cr 和 Cb 色度变换块，所以对应的 $\boldsymbol{W}_{\text{D}}$ 为 2×2 矩阵。

由于 DC 系数是图像块的平均能量，相邻块的 DC 系数具有较大的相关性，可采用对称正交的 Hadamard 矩阵 $\boldsymbol{H}_n$ 对其进行 Hadamard(哈达玛)变换，以消除这种相关性，从而提高编码的压缩比。其中，4 阶和 2 阶的 Hadamard 矩阵 $\boldsymbol{H}_n$ 定义为

$$\boldsymbol{H}_4 = \begin{bmatrix} 1 & 1 & 1 & 1 \\ 1 & 1 & -1 & -1 \\ 1 & -1 & -1 & 1 \\ 1 & -1 & 1 & -1 \end{bmatrix}$$

$$\boldsymbol{H}_2 = \begin{bmatrix} 1 & 1 \\ 1 & -1 \end{bmatrix}$$

对 4×4 亮度块和 2×2 色度块的 DC 系数矩阵 $\boldsymbol{W}_{\text{D}}$ 的 Hadamard 变换为

$$Y_{\text{D}} = \frac{1}{2}(\boldsymbol{H}_n \boldsymbol{W}_{\text{D}} \boldsymbol{H}_n), \quad n = 4, 2 \tag{9-35}$$

然后再对 Y_D进行量化，输出结果为 $Z_{D(i,j)}$：

$$\begin{cases} |Z_{D(i,j)}| = (|Y_{D(i,j)}| \cdot MF_{(0,0)} + 2f) \gg (\text{qbits}+1) \\ \text{sign}(Z_{D(i,j)}) = \text{sign}(Y_{D(i,j)}) \end{cases} \tag{9-36}$$

9.4.5 CAVLC

CAVLC(Context-based Adaptive Variable Length Coding，基于上下文的自适应变长编码)是一种针对变换量化数据的熵编码。在 H.264/AVC 标准中，对变换与量化后的数据，先使用传统的 Z 字形(Zig-Zag，锯齿形)编码将二维数据转换成一维数据，然后再采用 CAVLC 或 CABAC 进行熵编码，替代传统 MPEG 和 H.26x 编码中的 RLE 或 UVLC、Huffman 编码或算术编码等。

1. 思路与特点

VLC(Variable Length Coding，变长编码)的基本思想就是对出现频率大的符号使用较短的码字，而出现频率小的符号采用较长的码字。这样可以使得平均码长最小。在 CAVLC 中，H.264 采用若干 VLC 码表，不同的码表对应不同的概率模型。编码器能够根据上下文，如周围块的非零系数数目或系数的绝对值大小，在这些码表中自动地选择，最大可能地与当前数据的概率模型匹配，从而实现了上下文自适应的功能。

一维变换量化系数具有如下特点：

(1) 大部分系数为 0，CAVLC 用游程编码来紧凑地表示 0 串。

(2) 高频区的非零系数通常是±1，CAVLC 用一种紧凑方式表示高频±1 的个数。

(3) 相邻块非零系数的个数是相关的，CAVLC 对它的编码使用查找表(表项的选择依赖于相邻块非零系数的个数)。

(4) 系数开头(接近 DC 系数)的非零系数的幅度相对较大，在高频区则相对较小。CAVLC 利用这一点，根据最近编码的幅度来选择参数的 VLC 查找表。

针对这些特点，H.264/AVC 设计了 CAVLC 算法，其变字长编码器可根据已经传输的变换系数的统计规律，在几个不同的既定码表之间进行自适应切换，使其能够更好地适应其后传输的变换系数的统计规律，从而提高了变字长编码的压缩效率。

2. 编码过程

下面结合一个简单的例子来描述 CAVLC 算法的全过程。设有一个经变换和量化后的 4×4 系数块，如表 9-8，经 Z 字形扫描编码后形成一维系数序列：

0，3，0，1，−1，−1，0，1，0，0，0，0，0，0，0，0。

表 9-8 4×4 系数块

0	3	−1	0
0	−1	1	0
1	0	0	0
0	0	0	0

具体的编码过程如下：

(1) 编码非零系数总数(TotalCoeffs)和拖尾±1(TrailingOnes，T1s)的个数 T1s。

首先编码 4×4 系数块所对应的系数序列中的非零系数总数和拖尾±1 的个数，非零系数数目的范围是 0～16，拖尾系数数目的范围是 0～3。如果±1 的个数大于 3，只有最后 3 个被视为拖尾系数，其余的被视为普通的非零系数。对非零系数数目和拖尾系数数目的编码可通过查表方式，共有 4 个变长表格和 1 个定长表格可供选择。其中的定长表格的码字是 6 个比特长，高 4 位表示非零系数的个数(TotalCoeffs)，最低两位表示拖尾系数的个数(TrailingOnes)。表格的选择是根据变量 n_C 的值来选择的，在求变量 n_C 值的过程中，体现了基于上下文的思想。除了色度的直流系数外，其他系数类型的 n_C 值是根据当前块左边 4×4 块的非零系数数目(n_L)和当前块上面 4×4 块的非零系数数目(n_U)求得的。当输入的系数是色度的直流系数时，$n_C=-1$。n_C 的计算过程见下式：

$$n_C=\begin{cases}\text{round}\left(\dfrac{n_L+n_U}{2}\right), & \text{左块和上块都存在}\\ n_L, & \text{只有左块存在}\\ n_U, & \text{只有上块存在}\\ 0, & \text{左块和上块都不存在}\end{cases} \tag{9-37}$$

计算出 n_C 后，可以根据 n_C 值利用表 9-9 选择非零系数数目和拖尾系数数目的编码表格。其中有 4 个变长编码(Variable Length Coding，VLC)表 VLC0～3 和 1 个定长编码(Fix Length Coding，FLC)表 FLC，参见表 9-9 和表 9-10。

表 9-9　选择非零系数数目和拖尾系数数目的编码表格

n_C	表　格
0，1	VLC0(变长表格 0)
2，3	VLC1(变长表格 1)
4～7	VLC2(变长表格 2)
≥8	FLC(定长表格)
−1	VLC3(变长表格 3)

对 coeff_token 编码时，可依据已编码块的非零系数个数 n_L 和 n_U 来预测当前块的非零系数个数 n_C，再由 n_C 的取值范围来选择 5 个查找表中的一个，其中有 4 个变长编码(Variable Length Coding，VLC)表VLC0～3 和 1 个定长编码(Fix Length Coding，FLC)表 FLC，参见表 9-10。

各个编码表对不同的 TotalCoeffs 取值范围进行了优化。如表 VLC0 适用于 TotalCoeffs 取值较小的情况，表中对较小的 TotalCoeffs 赋予较短的码字；表 VLC1 和 VLC2 适用于 TotalCoeffs 取值中等的情况，表中对取值中等的 TotalCoeffs 赋予较短的码字；表 FLC 适用于 TotalCoeffs 较大的情况，表中对较大的 TotalCoeffs 赋予较短的码字。表 VLC3 则对应于输入系数是色度直流系数的情形。这样细致的码表划分增强了变长编码的自适应性，使码表更接近实际码字的统计概率。对本例，TotalCoeffs=5，T1s=3。若设 $n_C=0$，则查表 VLC0 得对应的 coeff_token 码字为 0000100。

表 9-10 coeff_token 表 VLC0

T1s / 非零系数个数	0	1	2	3
0	1	—	—	—
1	0001 01	01	—	—
2	0000 0111	0001 00	001	—
3	0000 0011 1	0000 0110	0000 101	0001 1
4	0000 0001 11	0000 0011 0	0000 0101	0000 11
5	0000 0000 111	0000 0001 10	0000 0010 1	0000 100
6	0000 0000 0111 1	0000 0000 110	0000 0001 01	0000 0100
7	0000 0000 0101 1	0000 0000 0111 0	0000 0000 101	0000 0010 0
8	0000 0000 0100 0	0000 0000 0101 0	0000 0000 0110 1	0000 0001 00
9	0000 0000 0011 11	0000 0000 0011 10	0000 0000 0100 1	0000 0000 100
10	0000 0000 0010 11	0000 0000 0010 10	0000 0000 0011 01	0000 0000 0110 0
11	0000 0000 0001 111	0000 0000 0001 110	0000 0000 0010 01	0000 0000 0011 00
12	0000 0000 0001 011	0000 0000 0001 010	0000 0000 0001 101	0000 0000 0010 00
13	0000 0000 0000 1111	0000 0000 0000 001	0000 0000 0001 001	0000 0000 0001 100
14	0000 0000 0000 1011	0000 0000 0000 1110	0000 0000 0000 1101	0000 0000 0001 000
15	0000 0000 0000 0111	0000 0000 0000 1010	0000 0000 0000 1001	0000 0000 0000 1100
16	0000 0000 0000 0100	0000 0000 0000 0110	0000 0000 0000 0101	0000 0000 0000 1000

(2) 编码每个 T1s 的符号。对 coeff_token 中的每个 TrailingOne 的符号，按 Z 字形扫描的反序(即从高频到低频)进行编码，用 0 表示+1，1 表示－1。对本例(+1，－1，－1)的输出为 011。

(3) 编码剩余非零系数的电平。非零系数的电平(level，幅度值)编码 levelCode，由前缀(level_prefix)和后缀(level_suffix)两部分组成。前缀 level_prefix 为(非零系数值－1)个 0 后跟一个 1 的二进制位串"0…01"；后缀 level_suffix 则为长度为 levelSuffixSize 位的 0 串"0…0"。若 levelSuffixSize＝0，则无后缀。一般 levelSuffixSize＝suffixLength，但是有如下两种例外：

① 当 level＝14 时，suffixLength＝0，而 levelSuffixSize＝4；

② 当 level＝15 时，levelSuffixSize＝12。

变量 suffixLength 是基于上下文模式自适应更新的：

① suffixLength 一般被初始化为 0，只有当 TotalCoeffs＞10 且 T1s＜3 时，才被初始化为 1；

② 按反向扫描顺序编码非零系数；

③ 若已编码的非零系数值＞预定义好的阈值(threshold)(参见表 9-11)，则执行 suffixLength＋＋。

表 9-11　决定增加 suffixLength 的阈值

当前 suffixLength	阈值
0	0
1	3
2	6
3	12
4	24
5	48
6	—

这种方法主要是根据变换系数块内，越接近 DC 系数的非零系数的(绝对)值越大的特点而设计的。如本例中，对+1 编码：此时非零系数=1，故前缀 level_prefix 被编码为 1；而 suffixLength 被初始化为 0，此时为一般情形，故 levelSuffixSize=suffixLength=0，所以后缀 level_suffix 的位数被置为 0(无后缀)，故对应的电平输出码字 levelCode=1(前缀)=1。再对+3 进行编码：因为这时非零系数=3，故 level_prefix 被编码为 001，又因为 1 大于当前阈值 0，故 suffixLength=1，level_suffix 被编码为 0，所以对应的电平输出码字为 levelCode=001(前缀)0(后缀)=0010。

(4) 编码最后一个非零系数前零的总数。计算(按正序的)最后一个非零系数前零的总数 TotalZeros，根据 TotalZeros 和 TotalCoeffs 的值查 total_zeros 表(参见表 9-12)，输出所对应的二进制编码串。

表 9-12　最后一个非零系数前零的总数编码表

0 的总数	非零系数														
	1	2	3	4	5	6	7	8	9	10	11	12	13	14	15
0	1	111	0101	0001 1	0101	0000 01	0000 01	0000 01	0000 01	0000 1	0000	0000	000	00	0
1	011	110	111	111	0100	0000 1	0000 1	0001	0000 00	0000 0	0001	0001	001	01	1
2	010	101	110	0101	0011	111	101	0000 1	0001	001	001	01	1	1	
3	0011	100	101	0100	111	110	100	011	11	11	010	1	01		
4	0010	011	0100	110	110	101	011	11	10	10	1	001			
5	0001 1	0101	0011	101	101	100	11	10	001	01	011				
6	0001 0	0100	100	100	100	011	010	010	01	0001					
7	0000 11	0011	011	0011	011	010	0001	001	0000 1						
8	0000 10	0010	0010	011	0010	0001	001	0000 00							
9	0000 011	0001 1	0001 1	0010	0000 1	001	0000 00								
10	0000 010	0001 0	0001 0	0001 0	0001	0000 00									
11	0000 0011	0000 11	0000 01	0000 1	0000 0										
12	0000 0010	0000 10	0000 1	0000 0											
13	0000 0001 1	0000 01	0000 00												
14	0000 0001 0	0000 00													
15	0000 0000 1														

如本例的最后一个非零系数为1，TotalZeros=3，TotalCoeffs=5，故输出为111。

(5) 编码每个零游程。对每个非零系数前零的个数 RunBefore 按反序进行编码。从最高频开始，对每个非零系数编码一个 RunBefore。但对如下两个例外情况不必进行 RunBefore 编码：

① 最后一个(低频处)非零系数；

② 没有剩余的零需要编码时，即 $\sum \text{RunBefore} = \text{TotalZeros}$。

RunBefore 的编码依赖于当前非零系数左边零的个数 ZerosLeft。ZerosLeft 的初值=TotalZeros，随着 RunBefore 编码的进行，ZerosLeft 的值会不断更新。这样，可根据剩余零的个数，来决定 RunBefore 编码所需要的位数，有助于进一步压缩编码位数。如 ZerosLeft=1 时，RunBefore=0 或 1，只需一个编码位即可。参见表 9-13。

表 9-13　RunBefore 表

Run Before	ZerosLeft						
	1	2	3	4	5	6	>6
0	1	1	11	11	11	11	111
1	0	01	10	10	10	000	110
2	—	00	01	01	011	001	101
3	—	—	00	001	010	011	100
4	—	—	—	000	001	010	011
5	—	—	—	—	000	101	010
6	—	—	—	—	—	100	001
7	—	—	—	—	—	—	0001
8	—	—	—	—	—	—	0000 1
9	—	—	—	—	—	—	0000 01
10	—	—	—	—	—	—	0000 001
11	—	—	—	—	—	—	0000 0001
12	—	—	—	—	—	—	0000 0000 1
13	—	—	—	—	—	—	0000 0000 01
14	—	—	—	—	—	—	0000 0000 001

对本例，诸非零系数的 RunBefore 编码见表 9-14。

表 9-14　RunBefore 编码

元素	ZerosLeft	RunBefore	码字
1	3	1	10
−1	2	0	1
−1	2	0	1
1	2	1	01
3	1	1	—

图 9－23 是 CAVLC 算法的编码过程及示例。以上是 CAVLC 算法的编码过程，由于篇幅所限，这里就不再介绍具体的解码过程了。

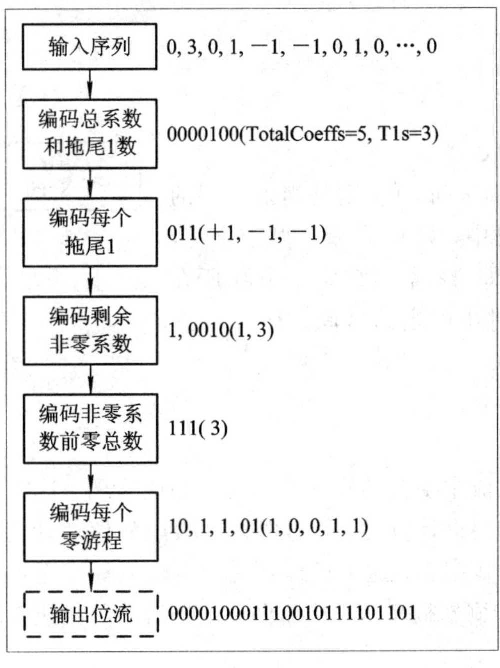

图 9－23　CAVLC 算法的编码过程及示例

9.4.6　CABAC

CABAC(Context-based Adaptive Binary Arithmetic Coding，基于上下文的自适应二进制算术编码)是一种改进的算术编码，它根据相邻块的情况进行当前块的编码，充分考虑了编码符号间的相关性，从而可以获得更好的编码效率。

为了绕开算术编码中无限精度小数的表示问题以及对信源符号概率进行估计，CABAC 等现代的算术编码多以有限状态机的方式实现。在 CABAC 中，每编码一个二进制符号，编码器就会自动调整对信源概率模型(用一个“状态”来表示）的估计，随后的二进制符号就在这个更新了的概率模型基础上进行编码。这样的编码器不需要信源统计特性的先验知识，而是在编码过程中自适应地估计。显然，与 CAVLC 编码中预先设定好若干概率模型的方法比较起来，CABAC 有更大的灵活性，可获得更好的编码性能。

1. 自适应算术编码

算术编码的思想是用 0 到 1 的区间上的一个数来表示一个字符输入流，它的本质是为整个输入流分配一个码字，而不是给输入流中的每个字符分别指定码字。算术编码是用区间递进的方法来为输入流寻找这个码字的，它从第一个符号确定的初始区间(0 到 1)开始，逐个字符地读入输入流，在每一个新的字符出现后递归地划分当前区间，划分的根据是各个字符的概率，将当前区间按照各个字符的概率划分成若干子区间，将当前字符对应的子区间取出，作为处理下一个字符时的当前区间。到处理完最后一个字符后，得到了最终区间，在最终区间中任意挑选一个数作为输出。解码器按照和编码相同的方法和步骤工作，不同的是作为逆过程，解码器每划分一个子区间就得到输入流中的一个字符。

1）算法流程

在算术编码的递进计算过程（见图 9-24）中，编码器必须保存以下变量记录状态：

（1）当前区间的下限 L；

（2）当前区间的大小 R；

（3）当前字符 binval；

（4）各字符的概率 Px。

L 和 R 用来确定当前区间；Px 则是当前区间的划分根据，在二进制编码中，只有 1 和 0 两个字符，所以只需记录 P1 或 P0 即可；最后确定 binval 所在的子区间作为下一个递进中的当前区间。有 R 的递进关系：

$$R = R \times Px \tag{9-38}$$

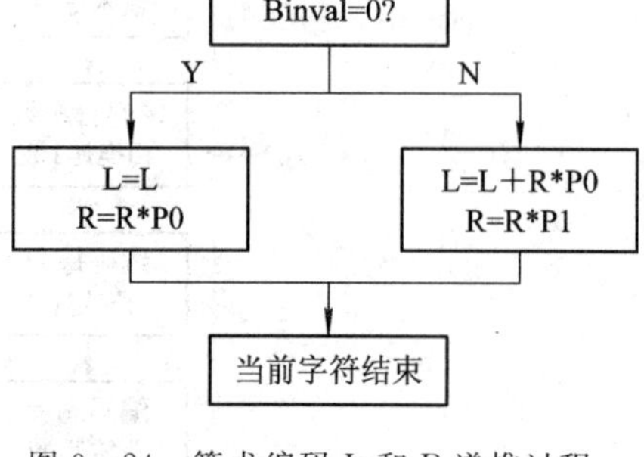

图 9-24 算术编码 L 和 R 递推过程（假设 0 为低概率符号）

2）自适应

在实际过程中，输入流中字符的概率分布是动态改变的，这需要维护一个概率表去记录概率变化的信息。在作递进计算时，通过对概率表中的值估计当前字符的概率，当前字符处理后，需要重新刷新概率表。这个过程表现为对输入流字符的自适应。编码器和解码器按照同样的方法估计和刷新概率表，从而保证编码后的码流能够顺利解码。

3）码流输出

在实际操作过程中，编码器并不是等递进到最终区间才输出码字的。这里有两方面的原因：一是在编码器的递进计算过程中，如果没有输出，信道会出现空闲，形成浪费；二是如果输入流较长时，最终得到的区间非常小，必须以极高的精度来记录 L 和 R。幸运的是，在二进制编码中，区间的上下限以二进制形式表示，每当下限的最高有效位与上限的最高有效位一样时，就可以移出这个比特。这样的方法可以保证编码器在递进计算的同时不断地输出码流。序列出现的可能性越大，区间就越长，确定该区间所需要的比特数就越少。

2. 自适应算术编码的计算复杂度及优化

从上文可以看到，算术编码的计算复杂度主要体现在两个方面：

（1）概率的估计、更新；

（2）划分子区间时的乘法运算：R=R×Px。

1）CABAC 的概率模型

假设输入流为 T，当前字符 binval，在 binval 之前的字符流为 z，z∈T。条件概率 P(binval|z)就是当前字符的概率估计值。随着条件因子 z 的增长，带来的计算量急剧增大，而且每处理一个字符，需要作两次类似的计算，必须找到一种更好的法则来解决这个问题。

首先来研究如果当前字符的概率估计值 Px 不是取自 P(binval|z)会有什么影响。毫无疑问，这会影响编码效率，P(binval|z)是取自一个较严格的统计模型，对应于它的输出流的码率能取得对信源熵率的最大逼近；其次，而从解码的可行性上讲，只要保证编码和解码双方在划分当前区间时能得到同样的 Px，也就是通过同样的法则估计和更新 Px，就能顺利解码。

CABAC 在计算的复杂度和编码效率之间作了折中，建立了一个基于查表的概率模型，将从 0 到 0.5 范围内的概率量化为 64 个值，这些概率对应于 LPS(Least Probability Symbol)字符的概率 $P_{\rm lps}$，则 MPS(Most Probability Symbol)字符的概率为 $1-P_{\rm lps}$。字符的概率估计值被限制在表内，概率的刷新也不是去计算 P(binval|z)，而是按照某种法则在表中查找。

如图 9-25 所示，列出了 LPS 被量化后的概率值，这些值以 σ 为编号，实线和虚线指示了概率的刷新值。在处理当前字符 binval 时，概率的刷新有两个方向：如果当前字符是 LPS，则 $P_{\rm lps}$ 变大，在图上顺着虚线往左寻找；如果当前字符是 MPS，则 $P_{\rm lps}$ 变小，在图上顺着实线往右寻找。可以看到，在 CABAC 建立的这个概率模型中，出现 MPS 时的刷新值都只是简单地指向当前值的下一位，即 $\sigma\rightarrow\sigma+1$，这一点可以被利用来降低计算量。

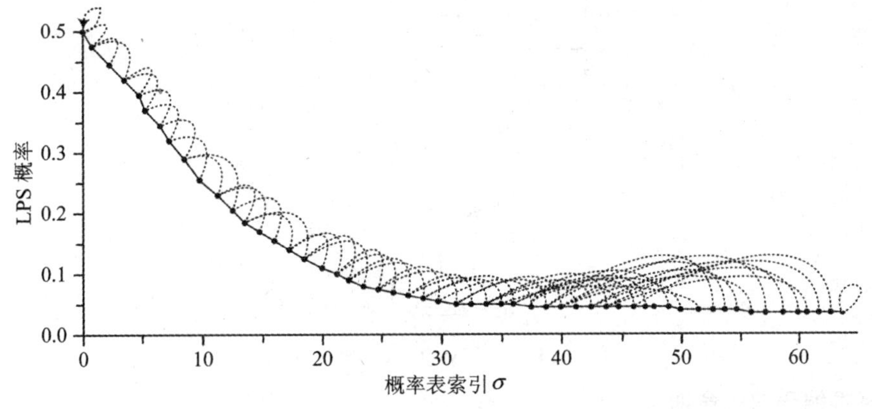

图 9-25　CABAC 概率估计与刷新模型

在 CABAC 建立的概率模型中，有三个值是较特殊的：$\sigma=0$ 时，LPS 的概率已经达到了最大值 0.5，如果下一个出现的字符仍是 LPS，则此时 LPS 和 MPS 的字符交换位置；$\sigma=63$ 对应着 LPS 的最小概率值，但它并没有被纳入 CABAC 的概率估计和更新的范围，这个值被用作特殊的场合，传达特殊的信息。比如，当解码器检测到当前区间的划分依据是这个概率值时，认为这表示当前流的结束；$\sigma=62$，这是表中可用的最小值，它对应的刷新值是它自身，当 MPS 连续出现，LPS 的概率持续减小，直到 $\sigma=62$ 之后保持不变。

2) 乘法优化

CABAC 的概率模型很有效地降低了概率估计和刷新中的计算量，而对于在算术编码频繁使用的乘法运算 $R=R\times Px$，CABAC 也应用了类似的思想。

CABAC 首先建立了一个 4×64 的二维表格，存储预先计算好的乘法结果。毫无疑问，表格的入口参数一个来自 Px，另一个来自 R。Px 可以直接以 σ 作为参数，下面的式子给出了来自 R 的参数：

$$\rho=(R\gg 6)\&3 \tag{9-39}$$

每次在需要做乘法运算时，根据 ρ 和 σ 进行查表操作就得到结果。

建立了概率模型和乘法模型后，在递推计算过程中 CABAC 必须保存当前区间的下限 L、当前区间的大小 R、当前 MPS 字符□和 LPS 的概率编号 σ 这 4 个变量的状态，最终的 CABAC 算术编码流程图如图 9-26 所示。图中，灰色部分是概率的刷新部分。表 TabRangeLPS 存储预先计算好的乘法结果，表 TransIdxLPS 是图 9-25 对应的概率表。

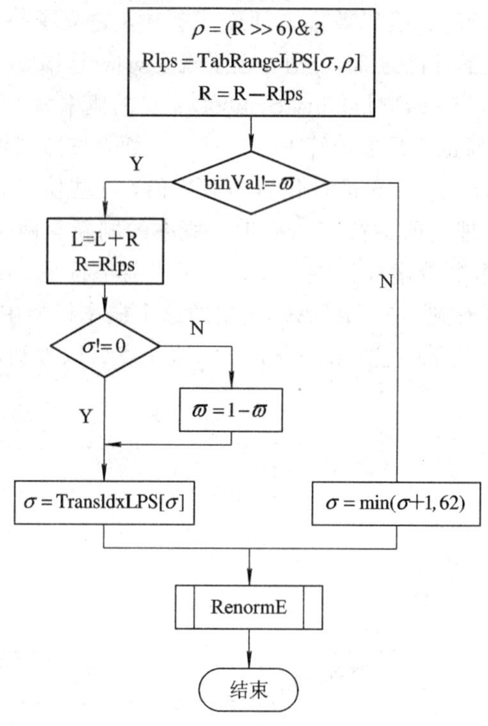

图 9-26　CABAC 算术编码流程图

3. 算术编码的生命期

算术编码是对整个流分配码字，但考虑到如果有某个比特丢失，编码和解码将错位。为了将差错控制在一定范围内，CABAC 将片作为算术编码的生命期，在每个片开始时，CABAC 进行初始化，按照一定的法则为编码器指定初始ϖ与 σ，并初始化[0, 1)为当前区间。

即使对片内的数据，CABAC 也不是将它们作为整体来处理的，而是继续分割为若干个子部分来分别编码。除了上文提到的差错控制的原因外，也是由于如果输入流过长，则要求 L 和 R 必须有足够的精度和长度来保存中间数据，这对于编码器是个不小的负担。

H.264 将一个片内可能出现的数据划分为 399 个上下文模型，每个模型以 ctxIdx 标识，在每个模型内部进行概率的查找和更新。H.264 共要建立 399 个概率表，每个上下文模型都独立地使用对应的表维护概率状态。这些模型的划分精确到比特，几乎大多数的比特和它们邻近的比特处于不同的上下文模型中。

解码器对于输入的每一个比特首先要做的工作是查找它属于哪个上下文模型，然后查找该上下文模型对应的概率表以递进区间。

4. 对输入流预编码

CABAC 围绕算术编码的特性做了许多优化，这其中也包括从统计角度对输入流做的一套预编码方法。由图 9-26 可以看到，当前处理的字符为 MPS 时，区间递进只是子区间的长度发生改变，而作为影响实际输出值的 L 并没有变化。这个现象意味着如果输入流中连续出现大量 MPS，或者 MPS 对 LPS 的概率比非常高时，可以达到极高的压缩效果。算术编码对这种输入流的压缩性能达到最优，编码输出的码率也更能接近信源熵率。因此 CABAC 体系包含了一个预编码过程，将输入流重新编码后再进行算术编码。这个预编码过程叫做输入流的二进制化，经它编码输出的是 MPS 概率极高的比特流。

CABAC 中对不同的句法元素一共应用了四种二进制化方法：U、TU、UEGK 和 FL。表 9-15 是 U 变换的码表，其他二进制化编码方法类似。binIdx 是编码后各比特的序号。从表 9-15 可以看到，输入流预编码实际上将输入符号转换为输入符号的一元码，转换后，符号“1”明显多于符号“0”。

表 9-15　U 变换的码表

编码前	编码后					
0	0					
1	1	0				
2	1	1	0			
3	1	1	1	0		
4	1	1	1	1	0	
5	1	1	1	1	1	0
binIdx	0	1	2	3	4	5

5. 结论

CABAC 中建立了由大量实验统计而得到的概率模型。在编码过程中，CABAC 根据当前所要编码的内容以及先前已编码好的内容，动态地选择概率模型来进行编码，并实时更新相对应的概率模型。并且，CABAC 在计算量和编码速度上进行了优化，用了量化查表、移位、逻辑运算等方法代替复杂的概率估计和乘法运算。在实际应用中，CABAC 与其他主流的熵编码方式相比有更高的编码效率，用一组质量在 28～40 dB 的视频图像做测试，应用 CABAC 可使比特率进一步提高 9%～14%。图 9-27 描述了图像质量在各信噪比时，CABAC 节省码率的性能。

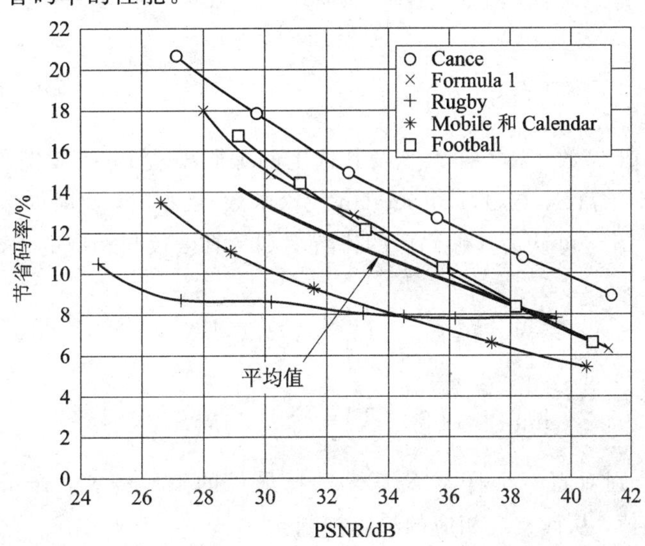

图 9-27　各测试序列中 CABAC 节省码率的性能

9.4.7　H.264 编码的码率控制

在 H.264 视频编码标准中仅仅规定了编码后比特流的句法结构和解码器的结构，而对编码器的结构和实现方式没有具体的规定。然而无论编码器的结构如何，相应的视频编码的码率控制都是编码器实现的核心问题。在对数字视频信号进行压缩编码时，编码器通过相应的编码控制算法以确定各种编码模式的选择，如帧间编码还是帧内编码、宏块的划分类型、量化参数等，或者编码模式确定后进一步确定编码器输出比特流的比特率和失真度。

由于视频序列中的图像内容随着空间与时间的不同而变化很大，需要为图像的不同部分选择不同的编码参数进行压缩编码，而编码控制的目的就是确定一组编码参数。H.264 编码器采用基于 Lagrangian 优化算法的率失真优化模型实现视频编码的控制，其实现简单而且效率高。下面将分析 Lagrangian 优化算法及其在 H.264 视频编码控制中的应用。

1. 基于 Lagrangian 优化算法的 H.264 编码控制模型

考虑 K 个信源样本值的集合 $S=(S_1, \cdots, S_K)$，其中 S_K 可以是矢量或标量。每一个样本值 S_K 可以通过选取编码模式集 $O_k=(O_{k1}, \cdots, O_{kN})$ 中的某些编码模式 $I_k(I_k \in O_k)$ 进行压缩编码。因此对应于样本值集合 S 存在相应的编码模式集合 $I=(I_1, \cdots, I_K)$。在给定的限定码率 R_c 下，对于给定信源样本序列所选的编码模式，应使编码后的失真度最小，如下式所示：

$$\min D(S, I)\ R(S, I) \leqslant R_c \tag{9-40}$$

式中，$D(S, I)$ 与 $R(S, I)$ 分别表示输出比特流的失真度和码率，其中比特流由采用编码模式 I 对样本 S 进行编码并进行量化后输出。

在实际应用中，通常采用下式来选取编码模式

$$I^* = \arg\min J\left(S, \frac{I}{\lambda}\right) \tag{9-41}$$

其中，

$$J\left(S, \frac{I}{\lambda}\right) = D(S, I) + \lambda \times R(S, I) \tag{9-42}$$

式中，λ 是 Lagrange 参数。对于样本 S 及其选定的编码模式 I，当其编码后得到的比特率和失真度的线性组合 $J(S, I/\lambda)$（Lagrangian 代价函数）最小时，此时的编码模式最佳。

考虑某一样本 S_k，可认为其编码后的比特率和失真度仅与相应的编码模式 I_k 有关，因此有下面等式成立：

$$J\left(S_k, \frac{I}{\lambda}\right) = J\left(S_k, \frac{I_k}{\lambda}\right) \tag{9-43}$$

$$\min_I \sum_{k=1}^{K} J\left(S_k, \frac{I}{\lambda}\right) = \sum_{k=1}^{K} \min_I J\left(S_k, \frac{I_k}{\lambda}\right) \tag{9-44}$$

因此，只要分别对每一个样本 $S_k \in S$ 选择最优的编码模式，便可以很容易地得到 $J(S, I/\lambda)$ 的最小值，从而实现相应的编码控制。

2. 编码控制模型

由于编码后比特流的比特率和失真度与时间和空间的关系密切，基于 Lagrangian 优

化算法的编码控制不可能在混合视频编码器中简单地实现。假设图像序列 s 被分割为 k 个不同的块 A_k，相应的像素用 S_k 表示。编码 S_k 所选择的编码模式 O_k 分为帧内模式和帧间模式两类。每种模式均包括预测编码的模式以及相应的编码参数，其中编码参数为变换系数和量化参数等，对于帧间模式编码参数还应包括一个或多个运动矢量。在对图像序列 s 进行基于块的混合视频编码时，对于每块 S_k 所选定的编码模式应当使编码后的 Lagrangian 代价函数 $J(S, I/\lambda)$ 达到最小，当且仅当此时认为基于块的混合视频编码器达到最优化。

对帧间模式的选择，通常通过搜索使得编码后 Lagrangian 代价函数 $J(S, I/\lambda)$ 最小化的运动矢量实现，相应的运动矢量作为编码参数被编码并传输。因此在编码控制模型中，宏块分割模式的判决与帧间模式运动估计的最佳比特分配这两个问题将会被分别处理。

在 Lagrange 参数 λ_{MODE} 与量化参数 Q 选定后，H.264 的编码器通过最小化 Lagrangian 代价函数实现对每一个宏块的编码模式的选定。宏块 S_k 的 Lagrangian 代价函数如下式所示：

$$J_{\text{MODE}}(S_k, I_k \mid Q, \lambda_{\text{MODE}}) = D_{\text{REC}}(S_k, I_k \mid Q) + \lambda_{\text{MODE}} \times R_{\text{REC}}(S_k, I_k \mid Q) \tag{9-45}$$

式中，I_k 为相应宏块的编码模式。

在不同编码模式下，编码后比特流的比特率 R_{REC} 与失真度 D_{REC} 的计算并不完全相同。

在帧内模式下，$R_{\text{REC}}(S_k, \text{INTRA}|Q)$ 为熵编码后比特流的比特率，失真度 $D_{\text{REC}}(S_k, \text{INTRA}|Q)$ 则由宏块的原始像素和重建像素决定，且共有两种计算方式，分别如下所示：

$$\text{SSD} = \sum_{(x, y)\in A} |s[x, y, t] - s'[x, y, t]|^2 \tag{9-46}$$

$$\text{SAD} = \sum_{(x, y)\in A} |s[x, y, t] - s'[x, y, t]| \tag{9-47}$$

式中，A 为当前的宏块。

对于 SKIP 模式，由于无需残差信号，因此比特率 $R_{\text{REC}}(S_k, \text{INTRA}|Q)$ 与失真度 $D_{\text{REC}}(S_k, \text{INTRA}|Q)$ 与量化参数无关。其中失真度 $D_{\text{REC}}(S_k, \text{INTRA}|Q)$ 由宏块的原始像素值和预测像素值决定，而比特率 $R_{\text{REC}}(S_k, \text{INTRA}|Q)$ 则在 H.264 中被近似为 1 bit/MB。

在帧间模式下由于采用了基于块的运动估计，Lagrangian 代价函数的计算比较于帧内模式与 SKIP 模式要复杂。对于采用帧间编码模式的 $A \times B$ 大小的块 S_i，在给定的 Lagrange 参数 λ_{MOTION} 和参考图像 s' 的情况下，通过最小化 Lagrangian 代价函数来实现块 S_i 的运动估计，如下式所示：

$$m_i = \arg\min_{m\in M}\{D_{\text{DFD}}(S_i, m) + \lambda_{\text{MOTION}} R_{\text{MOTION}}(S_i, m)\} \tag{9-48}$$

其中，M 为可能的编码模式的集合，$R_{\text{DFD}}(S_i, m)$ 为传输运动矢量(m_x, m_y, m_t)所需的比特数，失真度 D_{DFD} 由下式得到：

$$\text{SSD} = \sum_{(x, y)\in A_i} |s[x, y, t] - s'[x - \boldsymbol{m}_x, y - \boldsymbol{m}_y, t - \boldsymbol{m}_t]|^2 \tag{9-49}$$

$$\text{SAD} = \sum_{(x, y)\in A_i} |s[x, y, t] - s'[x - \boldsymbol{m}_x, y - \boldsymbol{m}_y, t - \boldsymbol{m}_t]| \tag{9-50}$$

为寻找满足式(9-48)要求的运动矢量 m_t，首先在整像素位置进行运动估计的运算，求得满足式(9-48)要求的运动矢量后，需进一步确定周围半像素位置的运动矢量是否可使 Lagrangian 代价函数进一步降低。由于在 H.264 中采用了 1/4 像素的运动估计精度，之前确定的半像素周围 1/4 像素位置的运动矢量被进一步考察，以确定当采用此 1/4 像素精度的运动矢量后 Lagrangian 代价函数是否获得进一步的降低。通过以上分析可知，最终选定使得 Lagrangian 代价函数最小的运动矢量具有 1/4 像素精度。

同帧内模式相同，在帧间模式下比特率 $R_{REC}(S_k, \text{INTRA}|Q)$ 为熵编码后比特流的比特率，失真度 $D_{REC}(S_k, \text{INTRA}|Q)$ 则由宏块的原始像素和重建像素决定，由式(9－49)或式(9－50)得到。

在 H.264 视频编码控制模型中，λ_{MODE} 由量化参数确定，即

$$\lambda_{MODE} = 0.85 \times 2^{(Q-12)/3} \tag{9-51}$$

另一个 Lagrange 参数 λ_{MOTION} 与 λ_{MODE} 有关，可由式(9－52)或式(9－53)确定。其中式(9－52)对应于式(9－46)与式(9－49)，式(9－53)对应于式(9－47)与式(9－50)，即

$$\lambda_{MOTION} = \lambda_{MODE} \tag{9-52}$$

$$\lambda_{MOTION} = \sqrt{\lambda_{MODE}} \tag{9-53}$$

在 H.264 视频编码器中，通常通过速率控制相关算法选择合适的量化参数，并通过相应的 Lagrange 参数进行视频编码控制。

由上所述，H.264 视频编码器中的基于 Lagrangian 优化算法的编码控制模型如图 9－28 所示。

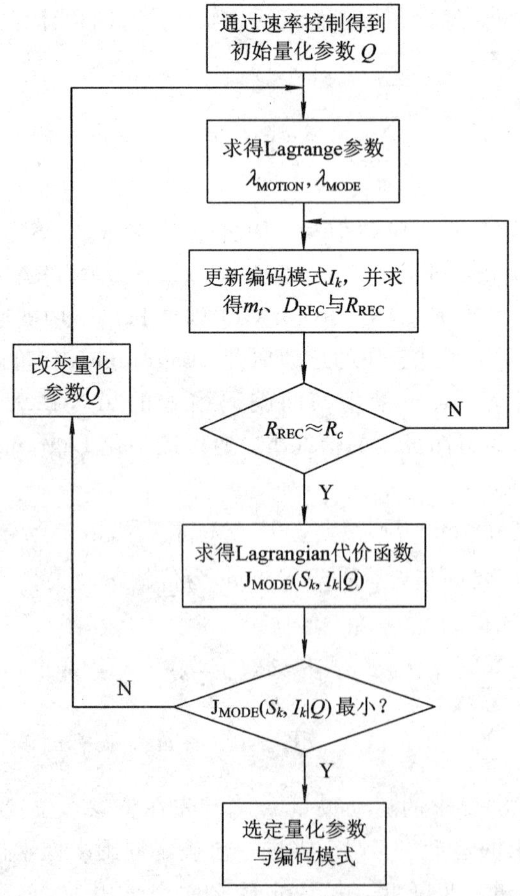

图 9－28 H.264 视频编码控制模型

9.4.8　去方块滤波

H.264/MPEG-4 AVC视频编码标准中，在解码器反变换量化后图像会出现方块效应。产生原因有两个：最重要的一个原因是基于块的帧内和帧间预测残差的DCT变换。变换系数的量化过程相对粗糙，因而反量化过程恢复的变换系数带有误差，会造成在图像块边界上的视觉不连续；第二个原因来自于运动补偿预测，运动补偿块可能是从不是同一帧的不同位置上的内插样点数据复制而来的。因为运动补偿块的匹配不可能是绝对准确的，所以就会在复制块的边界上产生数据不连续。当然，参考帧中存在的边界不连续也被复制到需要补偿的图像块内。尽管H.264/MPEG-4 AVC采用较小的4×4变换尺寸可以降低这种不连续现象，但仍需要一个去方块滤波器最大程度地提高编码性能。

1. 去方块滤波基本概念

在视频编解码器中加入去方块滤波器的方法有两种：后置滤波器和环路滤波器。后置滤波器只处理编码环路外的显示缓冲器中的数据，所以它不是标准化过程中的规范内容，在标准中只是可选项。相反，环路滤波器处理编码环路中的数据。在编码器中，被滤波的图像帧作为后续编码帧运动补偿的参考帧；在解码器中，滤波后的图像输出显示。这要求所有与标准一致的解码器采用同一个滤波器以与编码器同步。当然如果有必要，解码器也还可以在使用环路滤波器的同时使用后置滤波器。

在编码环路中使用滤波器比后置滤波有以下几个优点。首先，环路滤波器可以保证不同水平的图像质量；其次，在解码器端没有必要再为滤波器准备额外帧缓存；第三，经验试验已显示环路滤波比后置滤波更能增加视频流的主客观质量，同时有效降低解码器的复杂度。

尽管具有以上这些优点，环路滤波器的复杂度还是较高的。即使经过很大努力进行滤波算法的时间优化，去除其中的乘除法，滤波器也能轻易地达到解码器计算复杂度的1/3。

高复杂度的主要原因是滤波器的高度自适应性，它需要对方块边界及样点量化值进行条件判断和处理。这样，在算法的主要内部循环中不可避免地出现条件分支。众所周知，这是很耗时的。另一个高复杂度的原因是H.264编码算法中残差编码的尺寸。对于4×4的方块大小及平均在每个方向上滤波2个点，这样几乎图像中每个点都要被调入到内存中，要么被修正，要么用来判断边界点是否要被修正。

下面介绍的自适应去方块滤波器利用简单的算法就能可靠地提高图像的主客观质量，其较好的性能是因为可靠地区分了真实的和人为的图像边界，并有效地滤除了后者。在相同的PSNR下可以节省码流超过9%，并同时明显地提高图像视觉质量。另外，去方块滤波在H.264编码器和解码器中是完全一致的。

图9-29(a)显示不采用去方块滤波器的编解码器的效果图。基于上述原因，图9-29(a)中在DCT变换边界上有明显的痕迹，呈现出方块形状。图9-29(b)则是采用去方块滤波器的编解码器对同一幅图像的处理效果图，会发现图(a)中的方块已不明显了。

显然，去方块滤波器的作用是去除H.264编码算法带来的方块效应。但是，如果在DCT边界上正好是图像的边界，如家具边等，若不加以判断而误认为是方块效应，则可能造成新的误差。为此，在滤波方块效应时，应该先判断该边界是图像真实边界还是方块效应所形成的边界(假边界)。对真实边界不进行滤波处理，而对假边界则要根据周围图像块的性质和编码方法采用不同强度的滤波。

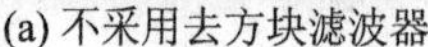
(a) 不采用去方块滤波器

(b) 采用去方块滤波器

图 9-29 是否采用去方块滤波器的 H.264 编解码效果对比

2. 边界分析

1) 4×4 方块的误差分析

当对残差用方块变换进行编码时，方块边界比内部的编码误差大。对这个现象的合理解释是内部点的重建是对周围点进行加权平均得到的，而边界点所用到的加权平均点较少，所以重建效果较差。这个误差分布不均匀的后果是需要方块边界滤波以提高图像客观质量。

H.264/MPEG-4 AVC 去方块滤波器能适应以下不同水平的需要：

(1) 片级。全局滤波强度能根据视频序列个体特征进行调节。

(2) 图像块边界级。滤波强度依赖于边界两边图像块的帧间/帧内预测、运动矢量差别及变换量化是否是对残差编码的。特别强的滤波应用于非常平坦的图像宏块以去除“马赛克效应”。

(3) 图像样点级。样点值及与量化参数相关的阈值可以决定是否对每个样点进行滤波。

2) 自适应边界级滤波器

边界强度(B_S)决定去方块滤波器的滤波参数，控制去除方块效应的程度。对所有 4×4 亮度块间的边界，边界强度参数值在 0～4 之间，它与边界的性质有关。表 9-16 说明 B_S 与相邻图像块的模式及编码条件的关系。表中的条件是从表的上部至下部进行判断的，直到某一条件满足，给 B_S 相应赋值。

表 9-16 滤波器强度参数与编码模式的关系

图像块模式与条件	B_S
边界两边一个图像块为帧内预测并且边界为宏块边界	4
边界两边一个图像块为帧内预测	3
边界两边一个图像块对残差编码	2
边界两边图像块运动矢量差不小于 1 个亮度图像点距离	1
边界两边图像块运动补偿的参考帧不同	1
其他	0

在实际滤波算法中，B_S 决定对边界的滤波强度，包括对两个主要滤波模式的选择。当其值为 4 时，表示要用特定最强的滤波模式；其值为 0 时，表示不需要对边界进行滤波。对其值为 1～3 的标准滤波模式，B_S 值影响滤波器对样点的最大修正程度。B_S 的下降趋势说明最强的方块效应主要来自于帧内预测模式及对预测残差编码，而在较小程度上与图像的运动补偿有关。色度块边界滤波的 B_S 值不另外单独计算，而是从相应亮度块边界的 B_S 值复制而来的。

在帧场自适应宏块中，表 9－15 中的条件相对复杂些，因为相邻两图像块中的一个可能来自帧编码宏块或来自场编码宏块。滤波强度变化的原则不变。为了避免将图像过度模糊化，对于来自场编码宏块的水平边界需要特别考虑以避免过强的滤波强度，这是因为这种宏块的垂直滤波的空间扩展范围是其他情况的两倍。

3）自适应样点级滤波器

在去方块滤波中，非常重要的是要区分图像中的真实边界和由 DCT 变换系数量化而造成的假边界。为了保持图像的逼真度，应该尽量滤除假边界使其不致被看出的同时保持图像真实边界不被滤波。为了区分这两种情况，要分析每个需要被滤波的边界两边的样点值。这里，定义两个相邻 4×4 块中一条直线上的样点分别为 p_3、p_2、p_1、p_0、q_0、q_1、q_2、q_3，实际的图像边界在 p_0 和 q_0 之间，如图 9－30 所示。

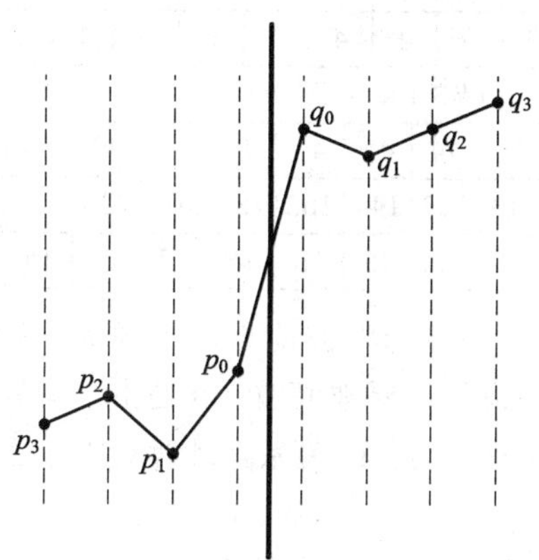

图 9－30　典型的不需要去方块滤波的图像边界

如上所述，当 B_S 值为 0 时，滤波器对边界不起作用。对于 B_S 值为非 0 的边界，为了区分上述真假两种边界，定义一对与量化有关的参数为 α 和 β，用来检查图像内容，以决定每个样本点集是否要被滤波。只有下述三个条件同时满足，直线上的样点才能被滤波：

$$\begin{cases} |p_0 - q_0| < \alpha(\text{Index}_A) \\ |p_1 - p_0| < \beta(\text{Index}_B) \\ |q_1 - q_0| < \beta(\text{Index}_B) \end{cases} \tag{9-54}$$

α 和 β 值根据边界两边的平均量化参数查表得到，α 和 β 的查表索引根据下式计算：

$$\text{Index}_A = \begin{cases} 0 & (\text{QP} + \text{Offset}_A \leqslant 0) \\ \text{QP} + \text{Offset}_A & (0 < \text{QP} + \text{Offset}_A < 51) \\ 51 & (\text{QP} + \text{Offset}_A \geqslant 51) \end{cases} \tag{9-55}$$

$$\mathrm{Index}_B=\begin{cases}0 & (\mathrm{QP}+\mathrm{Offset}_B\leqslant 0)\\ \mathrm{QP}+\mathrm{Offset}_B & (0<\mathrm{QP}+\mathrm{Offset}_B<51)\\ 51 & (\mathrm{QP}+\mathrm{Offset}_B\geqslant 51)\end{cases}\tag{9-56}$$

其中，0～51 为 QP 的范围。Offset_A和 Offset_B为在编码器中选择的偏移值，以在片级上控制去方块滤波的性能。

α 和 β 值满足下面近似经验关系：

$$\alpha(x)=0.8(2^{x/6}-1)\tag{9-57}$$

$$\beta(x)=0.5x-7\tag{9-58}$$

这个关系式中的变量是根据测试进行选择的，目的是让不同的内容得到满意的视觉效果。一般来说，$\beta(x)$比 $\alpha(x)$小。为了节省计算量，α 和 β 值通过查找与上式关系一致的表格得到，如表 9－17 所示。特别地，在表格低端，取值被限为 0，这样对 $\mathrm{Index}_A<16$ 或 $\mathrm{Index}_B<16$，α 和 β 中的一个或两个全部为 0，相应地不进行滤波。

表 9－17　阈值变量 α 和 β 与变量 index_A和 index_B的关系

	Index_A(对应 α)或者Index_B(对应 β)																					
	<16	16	17	18	19	20	21	22	23	24	25	26	27	28	29	30	31	32	33	34	35	36
α	0	4	4	5	6	7	8	9	10	12	13	15	17	20	22	25	28	32	36	40	45	50
β	0	2	2	2	3	3	3	3	4	4	4	6	6	7	7	8	8	9	9	10	10	11

	Index_A(对应 α)或者Index_B(对应 β)														
	37	38	39	40	41	42	43	44	45	46	47	48	49	50	51
α	56	63	71	80	90	101	113	127	144	162	182	203	226	255	255
β	11	12	12	13	13	14	14	15	15	16	16	17	17	18	18

α 和 β 与 QP 的关系将滤波强度与滤波前重建图像的一般质量联系起来。因为阈值随 QP 增加，当 QP 较大时，较多边界需要被滤波，这是由于编码误差随 QP 的增加而增加。α 中的指数特性反映期望的方块效应与 α 的关系，因为 QP 每增加 6，量化步长增加一倍。

3. 滤波过程

1）滤波运算概述

为了保证编码器和解码器中的滤波过程完全一致，对每个编码图像的滤波运算必须按规定顺序进行。滤波应该在适当位置上进行，这样，边界两边直线上修改过的样点值作为后续运算的输入值而不引入的误差。

滤波是在基于宏块基础上的，先对垂直边界进行水平滤波，再对水平边界进行垂直滤波。对宏块的两个方向滤波都完成后才能进行后面宏块的滤波。对图像中宏块的滤波按 raster 扫描方式进行。对帧场自适应编码帧，它们在垂直方向上相邻的宏块对放在一起，则滤波顺序按宏块对进行，即在帧中对宏块对进行按 raster 扫描方式，对每个宏块对先进行顶部宏块的滤波。

对每个亮度宏块，先滤波宏块最左边的边界（如图 9－31 中的 a），然后从左到右依次是宏块内的三个垂直边界（如图 9－31 中的 b 到 d）。类似地，对水平边界先滤波宏块顶部的边界（如图 9－31 中的 e），然后从上到下依次是宏块内的三个水平边界（如图 9－31 中的 f 到 h）。色度滤波次序类似，对色度宏块，在每个方向上，先滤波宏块外部边界再滤波一个内部边界(如在图 9－31 中，水平方向先滤波 i，再滤波 j；垂直方向上先滤波 k，再滤波 l)。

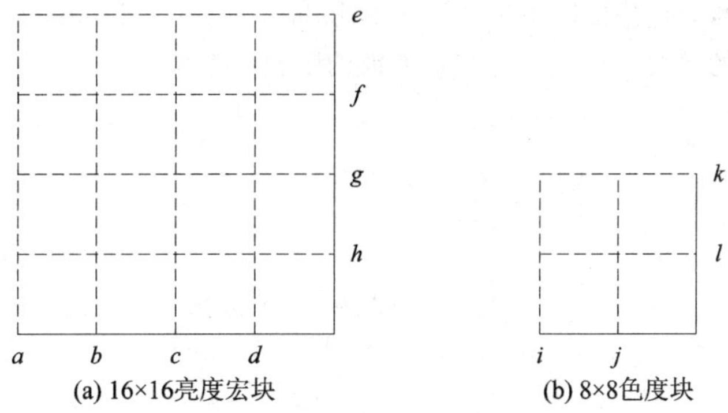

(a) 16×16亮度宏块　(b) 8×8色度块

图 9－31　宏块中边界滤波顺序

根据样点的 B_S值选择两种滤波方式。特定滤波方式是针对 B_S为 4 的强滤波，普通滤波方式应用于其他情况($B_S=1$，2，3)。对每种方式，用 β 阈值估计另外两个空间变化条件，以决定亮度点的滤波范围。

$$|p_2 - p_0| < \beta(\text{Index}_B) \tag{9-59}$$

$$|q_2 - q_0| < \beta(\text{Index}_B) \tag{9-60}$$

当上述条件成立，说明边界变化强度不大，滤波强度设定值相对实际滤波来说偏大。

2) B_S 值从 2 到 3 的边界滤波

滤波运算可以分为基本滤波运算和限幅两个阶段。

(1) 基本滤波运算。先讨论对亮度点的滤波。对这种模式的滤波，滤波后的 p_0'和 q_0'值按下式计算：

$$p_0' = p_0 + \Delta_0 \tag{9-61}$$

$$q_0' = q_0 - \Delta_0 \tag{9-62}$$

其中，Δ_0分两步计算，先计算它的初始值 Δ_{0i}，再对这个初始值进行限幅后代入上式。

初始值 Δ_{0i}根据边界两边的样点值计算：

$$\Delta_{0i} = [4(q_0 - p_0) + (p_1 - q_1) + 4] \gg 3 \tag{9-63}$$

只有式(9－59)或式(9－60)成立，才能修正对应的 p_1或 q_1值。即如果式(9－59)成立，滤波后的 p_1'值按下式计算：

$$p_1' = p_1 + \Delta_{p_1} \tag{9-64}$$

同样，如果式(9－60)成立，滤波后的 q_1'值按下式计算：

$$q_1' = q_1 + \Delta_{q_1} \tag{9-65}$$

这些同样要经过两步计算。对 p_1'的初始值Δ 按下式计算：

$$\Delta_{p_{1i}} = (p_2 + ((p_0 + q_0 + 1) \gg 1) - 2p_1) \gg 1 \tag{9-66}$$

$\Delta_{q_{1i}}$ 按同样关系式计算，用 q_2和 q_1分别代替 p_2和 p_1。

(2) 限幅。如果上述初始值 Δ_{0i}、$\Delta_{p_{1i}}$ 和 $\Delta_{q_{1i}}$ 直接应用在滤波计算中，则可能导致滤波频率过低，出现图像模糊。自适应滤波器的一个重要部分是限制Δ 的值。这个过程称为限幅。对于内部和边界上的样点，限幅过程不同。

对于内部样点，用于滤波的 Δ 值被限制在 $-c1 \sim c1$ 的范围内，$c1$ 是从二维表(表 9-18)中查找的参数，它是根据用于计算 α 的 Index_A 和 B_S 查找。Index_A 和 B_S 越大，则 $c1$ 也越大，允许更强的滤波。最终对 p_1 和 q_1 滤波的限幅值为

$$\Delta_{p_1} = \begin{cases} -c1, & \Delta_{p_{1i}} \leqslant -c1 \\ \Delta_{p_{1i}}, & -c1 < \Delta_{p_{1i}} < c1 \\ c1, & \Delta_{p_{1i}} \geqslant -c1 \end{cases} \tag{9-67}$$

$$\Delta_{q_1} = \begin{cases} -c1, & \Delta_{q_{1i}} \leqslant -c1 \\ \Delta_{q_{1i}}, & -c1 < \Delta_{q_{1i}} < c1 \\ c1, & \Delta_{q_{1i}} \geqslant -c1 \end{cases} \tag{9-68}$$

表 9-18 滤波限幅变量 $c1$ 值与 Index_A 和 B_S 的关系

	Index_A																				
	<17	17	18	19	20	21	22	23	24	25	26	27	28	29	30	31	32	33	34	35	36
B_S=1	0	0	0	0	0	0	0	1	1	1	1	1	1	1	1	1	1	2	2	2	2
B_S=2	0	0	0	0	0	1	1	1	1	1	1	1	1	1	1	2	2	2	2	3	3
B_S=3	0	1	1	1	1	1	1	1	1	1	1	2	2	2	2	3	3	3	4	4	4

	Index_A														
	37	38	39	40	41	42	43	44	45	46	47	48	49	50	51
B_S=1	3	3	3	4	4	4	5	6	6	7	8	9	10	11	13
B_S=2	3	4	4	5	5	6	7	8	8	10	11	12	13	15	17
B_S=3	5	6	6	7	8	9	10	11	13	14	16	18	20	23	25

对于滤波边界 p_0 和 q_0 样点，Δ_{0i} 的限幅值由 $c1$ 和式(9-59)或式(9-60)决定。先将它的限幅值 $c0$ 定为 $c1$。如果式(6.62)或式(6.63)都成立，说明边界两边内部的变化强度小于 β 阈值，需要对边界进行更强的滤波(同时如上述需要对 p_1 或 q_1 样点进行修正)，$c0$ 将增加 1。这样对边界样点的修正值为

$$\Delta_0 = \begin{cases} -c0, & \Delta_0 \leqslant -c0 \\ \Delta_{0i}, & -c0 < \Delta_{0i} < c0 \\ c0, & \Delta_{0i} \geqslant -c0 \end{cases} \tag{9-69}$$

3) B_S 值为 4 的边界滤波

H.264/MPEG-4 AVC 的帧内编码在对同一图像区域编码时倾向采用 16×16 亮度预测模式。这会在宏块边界引起小幅度的方块效应。但是由于 Mach band 效应，在这种情况下，即使是很小的强度值差别在视觉上的感觉也是陡峭的阶梯。为了消除这种马赛克效应，需要在图像内容平滑的两个宏块边界采用较强的滤波器。

对亮度滤波，根据图像内容判断选择较强的 4 阶或 5 阶滤波器，还是较弱的 3 阶滤波器。4 阶或 5 阶滤波器对边界两边的边界点及两个内部点进行修正，而 3 阶滤波器仅改变边界点。只有下面的跨边界差异的约束条件成立才能使用较强的滤波器：

$$|p_0 - q_0| < (\alpha \gg 2) + 2 \tag{9-70}$$

对亮度滤波，当式(9-59)和式(9-70)都成立时，可根据下式计算滤波后的样点值：

$$p'_0=(p_2+2p_1+2p_0+2q_0+q_1+4)\gg 3$$
$$p'_1=(p_2+p_1+p_0+q_0+2)\gg 2$$
$$p'_2=(2p_3+3p_2+p_1+p_0+q_0+4)\gg 3$$

习题与思考题

9-1　什么是视觉的失真可察觉门限？怎样在图像和视频编码中利用该点进行数据压缩？

9-2　如何利用视觉心理理论进行图像和视频信号的压缩？

9-3　什么是基于波形的视频编码，什么是基于内容的视频编码？各有什么优缺点？

9-4　ITU-T 和 ISO/IEC 各推出了哪些视频编解码标准？主要应用在哪些方面？

9-5　叙述 H.264/AVC 视频编码的框图及各部分作用。

9-6　叙述 H.264/AVC 视频编码的档次及应用范围。

9-7　叙述 H.264/AVC 视频编码中的宏块划分方法及根据。

9-8　你认为 H.264/AVC 视频编码中的关键技术在哪儿？编码复杂度体现在哪些地方？

9-9　为什么要在运动估计中使用分数像素？如何得到分数像素？

9-10　H.264/AVC 中使用的变换有什么特点？

9-11　H.264/AVC 中使用哪两种主要的熵编码方法？各有什么优缺点？

9-12　基于块的图像变换编码的方块效应是怎么产生的？如何避免 H.264/AVC？

参 考 文 献

[1] 吴乐南. 数据压缩. 2 版. 北京：电子工业出版社，2008.

[2] 曹雪虹，张宗橙. 信息论与编码. 2 版. 北京：清华大学出版社，2009.

[3] 姚庆栋，毕厚杰，王兆华，等. 图像编码基础. 3 版. 北京：清华大学出版社，2006.

[4] 张春田，苏育挺，张静. 数字图像压缩编码. 北京：清华大学出版社，2006.

[5] 傅祖芸. 信息论——基础理论与应用. 2 版. 北京：电子工业出版社，2009.

[6] Iain E. G. Richardson. H. 264 和 MPEG-4 视频压缩. 欧阳合，韩军，译. 长沙：国防科技大学出版社，2004.

[7] 毕厚杰. 新一代视频压缩编码标准——H. 264/AVC. 北京：人民邮电出版社，2006.

[8] 吴家安. 现代语音编码技术. 北京：科学出版社，2008.

[9] 王炳锡. 语音编码. 西安：西安电子科技大学出版社，2002.

[9] 戴善荣. 数据压缩. 西安：西安电子科技大学出版社，2005.

[10] Pohlmann K C. 数字音频原理与应用. 苏菲，译. 北京：电子工业出版社，2002.

[11] 鲍长春. 数字语音编码原理. 西安：西安电子科技大学出版社，2007.

[12] 江文斐. 一种新的基于联合内插预测的视频编码方案. 华中科技大学硕士学位论文，2009.

[13] 魏伟. 视频压缩编码的运动估计与补偿技术. 天津大学博士学位论文，2008.

[14] 罗开仲，黄士坦，杨华民. DCT 算法及其与小波编码在图像处理中的比较[J]. 计算机技术与发展，2006，16(9)，pp. 79-81.

[15] Xiong Z, Orchard R K. A comparative study of DCT and wavelet based image coding [J]. IEEE Transactions on Circuits and Systems for VideoTechnology, 1999, 9(8): 692-695.

[16] Hans Georg Musmann. Object-oriented analysis-synthesis coding based on source models of moving 2d- and 3d-objects, Proc on the ICASSP-93, 1993, Pages: 99-102.

[17] Ligtenberg, V. A Discrete Fourier/Cosine Transform Chip, IEEE Journal on Selected Areas of Communications, Vol. SAC-4, No. 1, Jan. 1986, pp. 49-61.

[18] Wang Z, Bovik A C, Sheikh H R, et al. Image quality assessment: from error visibility to structural similarity [J]. IEEE Trans on Image Processing, 2004, Vol. 13, No. 4, pp. 600-612.

[19] Malvar, H. S.; Lapped transforms for efficient transform/subband coding. Acoustics, Speech, and Signal Processing, IEEE Transactions on, Volume: 38, Issue: 6, June 1990. Pages: 969-978.

[20] Ferreira A. Convolutional effects in transform coding with TDAC: An optimal window. IEEE Trans. Speech Audio Processing, vol. 4, pp. 104-114, Mar. 1996.

[21] Ziv J, Lempel A. A universal algorithm for sequential data compression. IEEE Trans. Inform. Theory, vol. IT-23, pp. 337 - 343, May 1977.

[22] Painter T, Spanias A. Perceptual coding of digital audio, Proceedings of the IEEE, Vol: 88, Issue: 4, April 2000, Pages: 451 - 515.

[23] Crouse M, Ramchandran K. Joint thresholding and quantizer selection for transform image coding: ntropy-constrained analysis and applications to JPEG. IEEE Trans. Image Processing, vol. 6, pp. 285 - 297, Feb. 1997.

[24] VCEG document site: http://standards. pictel. com/ftp/video-site/.

[25] JVT experts FTP site, ftp://ftp. imtc-files. org/jvt-experts/.

[26] ISO/IEC 10918 (ITU-T Rec. T. 81), Digital compression and coding of continuous-tone still images (JPEG), 1992.

[27] ISO/IEC 15444, Information technology-JPEG 2000 image coding system, 2000.

[28] ISO/IEC 11172-3, Informational technology-Coding of moving pictures and associated audio for digital storage media at up to about 1. 5 Mbit/s-part 3, Audio, First edition, 1993.

[29] ISO/IEC 14496-10 and IYU-T Rec. H. 264, Advanced Video Coding, 2003.

[30] 易克初，田斌，付强. 语音信号处理. 北京：国防工业出版社，2000.

[31] 张文莉. PESQ 语音质量评价系统的算法研究与实现. 大连理工大学硕士学位论文，2007(12).